"十四五"职业教育国家规划教材

"十四五"江苏省职业教育首批在线精品课程
江苏省职业教育课程思政示范课程 配套教材
江苏省成人高等教育精品资源共享课程

建筑工程计量与计价

(第四版)

主　编　王昕明　钱　靓
副主编　陈礼飞　朱旭东　李永生　卢金双
参　编　李　桐　王晓倩　胡　慧
主　审　张苏俊

南京大学出版社

内容简介

本书以《房屋建筑与装饰工程工程量计算规范》(GB 500854—2013)、《江苏省建筑与装饰工程计价定额》(2014 版)、16G101 系列图集以及 2017《江苏省装配式混凝土建筑工程定额》(试行)等为依据，结合现行的营改增文件以及造价工程师职业资格的相关政策编写。落实"三教"改革要求，融入课程思政。

本书基于目前市场最新的云计价平台 GCCP6.0 编写，新增装配式混凝土工程计量与计价，融入"1+X"工程造价数字化应用职业技能等级证书中级、高级的计价软件部分内容以及工程造价技能竞赛内容，是一本"岗课赛证"融通教材。

内容基于造价岗位工作任务设计，分为工程造价基本理论、分部分项工程费计算、措施项目费计算以及造价计价软件应用四个学习情境。本书图文并茂，可读性强，丰富的数字化资源配套齐全，可供读者随时随地在线学习。本书是高等职业教育建筑工程技术、建设工程管理、工程监理、工程造价等专业的适用教材，也可以作为从事建筑工程造价的技术人员的参考资料。

图书在版编目(CIP)数据

建筑工程计量与计价 / 王昕明，钱靓主编. —4 版. —南京：南京大学出版社，2022.2(2024.8 重印)
ISBN 978-7-305-25417-8

Ⅰ. ①建… Ⅱ. ①王… ②钱… Ⅲ. ①建筑工程—计量—高等职业教育—教材②建筑造价—高等职业教育—教材 Ⅳ. ①TU723.3

中国版本图书馆 CIP 数据核字(2022)第 032143 号

出版发行 南京大学出版社
社　　址 南京市汉口路 22 号　　邮　　编 210093
书　　名 建筑工程计量与计价
JIANZHU GONGCHENG JILIANG YU JIJIA
主　　编 王昕明 钱 靓
责任编辑 朱彦霖　　编辑热线 025-83597482

照　　排 南京开卷文化传媒有限公司
印　　刷 南京京新印刷有限公司
开　　本 787 mm×1092 mm 1/16 印张 21.25 字数 578 千
版　　次 2022 年 2 月第 4 版 2024 年 8 月第 6 次印刷
ISBN 978-7-305-25417-8
定　　价 59.90 元

网　　址：http://www.njupco.com
官方微博：http://weibo.com/njupco
官方微信号：njutumu
销售咨询热线：(025)83594756

编 委 会

第4版前言

“建筑工程计量与计价”课程是高职土建类专业的核心课程，本书以“工学结合”理念为指导，校企合作共同编写，按照工程造价工作岗位的实际需求设计教学情境与学习任务，融入“1+X”工程造价数字化应用职业技能等级证书中级、高级的计价软件部分内容以及工程造价技能竞赛内容，实现“岗课赛证”融通。工作任务与工程实际相吻合，使学生在学习过程中提高实践能力，掌握岗位要求的知识与技能。依据党的二十大报告要求，为落实立德树人根本任务，教材内容潜移默化融入课程思政与劳动教育，引导学生树立正确的人生观、价值观、职业观，立志做有理想、敢担当、能吃苦、肯奋斗的新时代好青年。

本书为“十四五”职业教育国家规划教材、“十三五”职业教育国家规划教材，同时也是江苏省高职院校青年教师企业实践培训资助项目。全书依据现行的国家规范、定额等编写，将行业发展中的新知识、新技术、新技能引入，利用 BIM 技术建立三维模型，使项目可视化，将造价软件部分更新为最新版的 2021 云计价平台 GCCP6.0。同时，为顺应国家大力发展绿色装配式建筑，促进节能减排，实现双碳目标的要求，本次修订增加了装配式混凝土工程计量与计价。

本书由扬州工业职业技术学院王昕明、钱靓担任主编，扬州工业职业技术学院陈礼飞、朱旭东、李永生、扬州筑苑工程招标咨询有限公司、江苏省产业教授卢金双担任副主编，扬州工业职业技术学院李桐、广联达科技股份有限公司王晓倩、扬州筑苑工程招标咨询有限公司胡慧参编。具体分工如下：王昕明编写学习情境一，参编学习情境二；钱靓编写学习情境二、学习情境三和学习情境四及数字化资源；陈礼飞参编学习情境三；朱旭东参编学习情境二及数字化资源；李永生参编学习情境四及数字化资源；卢金双参编学习情境二；胡慧参编学习情境三；李桐、王晓倩参编学习情境四。全书由王昕明、钱靓统稿。

本书采用基于二维码的互动式学习平台，配套有丰富的立体化学习资源，如工程视频、动画、工程案例、软件建模三维图片、教学 PPT 课件、在线答题、拓展资料等。读者可以通过微信扫描二维码关注“土木工程微课堂”公众号，获取相应的数字资源。立体化教学资源的建设得到了南京大学出版社的大力支持，编辑朱彦霖在本书的数字化出版和立体化建设过程中给予了宝贵意见及技术支持。

本教材由高职院校和企业共同编写，在编写的过程中江苏国联佳信项目咨询管理有限公司庄明、扬州筑苑工程招标咨询有限公司胡慧在资源和素材方面给予了大力支持和帮助，广联达科技股份有限公司王晓倩给予了技术支持，扬州工业职业技术学院邹燕、呼梦洁提出了宝贵的意见和建议，同时也得到了许多同行的支持与帮助，在此深表感谢。

由于编者学识水平有限，加之编写时间仓促，书中难免存在疏漏之处，恳请读者批评指正。

编　者

2023 年 6 月

扫码查看配套
省级精品课程

拓展资料

工具书

目　录

学习情境一　工程造价基本理论

学习情境二 分部分项工程费计算

学习情境三　措施项目费计算

学习情境四 造价计价软件应用

立体化资源目录

(续表)

序号	资源标题	页码	序号	资源标题	页码
任务四	资源合集	120	任务十	软件三维模型　板钢筋	206
	软件三维模型　砖基础	120		图片集　钢筋工程	208
	软件三维模型　多孔砖墙	121		微课　梁钢筋	219
	在线答题　砌筑工程	133		在线答题　钢筋工程	227
任务五	资源合集	137	学习情境三	安全生产　措施保障	229
	软件三维模型　条型基础	137	任务一	模型　住宅楼	230
	软件三维模型　满堂基础	138		软件三维模型　独立基础	230
	软件三维模型　独立基础	139		图片集　脚手架	231
	软件三维模型　柱梁板	140		在线答题　脚手架	244
	图片集　混凝土工程	140	任务二	软件三维模型　独立基础	245
	在线答题　混凝土工程	158		软件三维模型　有梁板	246
任务六	发展绿色建筑实现双碳目标	160		图片集　模板	246
	资源合集	160		在线答题　模板	255
	软件三维模型　叠合板	160	任务三	资源合集	257
	拓展资料　桁架钢筋混凝土叠合板	167		拓展资料　工期定额	258
			任务四	在线答题　超高增加	268
	在线答题　装配式混凝土	167	任务五	拓展资料　大型机械设备	269
任务七	资源合集	168	任务六	图片集　排水降水	274
任务八	资源合集	177	任务七	拓展资料　总价措施	280
任务九	资源合集	190		在线答题　总价措施	285
	拓展资料　屋面工程	190	学习情境四	技术创新　走向世界	287
	在线答题　屋面工程	204	任务一	拓展资源　云计价	290
任务十	资源合集	205	任务二	在线答题　云计价	325
	软件三维模型　梁钢筋	205	《建筑工程计量与计价》期末自测卷下载		326

学习情境一
工程造价基本理论

【知识目标】

1. 了解工程建设的概念,掌握建设项目的分类与构成。

2. 了解工程造价的两种含义,掌握工程造价的特点,熟悉工程建设各阶段相应的造价文件。

3. 掌握工程量清单的概念、掌握综合单价、措施项目、暂列金额、暂估价及招标控制价等相关术语解释。

4. 熟悉工程量清单报表组成、投标报价报表组成以及招标控制价报表组成。

5. 了解定额的概念、分类及作用。熟悉预算定额的使用方法。

6. 掌握建筑工程造价计算程序。

7. 掌握建筑面积的计算规则。

【职业技能目标】

1. 能够根据《费用定额》进行建筑安装工程费用的计算。

2. 能够根据图纸计算建筑工程建筑面积。

【思政教育与劳动教育目标】

1. 严格按照全国统一的《房屋建筑与装饰工程工程量计算规范》上计算规则计算清单工程量,在未来工作岗位上要遵守规则,在职业道路上,要遵守职业道德操守,恪守职业本分。

2. 坚持认真严谨的学习态度和精益求精的职业精神,干好本职工作。

坚守职业道德
奋斗职业理想

【学习工具书准备】

1.《建设工程工程量清单计价规范》(GB 50500—2013)。

2.《房屋建筑与装饰工程工程量计算规范》(GB 500854—2013)。

3.《建筑工程建筑面积计算规范》(GB/T 50353—2013)。

4.《江苏省建筑与装饰工程计价定额》(2014 版)。

5.《江苏省建设工程费用定额》(2016 版)。

任务一 建设工程造价概论

1.1.1 工程建设概论

一、工程建设概念

工程建设是指固定资产扩大再生产的新建、扩建、改建、恢复工程以及与相连带的其他工作，过去通常称为基本建设。

新建和扩建是主要形式，即把一定的建筑材料、设备通过购置、建造与安装等活动，转化为固定资产的过程，以及与之相连带的工作，如征用土地、房屋拆迁、勘察设计、培训职工、工程监理等。

工程建设一般包括以下五方面的内容：

(1) 建筑工程。

(2) 设备安装工程。

(3) 设备、工具、器具的购置。

(4) 勘察与设计。

(5) 其他基本建设工作。系指上述各类工作以外的各项基本建设工作，如筹建机构、征用土地、培训工人及其他生产准备工作等。

二、建设项目的概念

建设项目是指按一个总体设计进行建设施工的一个或几个单项工程的总体。

在中国，通常以建设一个企业单位或一个独立工程作为一个建设项目。凡属于一个总体设计中分期分批进行建设的主体工程、附属配套工程、综合利用工程和供水供电工程都作为一个建设项目。不能把不属于一个总体设计，按各种方式结算作为一个建设项目；也不能把同一个总体设计内的工程，按地区或施工单位分为几个建设项目。

建设项目的实施单位一般称为建设单位。国有单位经营性基本建设大中型项目在建设阶段实行建设项目法人责任制，由项目法人单位实行统一管理。

三、建设项目的分类

(一) 按建设工程性质分类

1. 新建项目

新建项目是指新建的投资建设工程项目，或对原有项目重新进行总体设计，扩大建设规模后，其新增固定资产价值超过原有固定资产价值三倍以上的建设项目。

2. 扩建项目

扩建项目是指在原有的基础上投资扩大建设的工程项目。如在企业原有场地范围内或其他地点，为了扩大原有主要产品的生产能力、效益或增加新产品生产能力而建设新的主要车间或其他工程的项目。

3. 改建项目

改建项目是指原有企业为了提高生产效益、改进产品质量或调整产品结构，对原有设备或工程进行改造的项目。有的企业为了平衡生产能力，需增建一些附属、辅助车间或非生产性工程，也可列为改建项目。

4. 重建项目

重建项目是指企业、事业单位因受自然灾害、战争或人为灾害等特殊原因，使原有全部或部分工程报废后又投资重新建设的项目。

5. 迁建项目

迁建项目是指原有企业、事业单位由于某种原因报经上级批准进行搬迁建设的项目。不论其规模是维持原规模还是扩大建设，这样的项目均属迁建项目。

（二）按建设工程规模分类

按照上级批准的建设项目的总规模和总投资，建设工程项目可分为大型、中型和小型三类。

（三）按建设用途来划分的工程项目

1. 生产性建设项目

如工业工程项目、运输工程项目、农田水利工程项目、能源工程项目等，即用于物质产品生产建设的工程项目。

2. 非生产性建设项目

非生产性建设项目是指为满足人们物质文化生活需要而建设的工程项目。非生产性建设工程项目可分为经营性工程项目和非经营性工程项目。

（四）按资金来源划分的工程项目

1. 国家预算拨款的工程项目

2. 银行贷款的工程项目

3. 企业联合投资的工程项目

4. 企业自筹的工程项目

5. 利用外资的工程项目

6. 外资工程项目

图片

建设项目构成

四、建设项目的构成

为便于工程建设管理，确定建设产品的价格，人们将建设项目整体根据其组成进行科学的分解，划分为若干个单项工程、单位工程，每个单位工程又划分为若干分部工程、分项工程等。

1. 建设项目

建设项目一般是指在一个场地或几个场地上，按照一个总体设计或初步设计建设的全部工程。如一个工厂、一个学校、一所医院、一个住宅小区等均为一个建设项目。一个建设项目可以是一个独立工程，也可以是包括多个单项工程。建设项目在经济上实行统一核算，行政上具有独立的组织形式。

2. 单项工程

单项工程亦称“工程项目”,一般是指具有独立的设计文件,建成后能够独立发挥生产能力或效益的工程,即建筑产品,它是建设项目的组成部分。如一所大学中包括教学楼、办公楼、宿舍楼、图书馆等,每栋教学楼、宿舍楼或图书馆都是一个单项工程。

3. 单位工程

单位工程一般是在单项工程中具有单独设计文件,具有独立的施工图,并且可单独作为一个施工对象的工程。单项工程中的单位工程包括:一般土建工程、电气照明工程、给水排水工程、设备安装工程等。单位工程一般是进行工程成本核算的对象。

4. 分部工程

分部工程是指单位工程中按工程结构、所用工种、材料和施工方法的不同而划分为若干部分,其中的每一部分称为分部工程。一般房屋的单位工程中包括:土石方工程、打桩工程、砖石工程、脚手架工程、混凝土及钢筋混凝土工程、木结构工程、楼地面工程、抹灰与油漆工程、金属结构工程、构筑物工程、装修工程等。分部工程是单位工程的组成部分,同时它又包括若干个分项工程。

5. 分项工程

分项工程一般是指通过较为单纯的施工过程就能生产出来,并且可以用适当计量单位计算的建筑或设备安装工程,如10 m^3 的砖基础砌筑、一台某型号的设备安装等。分项工程是建筑与安装工程的基本构成要素,是为了便于确定建筑及设备安装工程费用而划分出来的一种假定产品。这种产品的工料消耗标准是作为建筑产品预算价格计价的基础,即预算定额中的子目。

综上所述,一个建设项目由一个或几个单项工程组成,一个单项工程又是由几个单位工程组成,一个单位工程又可划分为若干个分部工程,分部工程还可以细分为若干个分项工程。

以上各层次的分解结构图如图1.1-1所示。

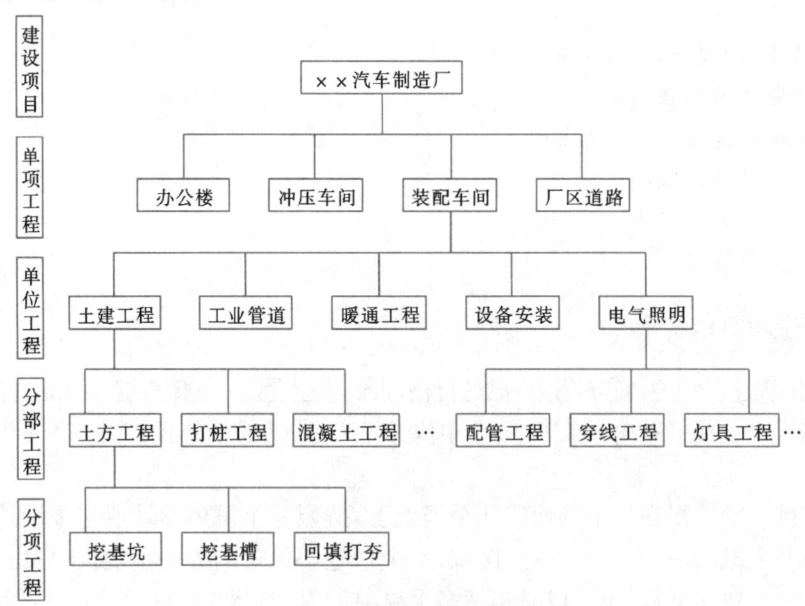

图1.1-1 建设项目分解图

1.1.2　工程造价基本概念

一、工程造价含义

1. 工程造价的两种含义

(1) 工程造价是指建设一项工程预期开支或实际开支的全部固定资产投资费用。

(2) 工程造价是指工程价格,即建成一项工程,预计或实际在土地市场、设备市场、技术劳务市场以及承包市场等交易活动中所形成的建筑安装工程的价格和建筑工程总价格。

2. 工程造价两种含义之间区别和联系

(1) 建设成本是对应于投资和项目法人而言的;承包价格是对应于承、发包双方而言的。

(2) 建设成本的外延是全方位的,即工程建设所有费用;承包价格的涵盖范围即使对"交钥匙"工程而言也不是全方位的。

(3) 与两种含义相对应,就有两种造价管理,前者是项目投资,后者是承包商的管理,这是两个性质不同的主题。前者属于投资管理范畴,后者属价格管理范畴。

(4) 建设成本的管理要服从于承包价的市场管理,承包价的管理要适当顾及建设成本的承受能力。

二、工程造价的特点

1. 大额性

工程造价一般会非常高,动辄人民币数百万、数千万,特大的工程项目造价甚至高达人民币数百亿元。工程造价的大额性使之关系到有关各方面的重大经济利益,同时也会对国家宏观经济产生重大影响。

2. 个别性、差异性

任何一项工程都有特定的用途、功能和规模,所以工程内容和实物形态都具有个别性和差异性,产品的差异性决定了工程造价的个别性差异。

3. 动态性

任何一项工程从决策到竣工交付使用都有一个较长的建设过程。在建设期内,诸多不可控制因素会造成许多工程造价的动态变动。所以工程造价在整个建设期处于不确定状态,直至竣工决算后才能最终确定工程的实际造价。

4. 层次性

工程造价的层次性取决于工程的层次性。一个建设项目可以分解为单项工程、单位工程、分部工程和分项工程等多个层次。工程造价的计算也是通过各个层次的计价一次汇总而成的。

5. 兼容性

工程造价的兼容性,首先表现在本身具有的两种含义,其次表现在工程造价构成的广泛性和复杂性。

三、工程造价的职能

1. 预测职能

无论是投资者还是承包商,他们都要对拟建工程的工程造价进行预测。

2. 控制职能

工程造价的控制职能表现在两个方面:一方面是对投资的控制,即在投资的各个阶段,根据对工程造价的多次预估和测算,对造价进行全过程多层次的控制;另一方面,是对以承包商为代表的商品和劳务供应企业的成本控制。

3. 评价职能

工程造价是评价建设项目总投资和分项投资合理性和投资效益的主要依据之一,也是评价建筑安装企业管理水平和经营效果的重要依据。

4. 调控职能

工程建设直接关系到国民经济增长,也直接关系到国家重要资源分配和资金流向,对国计民生都产生重大影响。所以国家对建设规模、产品结构进行宏观调控在任何条件下都是不可或缺的,对政府投资项目进行直接调控和管理也是非常必要的。这些都需要用工程造价作为经济杠杆对工程建设中的物资消耗水平、建设规模、投资方向等进行调控和管理。

四、工程造价的作用

工程造价涉及国民经济各机构、各行业,涉及社会在生产的各个环节,其作用范围和影响程度很大。

(1) 工程造价是项目决策的依据。

(2) 工程造价是制订投资计划和控制投资的依据。

(3) 工程造价是筹建建设资金的依据。

(4) 工程造价是利益合理分配和调节产业结构的手段。

(5) 工程造价是评价投资效果的重要指标。

五、工程造价文件

在工程建设的各个阶段都需要有相应的造价文件与之相适应,以合理控制工程造价。项目建设程序是指一项工程从无到有的建设全过程中各阶段及其各项工作必须遵循的先后次序。

工程建设程序,一般分为以下七个阶段,各阶段工程造价的确定与工程建设阶段性工作的深度相适应。

工程造价的计价是一个逐步深化、逐步细化和逐步接近实际造价的过程。其过程如图 1.1 - 2 所示。

(一) 工程建设各阶段

1. 项目建议书阶段

按照有关规定,应编制初步投资估算,经有关机构批准,作为拟建项目列入国家中长期计划和开展前期工作的控制造价。

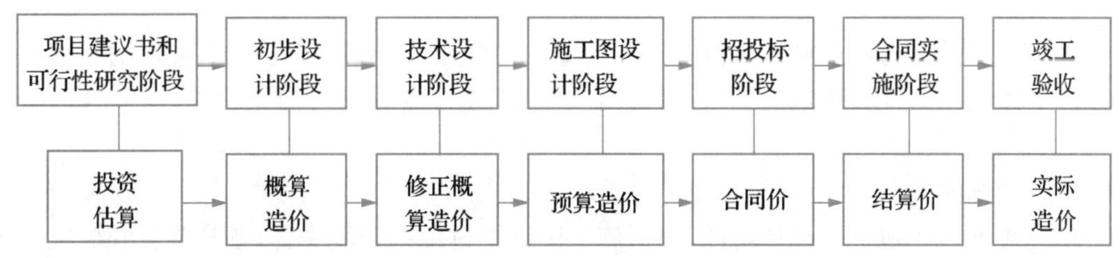

图 1.1－2　各阶段工程造价计价示意图

2. 设计任务书阶段(可行性研究阶段)

按照有关规定编制的投资估算，经有关机构批准，即为该项目国家计划控制造价。

3. 初步设计阶段

按照有关规定编制的初步设计总概算，经有关机构批准，即为控制拟建项目工程造价的最高限额。对初步设计阶段，实行建设项目招标承包制签订承包合同协议的，其合同价也应在最高限价(总概算)相应的范围以内。

4. 施工图设计阶段

按规定编制施工图预算，用以核实施工图阶段造价是否超过批准的初步设计概算。经承、发包双方共同确认、有关机构审查通过的预算，即为结算工程价款的依据。

5. 承发包阶段

对施工图预算为基础招标投标的工程，承包合同也是以经济合同形式确定的建筑安装工程造价。

6. 工程实施阶段

要按照承包方实际完成的工程量，以合同价为基础，同时考虑因物价上涨所引起的造价提高，考虑设计中难以预计的而在实施阶段实际发生的工程和费用，合理确定结算价。

7. 竣工验收阶段

全面汇集在工程建设过程中实际花费的全部费用，编制竣工决算，如实地体现该建设工程的实际造价。

(二) 工程建设各阶段造价文件

1. 投资估算

在编制项目建议书和可行性研究阶段，对投资需要量进行估算是一项不可或缺的组成内容。投资估算是指在项目建议书和可行性研究阶段中对拟建项目所需投资，通过编制估算文件预先测算和确定的过程；也可表示估算出的建设项目的投资额，或称估算造价。就一个工程来说，如果项目建议书和可行性研究分不同阶段，例如分规划阶段、项目建议书阶段、可行性研究阶段、评审阶段，相应的投资估算也分为 4 个阶段。投资估算是决策、筹资和控制造价的主要依据。

2. 概算造价

概算造价指在初步设计阶段，根据设计意图，通过编制工程概算文件预先测算和确定的工程造价。概算造价较投资估算造价准确性有所提高，但它受估算造价的控制。概算造价的层次性十分明显，分建设项目概算总造价、各个单项工程概算综合造价、各单位工程概算总造价。

3. 修正概算造价

修正概算造价指在采用三阶段设计的技术设计阶段,根据技术设计的要求,通过编制修正概算文件预先测算和确定的工程造价。它对初步设计概算进行修正调整,比概算造价准确,但受概算造价控制。

4. 预算造价

预算造价指在施工图设计阶段,根据施工图纸通过编制预算文件,预先测算和确定的工程造价。它比概算造价或修正概算造价更为详尽和准确。但它同样要受前一阶段所确定的工程造价的控制。

5. 合同价

合同价指在工程招投标阶段通过签订总承包合同、建筑安装工程承包合同、设备材料采购合同以及技术和咨询服务合同确定的价格。合同价属于市场价格的性质,它是由承、发包双方,也即商品和劳务买卖双方根据市场行情共同议定和认可的成交价格,但它并不等同于实际工程造价。现行有关规定的三种合同价形式有:固定合同价、可调合同价和工程成本加酬金确定合同价。

6. 结算价

结算价指在合同实施阶段,在工程结算时按合同调价范围和调价方法,对实际发生的工程量增减、设备和材料价差等进行调整后计算和确定的价格。结算价是该结算工程的实际价格。

7. 实际造价

实际造价指竣工决算阶段,通过为建设项目编制竣工决算,最终确定的实际工程造价。

1.1.3 工程造价管理

一、我国工程造价管理体制与改革

(一) 我国工程造价管理体制的建立

第一阶段(1950—1957),是与计划经济相适应的概预算定额制度建立时期。

第二阶段(1958—1966),由于受到经济建设中“左”倾错误的影响,概预算定额管理逐渐被削弱的阶段。

第三阶段(1966—1976),由于政治运动的干扰,概预算定额管理工作遭到严重破坏的阶段。

第四阶段(1976—20 世纪 90 年代初),是工程造价管理工作整顿和发展时期。

第五阶段(20 世纪 90 年代初至今),由“统一量、指导价、竞争费”到工程量清单计价模式实行后,逐步形成了“政府宏观调控,企业自主报价,市场形成价格,加强市场监管”的工程造价管理模式。

(二) 我国工程造价管理体制改革的目标

我国工程造价管理体制改革的最终目标是逐步建立以市场形成价格为主的价格机制。

改革的具体内容和任务有:

(1) 改革现行的工程定额管理方式,实行量价分离,逐步建立起由工程定额作为指导,通过市场竞争形成工程造价的机制;

(2) 加强工程造价信息的收集、处理和发布工作;

(3) 对政府投资工程和非政府投资工程实行不同的管理方式;

(4) 加强对工程造价的监督管理,逐步建立工程造价的监督检查制度,规范计价行为,确保工程质量和工程建设的顺利进行。

(三) 工程造价管理的组织

工程造价管理组织有三个系统。

1. 政府行政管理系统

政府在工程造价管理中既是宏观管理的主体,也是政府投资项目的微观管理的主体。它在工程造价管理工作方面承担的主要职责有:

(1) 承担建立科学规范的工程建设标准体系的责任;

(2) 组织制定工程建设实施阶段的国家标准,制定和发布工程建设全国统一定额和行业标准,拟订建设项目可行性研究评价方法、经济参数、建设标准和工程造价的管理制度;

(3) 拟订公共服务设施(不含通信设施)建设标准并监督执行;

(4) 指导监督各类工程建设标准定额的实施和工程造价计价,组织发布工程造价信息;

(5) 拟订工程造价咨询单位的资质标准并监督执行。

2. 企、事业机构管理系统

企、事业机构对工程造价的管理,属于微观管理的范畴。

3. 行业协会管理系统

由从事工程造价管理和工程造价咨询服务的企业及具有造价工程师注册资格和资深的专家、学者自愿组成的具有社会法人资格的全国性社会团体,是对外代表造价工程师和造价咨询服务机构的行业自律性组织。

协会的工作范围包括:理论研究,提出建议,交流合作,业务研讨,调解矛盾,指导业务,促进行业发展。

二、工程造价管理

工程造价管理的两种含义:一是建设工程投资费用管理,它属于工程假设投资管理的范畴;二是工程价格管理,属于价格管理的范畴。工程造价计价依据的管理和工程造价专业队伍建设的管理则是为这两种管理提供服务的。

工程造价管理的目的不仅在于控制项目投资不超过批准的造价限额,更在于坚持倡导艰苦奋斗、科学建设的方针,从国家、集体的整体利益出发,合理使用人力、物力、财力,取得最大投资和社会效益。

(一) 工程造价管理内容

工程造价管理包括工程造价合理确定和有效控制两个方面。

1. 工程造价的合理确定

工程造价的合理确定,就是在工程建设的各个阶段,采用科学计算方法和实际的计价依据,合理确定投资估算、设计概算、施工图预算、承包合同价、结算价和竣工决算。

工程造价的合理确定是控制工程造价的前提和先决条件。没有工程造价的合理确定,也就无法进行工程造价控制。

2. 工程造价的有效控制原理

工程造价的有效控制，是指在投资决策阶段、设计阶段、建设项目发包阶段和建设实施阶段，把建设工程造价的发生控制在批准的造价限额之内。

(1) 合理设置工程造价控制目标。

工程造价控制目标的设置应随工程项目建设实践的不断深入而分阶段设置。具体来讲，投资估算应是方案选择和进行初步设计的工程造价控制目标；设计概算应是进行技术设计和施工图设计的工程造价控制目标；施工图预算建安工程承包合同价则应是施工阶段控制建安工程造价的目标。有机联系的阶段目标互相制约，互相补充，前者控制后者，后者补充前者，共同组成工程造价控制的目标系统。

(2) 以设计阶段为重点进行全过程工程造价控制。

工程造价控制贯穿于项目建设全过程，这一点是毋庸置疑的，但是必须重点突出其重要性。根据有关资料统计，在初步设计阶段，影响项目造价的可能性为 75%～95%；在技术设计阶段，影响项目造价的可能性为 35%～75%；在施工图设计阶段影响项目造价的可能性为 5%～35%。很显然，造价控制的关键在于施工以前的投资决策和设计阶段。

(3) 采取主动控制措施。

将控制立足于事先主动地采取措施，以尽可能地减少甚至避免目标值与实际值的偏离，这是主动的、积极的控制方法，称为主动控制。

(4) 技术与经济相结合是控制工程造价最有效的手段。

(二) 工程造价咨询服务

1. 咨询及咨询业的社会功能

咨询业作为一个产业的形成，是技术进步和社会经济发展的结果。在国民经济产业分类中，咨询业与商业、金融保险业、房地产业、文教卫生、旅游业等同属于第三产业。咨询业具有以下社会功能：

(1) 服务功能；

(2) 引导功能；

(3) 联系功能。

咨询业促进了市场需求主体和供给主体的联系，促进了企业、居民和政府的联系。

2. 工程造价咨询企业

工程造价咨询企业是指依法取得《工程造价咨询企业资质证书》，接受委托，对建设项目投资、工程造价的确定与控制提供专业咨询服务的企业。工程造价咨询企业从事工程造价咨询活动，应当遵循独立、客观、公正、诚实信用的原则，不得损害社会公共利益和他人的合法权益。工程造价咨询企业资质等级分为甲级和乙级。根据 2020 年 2 月 19 日住房和城乡建设部令第 50 号《住房和城乡建设部关于修改〈工程造价咨询企业管理办法〉〈注册造价工程师管理办法〉的决定》，企业资质标准如下：

(1) 甲级工程造价咨询企业资质标准：

① 已取得乙级工程造价咨询企业资质证书满 3 年；

② 技术负责人已取得一级造价工程师注册证书，并具有工程或工程经济类高级专业技术职称，且从事工程造价专业工作 15 年以上；

③ 专职从事工程造价专业工作的人员(以下简称专职专业人员)不少于12人,其中具有工程或者工程经济类中级以上专业技术职称或者取得二级造价师注册证书的人员不少于10人,取得一级造价工程师注册证书的人员不少于6人,其他人员具有从事工程造价专业工作的经历;

④ 企业与专职专业人员签订劳动合同,且专职专业人员符合国家规定的职业年龄(出资人除外);

⑤ 企业近3年工程造价咨询营业收入累计不低于人民币500万元;

⑥ 企业为本单位专职专业人员办理的社会基本养老保险手续齐全;

⑦ 在申请核定资质等级之日前3年内无《工程造价咨询企业管理办法》禁止的行为。

(2) 乙级工程造价咨询企业资质标准:

① 技术负责人已取得一级造价工程师注册证书,并具有工程或工程经济类高级专业技术职称,且从事工程造价专业工作10年以上;

② 专职专业人员不少于6人,其中具有工程或者工程经济类中级以上专业技术职称的人员不少于4人,取得一级造价工程师注册证书的人员不少于3人,其他人员具有从事工程造价专业工作的经历;

③ 企业与专职专业人员签订劳动合同,且专职专业人员符合国家规定的职业年龄(出资人除外);

④ 企业为本单位专职专业人员办理的社会基本养老保险手续齐全;

⑤ 暂定期内工程造价咨询营业收入累计不低于人民币50万元;

⑥ 申请核定资质等级之日前无《工程造价咨询企业管理办法》禁止的行为。

新设立的工程造价咨询企业的资质等级按照最低等级核定,并设一年的暂定期。

3. 工程造价咨询企业业务范围

工程造价咨询企业依法从事工程造价咨询活动,不受行政区域限制。甲级工程造价咨询企业可以从事各类建设项目的工程造价咨询业务,乙级工程造价咨询企业可以从事工程造价2亿元人民币以下的各类建设项目的工程造价咨询业务。

工程造价咨询业务范围包括:

(1) 建设项目建议书及可行性研究投资估算、项目经济评价报告的编制和审核;

(2) 建设项目概预算的编制与审核,并配合设计方案比选、优化设计、限额设计等工作进行工程造价分析与控制;

(3) 建设项目合同价款的确定(包括招标工程工程量清单和标底、投标报价的编制和审核);合同价款的签订与调整(包括工程变更、工程洽商和索赔费用的计算)及工程款支付,工程结算及竣工结(决)算报告的编制与审核等;

(4) 工程造价经济纠纷的鉴定和仲裁的咨询;

(5) 提供工程造价信息服务等。

工程造价咨询企业可以对建设项目的组织实施进行全过程或者若干阶段的管理和服务。

工程造价咨询企业合并的,合并后存续或者新设立的工程造价咨询企业可以承继合并前各方中较高的资质等级,但应当符合相应的资质等级条件。

工程造价咨询企业分立的,只能由分立后的一方承继原工程造价咨询企业资质,但应当符合原工程造价咨询企业资质等级条件。

4. 工程造价咨询企业不得有下列行为

(1) 涂改、倒卖、出租、出借资质证书,或者以其他形式非法转让资质证书;

(2) 超越资质等级业务范围承接工程造价咨询业务;

(3) 同时接受招标人和投标人或两个以上投标人对同一工程项目的工程造价咨询业务;

(4) 以给予回扣、恶意压低收费等方式进行不正当竞争;

(5) 转包承接的工程造价咨询业务;

(6) 法律、法规禁止的其他行为。

5. 工程造价咨询企业资质有效期

资质有效期为3年,有效期届满,需要继续从事工程造价咨询活动的,应当在资质有效期届满30日前向资质许可机关提出资质延续申请。资质许可机关应当根据申请作出是否准予延续的决定。准予延续的,资质有效期延续3年。

工程造价咨询企业的名称、住所、组织形式、法定代表人、技术负责人、注册资本等事项发生变更的,应当自变更确立之日起30日内,到资质许可机关办理资质证书变更手续。

拓展资料

造价师相关文件

1.1.4 造价工程师职业资格管理

为提高固定资产投资效益,维护国家、社会和公共利益,充分发挥造价工程师在工程建设经济活动中合理确定和有效控制工程造价的作用,根据《中华人民共和国建筑法》和国家职业资格制度有关规定,制定了《造价工程师职业资格制度规定》。住房城乡建设部、交通运输部、水利部、人力资源社会保障部于2018年7月20日印发了《造价工程师职业资格制度规定》《造价工程师职业资格考试实施办法》的通知,即建人〔2018〕67号文件。

造价工程师,是指通过职业资格考试取得中华人民共和国造价工程师职业资格证书,并经注册后从事建设工程造价工作的专业技术人员。国家设置造价工程师准入类职业资格,纳入国家职业资格目录。工程造价咨询企业应配备造价工程师;工程建设活动中有关工程造价管理岗位按需要配备造价工程师。

造价工程师分为一级造价工程师和二级造价工程师。一级造价工程师英文译为Class1 Cost Engineer,二级造价工程师英文译为Class2 Cost Engineer。

一、一级造价工程师职业资格

1. 一级造价工程师考试

一级造价工程师职业资格考试全国统一大纲、统一命题、统一组织。一级造价工程师职业资格考试成绩实行4年为一个周期的滚动管理办法,在连续的4个考试年度内通过全部考试科目,方可取得一级造价工程师职业资格证书。

未取得注册证书和执业印章的人员,不得以注册造价工程师的名义从事工程造价活动。

2. 报考条件

凡遵守中华人民共和国宪法、法律、法规,具有良好的业务素质和道德品行,具备下列条件之一者，可以申请参加一级造价工程师职业资格考试：

(1) 具有工程造价专业大学专科(或高等职业教育)学历，从事工程造价业务工作满5年。

具有土木建筑、水利、装备制造、交通运输、电子信息、财经商贸大类大学专科(或高等职业教育)学历，从事工程造价业务工作满6年。

(2) 具有通过工程教育专业评估(认证)的工程管理、工程造价专业大学本科学历或学位，从事工程造价业务工作满4年。

具有工学、管理学、经济学门类大学本科学历或学位，从事工程造价业务工作满5年。

(3) 具有工学、管理学、经济学门类硕士学位或者第二学士学位，从事工程造价业务工作满3年。

(4) 具有工学、管理学、经济学门类博士学位，从事工程造价业务工作满1年。

(5) 具有其他专业相应学历或者学位的人员，从事工程造价业务工作年限相应增加1年。

3. 考试科目设置

一级造价工程师职业资格考试设《建设工程造价管理》《建设工程计价》《建设工程技术与计量》《建设工程造价案例分析》4个科目。其中，《建设工程造价管理》和《建设工程计价》为基础科目，《建设工程技术与计量》和《建设工程造价案例分析》为专业科目。

一级造价工程师职业资格考试分4个半天进行。《建设工程造价管理》《建设工程技术与计量》《建设工程计价》科目的考试时间均为2.5小时；《建设工程造价案例分析》科目的考试时间为4小时。

4. 造价工程师注册执业管理制度

国家对造价工程师职业资格实行执业注册管理制度。取得造价工程师职业资格证书且从事工程造价相关工作的人员，经注册方可以造价工程师名义执业。

经批准注册的申请人，由住房城乡建设部、交通运输部、水利部核发《中华人民共和国一级造价工程师注册证》(或电子证书)。

注册造价工程师执业范围包括建设项目全过程的工程造价管理与咨询等，具体工作内容：

(1) 项目建议书、可行性研究投资估算与审核，项目评价造价分析；

(2) 建设工程设计概算、施工预算编制和审核；

(3) 建设工程招标投标文件工程量和造价的编制与审核；

(4) 建设工程合同价款、结算价款、竣工决算价款的编制与管理；

(5) 建设工程审计、仲裁、诉讼、保险中的造价鉴定，工程造价纠纷调解；

(6) 建设工程计价依据、造价指标的编制与管理；

(7) 与工程造价管理有关的其他事项。

有下列情形之一的，不予注册：

(1) 不具有完全民事行为能力的；

(2) 申请在两个或者两个以上单位注册的；

(3) 未达到造价工程师继续教育合格标准的；

(4) 前一个注册期内工作业绩达不到规定标准或未办理暂停执业手续而脱离工程造价

岗位的；

(5) 受刑事处罚,刑事处罚尚未执行完毕的；

(6) 因工程造价业务活动受刑事处罚,自刑事处罚执行完毕之日起至申请注册之日止5年的；

(7) 因前项规定以外原因受刑事处罚,自处罚决定之日起至申请注册之日止不满3年的；

(8) 被吊销注册证书,自被处罚决定之日起至申请注册之日止不满3年的；

(9) 以欺骗、贿赂等不正当手段获准注册被撤销,自被撤销注册之日起至申请注册之日止不满3年的；

(10) 法律、法规规定不予注册的其他情形。

5. 造价工程师的权利与义务

注册造价工程师享有下列权利：

(1) 使用注册造价工程师名称；

(2) 依法独立执行工程造价业务；

(3) 在本人执业活动中形成的工程造价成果文件上签字并加盖执业印章；

(4) 发起设立工程造价咨询企业；

(5) 保管和使用本人的注册证书和执业印章；

(6) 参加继续教育。

注册造价工程师应当履行下列义务：

(1) 遵守法律、法规、有关管理规定,恪守职业道德；

(2) 保证执业活动成果的质量；

(3) 接受继续教育,提高执业水平；

(4) 执行工程造价计价标准和计价方法；

(5) 与当事人有利害关系的,应当主动回避；

(6) 保守在执业中知悉的国家秘密和他人的商业、技术秘密。

6. 注册造价工程师不得有的行为

(1) 不履行注册造价工程师义务；

(2) 在执业过程中,索贿、受贿或者谋取合同约定费用外的其他利益；

(3) 在执业过程中实施商业贿赂；

(4) 签署有虚假记载、误导性陈述的工程造价成果文件；

(5) 以个人名义承接工程造价业务；

(6) 允许他人以自己名义从事工程造价业务；

(7) 同时在两个或者两个以上单位执业；

(8) 涂改、倒卖、出租、出借或者以其他形式非法转让注册证书或者执业印章；

(9) 法律、法规、规章禁止的其他行为。

7. 注册造价工程师的继续教育要求

注册造价工程师在每一注册期内应当达到注册机关规定的继续教育要求。注册造价工程师继续教育分为必修课和选修课,每一注册有效期各为60学时。

二、二级造价工程师职业资格

1. 二级造价工程师考试

二级造价工程师职业资格考试全国统一大纲，各省、自治区、直辖市自主命题并组织实施。二级造价工程师职业资格考试成绩实行 2 年为一个周期的滚动管理办法，参加全部 2 个科目考试的人员必须在连续的 2 个考试年度内通过全部科目，方可取得二级造价工程师职业资格证书。

2. 报考条件

凡遵守中华人民共和国宪法、法律、法规，具有良好的业务素质和道德品行，具备下列条件之一者，可以申请参加二级造价工程师职业资格考试：

（1）具有工程造价专业大学专科（或高等职业教育）学历，从事工程造价业务工作满 2 年；

具有土木建筑、水利、装备制造、交通运输、电子信息、财经商贸大类大学专科（或高等职业教育）学历，从事工程造价业务工作满 3 年。

（2）具有工程管理、工程造价专业大学本科及以上学历或学位，从事工程造价业务工作满 1 年；

具有工学、管理学、经济学门类大学本科及以上学历或学位，从事工程造价业务工作满 2 年。

（3）具有其他专业相应学历或学位的人员，从事工程造价业务工作年限相应增加 1 年。

3. 考试科目设置

二级造价工程师职业资格考试设《建设工程造价管理基础知识》《建设工程计量与计价实务》2 个科目。其中，《建设工程造价管理基础知识》为基础科目，《建设工程计量与计价实务》为专业科目。

二级造价工程师职业资格考试分 2 个半天。《建设工程造价管理基础知识》科目的考试时间为 2.5 小时，《建设工程计量与计价实务》为 3 小时。

具有以下条件之一的，参加二级造价工程师考试可免考基础科目：

（1）已取得全国建设工程造价员资格证书；

（2）已取得公路工程造价人员资格证书（乙级）；

（3）具有经专业教育评估（认证）的工程管理、工程造价专业学士学位的大学本科毕业生。

申请免考部分科目的人员在报名时应提供相应材料。

4. 二级造价工程师注册执业管理制度

经批准注册的申请人，由各省、自治区、直辖市住房城乡建设、交通运输、水利行政主管部门核发《中华人民共和国二级造价工程师注册证》（或电子证书）。

二级造价工程师主要协助一级造价工程师开展相关工作，可独立开展以下具体工作：

（1）建设工程工料分析、计划、组织与成本管理，施工图预算、设计概算编制；

（2）建设工程量清单、最高投标限价、投标报价编制；

（3）建设工程合同价款、结算价款和竣工决算价款的编制。

造价工程师不得同时受聘于两个或两个以上单位执业，不得允许他人以本人名义执业，严禁“证书挂靠”。出租出借注册证书的，依据相关法律法规进行处罚；构成犯罪的，依法追究刑事责任。

造价工程师在工作中，必须遵纪守法，恪守职业道德和从业规范，诚信执业，主动接受有关主管部门的监督检查，加强行业自律。

住房城乡建设部、交通运输部、水利部共同建立健全造价工程师执业诚信体系，制定相关规章制度或从业标准规范，并指导监督信用评价工作。

在线答题

建设工程
造价概论

任务二 工程量清单及清单计价报表

资源合集

1.2.1 工程量清单

一、工程量清单概念

1. 工程量清单的概念

工程量清单是指建设工程的分部分项项目、措施项目、其他项目、规费项目和税金项目的名称和相应数量等的明细清单。工程量清单是由具有编制能力的招标人或受其委托具有相应资质的工程造价咨询人，依据《建设工程工程量清单计价规范》(GB 50500—2013)，国家或省级、行业建设主管部门颁发的计价依据和办法，招标文件的有关要求，设计文件，与建设工程项目有关的标准、规范、技术资料，招标文件及其补充通知、答疑纪要，施工现场情况、工程特点及常规施工方案相关资料进行编制。采用工程量清单方式招标，工程量清单必须作为招标文件的组成部分，其准确性和完整性由招标人负责。

工程量清单应由分部分项工程量清单、措施项目清单、其他项目清单、规费项目清单、税金项目清单组成。

2. 工程量清单的作用

工程量清单是工程量清单计价的基础，其作用主要表现在：

(1) 工程量清单是编制工程预算或招标人编制招标控制价的依据；

(2) 工程量清单是供投标者报价的依据；

(3) 工程量清单是确定和调整合同价款的依据；

(4) 工程量清单是计算工程量以及支付工程款的依据；

(5) 工程量清单是办理工程结算和工程索赔的依据。

3. 相关术语

(1) 项目编码。项目编码应采用十二位阿拉伯数字表示。一至九位应按规范附录的规定设置，十至十二位应根据拟建工程的工程量清单项目的名称设置，同一招标工程的项目编码不得有重码。

项目编码以五级编码用十二位阿拉伯数字表示。一、二、三、四级为全国统一编码；第五级编码由工程量清单编制人区分具体工程的清单项目特征而分别编码。各级编码代表的含义如下：

① 第一级表示专业工程代码(分二位)；

② 第二级表示附录分类顺序码(分二位)；

③ 第三级表示分部工程顺序码(分二位)；

④ 第四级表示分项工程名称顺序码(分三位)；

⑤ 第五级表示具体清单项目顺序码(分三位)。

(2) 项目特征。指对构成工程实体的分部分项工程量清单项目和非实体的措施清单项目,反映其自身价值的特征而进行的描述。其目的是为了更加准确地规范工程量清单计价中对分部分项工程量清单项目、措施项目的特征描述,便于准确地组建综合单价。

工程量清单项目特征描述的重要意义在于:

① 用于区分计价规范中同一清单条目下各个具体的清单项目;

② 是工程量清单项目综合单价准确确定的前提;

③ 是履行合同义务、减少造价争议的基础。

(3) 综合单价。指完成一个规定计量单位的分部分项工程量清单项目或措施清单项目所需的人工费、材料费、施工机械使用费、企业管理费和利润,以及一定范围内的风险费用。

(4) 措施项目。指为完成工程项目施工,发生于该工程施工准备和施工过程中的技术、生活、安全、环境保护等方面的非工程实体项目。措施项目清单中的安全文明施工费应按照国家或省级、行业建设主管部门的规定计价,不得作为竞争性费用。

(5) 暂列金额。指招标人在工程量清单中暂定并包括在合同价款中的一笔款项,用于施工合同签订时尚未确定或者不可预见的所需材料、设备、服务的采购,施工中可能发生的工程变更、合同约定调整因素出现时的工程价款调整以及发生的索赔、现场签证确认等的费用。暂列金额包括在合同价之内,但并不直接属承包人所有,而是由发包人暂定并掌握使用的一笔款项。

(6) 暂估价。指招标人在工程量清单中提供的用于支付必然发生但暂时不能确定价格的材料单价以及专业工程的金额。

(7) 计日工。指在施工过程中完成发包人提出的施工图纸以外的零星项目或工作,按合同中约定的综合单价计价。它包括两个含义:一是计日工的单价由投标人通过投标报价确定;二是计日工的数量按发包人发出的计日工指令的数量确定。

(8) 现场签证。指发包人现场代表与承包人现场代表就施工过程中涉及的责任事件所做的签认证明。

(9) 招标控制价。指招标人根据国家或省级、行业建设主管部门颁发的有关计价依据和办法,按设计施工图纸计算的,对招标工程限定的最高工程造价。其作用是招标人对招标工程的最高限价,其实质是通常所称的“标底”。2013 版计价规范为避免与招标投标法关于标底必须保密的规定相违背,统一定义为“招标控制价”。

(10) 总承包服务费。指总承包人为配合协调发包人进行的工程分包,对自行采购的设备、材料等进行管理、提供相关服务以及施工现场管理、竣工资料汇总整理等服务所需的费用。

二、工程量清单的编制

(一) 分部分项工程量清单编制

1. 分部分项清单包括的内容

分部分项工程量清单应包括项目编码、项目名称、项目特征、计量单位和工程量。

(1) 项目编码。2013 计价规范规定同一招标工程的项目编码不得有重码。当同一标段(或合同段)的一份工程量清单中含有多个单位工程且工程量清单是以单位工程为编制对象时,应特别注意对项目编码十至十二位的设置不得有重号的规定。例如一个标段(或合同段)的工程量清单中含有三个单位工程,每一单位工程中都有项目特征相同的实心砖墙砌体,在工程量清单中又需反映三个不同单位工程的实心砖墙砌体工程量时,则第一个单位工程的实心砖墙的项目编码应为 010401003001,第二个单位工程的实心砖墙的项目编码应为 010401003002,第三个单位工程的实心砖墙的项目编码应为 010401003003,并分别列出各单位工程实心砖墙的工程量。

(2) 项目名称。分部分项工程量清单的项目名称应按附录项目名称结合拟建工程的实际确定,编制工程量清单出现附录未包括的项目,编制人应作补充,并报省级或行业工程造价管理机构备案,省级或行业工程造价管理机构应汇总报往住房和城乡建设部标准定额研究所。补充项目的编码由附录的顺序码与 B 和三位阿拉伯数字组成,并应从×B001 起顺序编制,同一招标工程的项目不得重码。工程量清单中需附有补充项目的名称、项目特征、计量单位、工程量计算规则和工程内容。

(3) 项目特征。分部分项工程量清单项目特征应按附录中规定的项目特征,结合技术规范、标准图集、施工图纸,按照工程结构、使用材质及规格或安装位置等,予以详细而准确的表述和说明。凡项目特征中未描述到的其他独有特征,由清单编制人视项目具体情况确定,以准确描述清单项目为准。对计量计价没有实质影响的内容可不描述,无法准确描述的内容可不详细描述。

(4) 计量单位。分部分项工程量清单的计量单位应按附录的规定的计量单位确定。

计量单位应采用基本单位,除各专业另有特殊规定外,均按以下单位计算:

① 以重量计算的项目——吨或千克(t 或 kg);

② 以体积计算的项目——立方米(m^3);

③ 以面积计算的项目——平方米(m^2);

④ 以长度计算的项目——米(m);

⑤ 以自然计量单位计算的项目——个、套、块、樘、组、台……

⑥ 没有具体数量的项目——系统、项……

(5) 工程内容。工程内容是指完成该清单项目可能发生的具体工程,可供招标人确定清单项目和投标人投标报价参考。以建筑工程的砖墙为例,可能发生的具体工程有砂浆制作、材料运输、砖砌、勾缝等。

凡工程内容中未列全的其他具体工程,由投标人按照招标文件或图纸要求编制以完成清单项目为准,综合考虑到报价中。

(6) 工程数量的计算应按附录中规定的工程量计算规则计算。

2. 分部分项工程量清单的标准格式

分部分项工程量清单是指表明拟建工程的全部分项实体工程名称和相应数量,编制时应避免漏项、错项,分部分项工程量清单与计价表格式如表 1.2－1 所示,在分部分项工程量清单的编制过程中,由招标人负责前六项内容填列,金额部分在招标控制价或投标报价时填列。

表1.2-1　分部分项工程量清单与计价表

工程名称：　　　　　　　　　　　　　　　　　　　　　　　　　　　　　第　页　共　页

序号	项目编码	项目名称	项目特征描述	计量单位	工程量	金额/元		
						综合单价	合价	其中：暂估价
本页小计								
合计								

分部分项工程量清单的编制应注意以下问题：

(1) 分部分项工程量清单的项目名称应按附录的项目名称结合拟建工程的项目实际确定。分部分项工程量清单编制时，以附录中的分项工程项目名称为基础，考虑该项目的规格、型号、材质等特征要求，结合拟建工程的实际情况，使其工程量清单项目名称具体化、细化，能够反映影响工程造价的主要因素。

(2) 项目编码按照计量规则的规定编制具体项目编码。即在计量规则九位全国统一编码之后，增加三位具体项目编码。

(3) 项目名称按照计量规则的项目名称，结合项目特征中的描述，根据不同特征组合确定该具体项目名称。项目名称应表达详细、准确。

(4) 计量单位按照计量规则中的相应计量单位确定。

(5) 工程数量按照计量规则中的工程量计算规则计算，其精确度按下列规定：如以"t"为单位，保留小数点后三位，第四位小数四舍五入；以"m^3""m^2""m"为单位，应保留两位小数，第三位小数四舍五入；以"个""项"等为单位的，应取整数。

(二) 措施项目清单编制

1. 措施项目清单的编制规则

措施项目分为"通用措施项目"和"专业工程措施项目"。

有些非实体项目是可以计算工程量的项目，典型的是混凝土浇筑的模板工程，与完成的工程实体具有直接关系，并且是可以精确计量的项目，用分部分项工程清单的方式采用综合单价，更有利于措施费的确定和调整。

不能计算工程量的项目清单，以"项"为计量单位进行编制。若出现清单计价规范中未列的项目，可根据工程实际情况补充。

2. 措施项目清单编制注意问题

措施项目清单的编制考虑多种因素，除工程本身的因素外，还涉及水文、气象、环境、安全等因素：

(1) 参考拟建工程的施工组织设计，以确定环境保护、安全文明施工、材料的二次搬运等项目；

(2) 参阅施工技术方案，以确定夜间施工、大型机械设备进出场及安拆、混凝土模板与支架、脚手架、施工排水、施工降水、垂直运输机械等项目；

(3) 参阅相关的工程施工规范和工程验收规范，以确定施工技术方案没有表述，但是为了实现施工规范与工程验收规范要求而必须发生的技术措施；

(4) 确定招标文件中提出的某些必须通过一定的技术措施才能实现的要求；

(5) 确定设计文件中一些不足以写进技术方案，但是要通过一定的技术措施才能实现的内容。

(三) 其他项目清单编制

其他项目清单宜按照下列内容列项：暂列金额、暂估价(包括材料暂估价、专业工程暂估价)、计日工、总承包服务费。

(1) 暂列金额是招标人在工程量清单中暂定并包括在合同价款中的一笔款项。用于施工合同签订时尚未确定或者不可预见的所需材料、设备、服务的采购，施工中可能发生的工程变更、合同约定调整因素出现时的工程价款调整以及发生的索赔、现场签证确认等的费用。

(2) 暂估价是招标人在工程量清单中提供的用于支付必然发生但暂时不能确定的材料单价以及专业工程的金额。

(3) 计日工是在施工过程中，完成发包人提出的施工图纸以外的零星项目或工作，按合同中约定的综合单价计价。

(4) 总承包服务费是总承包人为配合协调发包人进行的工程分包自行采购的设备、材料等进行管理、服务以及施工现场管理、竣工资料汇总整理等服务所需的费用。

(四) 规费、税金项目清单

规费项目清单应按照下列内容列项：工程排污费、社会保险费(包括养老保险费、失业保险费、医疗保险费、工伤保险费、生育保险费)和住房公积金。出现规范未列的项目，应根据省级政府或省级有关权力部门的规定列项。

税金项目清单应包括营业税、城市维护建设税、教育费附加和地方教育费附加。

微课

工程量清单报表组成

三、工程量清单报表的组成

工程量清单报表主要由以下几部分组成，具体可参考二维码中工程案例。主要报表如下：

1. 工程量清单封面
2. 总说明
3. 分部分项工程和单价措施项目清单与计价表(分部分项工程量清单)
4. 总价措施项目清单与计价表(总价措施项目量清单)
5. 其他项目清单与计价汇总表(其他项目清单)
6. 规费、税金项目清单与计价表(规费、税金项目清单)

工程案例

工程量清单

1.2.2　工程量清单计价

一、招标控制价

1. 招标控制价的概念

招标控制价是指招标人根据国家或省级、行业建设主管部门颁发的有关计价依据和办法,按设计施工图纸计算,对招标工程限定的最高工程造价,其作用是招标人对招标工程的最高限价。

2. 招标控制价的适用原则

2013 计价规范规定:“国有资金投资的工程建设项目应实行工程量清单招标,并应编制招标控制价。招标控制价超过批准的概算时,招标人应将其报原概算审批部门审核。投标人的投标报价高于招标控制价的,其投标应予以拒绝。”

3. 招标控制价的编制依据

(1) 2013 计价规范;

(2) 国家或省级、行业建设主管部门颁发的计价定额和计价办法;

(3) 建设工程设计文件及相关资料;

(4) 招标文件中的工程量清单及有关要求;

(5) 与建设项目相关的标准、规范、技术资料;

(6) 工程造价管理机构发布的工程造价信息;工程造价信息没有发布的参照市场价;

(7) 其他的相关资料。

4. 江苏省对招标控制价编制的规定

江苏省建设工程造价管理总站和建设工程招标投标办公室印发的《关于明确招标控制价和招标价调整系数范围有关问题的通知》[苏建价站(2009) 2 号],依据江苏实际情况,对编制招标控制价作了如下规定:

(1) 在编制招标控制价时,消耗量水平、人工工资单价、有关费用标准按省级建设主管部门颁发的计价表(定额)和计价办法执行;材料价格按工程所在地造价管理机构发布的市场指导价取定(市场指导价没有的按市场信息价或市场咨询价);措施项目费用考虑工程所在地常用的施工技术和施工方案计取。

(2) 为了使招标控制价更好地反映建筑市场价格,各市可根据本地实际情况确定是否设置“建设工程招标价调整系数”(以下简称“招标价调整系数”)。确定设置招标价调整系数的市,由市造价管理机构和招投标监管机构共同发布招标价调整系数范围,招标人在该范围内确定招标价调整系数。

在确定招标价调整系数时,应综合考虑暂列金额、暂估价、甲供材料占总造价的比例。暂列金额、暂估价、甲供材料价格以及安全文明施工措施费、规费和税金费率标准不得调整。

(3) 招标控制价公布的时间和内容要求。招标控制价应当在招标时公布。发给投标人的招标控制价应当包括费用汇总表、清单与计价表、材料价格表、相关说明以及招标价调整系数的取值,可以不提供“分部分项工程量清单综合单价分析表”与“措施项目清单费用分析表”。

招标人(或委托中介服务机构)应当在招标控制价发给投标人的 3 天内将招标控制价有关资料报送工程所在地造价管理机构备查。备查资料应包括招标文件中工程造价计价条款、工程量清单、招标控制价成果文件等。

(4) 招标控制价异议处理。投标人对招标人公布的招标控制价有异议时,应当在开标 7 日前向招标人书面提出,招标人应当及时核实。经核实确有错误的,招标人应当调整招标控制价,在开标 5 日前通知所有投标人,并补报送造价管理机构备查。

投标人对招标人公布的核实结果仍有异议的,应当在开标 3 日前向工程所在地招投标监管机构提交书面投诉。由招投标监管机构会同造价管理机构对投诉进行处理，发现确有错误的，责成招标人修改。

（5）招标控制价编制人。招标控制价应由具有编制能力的招标人，或受其委托具有相应资质的工程造价咨询人编制。

二、招标控制价报表组成

微课

招标控制价报表组成

招标控制价报表主要由以下几部分报表组成，可参考二维码中工程案例。主要报表如下：

1. 招标控制价封面
2. 总说明
3. 单位工程招标控制价汇总表
4. 分部分项工程和单价措施项目清单与计价表
5. 总价措施项目清单与计价表
6. 其他项目清单与计价汇总表
7. 分部分项工程量清单综合单价分析表
8. 措施项目清单分析表
9. 规费、税金项目清单与计价表
10. 承包人提供主要材料和工程设备一览表

工程案例

招标控制价

三、工程投标报价

（一）投标报价的概念

投标报价是指施工企业根据招标文件及有关计算工程造价的资料，在工程预算造价计算的基础上，再考虑投标策略以及各种影响工程造价的因素，然后提出投标报价。投标报价又称为标价。标价是工程施工投标的关键。

（二）投标报价的实质内涵

投标单位的投标报价应根据本施工企业的管理水平、装备能力、技术力量、劳动效率、技术措施及本企业的定额（即施工定额），计算出由本企业完成该工程的预计直接费，再加上实际可能发生的一切间接费，即实际预测的工程成本，根据投标中竞争的情况，进行盈亏分析，确定利润和考虑适当的风险费，作出竞争决策的原则之后，最后提出报价书。因此，对一个招标工程，各施工企业的投标报价是不同的，因为每个施工企业的素质和经营管理水平不同。所以说，投标报价可以反映每个施工企业的水平的高低。如果一个施工企业的组织、经营和管理水平高，则工程成本低，报价就富有竞争力。

（三）2013计价规范对投标价的规定

1. 实行工程量清单招标的，投标报价应遵循的原则

（1）投标价由投标人自主确定，但不得低于成本；

（2）投标价应由投标人或受其委托具有相应资质的工程造价咨询人编制；

（3）投标人应按招标人提供的工程量清单填报价格，除投标人自行补充的措施项目外，投标报价的项目编码、项目名称、项目特征、计量单位、工程量必须与招标人提供的一致；

（4）投标总价应当与分部分项工程费、措施项目费、其他项目费和规费、税金的合计金

额一致。

2. 投标价编制的一般规定

(1) 分部分项工程费应按招标文件中分部分项工程量清单项目的特征描述确定综合单价计算。综合单价中应考虑招标文件中要求投标人承担的风险费用。招标文件中提供了暂估单价的材料,按暂估的单价计入综合单价。

(2) 投标人可根据工程实际情况结合施工组织设计,对招标人所列的措施项目进行增补。措施项目费应根据招标文件中的措施项目清单及投标时拟定的施工组织设计或施工方案按规范的规定自主确定。

(3) 其他项目费应按下列规定报价:

① 暂列金额应按招标人在其他项目清单中列出的金额填写;

② 材料暂估价应按招标人在其他项目清单中列出的单价计入综合单价;专业工程暂估价应按招标人在其他项目清单中列出的金额填写;

③ 计日工按招标人在其他项目清单中列出的项目和数量,自主确定综合单价并计算计日工费用;

④ 总承包服务费根据招标文件中列出的内容和提出的要求自主确定。

(四) 报价方法与策略

1. 不平衡报价法(又称前重后轻法)

(1)“早收钱”的不平衡报价。

(2)“多收钱”的不平衡报价。

2. 多方案报价法

对于一些招标文件,如果发现工程范围不很明确、条款不清楚或很不公正、技术规则要求过于苛刻时,则要在充分估计投标风险的基础上,按多方案报价法处理,即是按原招标文件报一个价,然后再提出:“如某条款(如某规范规定)作某些变动,报价可降低多少……”

3. 增加建议方案

有时招标文件中规定,可以提一个建议方案,即是可以修改原设计方案,提出投标者自己的设计方案。

4. 突然降价法

突然降价法是指在投标最后截止时间内,采取突然降价的手段,确定最终报价的方法。报价是一件保密的工作,但是对手往往会通过各种渠道、手段来刺探情报,因此用此法可以在报价时迷惑竞争对手。即先按一般情况报价或表现出自己对该工程兴趣不大,到快要投标截止时,才采取突然降价。

5. 先亏后盈法

有的投标方为了打进某一地区,依靠某国家、某财团和自身的雄厚资本实力,采取一种不惜代价,只求中标的低价报价方案。应用这种手法的投标方必须有较好的资信条件,并且提出的实施方案也要先进可行,同时,要加强对公司情况的宣传,否则即使标价低,采购方也不一定选中。如果遇到其他承包商也采取这种方法,则不一定与这类承包商硬拼,而努力争取第二、第三标,再依靠自己的经验和信誉争取中标。

四、投标报价报表组成

投标报价报表组成,除报表封面外,其他表格形式与招标控制价报表相同,具体可参考二维码中的工程案例。主要报表如下：

1. 投标报价封面
2. 总说明
3. 单位工程投标报价汇总表
4. 分部分项工程和单价措施项目清单与计价表
5. 总价措施项目清单与计价表
6. 其他项目清单与计价汇总表
7. 分部分项工程量清单综合单价分析表
8. 措施项目清单分析表
9. 规费、税金项目清单与计价表
10. 承包人提供主要材料和工程设备一览表

微课

投标报价报表组成

工程案例

投标报价

五、江苏省贯彻计价规范的相关规定与做法

（一）严格执行2013版计价规范和计算规范

（1）2013版计价规范和计算规范作为国家标准，规范了工程建设各方的计价行为，统一了建设工程计价文件的编制原则和计价方法。工程建设各方在建设工程计价管理活动中应严格执行2013版计价规范和计算规范。

（2）国有资金投资的建设工程项目以及依法必须招标的非国有资金投资建设工程项目，必须采用工程量清单计价，严格执行2013版计价规范和计算规范。

（3）工程造价文件的编制与审核（核对）应由具有相应资格的工程造价专业人员承担。接受委托从事建设工程造价咨询活动的企业应具有相应的工程造价咨询资质。招标代理机构可以在其资格等级范围内从事其代理招标的建设工程项目的工程量清单与招标控制价的编制工作。

（4）国有资金投资的建设工程招标，招标人必须编制招标控制价。招标控制价作为最高投标限价，应按照2013版计价规范和计算规范的规定编制，不应上调或下浮。各市不再发布招标控制价调整系数。

招标人应在发布招标文件时公布招标控制价，同时应将招标控制价及有关资料报工程所在地工程造价管理机构备案。公布的招标控制价文件应包括2013版计价规范规定的除表-09“综合单价分析表”以外的所有招标控制价使用表格。投标人对招标控制价有异议的，应向招标人提出；招标人不答复或对招标人答复不满意时，投标人可按规定程序向工程所在地造价管理机构投诉。

（5）建设工程发承包，招标文件、施工合同中有关工程计价的条款应根据2013版计价规范的要求制订。实行工程量清单计价的建设项目应采用单价合同。

招标文件、施工合同必须明确计价中的风险内容及其范围，不得采用无限风险、所有风险或类似语句规定计价中的风险内容及其范围。在风险因素中，国家法律、法规、规章和政策变化，省级建设行政主管部门发布的建设工程人工工资指导价调整，实行政府定价管理的水、电、燃油、燃气价格调整，应由发包人承担。在招标文件备案时，招投标监管机构发现风险条款设置不合理的，应责令修改。

（6）在办理施工合同备案时，建设行政主管部门发现施工合同中合同形式、风险范围、价款调整等条款与招标文件不一致时,应责令改正。

(7) 2013 版计价规范和计算规范中以黑体字标志的强制性条文必须严格执行。

(二) 对 2013 版计价规范和计算规范中有关内容的明确和调整

1. 2013 版计价规范

(1) 发包人提供的材料和工程设备(以下简称甲供材料)应在招标文件中按照 2013 版计价规范附录 L.1 的规定填写《发包人提供材料和设备一览表》,写明甲供材料的名称、规格、单价、交货方式、交货地点等。未写明交货方式和交货地点的,视为甲供材料运送至施工现场指定地点并由发包人承担甲供材料的卸力费用。

投标人投标时,甲供材料的名称、规格、单价、交货方式、交货地点等必须与招标工程量清单一致。甲供材料价格应计入相应项目的综合单价中,数量由投标人根据自身的施工技术和管理水平自主确定。

(2) 承包双方应在施工合同专用条款中约定甲供材料价款扣除的价格、时间以及领料量超出或少于所报数量时价款的处理办法。没有约定时,按下述原则执行:

① 结算时甲供材料应按发包人采购材料的加权平均价格(含采购保管费)计入相应项目的综合单价中。承包人退还甲供材料价款时,应按甲供材料实际采购价格(含采购保管费)除以 1.01,退给发包人(1%作为承包人的现场保管费)。

② 领料量超出承包人在投标文件中所报数量时,超出部分的甲供材料由承包人按照发包人采购材料的加权平均价格支付给发包人;领料量少于承包人在投标文件中所报数量时,节余部分的甲供材料归承包人。

(3) 对 2013 版计算规范中未列的措施项目,招标人可根据建设工程实际情况进行补充。对招标人所列的措施项目,投标人可根据工程实际与施工组织设计进行增补,但不应更改招标人已列措施项目。结算时,除工程变更引起施工方案改变外,承包人不得以招标工程措施项目清单缺项为由要求新增措施项目。

(4) 因工程变更造成施工方案变更,引起措施项目发生变化时,措施项目费的调整,合同有约定的,按合同执行。合同中没有约定的按下列原则调整:单价措施项目变更原则同分部分项工程;总价措施项目中以费率报价的,费率不变;总价项目中以费用报价的,按投标时口径折算成费率调整;原措施费中没有的措施项目,由承包人提出适当的措施费变更要求,经发包人确认后调整。

(5) 暂列金额不宜超过分部分项工程费的 10%。招标工程量清单中暂估价材料的单价由招标人给定,材料单价中应包括场外运输与采购保管费。“专业工程暂估价”中不包含规费和税金。暂估价的专业工程达到依法必须招标的标准时,须通过招标确定承包人。

2. 2013 版计算规范

(1) 各专业计算规范的共性规定。

① 由于实际招标工程形式多样,为了便于操作,同一单位工程的项目编码不得有重复,不强制要求同一招标工程的项目编码不得重复。

② 计算规范中工程量计算规则表述不明确时,可以参照江苏省各专业计价定额的工程量计算规则,并且应在工程量清单编制总说明中明确。

③ 挖沟槽、基坑、一般土方因工作面和放坡增加的工程量并入各土方工程量中。

④ 采用预拌混凝土(包括屋面、地面细石混凝土)及预拌砂浆时,应在项目特征中描述

或在清单编制说明中明确。

⑤ 除市政工程外，现浇混凝土模板不与混凝土合并，在措施项目中列项。市政工程现浇混凝土模板包含在相应的混凝土的项目中。

预制混凝土的模板包含在相应预制混凝土的项目中。

⑥ 单价措施项目中，大型机械设备进出场及安拆计量单位调整为项，项目特征可不描述。

(2) 建筑与装饰工程专业计算规范分部分项工程部分。

① 010401003 实心砖墙、010401004 多孔砖墙、010401005 空心砖墙、010402001 砌块墙、010403003 石墙项目工程量计算规则中“(2)内墙：…算至楼板顶；有框架梁时算至梁底”调整为“(2)内墙：…算至楼板底；有框架梁时算至梁底”。

② 桩的工程量计算规则中，桩长不包含超灌部分长度，超灌在清单综合单价中考虑。

③ 010404001、010501001 垫层工程量计算规则中增加：“其中外墙基础垫层长度按外墙中心线长度计算，内墙基础垫层长度按内墙基础垫层净长计算。”

④ 钢筋连接除机械连接、电渣压力焊接头单独列清单外，其他连接接头费用不单独列清单，在钢筋清单综合单价中考虑。钢筋搭接、锚固长度按照按满足设计图示(规范)的最小值计入钢筋清单工程量中。

增补 010516004 钢筋电渣压力焊接头：

项目编码	项目名称	项目特征	计量单位	工程量计算规则	工作内容
010516004	钢筋电渣压力焊接头	钢筋种类、规格	个	按数量计算	1. 接头清理； 2. 焊接固定

在线答题

工程量清单及清单计价报表

任务三 工程造价的编制原理

资源合集

1.3.1 工程定额

微课

工程定额

一、工程定额的概念

（一）工程定额概念

工程定额是指正常施工条件下，生产合格的单位建筑工程产品所必须消耗的人工、材料、机械台班及资金消耗的平均数量标准。

（二）工程定额作用

我国经济体制改革的目标模式是建立社会主义市场经济体制。定额既不是计划经济的产物，也不是与市场经济相悖的体制改革对象。在工程建设中，定额的主要作用主要体现在以下几个方面。

(1) 节约社会劳动和提高生产效率的作用。

(2) 定额有利于建筑市场公平竞争。

(3) 定额是对市场行为的规范。

(4) 工程建设定额有利于完善市场的信息系统。

（三）工程定额的特点

1. 真实性和科学性

工程建设定额的科学性，首先表现在用科学的态度制定定额；其次表现在制定定额的技术方法上，利用现代科学管理的成就形成一套系统的、完整的、在实践中行之有效的方法；第三，表现在定额制定和贯彻的一体化，制定是为了提供贯彻的依据，贯彻是为了实现管理的目标，也是对定额的信息反馈。

2. 系统性和统一性

工程建设定额是相对的独立系统，是由多种定额结合而成的有机系统。工程定额的统一性按照其影响力和执行范围来看，有全国统一定额、地区统一定额和行业统一定额等。

3. 稳定性和时效性

地区和部门定额稳定时间一般为3～5年，国家定额为5～10年，都有一个相对稳定的执行期。

定额是变化的，既有稳定性，也有时效性。当原有定额不能适应生产发展时，定额授权部门根据新的情况对定额进行修订和补充。

二、工程定额的分类

工程定额是工程建设中各类定额的总称。它包括多种定额，可以按照不同的分类方法对它进行科学的分类。

（一）工程建设定额按其反应的生产要素消耗的内容分类

1. 劳动消耗定额

劳动消耗定额简称劳动定额，也称人工消耗量定额，是指完成一定数量的合格产品（工程实体或劳务）规定活劳动消耗的数量标准。劳动定额主要表现形式是时间定额，但同时也表现为产量定额。

时间定额亦称工时定额，是指在一定的生产技术和生产组织条件下，完成单位合格产品或完成一定工作任务所必须消耗的时间。定额包括基本工作时间、辅助工作时间、准备与结束时间、必须休息时间以及不可避免的中断时间。

时间定额以“工日”为单位，如工日/m、工日/m^2、工日/m^3、工日/t 等。每一个工日工作时间按 8 个小时计算。

产量定额是指在一定的生产技术和生产组织条件下，在单位时间（工日）内所应完成合格产品的数量。产量定额的计量单位是以产品的单位计算，如 m/工日、m^2/工日、m^3/工日、t/工日等。

时间定额和产量定额之间的关系是互为倒数关系，即

$$时间定额=\frac{1}{产量定额} \tag{1.3-1}$$

2. 机械台班定额

机械台班消耗定额，是指在正常的施工、合理的劳动组合和合理使用施工机械的条件下，生产合格的单位产品所必需的一定品种、规格施工机械作业时间的消耗标准。机械台班消耗定额以台班为单位，每一台班按 8 小时计算。

机械台班消耗定额的表达形式，有时间定额和产量定额两种。

机械时间定额是指在正常的施工条件下，某种机械生产合格单位产品所必须消耗的台班数量。

机械台班产量定额是指某种机械在合理的施工组织和正常施工的条件下，单位时间内完成合格产品的数量。

机械时间定额和机械台班产量定额互为倒数关系，即：

$$机械时间定额=\frac{1}{机械台班产量定额} \tag{1.3-2}$$

3. 材料消耗定额

材料消耗定额，简称材料定额，是指在合理和节约使用材料的前提下，生产单位合格产品所必须消耗的建筑材料（半成品、配件、燃料、水、电）的数量标准。

（二）工程建设定额按其用途分类

1. 施工定额

施工定额是具有合理劳动组织的建筑安装工人小组在正常施工条件下完成合格的单位产品所需人工、机械、材料消耗的数量标准。它根据专业施工的作业对象和工艺制定。施工定额反映企业的施工水平。

这是施工企业（建筑安装企业）组织生产和加强管理在企业内部使用的一种定额，属于

企业生产定额的性质。它由劳动定额、机械定额和材料定额 3 个相对独立的部分组成,为了适应组织生产和管理的需要,施工定额的项目划分很细,是工程建设定额中分项最细、定额子目最多的一种定额,也是工程建设定额中的基础性定额。在预算定额的编制过程中,施工定额的劳动、机械、材料消耗的数量标准,是计算预算定额中劳动、机械、材料消耗数量标准的重要依据。

施工定额的作用:

(1) 施工定额是企业计划管理的依据。施工定额在企业计划管理方面的作用,表现在它既是企业编制施工组织设计的依据,也是企业编制施工作业计划的依据。

(2) 施工定额是组织和指挥施工生产的有效工具。企业组织和指挥施工是按照作业计划通过下达施工任务书和限额领料单来实现的。

(3) 施工定额是计算工人劳动报酬的依据。施工定额是衡量工人劳动数量和质量,提供成果和效益的标准。所以,施工定额是计算工人工资的依据。这样才能做到完成定额好的,工资报酬就多;达不到定额的,工资报酬就会减少。真正实现多劳多得,少劳少得的社会主义分配原则。

(4) 施工定额有利于推广先进技术。

(5) 施工定额是编制施工预算、加强企业成本管理的基础。

施工定额的水平:

(1) 施工定额的水平直接反映劳动生产率水平,反映劳动和物质消耗水平。施工定额水平和劳动生产率水平变动方向一致,与劳动和物质消耗水平变动方向相反。

(2) 施工定额的理想水平是平均先进水平,是指在正常的施工条件下大多数施工队组和工人经过努力能够达到和超过的水平,低于先进水平,略高于平均水平。

2. 预算定额

预算定额,是规定消耗在质量合格的单位工程基本构造要素上的人工、材料和机械台班的数量标准,是计算建筑安装产品价格的基础。所谓基本构造要素,即通常所说的分项工程和结构构件。这是在编制施工图预算时,计算工程造价和计算工程中劳动,机械台班、材料需要量所使用的定额。预算定额是一种计价性的定额,在工程建设定额中占有很重要的地位。从编制程序看,预算定额是概算定额的编制基础。

预算定额的用途和作用:

(1) 预算定额是编制施工图预算、确定建筑安装工程造价的基础;

(2) 预算定额是编制施工组织设计的依据;

(3) 预算定额是工程结算的依据;

(4) 预算定额是施工单位进行经济活动分析的依据;

(5) 预算定额是编制概算定额的基础;

(6) 预算定额是合理编制招标控制价、投标报价的基础。

3. 概算定额

概算定额是在相应预算定额的基础上,根据有代表性的设计图纸和有关资料,经过适当综合、扩大以及合并而成的,是介于预算定额和概算指标之间的一种定额。

概算定额规定了完成一定计量单位的建筑扩大结构构件、分部工程或扩大分项工程所需人工、材料、机械消耗和费用的数量标准。例如砖基础概算定额项目,就是以砖基础为主,综合了挖地槽、砌砖基础、铺设防潮层、回填土及运土等预算定额中的分项工程项目。这是编制扩大初步设计概算时，计算和确定工程概算造价，计算劳动、机械台班、材料需要量所使用的定额。它的项目划分粗细与扩大初步设计的深度相适应。它一般是预算定额的综合扩大。

概算定额的作用：

(1) 概算定额是编制概算的依据；

(2) 概算定额是设计方案比较的依据；

(3) 概算定额是编制概算指标和投资估算指标的依据；

(4) 实行工程总承包时，概算定额也可作为投标报价参考。

4. 概算指标

概算指标是比概算定额综合、扩大性更强的一种定额指标。它是以每 100 m^2 建筑面积或 1 000 m^3 建筑体积(构筑物以座)为计算单位规定出人工、材料、机械消耗数量标准或定出每万元投资所需人工、材料、机械消耗数量及造价的数量标准；是在三阶段设计的初步设计阶段，编制工程概算，计算和确定工程的初步设计概算造价，计算劳动、机械台班、材料需要量时所采用一种定额。这种定额的设定和初步设计的深度相适应，一般是在概算定额和预算定额的基础上编制的，比概算定额更加综合扩大。概算指标是控制项目投资的有效工具，所提供的数据也是计划工作的依据和参考。

概算指标的作用：

(1) 概算指标是编制投资估价和控制初步设计概算、工程概算造价的依据；

(2) 概算指标是设计单位进行设计方案的技术经济分析、衡量设计水平、考核投资效果的标准；

(3) 概算指标是建设单位编制基本建设计划、申请投资贷款和主要材料计划的依据。

5. 投资估算指标

投资估算指标是在投资估算阶段编制项目建议书和可行性研究报告书中投资估算的依据，是对建设项目全面的技术性与经济性论证的依据。

它是在项目建议书和可行性研究阶段编制投资估算、计算投资需要量时使用的一种定额。它非常概略，往往以独立的单项工程或完整的工程项目为计算对象。它的概略程度与可行性研究阶段相适应。投资估算指标往往根据历史的预、决算资料和价格变动等资料编制，但其编制基础仍然离不开预算定额、概算定额。

投资决策过程各阶段对投资估算的误差率如下：

(1) 规划阶段(机会研究)投资估算误差率：±30%；

(2) 项目建议书阶段(初步可行性研究)投资估算误差率：±20%；

(3) 可行性研究阶段投资估算误差率：±10%；

(4) 评审阶段(含项目评估)投资估算误差率：±10%以内。

投资估算的作用：

(1) 投资估算是主管部门审批建设项目的主要依据，也是银行评估拟建项目投资贷款的依据。工程投资估算是工程方案设计招标的一部分，是立项、初步设计的重要经济指标。

(2) 投资估算是建设项目的投资估算、业主筹措资金、银行贷款及项目建设期造价管理和控制的重要依据。

(3) 在工程项目初步设计阶段,为了保证不突破可行性研究报告批准的投资估算范围,需要进行多方案的优化设计,实行按专业切块进行投资控制。因此编好投资估算,正确选择技术先进和经济合理的设计方案,为施工图设计打下坚实可靠的基础,才能最终使项目总投资的最高限额不被突破。

(4) 项目投资估算的正确与否,也直接影响到对项目生产期所需的流动资金和生产成本的估算,并对项目未来的经济效益(盈利、税金)和偿还贷款能力的大小也具有重要作用。

(三) 工程建设定额按其适用目的分类

1. 建筑工程定额;2. 设备安装工程定额;3. 建筑安装工程费用定额;4. 工器具定额;5. 工程建设其他费用定额。

(四) 工程建设定额按主编单位和执行范围分类

1. 全国统一定额;2. 行业统一定额;3. 地区统一定额;4. 企业定额;5. 补充定额。

1.3.2 预算定额的组成与应用

拓展资料

预算定额

一、预算定额的组成

预算定额是重要的工程计价依据之一,是确定一定计量单位质量合格的分项工程或结构构件的人工、材料和施工机械台班消耗量的数量标准。除此之外还包括工程内容、施工方法、质量和安全等方面的要求。常见的计价定额主要有预算定额、概算定额或概算指标。在实行工程量清单计价方式后,主要计价定额是按各专业机构制定的计价定额。目前江苏省工程计价定额主要采用《江苏省建筑与装饰工程计价定额》。工程造价人员必须熟悉其内容和相关规定,并且掌握其使用方法。

(一) 预算定额的作用

预算定额的作用主要体现在以下几个方面:

(1) 确定工程造价,编制招标控制价,确定投标报价;

(2) 企业编制计划,科学组织和管理施工的重要依据;

(3) 企业计算劳动报酬与奖励的依据;

(4) 企业提高劳动生产率,降低工程成本,进行经济分析,成本核算的重要工具;

(5) 企业总结经验,改进工作方法,提高企业竞争力的重要手段。

(二) 预算定额的组成

不同版本的预算定额在具体内容上不尽相同,但是其基本组成内容是相同的,以《江苏省建筑与装饰工程计价定额》(2014)为例,主要由目录、总说明、分部分项工程说明及相应的工程量计算规则、定额项目表及有关附录组成。

1. 定额总说明

定额总说明主要说明各分部工程的共性问题和有关的统一规定,对各章都起作用。定额总说明主要包括预算定额的编制目的、适用范围、主要作用,以及一些必须说明的共性问题和使用方法等。

2. 目录

目录主要包括1～24章及9个附录。第1～18章为一般工业与民用建筑的工程实体项目，第19～24章为单价措施项目。

3. 分部分项工程说明

该部分主要介绍了分部工程所包括的主要项目内容，编制中有关问题的说明，定额允许换算和不得换算及允许增减系数的一些规定，特殊情况的处理方法等。它是预算定额的重要组成部分，是执行定额和进行工程量计算的基础，必须全面掌握。

4. 工程量计算规则

工程量计算规则是依附于每个分部分项工程的，是计算每个分项工程量的计算依据。它详细规定了计算分部分项工程量的计量单位、数据要求和计算方法，它是与预算定额紧密相关的规定性文件，必须严格执行。

5. 定额项目表

定额项目表是预算定额的主要组成部分，一般由工作内容（分项说明）、定额单位、项目表和附注组成。

6. 定额附录（附表）

预算定额的最后部分是附录（附表），它是配合定额使用的不可缺少的重要组成部分，主要包括混凝土及钢筋混凝土构件模板、钢筋含量表，机械台班预算单价取定表，各种半成品配合比表（混凝土、特种混凝土配合比表；砌筑砂浆、抹灰砂浆、其他砂浆配合比表；防腐耐酸砂浆配合比表），主要建筑材料预算价格取定表，抹灰分层厚度及砂浆种类表，主要材料、半成品损耗率取定表以及常用钢材理论重量及形体公式计算表等。

二、预算定额的应用

根据预算定额计算拟建工程分部分项工程费用时，首先应根据预算定额划定的定额项目进行工程量的计算，然后在预算定额上查找相应的定额项目，将已经计算出来的工程量乘以定额项目的单价，得到该分项工程所需合价。

另外，还要注意定额中用语和符号的含义，如定额中的“以内”“以下”包括其本身，“以外”“以上”不包括其本身。

在预算定额的套用过程中，主要有以下三种情况。

（一）定额的直接套用

工程项目的设计要求、作法说明、技术特征和施工方法等与定额内容完全相符，且工程量计算单位与定额计量单位相一致，可以直接套用定额。如果部分特征不相符必须进行仔细核对，进一步理解定额，这是正确使用定额的关键。

（二）定额的换算

工程作法要求与定额内容不完全相符合，而定额又规定允许调整换算的项目，应根据不同情况进行调整换算。消耗量定额在编制时，对那些设计和施工中变化多，影响工程量和价差较大的项目，定额均留有活口，允许根据实际情况进行调整和换算。调整换算必须按定额规定进行。

定额的调整换算可以分为配合比调整、按比例调整、乘系数调整等。掌握定额的调整换算方法，是对造价员的基本要求之一。

1. 配合比换算

例 1.3-1 M10 水泥砂浆砌砖基础,求换算后综合单价。

解:第一步:确定定额编号:"4-1 换"。

第二步:查出原 4-1 综合单价:406.25 元。

定额砂浆用量:0.242 m^3

换出 M5 水泥砂浆单价:180.37 元/m^3

换入 M10 水泥砂浆单价:191.53 元/m^3

第三步:换算后价格=原定额基价+换入费用-换出费用

=406.25+0.242×(191.53-180.37)

换算后材料的消耗量=分项定额材料消耗量+配合比材料定额用量×(换入配合比材料原料单位用量-换出配合比材料原料单位用量)。

例 1.3-2 M10 水泥砂浆砌砖基础,求人工、材料、机械需用量。

解:第一步:确定定额编号:"4-1 换"。

第二步:计算主要工料机消耗量。

人工消耗量=1.2 工日/m^3

标准砖用量=5.22 百块/m^3

M5 水泥砂浆用量=0.242 m^3

查"砌筑砂浆配合比表"得

每 m^3 砂浆水泥用量 M5 需 A kg/m^3 水泥

M10 需 B kg/m^3

原(M5)定额水泥耗量为:0.242 m^3×A kg/m^3

换后(M10)水泥用量=0.242×B kg/m^3

灰浆拌和机 200 L 台班消耗量=0.048 台班/m^3。

2. 按比例换算

例 1.3-3 试确定 1∶2 水泥砂浆 18 厚楼面的综合单价。

解:第一步:查定额。

13-22 水泥砂浆楼地面 20 mm 单价 165.31 元

13-23 厚度每增减 5 mm 单价 30.35 元

第二步:按比例换算。

[13-22]单价-[13-23]增减单价×0.4=165.31-30.35×0.4=153.17(元)。

3. 乘系数换算

乘系数换算主要包括定额中人、材、机消耗量的指标换算和工程量系数的换算。

4. 其他换算

其他换算包括直接增加工料法和实际材料用量换算。

(三) 消耗量定额的补充

当设计图纸中的项目,在定额中没有的,可以作临时性的补充。补充的方法一般有两种:

1. 定额代换法

定额代换法即利用性质相似、材料大致相同,施工方法又很接近的定额项目,将类似项目分解套用或考虑(估算)一定系数调整使用。此种方法一定要在实践中注意观察和测定，合理确定系数，保证定额的精确性，也为以后新编定额项目做准备。

2. 定额编制法

材料用量按图纸的构造做法及相应的计算公式计算，并加入规定的损耗率。人工及机械台班使用量，可按劳动定额、机械台班使用定额计算，材料用量按实际确定或经有关技术和定额人员讨论确定；然后乘以人工日工资单价、材料预算价格和机械台班单价，即得到补充定额基价。

图片

人材机单价

1.3.3 人工、材料、机械台班单价的确定

一、人工单价

人工单价即预算人工工日单价，又称人工工资标准或工资率。合理确定人工工资标准，是正确计算人工费和工程造价的前提和基础。

人工工日单价是指一个建筑工人一个工作日在预算中应计入的全部人工费用，是指一个建筑安装工人一个工作日在预算中应计入的全部人工费用。

工作日，是指一个工人工作一个工作天，按我国劳动法的规定，一个工作日的工作时间为 8 小时。简称"工日"。

目前我国的人工单价均采用综合人工单价的形式，即根据综合取定的不同工种、不同技术等级的工人的人工单价以及相应的工时比例进行加权平均所得的、能够反映工程建设中生产工人一般价格水平的人工单价。根据我国现行的有关工程造价的费用划分标准，人工单价的费用组成如下：

(1) 计时工资或计件工资。指按计时工资标准和工作时间或对已做工作按计件单价支付给个人的劳动报酬。

(2) 奖金。指对超额劳动和增收节支支付给个人的劳动报酬。如节约奖、劳动竞赛奖等。

(3) 津贴补贴。指为了补偿职工特殊或额外的劳动消耗和因其他特殊原因支付给个人的津贴，以及为了保证职工工资水平不受物价影响支付给个人的物价补贴。如流动施工津贴、特殊地区施工津贴、高温(寒)作业临时津贴、高空津贴等。

(4) 加班加点工资。指按规定支付的在法定节假日工作的加班工资和在法定日工作时间外延时工作的加点工资。

(5) 特殊情况下支付的工资。指根据国家法律、法规和政策规定，因病、工伤、产假、计划生育假、婚丧假、事假、探亲假、定期休假、停工学习、执行国家或社会义务等原因按计时工资标准或计时工资标准的一定比例支付的工资。

二、机械台班单价

目前，我国施工机械台班单价由七项费用组成，包括折旧费、大修理费、经常修理费、安拆费及场外运费、燃料动力费、人工费、车船使用税等。

(1) 折旧费。指施工机械在规定的使用年限内，陆续收回其原值及购置资金的时间价值。

台班折旧费=[机械预算价格×(1-净残值率)]÷耐用总台班数

耐用总台班数=折旧年限×年工作台班

(2) 大修理费。指施工机械按规定的大修理间隔台班进行必要的大修理,以恢复其正常功能所需的费用。

台班大修理费=(一次大修理费×大修次数)÷耐用总台班数

(3) 经常修理费。指施工机械除大修理以外的各级保养和临时故障排除所需的费用。

(4) 安拆费及场外运费。安拆费指施工机械在现场进行安装与拆卸所需的人工、材料、机械和试运转费用以及机械辅助设施的折旧、搭设、拆除等费用;场外运费指施工机械整体或分体自停放地点运至施工现场或由一施工地点运至另一施工地点的运输、装卸、辅助材料及架线等费用。

(5) 人工费。指机上司机(司炉)和其他操作人员的工作日人工费及上述人员在施工机械规定的年工作台班以外的人工费。

(6) 燃料动力费。指施工机械在运转作业中所消耗的固体燃料(煤、木柴)、液体燃料(汽油、柴油)及水、电等。

(7) 车船使用税。指施工机械按照国家规定和有关部门规定应缴纳的车船使用税、保险费及年检费等。

三、材料单价

材料单价是指材料从其来源地或交货地点,经中间转运,到达施工工地仓库或施工现场堆放地点的平均出库价格。

工程施工中所用的材料按其消耗的不同性质,可分为非周转性消耗材料和周转性消耗材料两种类型。非周转性消耗材料是指在工程施工中直接消耗并构成工程实体的材料,如砌筑砖墙所用的砖、浇筑混凝土构件所用的水泥等;而周转性消耗材料是指在工程施工中周转使用,并不构成工程实体的材料,如搭设脚手架所用的钢管、浇筑混凝土构件所用的模板等。由于非周转性消耗材料和周转性消耗材料的消耗性质不同,所以其单价的概念和费用构成均不尽相同。

非周转性材料的单价是指通过施工单位的采购活动到达施工现场时的材料价格,该价格的大小取决于材料从其来源地到达施工现场过程中所需发生费用的多少。从该费用的构成看,一般包括采购该材料时所支付的货价(或进口材料的抵岸价)、材料的运杂费和采购保管费用等费用因素。

由于周转性材料不是一次性消耗的,所以其消耗的形式一般为按周转次数进行分摊。其摊销量由两部分组成:一部分为周转性材料经过一次周转的损失量;另一部分为周转性材料按周转总次数的摊销量。对于经过一次周转的损失量,由于其消耗形式与非周转性材料的消耗形式一样,所以其价格的确定也与非周转性材料一样;对于按周转总次数摊销的周转性材料,如果将其一次摊销量乘以相应的采购价格即得该周转性材料按周转总次数计提的折旧费。即使是采用企业自备的周转性材料来装备工程,在为工程估价而确定企业自备的周转性材料的单价时也应该以周转性材料的租赁单价为基础加以确定。

材料费占整个建筑工程直接费的比重很大。材料费是根据材料消耗量和材料单价计算出来的。因此,正确确定材料单价有利于提高预算质量,促进企业加强经济核算和降低工程成本。

(一) 非周转性材料单价

1. 非周转性材料单价的组成

建筑材料、构件、成品及半成品的预算价格由四种费用因素组成,即材料原价、运杂费、运输损耗费和采购保管费。

① 材料原价。

② 材料运杂费。

③ 运输损耗费=(①+②)×费率。

④ 采购及保管费=(①+②+③)×费率。

材料预算价格=①+②+③+④。

2. 非周转性材料单价的确定

(1) 材料原价的确定。

材料原价通常是指材料的出厂价、市场采购价或批发价;材料在采购时,如不符合设计规格要求,而必须经加工改制的,其加工费及加工损耗率应计算在该材料原价内;进口材料应以国际市场价格加上关税、手续费及保险费等构成材料原价,也可按国际通用的材料抵岸价为原价。

在确定材料的原价时,同一种材料因产地、供应单位的不同有几种原价的,应根据不同来源地的供应数量比例,采用加权平均计算其原价。

(2) 材料运杂费。

材料运杂费指材料由来源地或交货地运至施工工地仓库或堆放处的全部过程中所支付的一切费用,包括车船等的运输费、调车或驳船费、装卸费及合理的运输损耗费。

材料运杂费通常按外埠运杂费与市内运杂费两段计算。材料运输费在材料单价中占有较大的比重,为了降低运输费用,应尽量就地取材,就近采购,缩短运输距离,并选择合理的运输方式。

运输费应根据运输里程、运输方式等分别按铁路、公路、船运、空运等部门规定的运价标准计算。有多个来源地的材料运输费应根据供应比重加权平均计算。

(3) 运输损耗费。

(4) 材料采购保管费。

材料采购保管费是指材料部门在组织采购、供应和保管材料过程中所需要的各项费用,包括各级材料部门的职工工资、职工福利费、劳动保护费、差旅交通费以及材料部门的办公费、固定资产使用费、工具用具使用费、材料试验费、材料储存损耗等。可用下式表示:

材料采购保管费=(材料原价+运杂费)×采购保管费率

采购保管费率一般为2%,其中采购费率和保管费率各1%。

(5) 检验试验费。

例 1.3-4　白石子这种地方材料,经货源调查后确定,甲方可供30%,原价82.5元/吨,乙厂可供25%,原价81.66元/吨,丙厂可供10%,原价83.2元/吨,丁厂可供35%,原价80.80元/吨。

甲丙两厂为水路运输,甲厂运距60 km,丙厂运距67 km,运费0.35元/km·t,装卸费2.8元/吨,驳船费1.3元/吨,途中损耗2.5%,乙、丁两厂为汽车运输,运距分别为50 km和58 km,运费0.4元/km·t,调运费1.35元/吨,装卸费2.3元/吨,途中损耗3%,材料包装费为10元/吨,采购保管费率2.5%,试计算白石子材料单价。

解:(1) 材料原价(91.75)。

① 82.5×30%+81.66×25%+83.2×10%+80.80×35%=81.75(元/吨)

② 材料包装费=10(元/吨)

(2) 运杂费(25.6)。

① 运费(60×30%+67×10%)×0.35+(50×25%+58×35%)×0.4=21.77(元/吨)

② 装卸费(30%+10%)×2.8+(25%+35%)×2.3=2.5(元/吨)

③ 驳船费和调运费(30%+10%)×1.3+(25%+35%)×1.35=1.33(元/吨)

(3) 途中损耗(3.29)。

损耗率=(30%+10%)×2.5%+(25%+35%)×3%=2.8%

(91.75+25.6)×2.8%=3.29(元/吨)

(4) 采保费。

(91.75+25.6+3.29)×2.5%=3.02(元/吨)

所以白石子的材料单价为:(1)+(2)+(3)+(4)=123.66(元/吨)。

(二) 周转性材料单价的确定

1. 周转性材料单价的构成

周转性材料单价由两部分组成,第一部分即周转性材料经一次周转的损失量,其单价的概念及组成均与非周转性材料的单价相同。第二部分即按占用时间来回收投资价值的方式,其相应的单价应该以周转性材料租赁单价的形式表示,而确定周转性材料租赁单价时必须考虑如下费用:一次性投资或折旧、购置成本、贷款利息、管理费、日常使用及保养费和周转性材料出租人所要求的收益率。

2. 影响周转性材料租赁单价的因素

(1) 周转性材料的采购方式。

施工企业如果决定采购周转性材料而不是临时租用,则可在众多的采购方式中选择一种方式进行购买,不同的采购方式带来不同的资金流量,从而影响周转性材料租赁单价的大小。

(2) 周转性材料的性能。

周转性材料的性能决定周转性材料可用的周转次数、使用中的损坏情况、需要修理的情况等状况,而这些状况直接影响周转性材料的使用寿命及在其寿命期内所需的修理费用、日常使用成本(如给钢模板上机油等)和到期的残值。

(3) 市场条件。

市场条件主要是指市场的供求及竞争条件,市场条件直接影响周转性材料出租率的大小、周转性材料出租单位的期望利润水平的高低等。

(4) 银行利率水平及通货膨胀率。

银行利率水平的高低直接影响着资金成本的大小及资金时间价值的大小,如果银行利率水平高,则资金的折现系数大,在此条件下如需保本则需达到更大的内部收益率,而如要达到更高的内部收益率则必须提高租赁单价。通货膨胀即货币贬值,其贬值的速度(比率)

即为通货膨胀率，如果通货膨胀率高，则为了不受损失就要以更高的收益率扩大货币的账面价值，而如要达到更高的内部收益率则必须提高租赁单价。

(5) 折旧的方法。

折旧的方法有直线折旧法、余额递减折旧法、定额存储折旧法等不同的种类，同一种周转性材料以不同的方法提取折旧，其每次计提的费用是不同的。

(6) 管理水平及有关政策上的规定。

不同的管理水平有不同的管理费用，管理费用的大小取决于不同的管理水平。有关政策上的规定也能影响租赁单价的大小，如规定的税费、按规定必须办理的保险费等。

3. 周转性材料租赁单价的确定

与施工机械租赁单价的确定方法一样，周转性材料租赁单价的确定一般也有两种方法，一种是静态的方法，另一种是动态的方法。

(1) 静态方法。不考虑资金时间价值的方法，其计算租赁单价的基本思路是，首先根据租赁单价的费用组成，计算周转性材料在单位时间里所必须发生的费用总和作为该周转性材料的边际租赁单价(即仅成本的单价)，然后增加一定的利润即成确定的租赁单价。

(2) 动态方法。在计算租赁单价时考虑资金时间价值的方法，一般可以采用"折现现金流量法"来计算考虑资金时间价值的租赁单价。

1.3.4　建筑工程消耗量的确定

一、人工消耗量的确定

人工消耗量定额，是指某一工人或工作小组为完成一定计量单位分项工程或结构构件所需消耗的各种用工量或时间。

(一) 人工消耗量定额的确定方法

1. 定额法

定额法是根据施工定额确定消耗量的一种方法，是由各个工序劳动定额包括的基本用工和其他用工两部分组成。

基本用工是指完成单位合格产品所必须消耗的技术工种用工，是完成定额计量单位的主要用工。

其他用工通常包括超运距用工、辅助用工和人工幅度差。超运距用工是指劳动定额中已经包括的材料，半成品场内水平搬运距离与预算定额所考虑的现场材料半成品堆放地点的水平搬运距离之差。辅助用工是指技术工种劳动定额内不包括而在预算定额内又必须考虑的用工。

人工幅度差是指在劳动定额中未包括而在正常的施工情况下不可避免但又很难准确计量的用工和各种工时损失，包括以下几个方面：

(1) 各工种间的工序搭接及交叉作业相互配合或影响所发生的停歇用工；

(2) 施工机械在单位工程之间转移及临时水电线路移动所造成的停工；

(3) 质量检查和隐蔽工程验收工作的影响；

(4) 班组操作地点转移用工；

(5) 工序交接时对前一工序不可避免的修整用工；

(6) 施工中不可避免的其他零星用工。

人工幅度差计算公式如下：

人工幅度差=(基本用工+辅助用工+超运距用工)×人工幅度差系数 (1.3-3)

综上所述，人工工日消耗量的计算公式如下：

人工工日消耗量=基本用工+其他用工
=基本用工+超运距用工+辅助用工+人工幅度差
=(基本用工+超运距用工+辅助用工)×(1+人工幅度差系数)
(1.3-4)

2. 技术测定法

技术测定法是一种细致的科学调查研究方法，是在深入施工现场的条件下，根据施工过程合理先进的技术条件、组织条件和施工方法，对施工过程各工序工作时间的各个组成部分进行实地观测，分别测定每一工序的工时消耗，通过测定的资料进行分析计算，并参考以往数据经过科学整理分析以制定定额的一种方法。

技术测定法有较充分的科学技术依据，制定的定额比较合理先进，有较强的说服力。但是，这种方法工作量较大，这使它的应用受到一定限制。它一般用于产品数量大且品种少、施工条件比较正常、施工时间长、经济价值大的施工过程。通过技术测定法，对工人的工作时间进行测定与分析如图1.3-1所示。

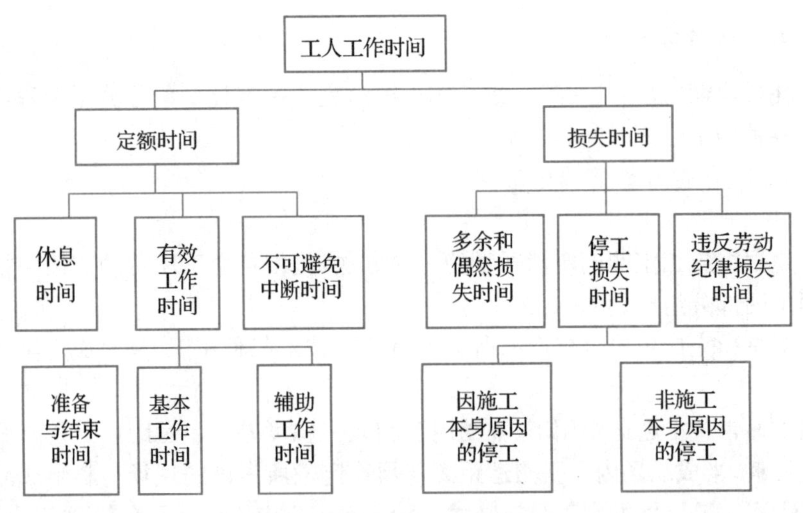

图1.3-1　工人工作时间分析表

通过分析，得出如下计算公式：

人工消耗量定额=基本工作时间+辅助工作时间+准备与结束工作时间+不可避免中断时间+休息时间 (1.3-5)

工序作业时间=基本工作时间+辅助工作时间 (1.3-6)

规范时间=准备与结束工作时间+不可避免的中断时间+休息时间 (1.3-7)

$$\begin{aligned}\text{工序作业时间}&=\text{基本工作时间}+\text{辅助工作时间}\\&=\text{基本工作时间}/(1-\text{辅助时间}\%)\end{aligned} \tag{1.3-8}$$

3. 经验估计法

一般是根据老工人、施工技术员和定额员的实践经验，并参考有关的技术资料，结合施工图纸、施工工艺、施工技术组织条件和操作方法等，通过座谈、分析讨论和综合计算的一种方法。

经验估计法技术简单，工作量小，速度快，在一些不便进行定量测定和定量统计分析的定额编制中有一定的优越性。缺点是人为因素较多，科学性、准确性较差。

4. 统计分析法

统计分析法是把过去一定时期内实际施工中的同类工程和生产同类产品的实际工时消耗和产品数量的统计资料，经过整理，结合当前生产技术组织条件，进行分析对比研究来制定定额的一种方法。所考虑的统计对象应该具有一定的代表性，应以具有平均先进水平的地区、企业、施工队伍的情况作为统计计算定额的依据。统计中要特别注意资料的真实性、系统性和完整性，确保定额的编制质量。统计计算法的优点是简单易行，工作量小。但要使统计分析法制定的定额有较好的质量，就应在基层健全原始记录与统计报表制度，并将一些不合理的虚假因素予以剔除。

5. 比较类推法

比较类推法，又称典范定额法，是以精确测定好的同类型工序或产品的定额，经过分析推出同类中相邻工序或产品定额的方法。

比较类推法简单易行，工作量小，但往往会因对定额的时间构成分析不够，对影响因素估计不足，或者所选典型定额不当影响定额的质量。

（二）人工消耗量定额的计算

例 1.3-5　某一土方开挖工程，施工方案为：80%采用反铲挖土机挖土，液压推土机推土；20%采用人工清底，修边坡土工程量，现场测定数据如下。

人工连续作业挖 1 m^3 土方需要基本工作时间为 90 min，辅助工作时间、准备与结束工作时间、不可避免中断时间、休息时间分别占基本延续时间的 2%，2%，1.5%，20.5%，人工幅度差为 10%，试计算此土方开挖的人工消耗量定额。

解：计算每 1 m^3 土方人工开挖的工作延续时间：

$$90\div(1-2\%-2\%-1.5\%-20.5\%)=121.6(\text{min})$$

则时间定额为：

$$121.6\div(60\times8)=0.25(\text{工日}/m^3)$$

每 1 m^3 此土方开挖工程的人工消耗量为：

$$0.25\times(1+10\%)\times1\times20\%=0.055(\text{工日})$$

即消耗量时间定额为 0.055 工日/m^3。

例 1.3-6　某砌筑工程，工程量为 10 m^3，每 m^3 砌体需要基本用工 0.85 工日，辅助用工和超运距用工分别是基本用工的 25%和 15%，人工幅度差系数为 10%，则该砌筑工程的人工工日消耗量是(　　)工日。

解:人工工日消耗量＝基本用工＋其他用工

＝基本用工＋超运距用工＋辅助用工＋人工幅度差。

＝(基本用工＋超运距用工＋辅助用工)×(1＋人工幅度差系数)

＝[0.85＋0.85×(25%＋15%)]×(1＋10%)×10

＝0.85×1.4×1.1×10

＝13.09(工日)。

在线答题

工程定额

例 1.3－7 某砌砖班组20名工人,砌筑某住宅楼1.5砖混水外墙(机吊)需要5天完成,时间定额为1.25工日/m^3,试确定班组完成的砌筑体积及产量定额。

解:产量定额$=\frac{1}{时间定额}=\frac{1}{1.25}=0.8$($m^3$/工日)

砌筑的总工日数＝20工日/天×5天＝100(工日)

则砌筑体积＝100工日×0.8 m^3/工日＝80(m^3)。

例 1.3－8 某工程需砌筑170 m^3一砖混水内墙,每天有14名专业工人进行砌筑,试计算完成该工程的定额施工天数。

解:查询《江苏省建筑与装饰工程计价定额》4－41,标准砖砌一砖内墙时间定额为1.32(工日/m^3)。

完成砌筑需要的总工日数＝170×1.32＝224.4(工日),

则需要的施工天数＝224.4÷14＝16.03≈17(天)。

二、机械台班消耗量的确定

我国机械消耗定额是以一台机械一个工作班为计量单位,所以又称为机械台班定额。机械消耗定额是指为完成一定合格产品(工程实体或劳务)所规定的施工机械消耗的数量标准。机械消耗定额的主要表现形式是机械时间定额,但同时也以产量定额表现。

机械台班消耗定额的应用机械台班定额《全国建筑安装工程统一劳动定额》中,是一个单机作业的定额定员人数(台班工日)完成的台班产量和时间定额来表示的。其表现形式为:

$$\frac{时间定额}{台班定额} 或 \frac{时间定额}{台班产量}\times 台班工日 \tag{1.3-9}$$

机械台班消耗量定额的编制步骤:

(1) 拟定机械工作的正常条件;

(2) 确定机械1 h纯工作的正常生产率;

(3) 确定施工机械的正常利用系数;

(4) 确定施工机械台班产量定额及时间定额。

例 1.3－9 轮胎式起重机吊装大型屋面板,机械纯工作1 h的正常生产率为13.32块,工作班8 h内实际工作时间为7.2 h,求产量定额和时间定额。

解:(1) 计算机械正常利用系数

机械正常利用系数＝7.2/8＝0.9

(2) 计算机械台班产量定额

轮胎式起重机台班产量定额＝13.32＊8＊0.9＝96(块/台班)

(3) 计算机械台班时间定额

轮胎式起重机台班时间定额＝1/96＝0.01(台班/块)

三、材料消耗量的确定

材料消耗定额，简称材料定额，是指在合理和节约使用材料的前提下，生产合格的单位产品所必须消耗的建筑材料(半成品、配件、燃料、水、电)的数量标准。

根据施工生产材料消耗工艺要求，建筑安装材料分为非周转性材料和周转性材料两大类。

非周转性材料亦称直接性材料，它是指在建筑工程施工中，一次性消耗并直接构成工程实体的材料，如砖、砂、石、钢筋、水泥等。周转性材料是指在施工过程中能多次使用、周转的工具型材料，如各种模板、活动支架、脚手架、支撑等。

直接构成建筑安装工程实体的材料称为材料净耗量。

不可避免的施工废料和施工操作损耗称为材料损耗量。

材料的消耗量由材料的净耗量和材料损耗量组成。其关系如下：

$$\text{材料消耗量}=\text{材料净耗量}+\text{材料损耗量}$$

$$\text{材料损耗率}=\frac{\text{材料损耗量}}{\text{材料净用量}}\times 100\% \tag{1.3-10}$$

则

$$\text{材料的消耗量}=\text{材料的净用量}\times(1+\text{损耗率}) \tag{1.3-11}$$

(一) 非周转性材料消耗定额的制定

通常采用现场观测法、试验室实验法、统计分析法和理论计算法等方法来确定建筑材料净耗量、损耗量。

理论计算法是根据图纸、施工规范及材料规格，运用一定的理论计算公式制定材料消耗定额的方法。主要适用于计算按件论块的现成制品材料，如砖砌体、块料面层等。

(1) 每一立方米砖砌体材料消耗量的计算公式如下：

$$\text{砖净用量(块)}=\frac{\text{墙厚砖数}\times 2}{\text{墙厚}\times(\text{砖长}+\text{灰缝})\times(\text{砖厚}+\text{灰缝})} \tag{1.3-12}$$

$$\text{砖的消耗量}=\text{砖的净用量}\times(1+\text{损耗率}) \tag{1.3-13}$$

$$\text{砂浆消耗量}(m^3)=(1-\text{砖净用量}\times\text{每块砖体积})\times(1+\text{损耗率}) \tag{1.3-14}$$

式中，每块标准砖体积：0.24 m×0.115 m×0.053 m＝0.001 462 8 m^3，灰缝为 0.01 m。

墙厚砖数见表 1.3－1。

表 1.3－1　墙厚砖数

墙厚砖数	$\frac{1}{2}$	$\frac{3}{4}$	1	$1\frac{1}{2}$	2
墙厚/m	0.115	0.178	0.24	0.365	0.49

例 1.3－10　计算 1 砖半标准砖外墙每立方米，砖与砂浆损耗率均为 1%，计算砌体中砖和砂浆的消耗量。

解：砖净用量$=\frac{1.5\times 2}{[0.365\times(0.24+0.01)]\times(0.053+0.01)}=522$(块)

砖的消耗量＝砖的净用量×(1＋损耗率)＝522×(1＋1%)≈528(块)

砂浆消耗量(m^3)＝(1－砖净用量×每块砖体积)×(1＋损耗率)

＝(1－522×0.24×0.115×0.053)×(1＋1%)＝0.239(m^3)

(2) 100 m^2 料面层材料消耗量计算。块料面层一般指瓷砖、锦砖、预制水磨石、大理石等。通常以 100 m^2 单位,其计算公式如下:

$$面层净用量=\frac{100}{(块料长+灰缝)\times(块料宽+灰缝)} \tag{1.3-15}$$

$$面层的消耗量=面层的净用量\times(1+损耗率) \tag{1.3-16}$$

例 1.3－11 彩色地面砖规格为 400×300 mm,灰缝 1 mm,其损耗率为 1.5%,试计 100 m^2 地面砖消耗量。

解:地面砖净用量$=\frac{100}{(0.4+0.001)\times(0.3+0.001)}=829$(块)

地面砖的消耗量＝面层的净用量×(1＋损耗率)＝829×(1＋1.5%)＝842(块)

(二) 周转性材料消耗定额的制定

周转性材料是指在施工过程中不是一次消耗完,而是多次使用、逐渐消耗、不断补充的周转工具性材料。对逐渐消耗的那部分应采用分次摊销的办法计入材料消耗量,进行回收。周转性材料消耗定额,应当按照多次使用,分期摊销方式进行计算。即周转性材料在材料消耗定额中,以摊销量表示。

现以钢筋混凝土模板为例,介绍周转性材料摊销量计算。

1. 现浇钢筋混凝土模板摊销量

(1) 材料一次使用量。

材料一次使用量是指为完成定额单位合格产品,周转性材料在不重复使用条件下的一次性用量,通常根据选定的结构设计图纸进行计算。

$$一次使用量=\frac{每\ 10\ m^3\ 混凝土和模板接触面积\times 每\ m^2\ 接触面积模板用量}{1-模板制作安装损耗率} \tag{1.3-17}$$

(2) 材料周转次数。

材料周转次数是指周转性材料从第一次使用起,可以重复使用的次数。一般采用现场观测法或统计分析法来测定材料周转次数,或查相关手册。

(3) 材料补损量。

材料补损量是指周转使用一次后由于损坏需补充的数量,也就是在第二次和以后各次周转中为了修补难于避免的损耗所需要的材料消耗,通常用补损率来表示。补损率的大小主要取决于材料的拆除、运输和堆放的方法以及施工现场的条件。在一般情况下,补损率要随周转次数增多而加大,所以一般采取平均补损率来计算。

$$补损率=\frac{平均损耗率}{一次使用量}\times 100\% \tag{1.3-18}$$

(4) 材料周转使用量。

材料周转使用量是指周转性材料在周转使用和补损条件下,每周转使用一次平均所需材料数量。一般应按材料周转次数和每次周转发生的补损量等因素，计算生产一定计算单位结构构件的材料周转使用量。

$$\begin{aligned}\text{周转使用量}&=\frac{\text{一次使用量}+\text{一次使用量}\times(\text{周转次数}-1)\times\text{补损率}}{\text{周转次数}}\\&=\text{一次使用量}\times\frac{1+(\text{周转次数}-1)\times\text{补损率}}{\text{周转次数}}\end{aligned} \tag{1.3-19}$$

(5) 材料回收量。

材料回收量是指在一定周转次数下，每周转使用一次平均可以回收材料的数量。

$$\begin{aligned}\text{回收量}&=\frac{\text{一次使用量}-\text{一次使用量}\times\text{补损率}}{\text{周转次数}}\\&=\text{一次使用量}\times\frac{1-\text{补损率}}{\text{周转次数}}\end{aligned} \tag{1.3-20}$$

(6) 材料摊销量。

周转性材料在重复使用条件下，应分摊到每一计量单位结构构件的材料消耗量。这是应纳入定额的实际周转性材料消耗数量。

$$\text{摊销量}=\text{周转使用量}-\text{回收量} \tag{1.3-21}$$

例 1.3－12　钢筋混凝土构造柱按选定的模板设计图纸，每 10 m^3 混凝土模板接触面 66.7 m^2，每 10 m^2 接触面积需木板材 0.375 m^3，模板的损耗率为 5%，周转次数 8 次，每次周转补损率 15%，试计算模板周转使用量、回收量及模板摊销量。

解：

$$\begin{aligned}\text{一次使用量}&=\frac{\text{每 10 m}^3\text{ 混凝土模板接触面积}\times\text{每 m}^2\text{ 接触面积使用量}}{1-\text{损耗率}}\\&=\frac{66.7\times0.375/10}{(1-5\%)}=2.633(\text{m}^3)\end{aligned}$$

$$\begin{aligned}\text{周转使用量}&=\text{一次使用量}\times\frac{1+(\text{周转次数}-1)\times\text{补损率}}{\text{周转次数}}\\&=2.633\times\frac{1+(8-1)\times15\%}{8}=0.675(\text{m}^3)\end{aligned}$$

$$\text{回收量}=\text{一次使用量}\times\frac{1-\text{补损率}}{\text{周转次数}}=2.633\times\frac{1-15\%}{8}=0.280(\text{m}^3)$$

$$\text{摊销量}=\text{周转使用量}-\text{回收量}=0.675-0.280=0.395(\text{m}^3)$$

2. 预制构件模板计算公式

预制构件模板，由于损耗很少，可以不考虑每次周转的补损率，按多次使用平均分摊的办法进行计算。

$$\text{摊销量}=\frac{\text{一次使用量}}{\text{周转次数}} \tag{1.3-22}$$

任务四
建筑安装工程费用构成

资源合集

项目引入

【项目一:建筑工程造价】

某 KP1 黏土多孔砖墙体工程,分部分项费合计 50 000 元。工程中材料暂估价为 2 000 元,专业工程暂估价为业主拟单独发包的彩色铝合金门窗各 100 m^2,其中门按 320 元/m^2,窗按 300 元/m^2暂列。建设方要求创建市级文明工地。脚手架费按 500 元计算,临时设施费费率 2%,环境保护税率 0.1%,税金费率 9%,社会保险费、公积金按营改增后 2014 费用定额相应费率执行(上述费用均为除税后费用,其他未列项目不计取,小数点后取两位,四舍五入)。请按一般计税法计算该项目的工程造价。

微课+拓展资料

建筑安装工程费用项目组成

1.4.1 建筑安装工程费用项目组成

1.4.1.1 任务相关知识点

在工程建设中,建筑安装工程是创造价值的生产活动。建筑安装工程费用作为建筑安装工程价值的货币表现,也被称为建筑安装工程造价。

为了适应工程计价改革工作的需要,国家建设部、财政部按照国家有关法律、法规,并参照国际惯例,于 2003 年 10 月制定了《建筑安装工程费用项目组成》(建标[2003]206 号),2003 年 2 月 17 日发布了《建设工程工程量清单计价规范》(GB 50500—2003),规定自 2003 年 7 月 1 日起实行,经过五年时间实施以来的经验,针对执行中存在的问题,修订了《建设工程工程量清单计价规范》(GB 50500—2008)。五年后,2013 版《建设工程工程量清单计价规范》于 2013 年 7 月 1 日起实施,原《建设工程工程量清单计价规范》(GB 50500—2008)同时废止。

同年 3 月 21 日,住房城乡建设部和财政部印发了建标[2013]44 号文件《关于〈建筑安装工程费用项目组成〉的通知》,原《建筑安装工程费用项目组成》(建标[2003]206 号)同时废止。

建筑安装工程费用可按费用构成要素和造价形成划分。其具体构成如图 1.4 - 1 所示。

一、按费用构成要素划分

建筑安装工程费按照费用构成要素划分:由人工费、材料(包含工程设备,下同)费、施工机具使用费、企业管理费、利润、规费和税金组成。其中人工费、材料费、施工机具使用费、企业管理费和利润包含在分部分项工程费、措施项目费、其他项目费中。

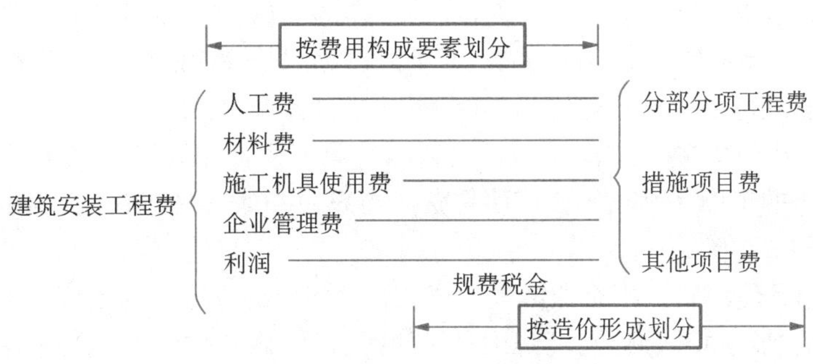

图 1.4－1 建筑安装工程费用项目构成

1. 人工费

人工费是指按工资总额构成规定，支付给从事建筑安装工程施工的生产工人和附属生产单位工人的各项费用。

为了完善建设工程人工单价市场机制，住建部发布了《住房城乡建设部关于加强和改善工程造价监管的意见》(建标[2017]209 号)，文件中提出改革计价依据中人工单价的计算方法，使其更加贴近市场，满足市场实际需要，扩大人工单价计算口径，将单价构成调整为工资、津贴、职工福利费、劳动保护费、社会保险费、住房公积金、工会经费、职工教育经费以及特殊情况下工资性费用。

2. 材料费

材料费是指施工过程中耗费的原材料、半成品、构配件、工程设备等的费用，以及周转材料等的摊销、租赁费用。

其中，工程设备是指构成或计划构成永久工程一部分的机电设备、金属结构设备、仪器装置及其他类似的设备和装置。计算材料费的基本要素是材料消耗量和材料单价，材料单价由材料原价、运杂费、运输损耗费、采购及保管费组成。当采用一般计税方法时，材料单价中的材料原价、运杂费等均应扣除增值税进项税额。

3. 施工机具使用费

施工机具使用费是指施工作业所发生的施工机械、仪器仪表使用费或其租赁费。

(1) 施工机械使用费。以施工机械台班耗用量乘以施工机械台班单价表示，施工机械台班单价由折旧费、检修费、维护费、安拆费及场外运费、人工费、燃料动力费和其他费用组成。当采用一般计税方法时，施工机械台班单价和仪器仪表台班单价中的相关子项均需扣除增值税进项税额。

(2) 仪器仪表使用费。指工程施工所需使用的仪器仪表的摊销及维修费用。

4. 企业管理费

企业管理费是指建筑安装企业组织施工生产和经营管理所需的费用。内容包括：

(1) 管理人员工资。指按规定支付给管理人员的计时工资、奖金、津贴补贴、加班加点工资及特殊情况下支付的工资等。

(2) 办公费。指企业管理办公用的文具、纸张、账表、印刷、邮电、书报、办公软件、现场监控、会议、水电、烧水和集体取暖降温(包括现场临时宿舍取暖降温)等费用。当采用一般计税方法时，办公费中增值税进项税额应扣除。

(3) 差旅交通费。指职工因公出差、调动工作的差旅费、住勤补助费,市内交通费和误餐补助费,职工探亲路费,劳动力招募费,职工退休、退职一次性路费,工伤人员就医路费,工地转移费以及管理部门使用的交通工具的油料、燃料等费用。

(4) 固定资产使用费。指管理和试验部门及附属生产单位使用的属于固定资产的房屋、设备、仪器等的折旧、大修、维修或租赁费。当采用一般计税方法时,固定资产使用费中增值税进项税额应扣除。

(5) 工具用具使用费。指企业施工生产和管理使用的不属于固定资产的工具、器具、家具、交通工具和检验、试验、测绘、消防用具等的购置、维修和摊销费。当采用一般计税方法时,工具用具使用费中增值税进项税额应扣除。

(6) 劳动保险和职工福利费。指由企业支付的职工退职金、按规定支付给离休干部的经费,集体福利费、夏季防暑降温、冬季取暖补贴、上下班交通补贴等。

(7) 劳动保护费。指企业按规定发放的劳动保护用品的支出,如工作服、手套、防暑降温饮料以及在有碍身体健康的环境中施工的保健费用等。

(8) 检验试验费。指施工企业按照有关标准规定,对建筑以及材料、构件和建筑安装物进行一般鉴定、检查所发生的费用,包括自设试验室进行试验所耗用的材料等费用;不包括新结构、新材料的试验费,对构件做破坏性试验及其他特殊要求检验试验的费用和建设单位委托检测机构进行检测的费用,对此类检测发生的费用,由建设单位在工程建设其他费用中列支。但对施工企业提供的具有合格证明的材料进行检测不合格的,该检测费用由施工企业支付。当采用一般计税方法时,检验试验费中增值税进项税额应扣除。

(9) 工会经费。指企业按《工会法》规定的全部职工工资总额比例计提的工会经费。

(10) 职工教育经费。指按职工工资总额的规定比例计提,企业为职工进行专业技术和职业技能培训,专业技术人员继续教育、职工职业技能鉴定、职业资格认定以及根据需要对职工进行各类文化教育所发生的费用。

(11) 财产保险费。指施工管理用财产、车辆等的保险费用。

(12) 财务费。指企业为施工生产筹集资金或提供预付款担保、履约担保、职工工资支付担保等所发生的各种费用。

(13) 税金。指企业按规定缴纳的房产税、非生产性车船使用税、土地使用税、印花税等。城市维护建设税、教育费附加以及地方教育附加等各项税费。

(14) 其他。包括技术转让费、技术开发费、投标费、业务招待费、绿化费、广告费、公证费、法律顾问费、审计费、咨询费、保险费等。

5. 利润

利润是指施工企业完成所承包工程获得的盈利。

6. 规费

规费是指按国家法律、法规规定,由省级政府和省级有关权力部门规定必须缴纳或计取的费用。包括:

(1) 社会保险费。

① 养老保险费。指企业按照规定标准为职工缴纳的基本养老保险费。

② 失业保险费。指企业按照规定标准为职工缴纳的失业保险费。

③ 医疗保险费。指企业按照规定标准为职工缴纳的基本医疗保险费。

④ 生育保险费。指企业按照规定标准为职工缴纳的生育保险费。根据“十三五”规划纲要，生育保险与基本医疗保险合并的实施方案已在12个试点城市行政区域进行试点。

⑤ 工伤保险费。指企业按照规定标准为职工缴纳的工伤保险费。

(2) 住房公积金。指企业按规定标准为职工缴纳的住房公积金。

(3) 环境保护税：依据《中华人民共和国环境保护税法实施条例》规定，从2018年1月1日起不再征收“工程排污费”，改征“环境保护税”，建设工程费用定额中的“工程排污费”名称相应调整为“环境保护税”。“环境保护税”仍按照工程造价中的规费计列，具体计列方法由各设区市建设行政主管部门根据本行政区域内环保和税务部门的规定执行。

其他应列而未列入的规费，按实际发生计取。

7. 税金

税金是指国家税法规定的应计入建筑安装工程造价的增值税，建筑安装工程费用中的增值税按税前造价乘以增值税税率确定。

2016年3月18日召开的国务院常务会议决定，自2016年5月1日起，中国将全面推开营改增试点，将建筑业、房地产业、金融业、生活服务业全部纳入营改增试点，至此，营业税退出历史舞台，增值税制度将更加规范。2017年10月30日，国务院常务会议通过《国务院关于废止〈中华人民共和国营业税暂行条例〉和修改〈中华人民共和国增值税暂行条例〉的决定(草案)》，标志着实施60多年的营业税正式退出历史舞台。

营业税改增值税，简称营改增，是指以前缴纳营业税的应税项目改成缴纳增值税。营改增的最大特点是减少重复征税，可以促使社会形成更好的良性循环，有利于企业降低税负。

增值税只对产品或者服务的增值部分纳税，减少了重复纳税的环节，是党中央、国务院根据经济社会发展新形势，从深化改革的总体部署出发做出的重要决策。目的是加快财税体制改革、进一步减轻企业赋税，调动各方积极性，促进服务业尤其是科技等高端服务业的发展，促进产业和消费升级、培育新动能、深化供给侧结构性改革。

二、按造价形成划分

建筑安装工程费按照工程造价形成由分部分项工程费、措施项目费、其他项目费、规费、税金组成，分部分项工程费、措施项目费、其他项目费包含人工费、材料费、施工机具使用费、企业管理费和利润。

1. 分部分项工程费

分部分项工程费是指各专业工程的分部分项工程应予列支的各项费用。

(1) 专业工程。指按现行国家计量规范划分的房屋建筑与装饰工程、仿古建筑工程、通用安装工程、市政工程、园林绿化工程、矿山工程、构筑物工程、城市轨道交通工程、爆破工程等各类工程。

(2) 分部分项工程。指按现行国家计量规范对各专业工程划分的项目，如房屋建筑与装饰工程划分的土石方工程、地基处理与桩基工程、砌筑工程、钢筋及钢筋混凝土工程等。

各类专业工程的分部分项工程划分见现行国家或行业计量规范。

2. 措施项目费

措施项目费是指为完成建设工程施工，发生于该工程施工前和施工过程中的技术、生活、安全、环境保护等方面的费用。其内容包括：

(1) 安全文明施工费。

① 环境保护费。指施工现场为达到环保部门要求所需要的各项费用。

② 文明施工费。指施工现场文明施工所需要的各项费用。

③ 安全施工费。指施工现场安全施工所需要的各项费用。

④ 临时设施费。指施工企业为进行建设工程施工所必须搭设的生活和生产用的临时建筑物、构筑物和其他临时设施费用,包括临时设施的搭设、维修、拆除、清理费或摊销费等。

(2) 夜间施工增加费。指因夜间施工所发生的夜班补助费、夜间施工降效、夜间施工照明设备摊销及照明用电等费用。

(3) 二次搬运费。指因施工场地条件限制而发生的材料、构配件、半成品等一次运输不能到达堆放地点,必须进行二次或多次搬运所发生的费用。

(4) 冬雨季施工增加费。指在冬季或雨季施工需增加的临时设施、防滑、排除雨雪,人工及施工机械效率降低等费用。

(5) 已完工程及设备保护费。指竣工验收前,对已完工程及设备采取的必要保护措施所发生的费用。

(6) 工程定位复测费。指工程施工过程中进行全部施工测量放线和复测工作的费用。

(7) 特殊地区施工增加费。指工程在沙漠或其边缘地区、高海拔、高寒、原始森林等特殊地区施工增加的费用。

(8) 大型机械设备进出场及安拆费。指机械整体或分体自停放场地运至施工现场或由一个施工地点运至另一个施工地点所发生的机械进出场运输及转移费用及机械在施工现场进行安装、拆卸所需的人工费、材料费、机械费、试运转费和安装所需的辅助设施的费用。

(9) 脚手架工程费。指施工需要的各种脚手架搭、拆、运输费用以及脚手架购置费的摊销(或租赁)费用。

(10) 混凝土模板及支架(撑)费:是混凝土施工过程中需要的各种钢模板、木模板、支架灯的支拆、运输费用及模板、支架的摊销(或租赁)费用。

(11) 垂直运输费:是指现场所用的材料、机具从地面运至相应高度以及职工人员上下工作面等所发生的运输费用。

(12) 超高施工增加费:是指当单层建筑物檐口高度超过 20 m,多层建筑物超过 6 层时,可计算超高施工增加费。

(13) 大型机械设备进出场及按拆费:是指机械整体或分体自停放场地运至施工现场或由一个施工地点运至另一个施工地点,所发生的机械进出场运输和转移费用及机械在施工现场进行安装、拆卸所需要的人工费、材料费、机具费、试运转费和安装所需的辅助设施的费用。

(14) 施工排水、降水费:是指将施工期间有碍施工作业和影响工程质量的水排到施工场地以外,以及防止在地下水位较高的地区开挖深基坑出现基坑浸水,地基承载力下降,在动水压力作用下还可能引起流砂、管涌和边坡失稳等现象而必须采取有效的降水和排水措施费用。

措施项目及其包含的内容详见各类专业工程的现行国家或行业计量规范。

3. 其他项目费

(1) 暂列金额。指建设单位在工程量清单中暂定并包括在工程合同价款中的一笔款项。用于施工合同签订时尚未确定或者不可预见的所需材料、工程设备、服务的采购,施工中可能发生的工程变更、合同约定调整因素出现时的工程价款调整以及发生的索赔、现场签证确认等的费用。

(2) 暂估价：是指招标人在工程量清单中提供的用于支付必然发生但暂时不能确定价格的材料、工程设备的单价以及专业工程的金额。

(3) 计日工。指在施工过程中，施工企业完成建设单位提出的施工图纸以外的零星项目或工作所需的费用。

(4) 总承包服务费。指总承包人为配合、协调建设单位进行的专业工程发包，对建设单位自行采购的材料、工程设备等进行保管以及施工现场管理、竣工资料汇总整理等服务所需的费用。

4. 规费

定义同建筑安装工程费用项目按费用构成要素划分的组成相同。

5. 税金

定义同建筑安装工程费用项目按费用构成要素划分的组成相同。

微课+拓展资料

建设工程费用定额

1.4.2 建筑与装饰工程费用计算规则

1.4.2.1 任务相关知识点

建筑与装饰工程费用是建设工程投资构成的主要组成部分，也是招投标阶段工程价格的主要内容。现阶段可采用建筑与装饰工程费用计算规则作为计算建筑与装饰工程造价的重要依据，在承包商投标报价时，建筑与装饰工程费用计算规则也可以作为参考依据。由于各地区的建筑水平不一致，费用计算规则没有全国统一的标准，一般是以国家有关部门颁发的《建筑安装工程费用项目组成》和《建设工程工程量清单计价规范》为依据，结合各地区的实际情况，编制费用计算规则。本节以 2014 年《江苏省建设工程费用定额》为例，介绍建筑与装饰工程费用的计算方法。

一、建筑与装饰工程费用项目组成与分类

（一）费用项目组成

建筑工程造价由分部分项工程费、措施项目费、其他项目费、规费和税金组成。分部分项工程费是指施工过程中耗费的构成工程实体性项目的各项费用，由人工费、材料费、施工机械使用费、企业管理费和利润构成。

（二）费用项目分类

1. 按限制性规定分为 2 类

(1) 不可竞争费用包括现场安全文明施工措施费、环境保护税、社会保险费、住房公积金、税金、有权部门批准的其他不可竞争费用。

(2) 可竞争费用是除了不可竞争费用以外的其他费用。

2. 按工程取费标准划分为 4 种情况

(1) 建筑工程按工程类别划分一类、二类、三类工程。

(2) 单独装饰工程不分工程类别。

(3) 包工包料。

(4) 包工不包料。

3. 按计算方式分为3种情况

(1) 按照计价定额子目计算的内容有分部分项工程费和措施项目中的脚手架费、模板费用、垂直运输机械费、二次搬运费、施工排水降水、边坡支护费、大型机械进(退)场及安拆费等单价措施项目费。

(2) 按照费用计算规则系数计算的内容有措施项目中的现场安全文明施工措施费、夜间施工费、冬雨季施工费、已完工程及设备保护费、临时设施费、赶工措施费、按质论价费、住宅分户验收费等总价措施项目费,以及其他项目费。

(3) 按照有关部门规定标准计算的内容有规费和税金。

二、分部分项工程费

根据江苏省建设厅苏建价(2014)299号《省住房建设厅关于颁发〈江苏省建设工程费用定额〉的通知》,工程量清单计价法的费用构成包括分部分项工程费、措施项目费、其他项目费、规费和税金。

分部分项工程费是指施工过程中耗费的构成工程实体性项目的各项费用,由人工费、材料费、施工机具使用费、企业管理费和利润构成。分部分项工程费通常用分部分项工程量乘以综合单价进行计算。综合单价包括人工费、材料费、施工机具使用费、企业管理费和利润,以及一定范围的风险因素。

建筑工程管理费和利润在计价定额中是以三类工程的标准列入子目的,其计算基础为人工费加施工机具使用费。营改增后一般计税法建筑工程企业管理费和利润取费标准费率见表1.4-1。

表1.4-1　建筑工程企业管理费和利润取费标准表

序号	项目名称	计算基础	企业管理费率/%			利润率/%
			一类工程	二类工程	三类工程	
一	建筑工程	人工费+除税施工机具使用费	32	29	26	12
二	单独预制构件制作		15	13	11	6
三	打预制桩、单独构件吊装		11	9	7	5
四	制作兼打桩		17	15	12	7
五	大型土石方工程		7			4

三、措施项目费

1. 措施项目费概念

措施项目费是指为完成建设工程施工,发生于该工程施工前和施工过程中的技术、生活、安全、环境保护等方面的费用。根据现行工程量清单计算规范,措施项目费分为单价措施项目和总价措施项目。措施项目费原则上由编标单位和投标单位根据工程的实际情况和施工组织设计中的施工方法分别计算,除了不可竞争费用必须要按规定计算外,其余费用可以参考企业定额或《江苏省建筑与装饰工程计价定额》和2014年《江苏省建设工程费用定额》计算。

2. 措施项目费包括的内容

措施项目费分为单价措施项目与总价措施项目。

(1) 单价措施项目是指在现行工程量清单计算规范中有对应工程量计算规则，按人工费、材料费、施工机具使用费、管理费和利润形式组成综合单价的措施项目。单价措施项目根据专业不同，包括项目分别为：

建筑与装饰工程包括脚手架工程；混凝土模板及支架(撑)；垂直运输；超高施工增加；大型机械设备进出场及安拆；施工排水、降水。

单价措施项目中各措施项目的工程量清单项目设置、项目特征、计量单位、工程量计算规则及工作内容均按现行工程量清单计算规范执行。

(2) 总价措施项目是指在现行工程量清单计算规范中无工程量计算规则，以总价(或计算基础乘费率)计算的措施项目。计算基础为分部分项工程费＋单价措施项目费－除税工程设备费，营改增后一般计税法措施项目费取费费率标准见表 1.4－2。

表 1.4－2　建筑与装饰工程措施项目费取费标准表

<table>
<tr><th colspan="2">项目</th><th>夜间施工</th><th>非夜间施工照明</th><th>冬雨季施工</th><th>已完工程及设备保护</th><th>临时设施</th><th>赶工措施</th><th>住宅分户验收</th></tr>
<tr><td colspan="2">计算基础</td><td colspan="7">分部分项工程费＋单价措施项目费－除税工程设备费</td></tr>
<tr><td rowspan="2">专业工程费率/%</td><td>建筑工程</td><td>0～0.1</td><td>0.2</td><td>0.05～0.2</td><td>0～0.05</td><td>1～2.3</td><td>0.5～2.1</td><td>0.4</td></tr>
<tr><td>单独装饰</td><td>0～0.1</td><td>0.2</td><td>0.05～0.2</td><td>0～0.05</td><td>0.3～1.3</td><td>0.5～2.2</td><td>0.1</td></tr>
</table>

其中各专业都可能发生的通用的总价措施项目如下：

① 安全文明施工。为满足施工安全、文明、绿色施工以及环境保护、职工健康生活所需要的各项费用。根据《国务院关于打赢蓝天保卫战三年行动计划的通知》(国发[2018]22号)要求，在费用定额的安全文明施工费用中，增列扬尘污染防治增加费，该费用为不可竞争费用。调整后的安全文明施工费用包括基本费、标化工地增加费、扬尘污染防治增加费三部分费用。其取费标准见表 1.4－3。

表 1.4－3　建筑与装饰工程安全文明施工措施费取费标准表

<table>
<tr><th rowspan="2">序号</th><th rowspan="2" colspan="2">工程名称</th><th colspan="2">计算基础</th><th rowspan="2">基本费率/%</th><th colspan="3">省级标化工地增加费/%</th><th colspan="2">扬尘污染防治增加费/%</th></tr>
<tr><th>一般计税</th><th>简易计税</th><th>一星级</th><th>二星级</th><th>三星级</th><th>一般计税</th><th>简易计税</th></tr>
<tr><td rowspan="3">一</td><td rowspan="3">建筑工程</td><td>建筑工程</td><td rowspan="5">分部分项工程费＋单价措施项目费－工程设备费</td><td rowspan="5">分部分项工程费＋单价措施项目费－除税工程设备费</td><td>3.1</td><td>0.7</td><td>0.77</td><td>0.84</td><td>0.31</td><td>0.3</td></tr>
<tr><td>单独构件吊装</td><td>1.6</td><td>—</td><td>—</td><td>—</td><td>0.1</td><td>0.1</td></tr>
<tr><td>打预制桩/制作兼打桩</td><td>1.5/1.8</td><td>0.3/0.4</td><td>0.33/0.44</td><td>0.36/0.48</td><td>0.11/0.2</td><td>0.1/0.2</td></tr>
<tr><td>二</td><td colspan="2">单独装饰工程</td><td>1.7</td><td>0.4</td><td>0.44</td><td>0.48</td><td>0.22</td><td>0.2</td></tr>
<tr><td>三</td><td colspan="2">大型土石方</td><td>1.5</td><td>—</td><td>—</td><td>—</td><td>0.42</td><td>0.4</td></tr>
</table>

对于开展市级建筑安全文明施工标准化示范工地创建活动的地区,市级标化增加费按照对应省级费率乘以0.7系数执行。市级不分星级时,按一星级省级标化增加费费率乘以0.7系数执行。

具体内容包括以下几个方面:

a. 环境保护包含范围。现场施工机械设备降低噪音、防扰民措施费用;水泥和其他易飞扬细颗粒建筑材料密闭存放或采取覆盖措施等费用;工程防扬尘洒水费用;土石方、建渣外运车辆冲洗、防洒漏等费用;现场污染源的控制、生活垃圾清理外运、场地排水排污措施的费用;其他环境保护措施费用。

b. 文明施工包含范围。"五牌一图"的费用;现场围挡的墙面美化(包括内外粉刷、刷白、标语等)、压顶装饰费用;现场厕所便槽刷白、贴面砖,水泥砂浆地面或地砖费用,建筑物内临时便溺设施费用;其他施工现场临时设施的装饰装修、美化措施费用;现场生活卫生设施费用;符合卫生要求的饮水设备、淋浴、消毒等设施费用;生活用洁净燃料费用;防煤气中毒、防蚊虫叮咬等措施费用;施工现场操作场地的硬化费用;现场绿化费用、治安综合治理费用、现场电子监控设备费用;现场配备医药保健器材、物品费用和急救人员培训费用;用于现场工人的防暑降温费、电风扇、空调等设备及用电费用;其他文明施工措施费用。

c. 安全施工包含范围。安全资料、特殊作业专项方案的编制,安全施工标志的购置及安全宣传的费用;"三宝"(安全帽、安全带、安全网)、"四口"(楼梯口、电梯井口、通道口、预留洞口)、"五临边"(阳台围边、楼板围边、屋面围边、槽坑围边、卸料平台两侧),水平防护架、垂直防护架、外架封闭等防护的费用;施工安全用电的费用,包括配电箱三级配电、两级保护装置要求、外电防护措施;起重机、塔吊等起重设备(含井架、门架)及外用电梯的安全防护措施(含警示标志)费用及卸料平台的临边防护、层间安全门、防护棚等设施费用;建筑工地起重机械的检验检测费用;施工机具防护棚及其围栏的安全保护设施费用;施工安全防护通道的费用;工人的安全防护用品、用具购置费用;消防设施与消防器材的配置费用;电气保护、安全照明设施费;其他安全防护措施费用。

d. 临时设施:施工现场采用彩色、定型钢板,砖、混凝土砌块等围挡的安砌、维修、拆除;施工现场临时建筑物、构筑物的搭设、维修、拆除,如临时宿舍、办公室,食堂、厨房、厕所、诊疗所、临时文化福利房、临时仓库、加工场、搅拌台、临时简易水塔、水池等;施工现场临时设施的搭设、维修、拆除,如临时供水管道、临时供电管线、小型临时设施等;施工现场规定范围内临时简易道路铺设,临时排水沟、排水设施安砌、维修、拆除;其他临时设施安砌、维修、拆除。

② 夜间施工。规范、规程要求正常作业而发生的夜班补助,夜间施工降效,夜间照明设施的安拆和摊销,夜间照明用电,夜间施工现场交通标志、安全标牌、警示灯安拆等费用。

③ 二次搬运。由于施工场地限制而发生的材料、成品、半成品等一次运输不能到达堆放地点,必须进行的二次或多次搬运费用。

④ 冬雨季施工。在冬雨季施工期间所增加的费用,包括冬季作业、临时取暖、建筑物门窗洞口封闭及防雨措施、排水、工效降低、防冻等费用;不包括设计要求混凝土内添加防冻剂的费用。

⑤ 地上、地下设施、建筑物的临时保护设施。在工程施工过程中,对已建成的地上、地下设施和建筑物进行的遮盖、封闭、隔离等必要保护措施。在园林绿化工程中,还包括对已有植物的保护。

⑥ 已完工程及设备保护费。对已完工程及设备采取的覆盖、包裹、封闭、隔离等必要保护措施所发生的费用。

⑦ 临时设施费。施工企业为进行工程施工所必需的生活和生产用的临时建筑物、构筑物和其他临时设施的搭设、使用、拆除等费用。

a. 临时设施包括临时宿舍、仓库、办公室、加工场、文化福利及公用事业房屋与构筑物等。

b. 建筑、装饰、安装、修缮、古建园林工程规定范围内(建筑物沿边起 50 米以内,多幢建筑两幢间隔 50 米内)围墙、临时道路、水电、管线和轨道垫层等。

c. 市政工程施工现场在定额基本运距范围内的临时给水、排水、供电、供热线路(不包括变压器、锅炉等设备)、临时道路,不包括交通疏解分流通道、现场与公路(市政道路)的连接道路、道路工程的护栏(围挡),也不包括单独的管道工程或单独的驳岸工程施工需要的沿线简易道路。建设单位同意在施工就近地点临时修建混凝土构件预制场所发生的费用,应向建设单位结算。

⑧ 赶工措施费。施工合同工期比江苏省现行工期定额提前,施工企业为缩短工期所发生的费用。如施工过程中发包人要求实际工期比合同工期提前时,由发承包双方另行约定。

⑨ 工程按质论价费用。工程按质论价费用作为不可竞争费用,用于创建优质工程。依法必须招标的建设工程,招标控制价(即最高投标限价)按招标文件提出的创建目标足额计列工程按质论价费用;投标报价按照招标文件要求的工程质量创建目标足额计取工程按质论价费用。依法不招标项目,根据施工合同中明确的工程质量创建目标计取工程按质论价费用。

拓展资料

按质论价

工程按质论价费用按国优工程、国优专业工程、省优工程、市优工程、市级优质结构工程五个等次计列。

a. 国优工程包括中国建设工程鲁班奖、中国土木工程詹天佑奖、国家优质工程奖。

b. 国优专业工程包括中国建筑工程装饰奖、中国钢结构金奖、中国安装工程优质奖(中国安装之星)等。

c. 省优工程指江苏省优质工程奖“扬子杯”。

d. 市优工程包括由各设区市建设行政主管部门评定的市级优质工程,如“金陵杯”优质工程奖。

e.市级优质结构工程包括由各设区市建设行政主管部门评定的市级优质结构工程。

工程按质论价费用取费标准见表 1.4 - 4 和表 1.4 - 5。

表 1.4 - 4　工程按质论价费用取费标准表(一般计税)

序号	工程类别	计算基础	国优工程	国优专业工程	省优工程	市优工程	市级优质结构
一	建筑工程	分部分项工程费＋单价措施项目费－除税工程设备费	1.6	1.4	1.3	0.9	0.7
二	安装、单独装饰、仿古及园林绿化、修缮工程		1.3	1.2	1.1	0.8	—

表1.4－5　工程按质论价费用取费标准表(简易计税)

序号	工程类别	计算基础	国优工程	国优专业工程	省优工程	市优工程	市级优质结构
一	建筑工程	分部分项工程费＋单价措施项目费－工程设备费	1.5	1.3	1.2	0.8	0.6
二	安装、单独装饰、仿古及园林绿化、修缮工程		1.2	1.1	1.0	0.7	—

注：
1. 国优专业工程按质论价费用仅以获得奖项的专业工程作为取费基础。
2. 获得多个奖项时，按可计列的最高等次计算工程按质论价费用，不重复计列。

⑩ 特殊条件下施工增加费。地下不明障碍物、铁路、航空、航运等交通干扰而发生的施工降效费用。

总价措施项目中，除通用措施项目外，建筑与装饰工程专业措施项目如下：

a. 非夜间施工照明。为保证工程施工正常进行，在如地下室、地宫等特殊施工部位施工时所采用的照明设备的安拆、维护、摊销及照明用电等费用。

b. 住宅工程分户验收。按《住宅工程质量分户验收规程》(DGJ32/TJ103－2010)的要求对住宅工程进行专门验收(包括蓄水、门窗淋水等)发生的费用。室内空气污染测试不包含在住宅工程分户验收费用中，由建设单位直接委托检测机构完成，由建设单位承担费用。

3. 措施项目费的计算

措施费计算分为两种形式：一种是以工程量乘以综合单价计算的单价措施项目，另一种是以费率计算的总价措施项目。

四、其他项目费

(1) 暂列金额。指建设单位在工程量清单中暂定并包括在工程合同价款中的一笔款项，用于施工合同签订时尚未确定或者不可预见的所需材料、工程设备、服务的采购，施工中可能发生的工程变更、合同约定调整因素出现时的工程价款调整以及发生的索赔、现场签证确认等的费用。由建设单位根据工程特点，按有关计价规定估算，施工过程中由建设单位掌握使用，扣除合同价款调整后如有余额，归建设单位。

(2) 暂估价。指建设单位在工程量清单中提供的用于支付必然发生但暂时不能确定价格的材料的单价以及专业工程的金额，包括材料暂估价和专业工程暂估价。材料暂估价在清单综合单价中考虑，不计入暂估价汇总。

(3) 计日工。指在施工过程中，施工企业完成建设单位提出的施工图纸以外的零星项目或工作所需的费用。

(4) 总承包服务费。指总承包人为配合、协调建设单位进行的专业工程发包，对建设单位自行采购的材料、工程设备等进行保管以及施工现场管理、竣工资料汇总整理等服务所需的费用。总包服务范围由建设单位在招标文件中明示，并且发、承包双方在施工合同中约定。

招标人应根据招标文件列出的内容和向总承包人提出的要求，参照下列标准计算：

① 建设单位仅要求对分包的专业工程进行总承包管理和协调时，按分包的专业工程估算造价的1%计算；

② 建设单位要求对分包的专业工程进行总承包管理和协调，并同时要求提供配合服务时，根据招标文件中列出的配合服务内容和提出的要求，按分包的专业工程估算造价的2%～3%计算。

当建设单位单独分包时总分包的配合费由建设单位、总包单位和分包单位三方在合同中约定；当总包单位自行分包时，总包管理费由总、分包单位之间解决；安装单位与土建单位的施工配合费由双方协商确定。

五、规费

规费是指有权部门规定必须缴纳的费用。

1. 规费组成

(1) 环境保护税：依据《中华人民共和国环境保护税法实施条例》规定，从 2018 年 1 月 1 日起不再征收“工程排污费”，改征“环境保护税”，建设工程费用定额中的“工程排污费”名称相应调整为“环境保护税”。“环境保护税”仍按照工程造价中的规费计列，具体计列方法由各设区市建设行政主管部门根据本行政区域内环保和税务部门的规定执行。

(2) 社会保险费：企业应为职工缴纳的养老保险、医疗保险、失业保险、工伤保险和生育保险等五项社会保障方面的费用。为确保施工企业各类从业人员社会保障权益落到实处，省、市有关部门可根据实际情况制定管理办法。

(3) 住房公积金：企业应为职工缴纳的住房公积金。

2. 规费计算

规费应按照有关文件的规定计取，招投标中作为不可竞争费用，不得让利，也不得任意调整计算标准。营改增后一般计税法计算基础为分部分项工程费＋措施项目费＋其他项目费－除税工程设备费，取费标准见表 1.4－6。

表 1.4－6　建筑与装饰工程社会保险及住房公积金取费标准表

<table>
<tr><th>序号</th><th colspan="2">工程类别</th><th>计算基础</th><th>社会保险费率/%</th><th>公积金费率/%</th></tr>
<tr><td rowspan="3">一</td><td rowspan="3">建筑工程</td><td>建筑工程</td><td rowspan="5">分部分项工程费＋措施项目费＋其他项目费－除税工程设备费</td><td>3.2</td><td>0.53</td></tr>
<tr><td>单独构件制作、单独构件吊装、打预制桩、制作兼打桩</td><td>1.3</td><td>0.24</td></tr>
<tr><td>人工挖孔桩</td><td>3</td><td>0.53</td></tr>
<tr><td>二</td><td colspan="2">单独装饰工程</td><td>2.4</td><td>0.42</td></tr>
<tr><td>三</td><td colspan="2">大型土石方工程</td><td>1.3</td><td>0.24</td></tr>
</table>

社会保险费包括养老保险费、失业保险费、医疗保险费、工伤保险费、生育保险费；点工和包工不包料的社会保险费和公积金已经包含在人工工资单价中。大型土石方工程适用各专业中达到大型土石方标准的单位工程。社会保险费费率和公积金费率将随着社保部门要求和建设工程实际缴纳费率的提高，适时调整。

拓展资料

营改增

六、税金

增值税的计税方法，包括一般计税方法和简易计税方法。

一般纳税人提供应税服务适用一般计税方法计税。一般纳税人提供财政部和国家税务总局规定的特定应税服务,可以选择适用简易计税方法计税,但一经选择,36个月内不得变更。

小规模纳税人提供应税服务适用简易计税方法计税。

应税服务年销售额超过财政部和国家税务总局规定标准的非企业性单位、不经常提供应税服务的企业可选择按照小规模纳税人纳税,可以申请不认定一般纳税人。营业税改征增值税一般纳税人标准为应税服务年销售额超过500万元。应税服务年销售额是指试点纳税人在连续不超过12个月的经营期内,提供交通运输业和部分现代服务业服务的累计销售额,含免税、减税销售额。

江苏省住房和城乡建设厅配合"营改增"颁布了苏建价[2016]154号文件,《省住房城乡建设厅关于建筑业实施营改增后江苏省建设工程计价依据调整的通知》,按照"价税分离"的原则,营改增后,建设工程计价分为一般计税方法和简易计税方法。通知要求,除清包工程、甲供工程、合同开工日期在2016年4月30日前的建设工程可采用简易计税方法外,其他一般纳税人提供建筑服务的建设工程,采用一般计税方法。

(1) 一般计税方法

一般计税方法下,建设工程造价=税前工程造价×(1+9%),其中税前工程造价中不包含增值税可抵扣进项税额,即组成建设工程造价的要素价格中,除无增值税可抵扣项的人工、利润、规费外,材料费、施工机具使用费、管理费均按扣除增值税可抵扣进项税额后的价格(以下简称"除税价格")计入。

由于计费基数发生变化,费用定额中管理费、利润、总价措施项目费、规费费率需相应调整。

税金的定义及包含内容调整为:税金是指根据建筑服务销售价格,按规定税率计算的增值税销项税额。税金以除税工程造价为计取基础,费率为9%。

(2) 简易计税方法

营改增后,采用简易计税方式的建设工程费用组成中,分部分项工程费、措施项目费、其他项目费的组成,均与原规定一致,包含增值税可抵扣进项税额。

税金的定义及包含内容调整为:税金包含增值税应纳税额、城市建设维护税、教育费附加及地方教育费附加。

增值税应纳税额=包含增值税可抵扣进项税额的税前工程造价×适用税率,税率:3%。

城市建设维护税=增值税应纳税额×适用税率,税率:市区7%、县镇5%、乡村1%。

教育费附加=增值税应纳税额×适用税率,税率:3%。

地方教育费附加=增值税应纳税额×适用税率,税率:2%。

以上四项合计,以包含增值税可抵扣进项税额的税前工程造价为计费基础,税金费率为:市区3.36%、县镇3.30%、乡村3.18%。如另有规定的,按各市规定计取。

七、工程分类及类别

江苏省根据建筑市场历年来的实际施工项目,按施工难易程度,对不同的单位工程划分了不同的类别,各单位工程按核定的类别取费。

《江苏省建筑与装饰工程计价定额》(2014)(以下简称《计价定额》)中一般建筑工程、单独打桩与制作兼打桩项目的管理费与利润是按照三类工程计入综合单价内的,若工程类别实际是一、二类工程和单独装饰工程的,其费率与计价表中三类工程费率不符的,应根据2014年《江苏省建设工程费用定额》的建筑工程和单独装饰工程企业管理费和利润费率标准的规定,分别对管理费和利润进行调整后再计入综合单价内。

1. 工程分类

(1) 工业建筑工程是指从事物质生产和直接为生产服务的建筑工程,主要包括生产(加工)车间、实验车间、仓库、独立实验室、化验室、民用锅炉房、变电所和其他生产用建筑工程。

(2) 民用建筑工程是指直接用于满足人们的物质和文化生活需要的非生产性建筑,主要包括商住楼、综合楼、办公楼、教学楼、宾馆、宿舍及其他民用建筑工程。

(3) 构筑物工程是指与工业和民用建筑工程相配套且独立于工业与民用建筑的工程,主要包括烟囱、水塔、仓类、池类、栈桥等。

(4) 桩基础工程是指天然地基上的浅基础不能满足建筑物、构筑物稳定要求而采用的一种深基础,主要包括各种现浇和预制桩。

(5) 大型土石方和单独土石方工程是指单独编制概预算或在一个单位工程内挖方或填方在5 000立方米(不含5 000立方米)以上的工民建土石方工程,包括土石方挖或填等。

2. 工程类别划分

工程类别划分如表1.4-7所示。

表1.4-7　建筑工程类别划分

工程类型			单位	工程类别划分标准		
				一类	二类	三类
工业建筑	单层	檐口高度	m	≥20	≥16	<16
		跨度	m	≥24	≥18	<18
	多层	檐口高度	m	≥30	≥18	<18
民用建筑	住宅	檐口高度	m	≥62	≥34	<34
		层数	层	≥22	≥12	<12
	公共建筑	檐口高度	m	≥56	≥30	<30
		层数	层	≥18	≥10	<10
构筑物	烟囱	混凝土结构高度	m	≥100	≥50	<50
		砖结构高度	m	≥50	≥30	<30
	水塔	高度	m	≥40	≥30	<30
	筒仓	高度	m	≥30	≥20	<20
	贮池	容积(单体)	m^3	≥2 000	≥1 000	<1 000
	栈桥	高度	m	—	≥30	<30
		跨度	m	—	≥30	<30

(续表)

工程类型		单位	工程类别划分标准		
			一类	二类	三类
大型机械吊装工程	檐口高度	m	≥20	≥16	<16
	跨度	m	≥24	≥18	<18
大型土石方工程	挖或填土(石)方容量	m^3	≥5 000		
桩基础工程	预制混凝土(钢板)桩长	m	≥30	≥20	<20
	灌注混凝土桩长	m	≥50	≥30	<30

(1) 工程类别划分是根据不同的单位工程按施工难度程度，结合建筑工程项目管理水平确定的。

(2) 不同层数组成的单位工程，当高层部分的面积(竖向切分)占总面积30%以上时，按高层的指标确定工程类别，不足30%的按低层指标确定工程类别。

(3) 单独地下室工程的按二类标准取费，但当地下室建筑面积≥10 000 m^2 时，按一类标准取费。

(4) 建筑物、构筑物高度系指设计室外地面标高至檐口顶标高(不包括女儿墙，高出屋面电梯间、楼梯间、水箱间等的高度)，跨度系指轴线之间的宽度。

(5) 与建筑物配套的零星项目，如化粪池、检查井、围墙、道路、下水道、挡土墙等，均按照三类标准执行。

(6) 建筑物加层扩建时要与原建筑物一并考虑套用类别标准。

(7) 确定类别时，地下室、半地下室和层高小于2.2 m的楼层均不计算层数。空间可利用的坡屋顶或顶楼的跃层，当净高超过2.1 m部分的水平面积与标准层建筑面积相比达到50%以上时计算层数。底层车库(不包括地下或半地下车库)在设计室外地面以上部分不小于2.2 m时应计算层数。

(8) 基槽坑回填砂、灰土、碎石工程量不执行大型土石方工程，按相应主体建筑工程类别标准执行。

(9) 强夯法加固地基、基础钢管支撑均按建筑工程二类标准执行。深层搅拌桩、粉喷桩、基坑锚喷护壁按制作兼打桩三类标准执行。专业预应力张拉施工如主体为一类工程按一类工程取费；主体为二、三类工程均按二类工程取费。

(10) 轻钢结构的单层厂房按单层厂房的类别降低一类标准计算，但不得低于最低类别标准。

(11) 预制构件制作工程类别划分按相应的建筑工程类别划分标准执行。

(12) 与建筑物配套的零星项目，除了化粪池、检查井、分户围墙按相应的主体建筑工程类别标准确定外，其余如厂区围墙、道路、下水道、挡土墙等零星项目，均按三类标准执行。

(13) 建筑物加层扩建时要与原建筑物一并考虑套用类别标准。

(14) 多栋建筑物下有联通的地下室时，地上建筑物的工程类别同有地下室的建筑物；其他地下室部分的工程类别同单独地下室工程。

(15) 凡工程类别标准中有两个指标控制的，只要满足其中一个指标即可按指标确定工程类别。

(16) 在确定工程类别时，对于工程施工难度很大的(如建筑造型复杂、基础要求高、有地下室采用新的施工工艺的工程等)，以及工程类别标准中未包括的特殊工程，如展览中心、影剧院、体育馆、游泳馆、别墅(群)等，由当地工程造价管理机构根据具体情况确定，报上级造价管理机构备案。

(17) 桩基工程类别有不同桩长时，按照超过30%根数的设计最大桩长为准。同一单位工程内有不同类型的桩时，应分别计算。

(18) 施工现场完成加工制作的钢结构工程费用标准按照建筑工程执行。

(19) 加工厂完成制作，到施工现场安装的钢结构工程(包括网架屋面)，安全文明施工措施费按照单独发包的构件吊装标准执行。加工厂为施工企业自有的，钢结构除安全文明施工措施费外，其他费用标准按建筑工程执行。钢结构为企业成品购入的，钢结构以成品预算价格计入材料费，费用标准按照单独发包的构件吊装工程执行。

八、建筑工程造价计算程序

1. 费用计算方法

以包工包料方式为例，各项目费用计算方法如下：

(1) 分部分项工程费用。

$$\text{分部分项工程费用}=\text{综合单价}\times\text{工程量} \tag{1.4-5}$$

式中，

综合单价＝人工费＋材料费＋机械费＋管理费＋利润

管理费＝(人工费＋机械费)×费率

利润＝(人工费＋机械费)×费率

(2) 措施项目费用。

① 单价措施项目费

$$\text{单价措施项目费}=\sum\text{措施项目工程量}\times\text{综合单价} \tag{1.4-6}$$

② 总价措施项目费

$$\text{总价措施项目费}=(\text{分部分项工程费}+\text{单价措施项目费}-\text{工程设备费})\times\text{费率} \tag{1.4-7}$$

(3) 其他项目费用。

其他项目费用可双方约定。暂列金额、暂估价按发包人给定的标准计取；计日工计取标准由发承包双方在合同中约定；总承包服务费应根据招标文件列出的服务内容和对总承包人的要求，以分包的专业工程估算造价为计算基础，参照费用定额给定的标准计算。

(4) 规费。

$$\text{规费}=(\text{分部分项费用}+\text{措施项目费用}+\text{其他项目费用}-\text{工程设备费})\times\text{费率} \tag{1.4-8}$$

(5) 税金。

税金=(分部分项费用+措施项目费用+其他项目费用+规费-按规定不计税的工程设备金额)×税率　　(1.4-9)

(6) 工程造价。

工程造价=分部分项费用+措施项目费用+其他项目费用+规费+税金　　(1.4-10)

2. 费用计算说明

建筑与装饰工程造价计算程序如表1.4-8和表1.4-9所示。

表1.4-8　工程量清单计价法计算程序(包工包料)

序号	费用名称			计算公式
一	分部分项工程费			清单工程量×综合单价
	其中	1. 人工费		人工消耗量×人工单价
		2. 材料费		材料消耗量×材料单价
		3. 施工机具使用费		机械消耗量×机械单价
		4. 管理费		(1+3)×费率或(1)×费率
		5. 利润		(1+3)×费率或(1)×费率
二		措施项目费		
		其中	单价措施项目费	清单工程量×综合单价
			总价措施项目费	(分部分项工程费+单价措施项目费-工程设备费)×费率以项计费
三		其他项目费用		
四	规费			
	其中	1. 环境保护税		(一+二+三-工程设备费)×费率
		2. 社会保险费		
		3. 住房公积金		
五		税金		(一+二+三+四-按规定不计税的工程设备金额)×费率
六		工程造价		一+二+三+四+五

表1.4-9　工程量清单计价法计算程序(包工不包料)

序号	费用名称		计算公式
一	分部分项工程费中人工费		清单人工消耗量×人工单价
二	措施项目费中人工费		
	其中	单价措施项目中人工费	清单人工消耗量×人工单价

（续表）

序号	费用名称		计算公式
三	其他项目费用		
四	规费		
	其中	环境保护税	(一+二+三)×费率
五		税金	(一+二+三+四)×费率
六		工程造价	一+二+三+四+五

1.4.3　工程造价计算

1.4.3.1　任务实施

【项目一:建筑工程造价】

根据项目内容以及《江苏省建筑与装饰工程费用定额》(2014 年),该项目工程造价详见表 1.4-10。

表 1.4-10　工程造价计价程序表

序号	费用名称	计算公式	金额/元
一	分部分项工程费		50 000
二	措施项目费		3 479.5
1	单价措施费		500
1.1	脚手架		500
2	总价措施费		2 979.5
2.1	安全文明施工基本费	(分部分项工程费+单价措施费)×3.1%	1 565.5
	安全文明施工标化工地增加费	(分部分项工程费+单价措施费)×0.7%×0.7	247.45
	扬尘污染防治费	(分部分项工程费+单价措施费)×0.31%	156.55
2.2	临时设施费	(分部分项工程费+单价措施费)×2%	1 010
三	其他项目费		62 000
1	材料暂估价	2 000	
2	专业工程暂估价		62 000
2.1	彩色铝合金门	100×320	32 000
2.2	彩色铝合金窗	100×300	30 000
四	规费		4 422.86
1	环境保护税	【(一)+(二)+(三)】×0.1%	115.48
2	社会保险费	【(一)+(二)+(三)】×3.2%	3 695.34

(续表)

序号	费用名称	计算公式	金额/元
3	住房公积金	【(一)+(二)+(三)】×0.53%	612.04
五	税金	【(一)+(二)+(三)+(四)】×9%	10 791.21
六	工程造价	(一)+(二)+(三)+(四)+(五)	130 693.60

技能训练与拓展

习　题

1. 某建筑工程分部分项工程费 20 000.00 元;单价措施项目费用合计 15 000.00 元;非夜间施工照明费率 0.2%,临时设施费率 1%,安全文明施工创建省级一星级标准化示范工地。其他项目费用 3 000.00 元。规费中:环境保护税 0.1%,社会保险费 3.1%,住房公积金 0.53%;税金 9%;以上费用均为除税费用,请按照一般计税法计算该项目工程造价。表格如习题表 1.4-1 工程造价计价程序表(小数点后取两位,四舍五入)。

2. 请按 2014 费用定额计价程序计算钻孔灌注砼桩的工程预算造价。已知分部分项工程费为 20 000 元,机械进退场费 10 000 元,非夜间施工照明费费率 0.2%,临时设施费费率 1.5%,安全文明施工措施费按创建省级一星级标准化示范工地标准计取,环境保护税率 0.1%,税金费率 3.36%,社会保险费、公积金按 2014 费用定额相应费率执行。以上费用均为含税费用,请按照简易计税法计算该项目工程造价。表格如习题表 1.4-1 工程造价计价程序表。(小数点后取两位,四舍五入)

习题表 1.4-1　工程造价计价程序表

序号	费用名称	计算公式	金　额/元

任务五
建筑面积计算

资源合集

项目引入

【项目一:多层住宅建筑面积计算】

如图 1.5－1 所示,某多层住宅变形缝宽度为 0.20 m,阳台水平投影尺寸为1.80 m×3.60 m (共 18 个),雨篷水平投影尺寸为 2.60 m×4.00 m,坡屋面阁楼室内净高最高点为 3.65 m,坡屋面坡度为 1∶2;平屋面女儿墙顶面标高为 11.60 m。请按建筑工程建筑面积计算规范(GB/T 50353—2013)计算下图的建筑面积。

三维模型

多层住宅

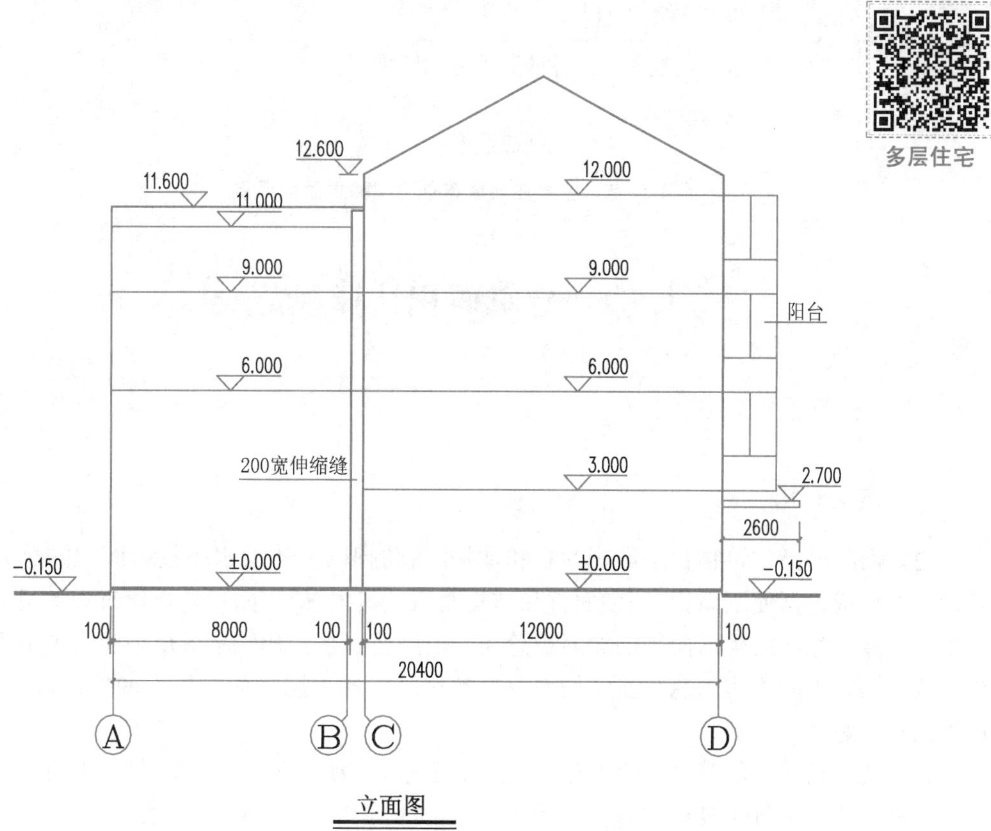

立面图

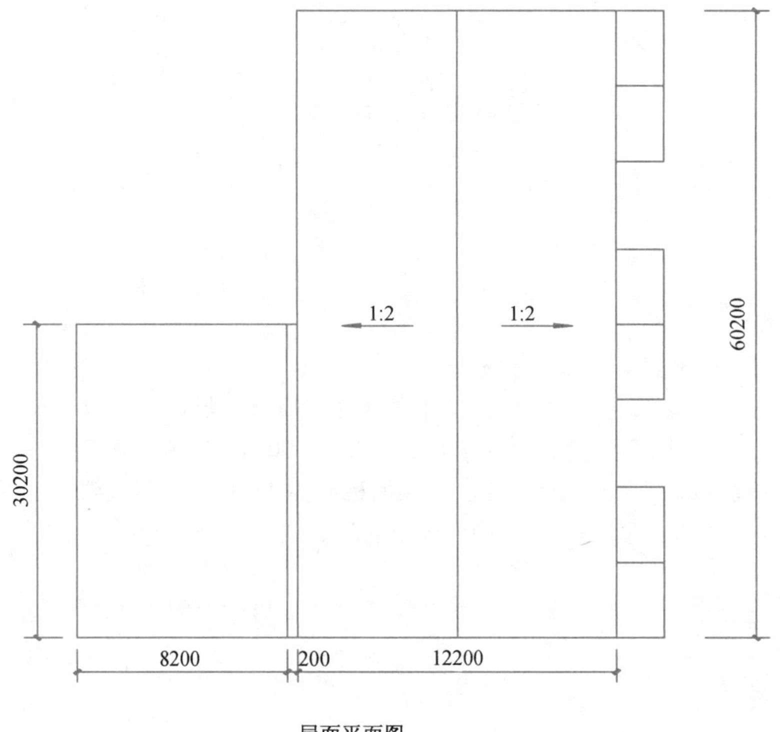

图 1.5-1　多层住宅建筑平面图和立面图示例

1.5.1　建筑面积计算规范

1.5.1.1　任务相关知识点

一、建筑面积

建筑面积是指建筑物各层面积的总和,即外墙勒脚以上各层水平投影面积的总和。建筑面积的组成包括使用面积、辅助面积和结构面积。其中,使用面积是指建筑物各层平面布置中可直接为生产或生活使用的净面积总和。辅助面积是指建筑物各层平面布置中为辅助生产或生活所占净面积的总和。结构面积是指建筑物各平层平面布置中的墙体、柱等结构所占面积的总和。

目前我国正使用的《建筑工程建筑面积计算规范》为国家标准,编号为 GB/T 50353—2013,自 2014 年 7 月 1 日起实施。

二、术语

1. 建筑面积。建筑物(包括墙体)所形成的楼地面面积。包括(1) 使用面积。直接为生产或生活使用的净面积总和。如卧室、客厅。(2) 辅助面积。为生产或生活起辅助作用的净面积的总和。如楼梯、走廊。(3) 结构面积。墙体、柱等结构所占面积。

2. 自然层。按楼地面结构分层的楼层。

3. 结构层高。楼面或地面结构层上表面至上部结构层上表面之间的垂直距离。

4. 围护结构。围合建筑空间的墙体、门、窗。

5. 建筑空间。以建筑界面限定的、供人们生活和活动的场所。

6. 结构净高。楼面或地面结构层上表面至上部结构层下表面之间的垂直距离。

7. 围护设施。为保障安全而设置的栏杆、栏板等围挡。

8. 地下室。室内地平面低于室外地平面的高度超过室内净高的 1/2 的房间。

9. 半地下室。室内地平面低于室外地平面的高度超过室内净高的 1/3，且不超过 1/2 的房间。

10. 架空层。仅有结构支撑而无外围护结构的开敞空间层。

11. 走廊。建筑物中的水平交通空间。

12. 架空走廊。专门设置在建筑物的二层或二层以上，作为不同建筑物之间水平交通的空间。

13. 结构层。整体结构体系中承重的楼板层。

14. 落地橱窗。突出外墙面且根基落地的橱窗。

15. 凸窗(飘窗)。凸出建筑物外墙面的窗户。

16. 檐廊。建筑物挑檐下的水平交通空间。

17. 挑廊。挑出建筑物外墙的水平交通空间。

18. 门斗。建筑物入口处两道门之间的空间。

19. 雨篷。建筑出入口上方为遮挡雨水而设置的部件。

20. 门廊。建筑物入口前有顶棚的半围合空间。

图片集

术语

21. 楼梯。由连续行走的梯级、休息平台和维护安全的栏杆(或栏板)、扶手以及相应的支托结构组成的作为楼层之间垂直交通使用的建筑部件。

22. 阳台。附设于建筑物外墙，设有栏杆或栏板，可供人活动的室外空间。

23. 主体结构。接受、承担和传递建设工程所有上部荷载，维持上部结构整体性、稳定性和安全性的有机联系的构造。

24. 变形缝。防止建筑物在某些因素作用下引起开裂甚至破坏而预留的构造缝。

25. 骑楼。建筑底层沿街面后退且留出公共人行空间的建筑物。

26. 过街楼。跨越道路上空并与两边建筑相连接的建筑物。

27. 建筑物通道。为穿过建筑物而设置的空间。

28. 露台。设置在屋面、首层地面或雨篷上的供人室外活动的有围护设施的平台。

29. 勒脚。在房屋外墙接近地面部位设置的饰面保护构造。

30. 台阶。联系室内外地坪或同楼层不同标高而设置的阶梯形踏步。

三、计算建筑面积的规定

(1) 建筑物的建筑面积应按自然层外墙结构外围水平面积之和计算。结构层高在 2.20 m及以上的，应计算全面积；结构层高在 2.20 m 以下的，应计算 1/2 面积，如图 1.5 - 2 所示。

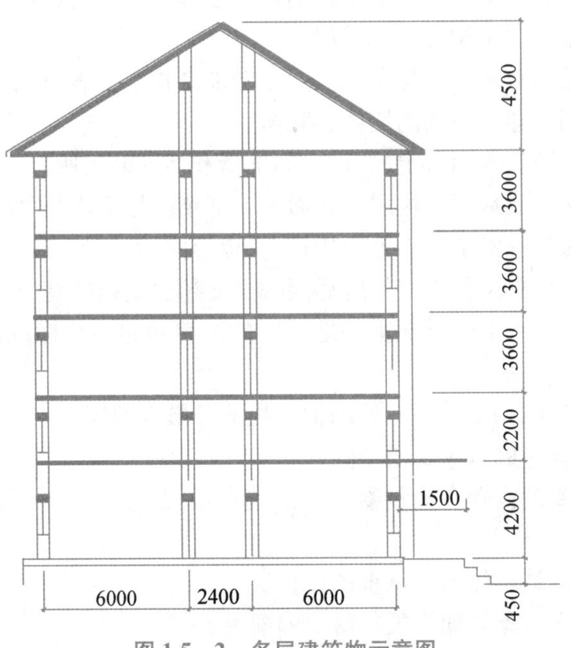

图 1.5－2　多层建筑物示意图

微课

建筑面积计算

(2) 建筑物内设有局部楼层时,对于局部楼层的二层及以上楼层,有围护结构的应按其围护结构外围水平面积计算,无围护结构的应按其结构底板水平面积计算,且结构层高在 2.20 m及以上的,应计算全面积,结构层高在 2.20 m 以下的,应计算 1/2 面积,如图 1.5－3 所示。

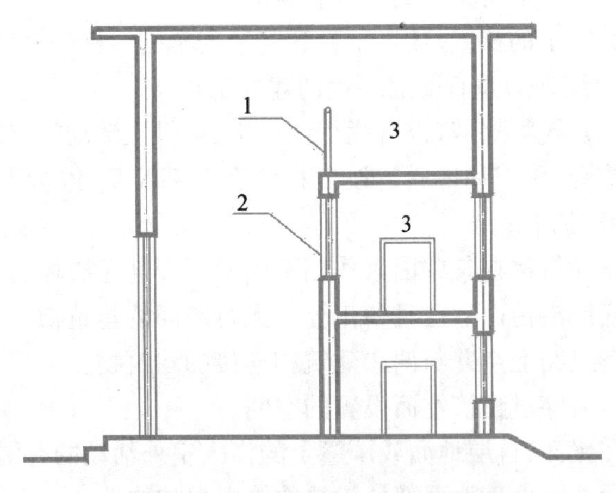

1－围护设施;2－围护结构;3－局部楼层

图 1.5－3　建筑物内设有局部楼层

(3) 对于形成建筑空间的坡屋顶,结构净高在 2.10 m 及以上的部位应计算全面积;结构净高在 1.20 m 及以上至 2.10 m 以下的部位应计算 1/2 面积;结构净高在 1.20 m 以下的部位不应计算建筑面积,如图 1.5－4 所示。

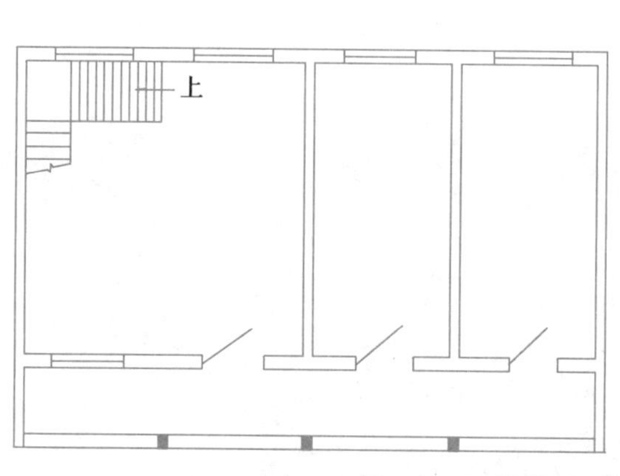

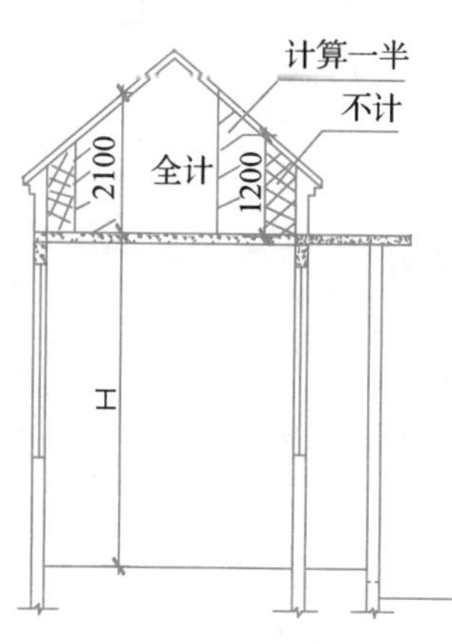

图 1.5－4　坡屋顶示意图

（4）对于场馆看台下的建筑空间，结构净高在 2.10 m 及以上的部位应计算全面积；结构净高在 1.20 m 及以上至 2.10 m 以下的部位应计算 1/2 面积；结构净高在 1.20 m 以下的部位不应计算建筑面积。室内单独设置的有围护设施的悬挑看台，应按看台结构底板水平投影面积计算建筑面积。有顶盖无围护结构的场馆看台应按其顶盖水平投影面积的 1/2 计算面积，如图 1.5－5 所示。

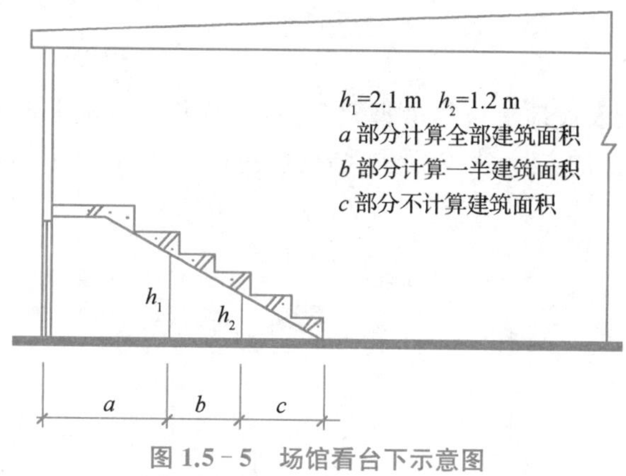

图 1.5－5　场馆看台下示意图

（5）地下室、半地下室应按其结构外围水平面积计算。结构层高在 2.20 m 及以上的，应计算全面积；结构层高在 2.20 m 以下的，应计算 1/2 面积，如图 1.5－6 所示。

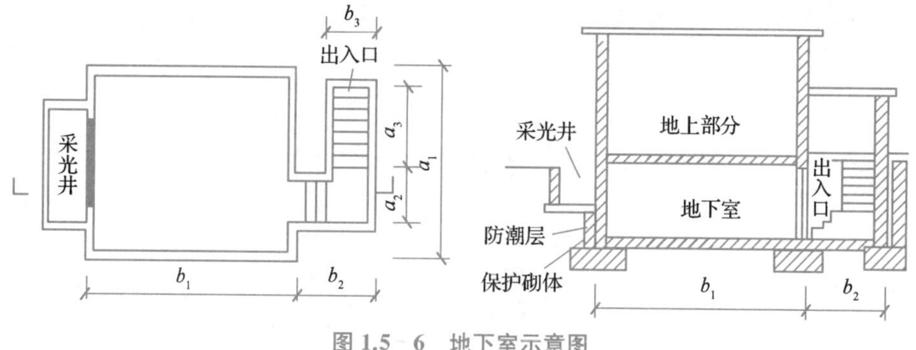

图 1.5－6　地下室示意图

(6) 出入口外墙外侧坡道有顶盖的部位,应按其外墙结构外围水平面积的 1/2 计算面积,如图 1.5-7 所示。

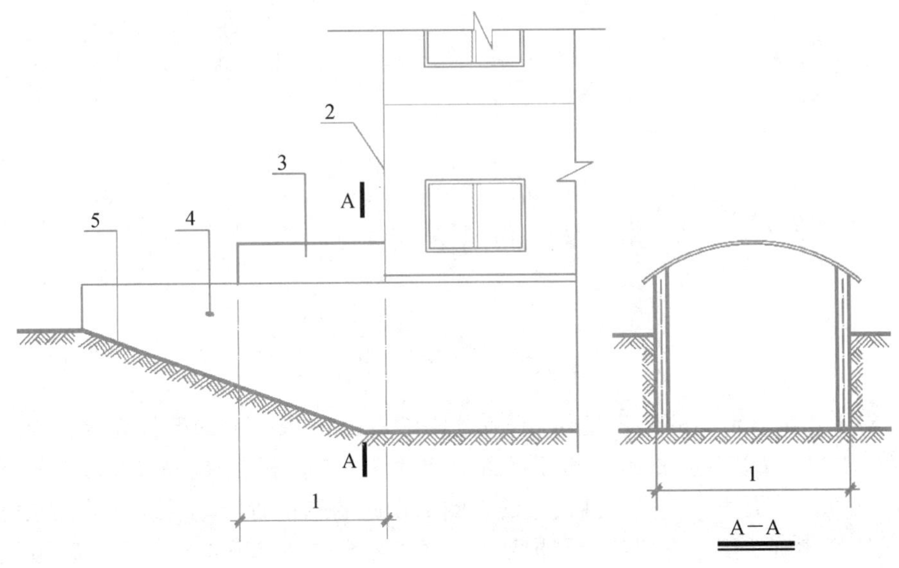

1-计算 1/2 投影面积部位;2-主体建筑;3-出入口顶盖;4-封闭出入口侧墙;5-出入口坡道

图 1.5-7 地下室出入口

(7) 建筑物架空层及坡地建筑物吊脚架空层,应按其顶板水平投影计算建筑面积。结构层高在 2.20 m 及以上的,应计算全面积;结构层高在 2.20 m 以下的,应计算 1/2 面积,如图 1.5-8 所示。

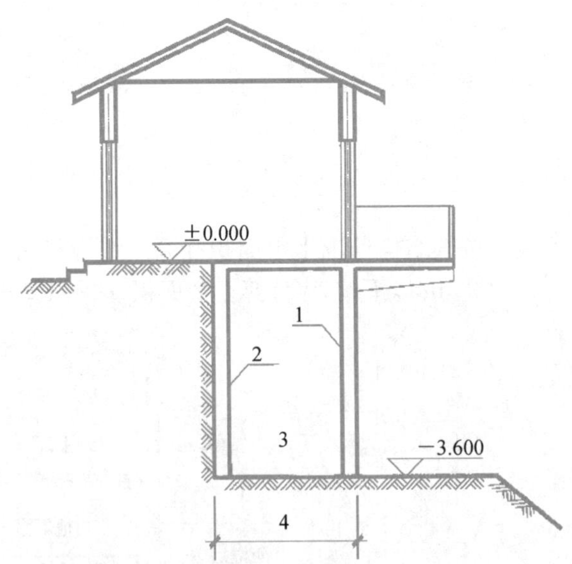

1-柱;2-墙;3-吊脚架空层;4-计算建筑面积部位

图 1.5-8 建筑物吊脚架空层

(8) 建筑物的门厅、大厅应按一层计算建筑面积,门厅、大厅内设置的走廊应按走廊结构底板水平投影面积计算建筑面积。结构层高在 2.20 m 及以上的,应计算全面积;结构层高在 2.20 m 以下的,应计算 1/2 面积,如图 1.5 - 9 所示。

图 1.5 - 9　建筑物回廊

(9) 对于建筑物间的架空走廊,有顶盖和围护设施的,应按其围护结构外围水平面积计算全面积;无围护结构、有围护设施的,应按其结构底板水平投影面积计算 1/2 面积,如图 1.5 - 10和图 1.5 - 11 所示。

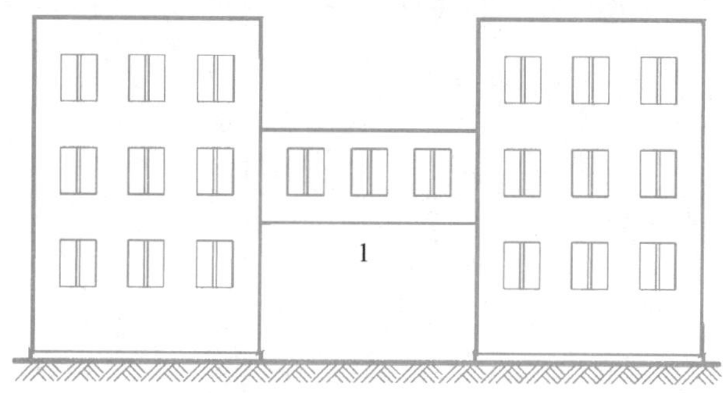

1 -架空走廊

图 1.5 - 10　有围护结构的架空走廊

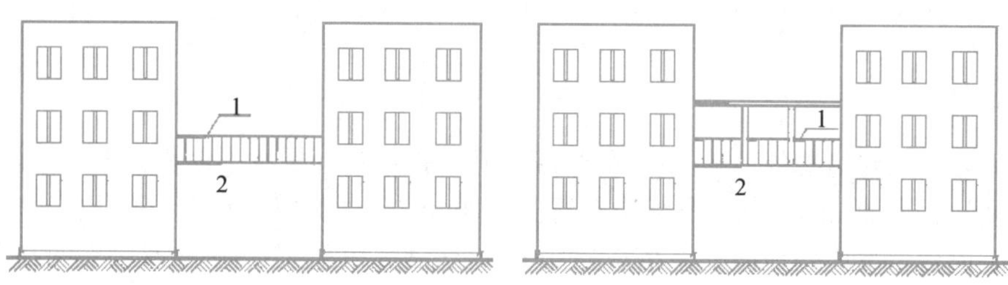

1 -栏杆;2 -架空走廊

图 1.5 - 11　无围护结构的架空走廊

(10) 对于立体书库、立体仓库、立体车库,有围护结构的,应按其围护结构外围水平面积计算建筑面积;无围护结构、有围护设施的,应按其结构底板水平投影面积计算建筑面积。无结构层的应按一层计算,有结构层的应按其结构层面积分别计算。结构层高在 2.20 m 及以上的,应计算全面积;结构层高在 2.20 m 以下的,应计算 1/2 面积,如图 1.5 - 12 所示。

图 1.5 - 12 建筑物立体车库

(11) 有围护结构的舞台灯光控制室,应按其围护结构外围水平面积计算。结构层高在 2.20 m 及以上的,应计算全面积;结构层高在 2.20 m 以下的,应计算 1/2 面积,如图 1.5 - 13 所示。

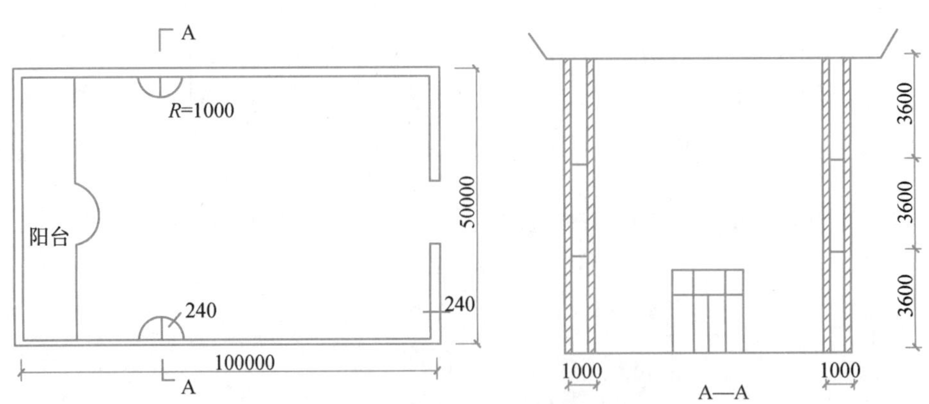

图 1.5 - 13 舞台灯光控制室层示意图

(12) 附属在建筑物外墙的落地橱窗,应按其围护结构外围水平面积计算。结构层高在 2.20 m 及以上的,应计算全面积;结构层高在 2.20 m 以下的,应计算 1/2 面积。

(13) 窗台与室内楼地面高差在 0.45 m 以下且结构净高在 2.10 m 及以上的凸(飘)窗,应按其围护结构外围水平面积计算 1/2 面积,如图 1.5 - 14 所示。

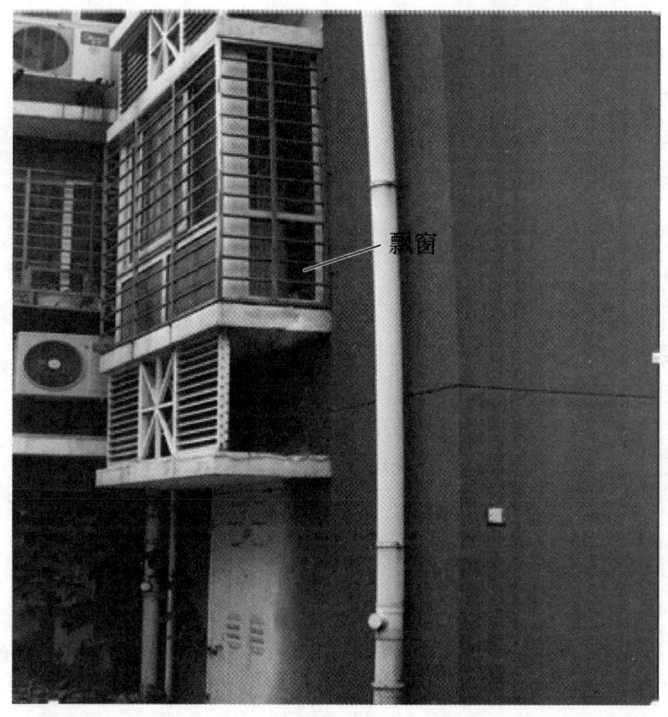

图 1.5－14　飘窗

(14) 有围护设施的室外走廊(挑廊)，应按其结构底板水平投影面积计算 1/2 面积；有围护设施(或柱)的檐廊，应按其围护设施(或柱)外围水平面积计算 1/2 面积，如图 1.5－15 和图 1.5－16 所示。

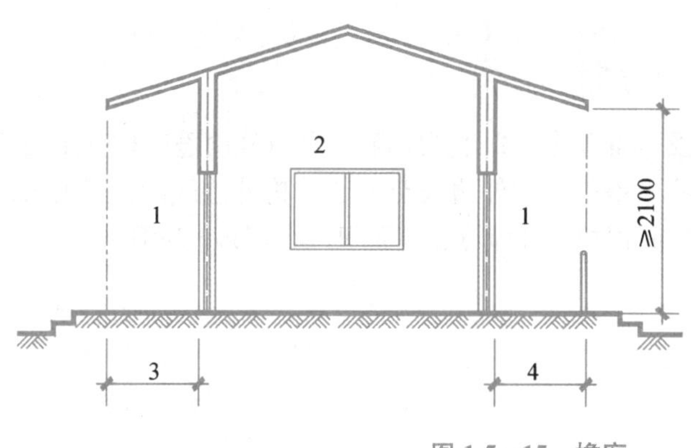

图 1.5－15　檐廊

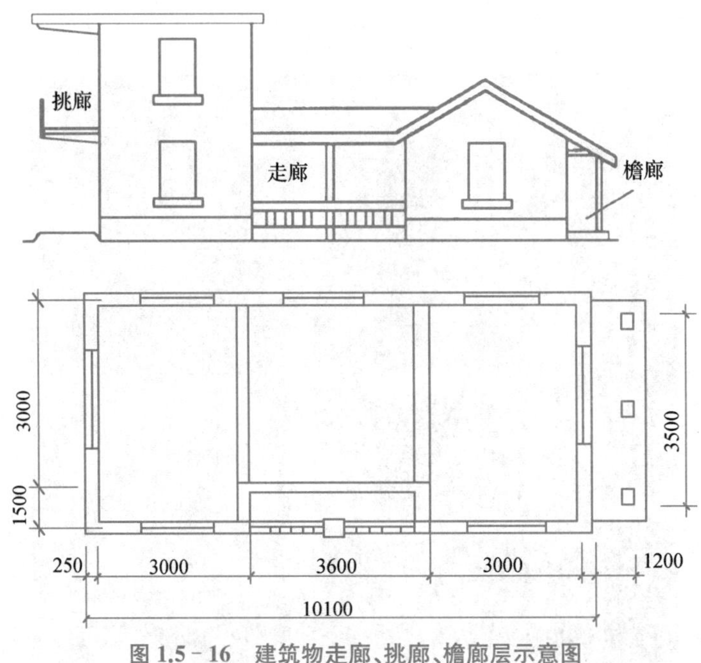

图 1.5－16　建筑物走廊、挑廊、檐廊层示意图

(15) 门斗应按其围护结构外围水平面积计算建筑面积，且结构层高在 2.20 m 及以上的，应计算全面积；结构层高在 2.20 m 以下的，应计算 1/2 面积，如图 1.5－17 所示。

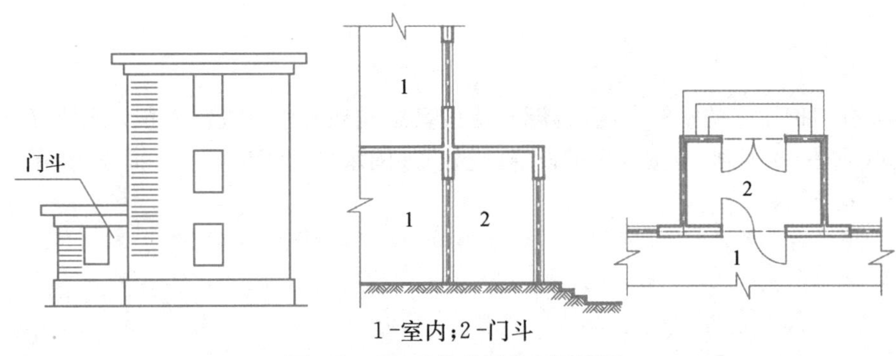

1－室内；2－门斗
图 1.5－17　建筑物门斗层示意图

(16) 门廊应按其顶板的水平投影面积的 1/2 计算建筑面积；有柱雨篷应按其结构板水平投影面积的 1/2 计算建筑面积；无柱雨篷的结构外边线至外墙结构外边线的宽度在2.10 m及以上的，应按雨篷结构板的水平投影面积的 1/2 计算建筑面积，如图 1.5－18 所示。

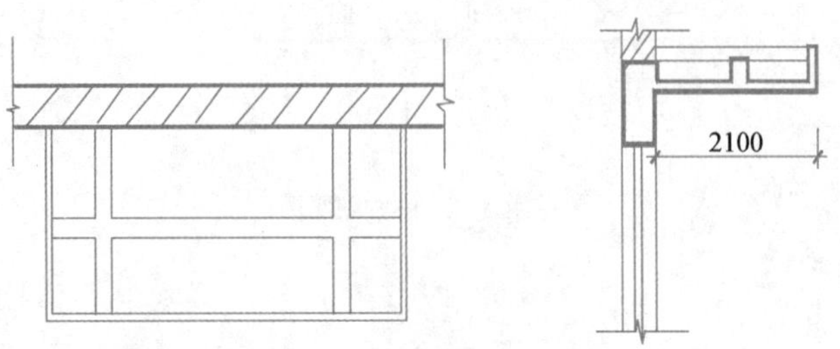

图 1.5－18　建筑物雨篷示意图

(17) 设在建筑物顶部的、有围护结构的楼梯间、水箱间、电梯机房等，结构层高在2.20 m及以上的应计算全面积；结构层高在 2.20 m 以下的，应计算 1/2 面积，如图 1.5 - 19 所示。

(18) 围护结构不垂直于水平面的楼层，应按其底板面的外墙外围水平面积计算。结构净高在 2.10 m 及以上的部位，应计算全面积；结构净高在 1.20 m 及以上至 2.10 m 以下的部位，应计算 1/2 面积；结构净高在 1.20 m 以下的部位，不应计算建筑面积，如图 1.5 - 20 所示。

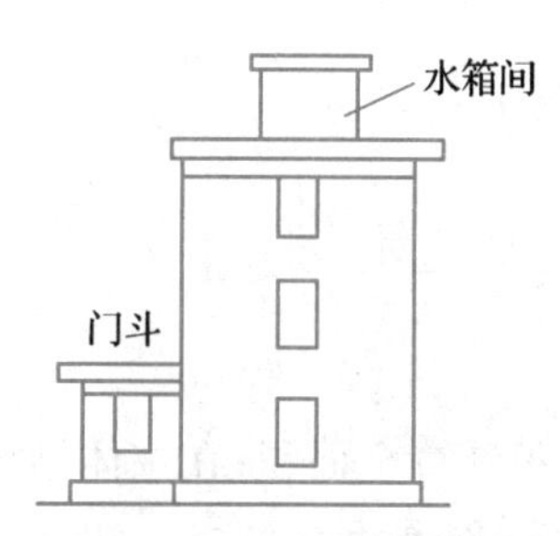

图 1.5 - 19　建筑物水箱间示意图

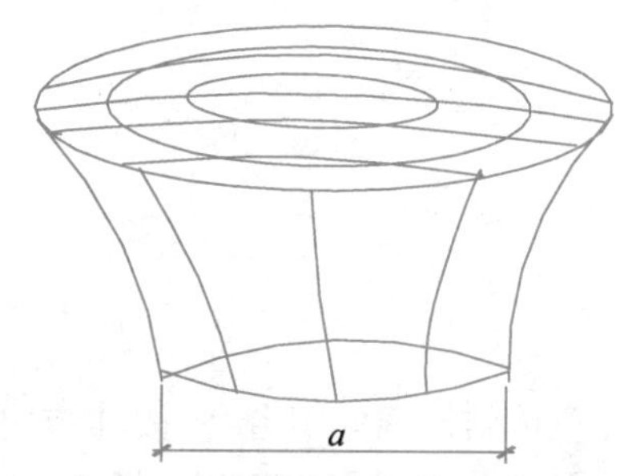

图 1.5 - 20　围护结构超出底板建筑物示意图

(19) 建筑物的室内楼梯、电梯井、提物井、管道井、通风排气竖井、烟道，应并入建筑物的自然层计算建筑面积。有顶盖的采光井应按一层计算面积，且结构净高在 2.10 m 及以上的，应计算全面积；结构净高在 2.10 m 以下的，应计算 1/2 面积，如图 1.5 - 21 和图 1.5 - 22 所示。

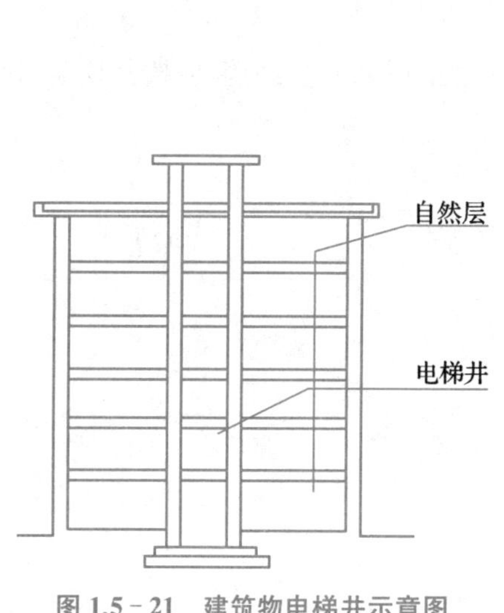

图 1.5 - 21　建筑物电梯井示意图

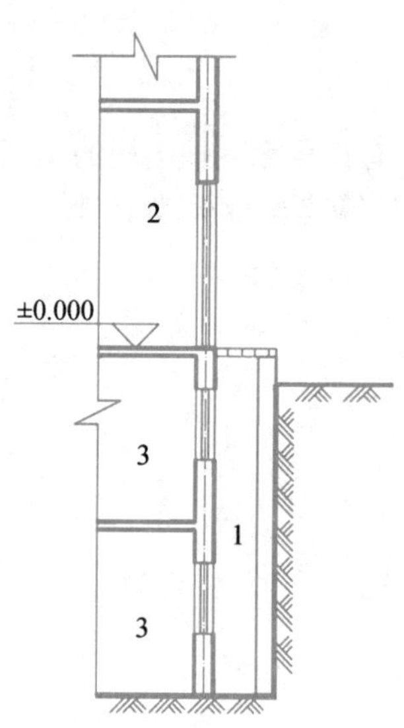

1 -采光井；2 -室内；3 -地下室

图 1.5 - 22　地下室采光井

(20) 室外楼梯应并入所依附建筑物自然层，并应按其水平投影面积的 1/2 计算建筑面积，如图 1.5 - 23 所示。

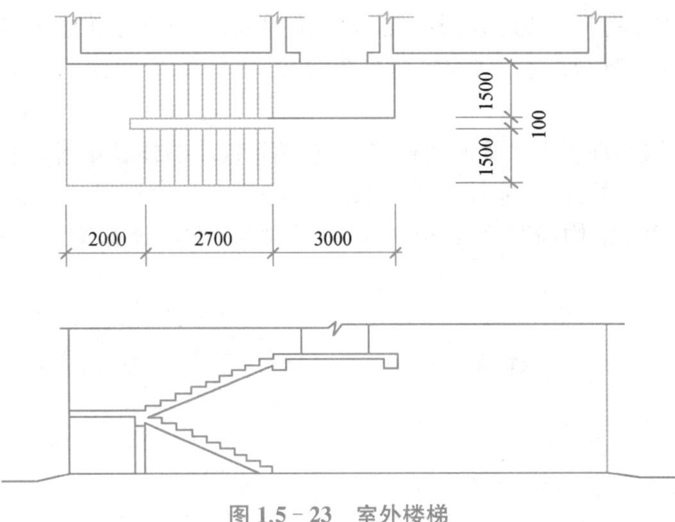

图 1.5－23　室外楼梯

(21) 在主体结构内的阳台,应按其结构外围水平面积计算全面积;在主体结构外的阳台,应按其结构底板水平投影面积计算 1/2 面积,如图 1.5－24 所示。

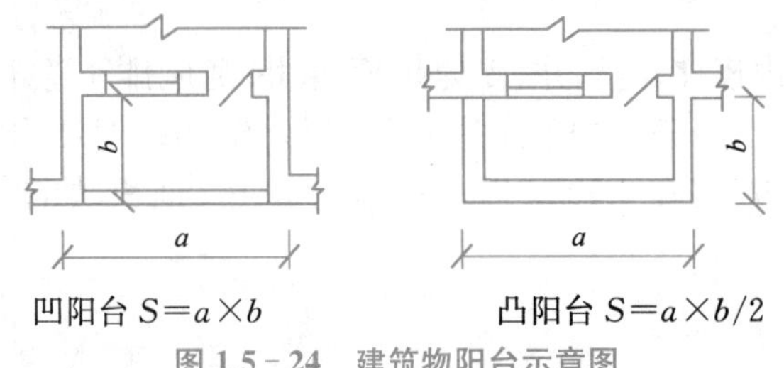

图 1.5－24　建筑物阳台示意图

(22) 有顶盖无围护结构的车棚、货棚、站台、加油站、收费站等,应按其顶盖水平投影面积的 1/2 计算建筑面积,如图 1.5－25 所示。

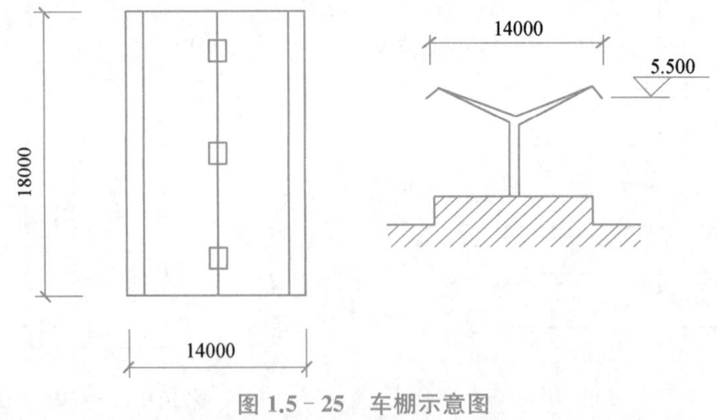

图 1.5－25　车棚示意图

(23) 以幕墙作为围护结构的建筑物,应按幕墙外边线计算建筑面积。

(24) 建筑物的外墙外保温层,应按其保温材料的水平截面积计算,并计入自然层建筑面积。

(25) 与室内相通的变形缝,应按其自然层合并在建筑物建筑面积内计算。对于高低联跨的建筑物,当高低跨内部连通时,其变形缝应计算在低跨面积内,如图 1.5－26 和图 1.5－27 所示。

图 1.5 - 26　变形缝

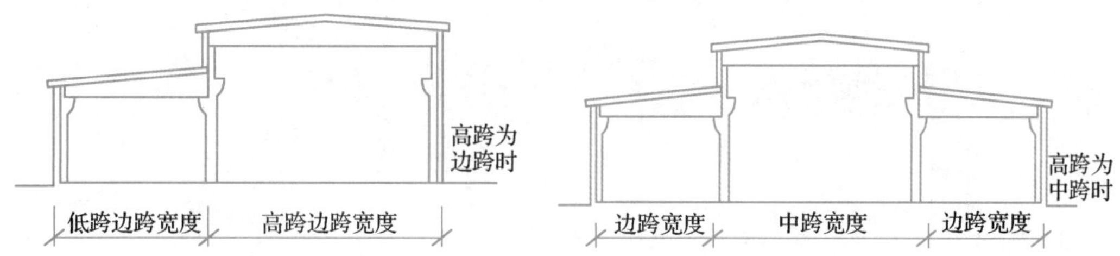

图 1.5 - 27　建筑物高低跨示意图

(26) 对于建筑物内的设备层、管道层、避难层等有结构层的楼层，结构层高在 2.20 m 及以上的，应计算全面积；结构层高在 2.20 m 以下的，应计算 1/2 面积。

四、不计算建筑面积的项目

(1) 与建筑物内不相连通的建筑部件。

(2) 骑楼、过街楼底层的开放公共空间和建筑物通道，如图 1.5 - 28 和图 1.5 - 30 所示。

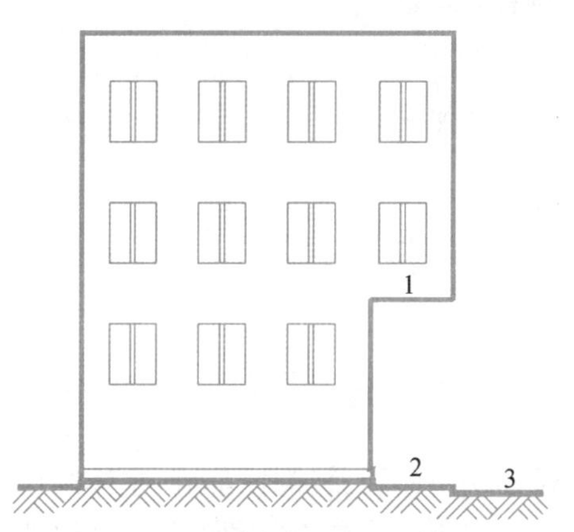

1 -骑楼；2 -人行道；3 -街道

图 1.5 - 28　骑楼

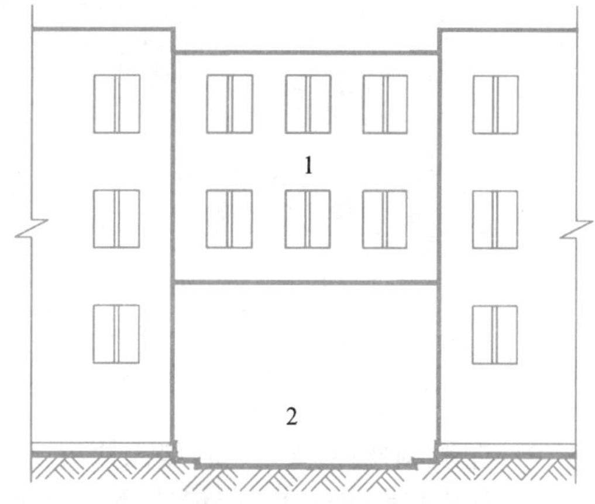

1 -过街楼；2 -建筑物通道

图 1.5 - 29　过街楼

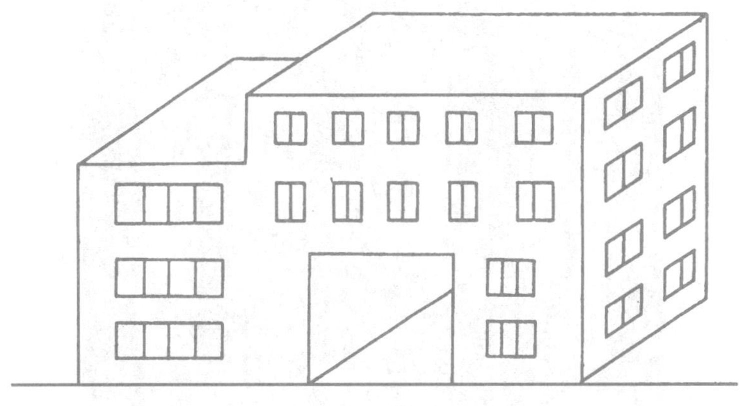

图 1.5-30　穿过建筑物的通道示意图

(3) 舞台及后台悬挂幕布和布景的天桥、挑台等,如图 1.5-31 所示。

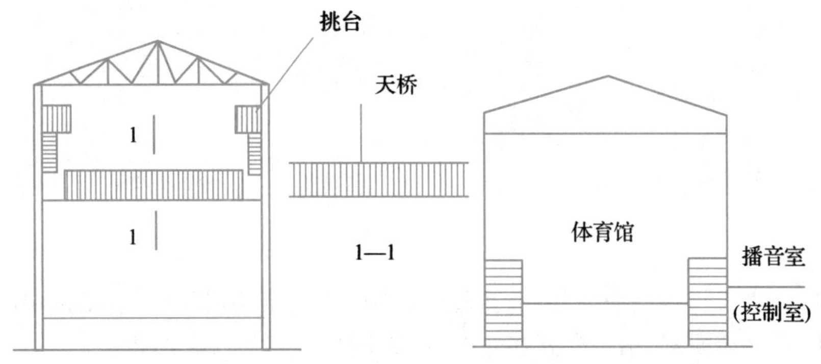

图 1.5-31　天桥、挑台示意图

(4) 露台、露天游泳池、花架、屋顶的水箱及装饰性结构构件。

(5) 建筑物内的操作平台、上料平台、安装箱和罐体的平台,如图 1.5-32 所示。

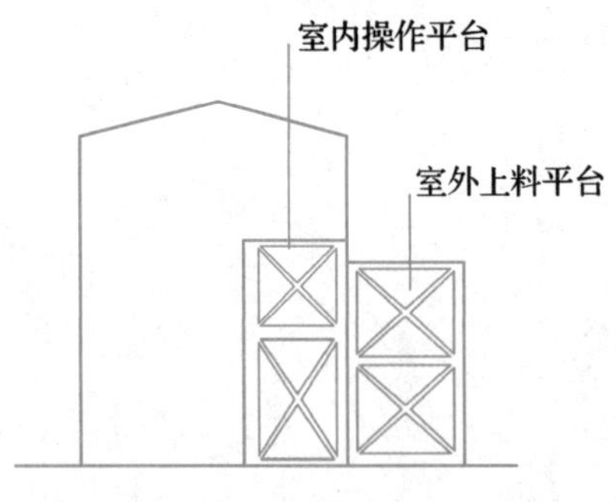

图 1.5-32　操作平台等示意图

(6) 勒脚、附墙柱、垛、台阶、墙面抹灰、装饰面、镶贴块料面层、装饰性幕墙,主体结构外的空调室外机搁板(箱)、构件、配件,挑出宽度在 2.10 m 以下的无柱雨篷和顶盖高度达到或超过两个楼层的无柱雨篷;室外爬梯、室外专用消防钢楼梯,如图 1.5-33 和图 1.5-34 所示。

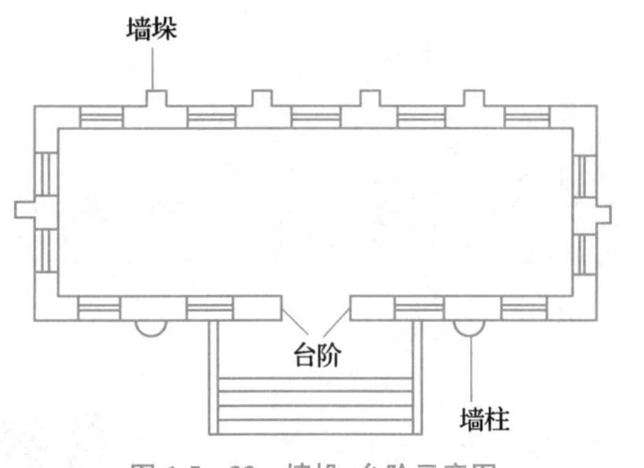

图 1.5－33　墙垛、台阶示意图

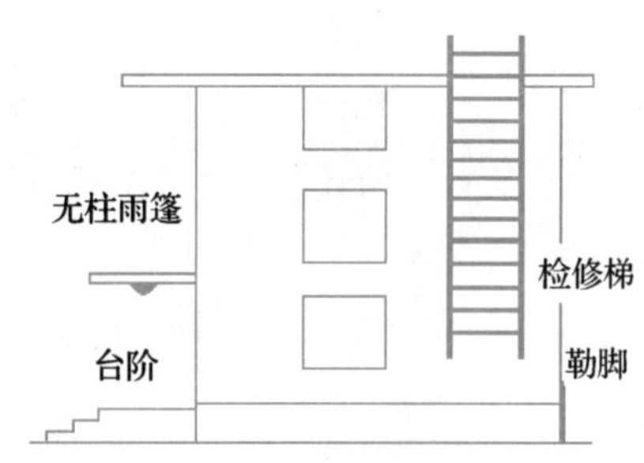

图 1.5－34　建筑物检修梯、雨篷示意图

(7) 窗台与室内地面高差在 0.45 m 以下且结构净高在 2.10 m 以下的凸(飘)窗，窗台与室内地面高差在 0.45 m 及以上的凸(飘)窗。

(8) 无围护结构的观光电梯。

(9) 建筑物以外的地下人防通道，独立的烟囱、烟道、地沟、油(水)罐、气柜、水塔、贮油(水)池、贮仓、栈桥等构筑物。如图 1.5－35 所示。

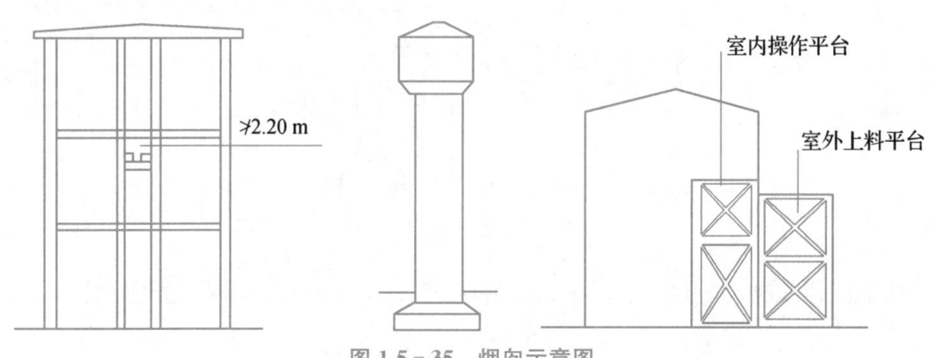

图 1.5－35　烟囱示意图

1.5.2　建筑面积计算

1.5.2.1　任务实施

【项目一：多层住宅建筑面积计算】

根据项目内容及《建筑面积计算规范》等，该项目建筑面积计算详见表 1.5－1。

表 1.5－1　建筑面积计算表

序号	名　称	计 算 公 式
1	A—C 轴	30.20×(8.40×2＋8.40×1/2)＝634.20 m^2
2	C—D 轴	60.20×12.20×4＝2 937.76 m^2
3	坡屋面	60.20×(6.20＋1.80×2×1/2)＝481.60 m^2

(续表)

序号	名 称	计 算 公 式
4	雨篷	2.60×4.00×1/2=5.20 m^2
5	阳台	18×1.80×3.60×1/2=58.32 m^2
	合计	4 117.08 m^2

技能训练与拓展

在线答题

建筑面积

习 题

1. 如习题图1.5-1所示为某建筑物地下室的剖面图，地下室外墙外边线的尺寸分别为60 m×15 m，墙厚240 mm，层高2.1 m，采光井的建筑面积为50 m^2，防潮层沿外墙设置，厚度为50 mm，高度为200 mm，根据GB/T 50353—2013，计算此地下室的建筑面积为(　　)m^2。

A. 450　　B. 457.51　　C. 500　　D. 900

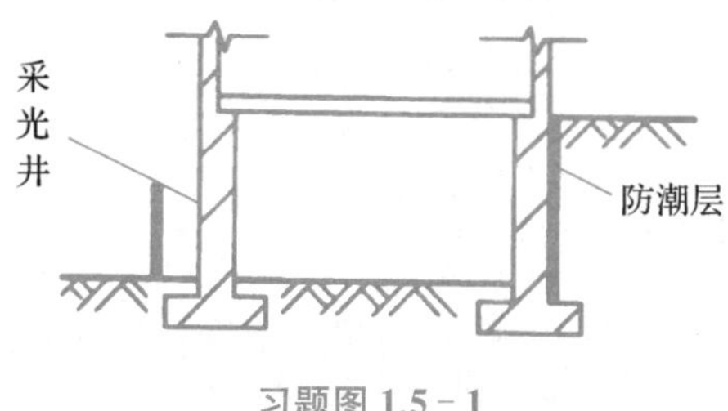

习题图1.5-1

2. 某单层建筑物，如习题图1.5-2所示，墙厚240 mm，计算单层建筑面积。

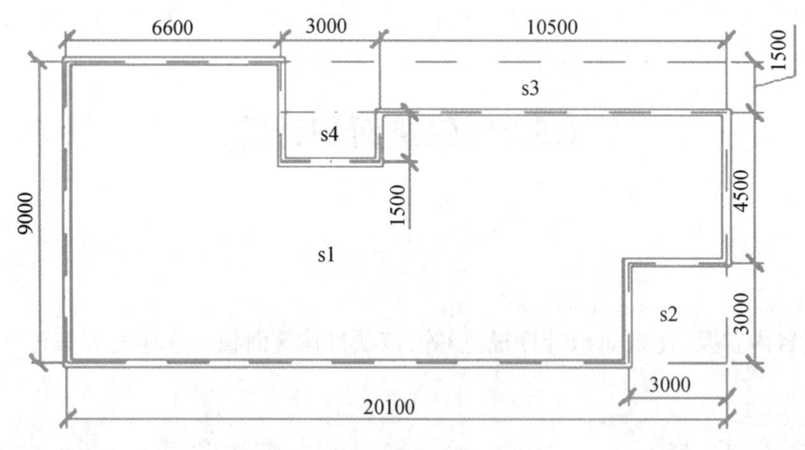

习题图1.5-2

3. 某五层建筑物各层建筑面积一样，墙厚240 mm，每层层高均为2.7 m，计算建筑面积，如习题图1.5-3所示。

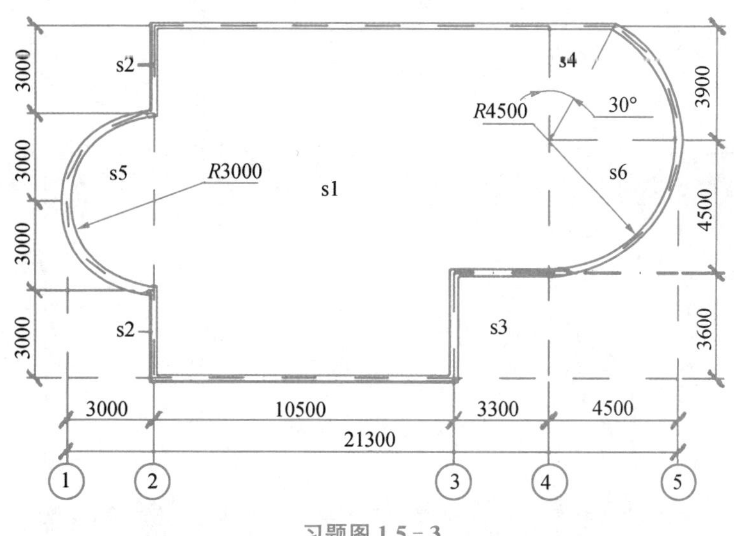

习题图 1.5－3

4. 某现浇砼框架结构别墅如习题图 1.5－4 所示，外墙为 370 厚多孔砖，内墙为 240 厚多孔砖(内墙轴线为墙中心线)，柱截面为 370 mm×370 mm(除已标明的外，柱轴线为柱中心线)，板厚为 100 mm，梁高为 600 mm。室内柱、梁、墙面及板底均做抹灰，坡屋面顶板下表面至楼面的净高的最大值为 4.24 m，坡屋面为坡度 1∶2 的两坡屋面。雨篷 YP1 水平投影尺寸为 2.10 mm×3.00 m，YP2 水平投影尺寸为 1.50 m×11.55 m，YP3 水平投影尺寸为 1.50 m×3.90 m。请按建筑面积计算规范(GB/T 50353—2013)试计算建筑面积。

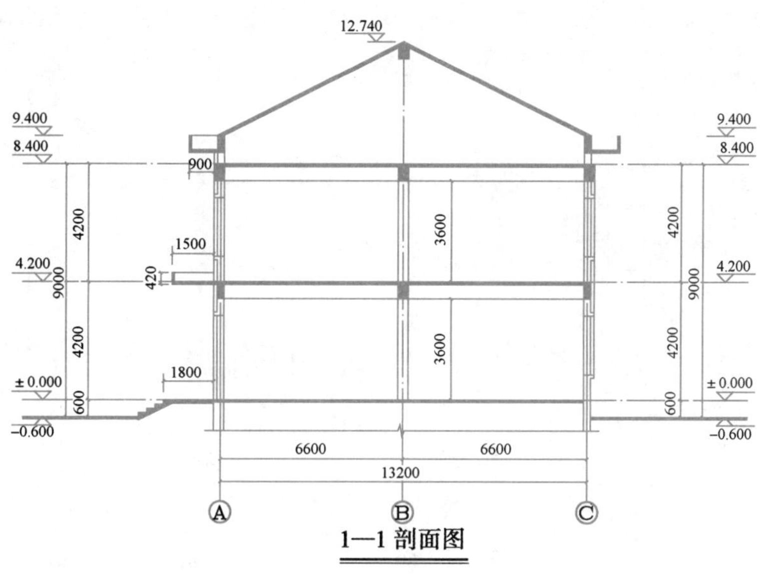

1—1 剖面图

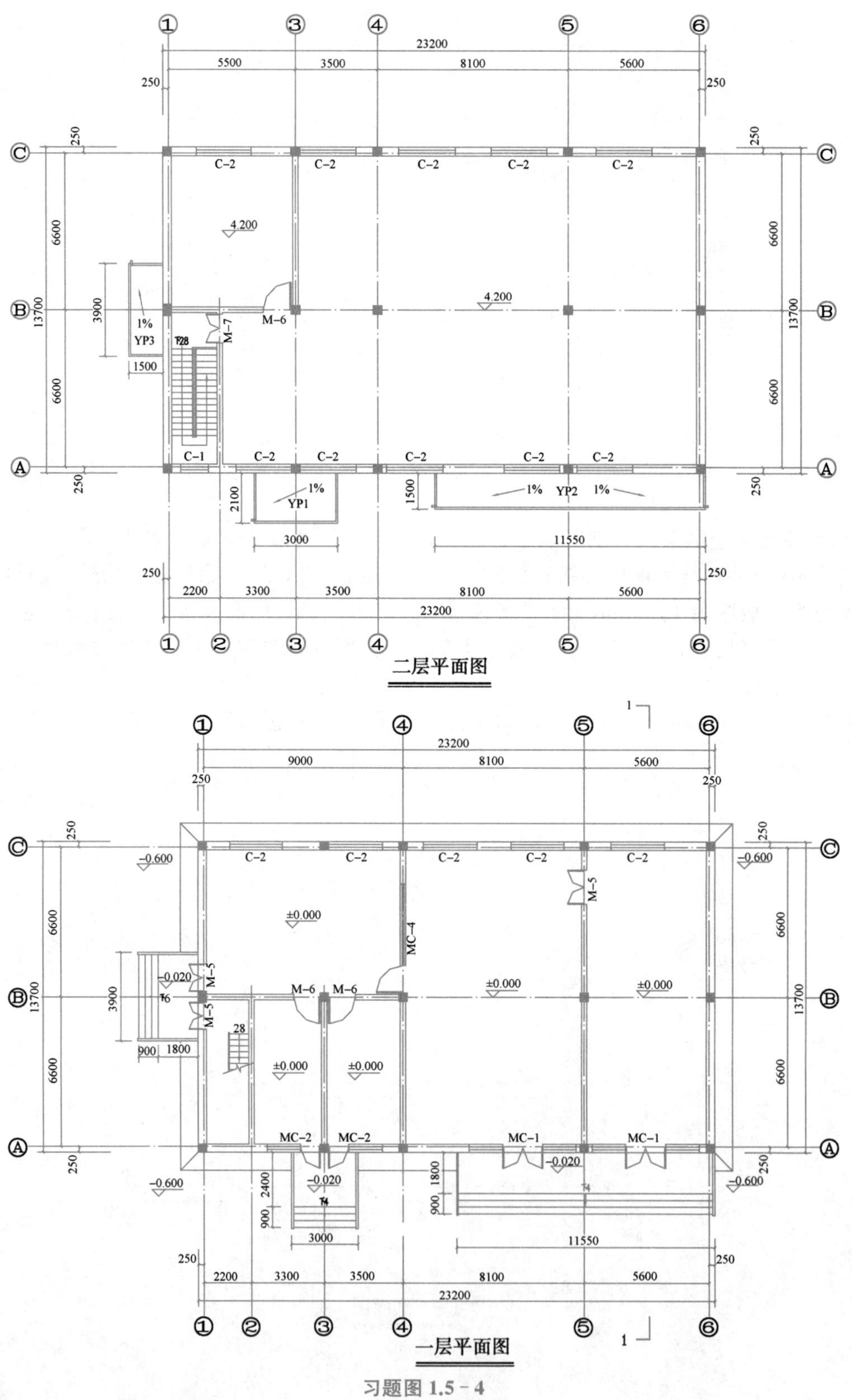

习题图 1.5-4

学习情境二
分部分项工程费计算

【知识目标】

1. 了解2013《房屋建筑与装饰工程工程量计算规范》各分部分项工程主要清单项目。

2. 掌握建筑工程各分部分项工程的清单工程量的计算规则与计算要点。

3. 熟悉《江苏省建筑与装饰工程计价定额》，掌握计价工程量计算规则与说明要点。

【职业技能目标】

1. 能够结合图纸根据《房屋建筑与装饰工程工程量计算规范》编制分部分项工程清单工程量计算表。

2. 能够结合图纸根据《江苏省建筑与装饰工程计价定额》编制分部分项工程计价工程量计算表。

3. 能够编制分部分项工程量清单并进行清单组价，计算分部分项工程费。

【思政教育与劳动教育目标】

在学习过程中树立自信心，达到积极的自我认识和自我评价。做心中有梦、眼里有光，脚下有路、志在四方的新时代青年人，立志技能成才，技能报国。青春飞扬正当时，大国工匠看青年。

【学习工具书准备】

1.《房屋建筑与装饰工程工程量计算规范》(GB 500854—2013)。

2.《江苏省建筑与装饰工程计价定额》(2014 版)。

3. 16G101 系列图集。

青春飞扬正当时
大国工匠看青年

资源合集

任务一
土石方工程计量与计价

项目引入

软件三维模型

土石方工程

【项目一：带形基础土方工程】

某单位传达室基础平面图及基础详图如图 2.1－1 所示，土壤为三类土、干土，基础垫层支模板，场内运土 150 m，室内地面厚度为 200 mm，请计算三线一面，并完成土方工程清单、计价工程量计算表以及综合单价分析表。（价格按《计价定额》中含税价格计取）

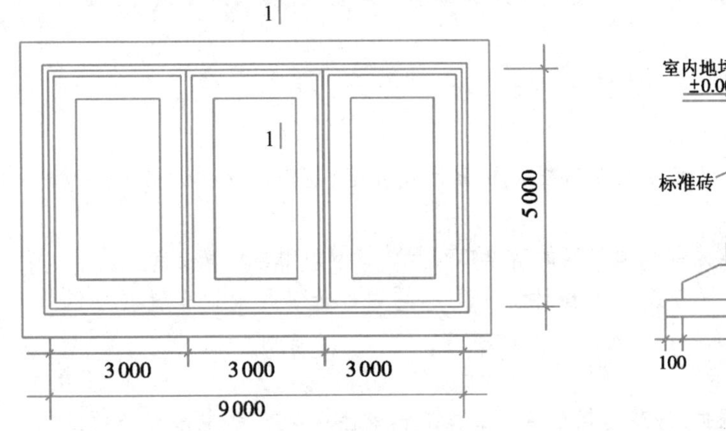

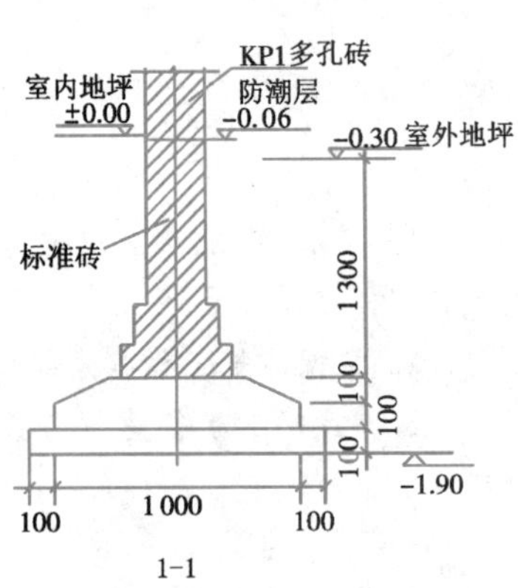

图 2.1－1　基础平面图及基础详图

【项目二：满堂基础土方工程】

某办公楼，为三类工程，其地下室如 2.1－2 所示。设计室外地坪标高为－0.30 m，地下室的室内地坪标高为－1.50 m。现某土建单位投标该办公楼土建工程。已知该工程采用满堂基础，C30 钢筋砼，垫层为 C10 素砼，垫层底标高为－1.90 m。垫层施工前原土打夯，所有砼均采用商品砼。地下室墙外壁做防水层。施工组织设计确定用人工平整场地，反铲挖掘机（斗容量 1 m^3）挖土，深度超过 1.5 m 起放坡，放坡系数为 1∶0.33，工作面宽度从防水层放 1 000 mm，土壤为四类干土，机械挖土坑上作业，不装车，人工修边坡按总挖方量的 10% 计算。

请完成土方工程清单、计价工程量计算表以及综合单价分析表。（价格按《计价定额》中含税价格计取）

软件三维模型

土石方工程

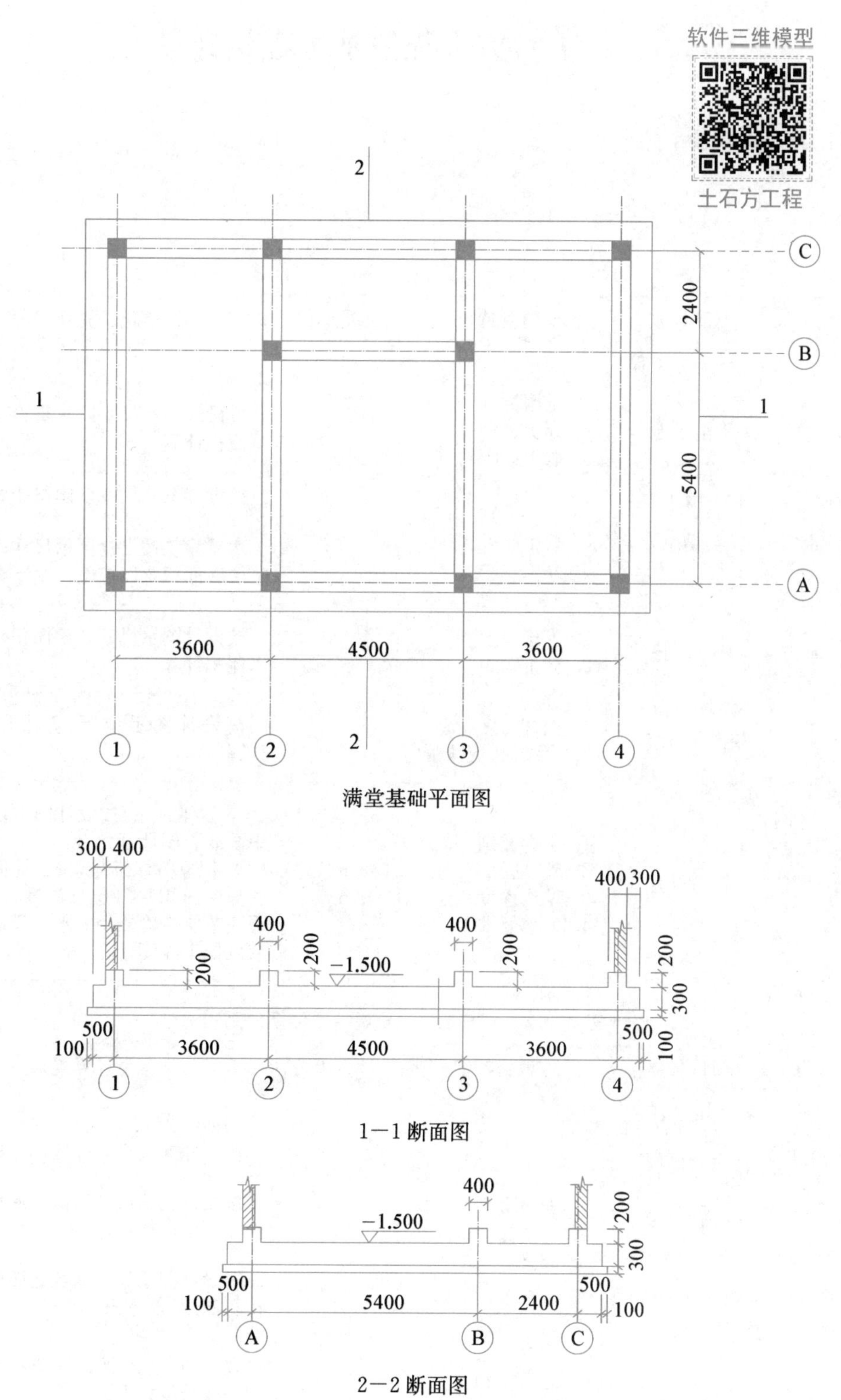

图 2.1－2　满堂基础平面图与断面图

2.1.1 土石方工程清单工程量计算

2.1.1.1 任务相关知识点

一、2013《房屋建筑与装饰工程工程量计算规范》主要清单项目

表 2.1-1 土方工程主要清单项目及规则

项目编码	项目名称	项目特征	计量单位	工程量计算规则
	A. 1 土方工程			
010101001	平整场地	1. 土壤类别 2. 弃土运距 3. 取土运距	m^2	按设计图示尺寸以建筑物首层建筑面积计算
010101002	挖一般土方	1. 土壤类别 2. 挖土深度 3. 弃土运距	m^3	按设计图示尺寸以体积计算
010101003	挖沟槽土方			房屋建筑按设计图示尺寸以基础垫层底面积乘以挖土深度计算
010101004	挖基坑土方			
010101005	冻土开挖	1. 冻土厚度 2. 弃土运距		按设计图示尺寸开挖面积乘厚度以体积计算
010101006	挖淤泥、流沙	1. 挖掘深度 2. 弃淤泥、流沙距离		按设计图示位置、界限以体积计算
010101007	管沟土方	1. 土壤类别 2. 管外径 3. 挖沟深度 4. 回填要求	1.m 2.m^3	1. 以米计量，按设计图示以管道中心线长度计算。 2. 以立方米计量，按设计图示管底垫层面积乘以挖土深度计算；无管底垫层按管外径的水平投影面积乘以挖土深度计算

表 2.1-2 石方工程主要清单项目及规则

项目编码	项目名称	项目特征	计量单位	工程量计算规则
	A. 2 石方工程			
010102001	挖一般石方	1. 岩石类别 2. 开凿深度 3. 弃渣运距	m^3	按设计图示尺寸以体积计算
010102002	挖沟槽石方			按设计图示尺寸沟槽底面积乘以挖石深度以体积计算
010102003	挖基坑石方			按设计图示尺寸基坑底面积乘以挖石深度，以体积计算
010102004	挖管沟石方	1. 岩石类别 2. 管外径 3. 挖沟深度	1. m 2. m^3	1. 以米计量，按设计图示以管道中心线长度计算。 2. 以立方米计量，按设计图示截面积乘以长度计算

表 2.1－3　回填主要清单项目及规则

项目编码	项目名称	项目特征	计量单位	工程量计算规则
	A. 3 回填			
010103001	回填方	1. 密实度要求 2. 填方材料品种 3. 填方粒径要求 4. 填方来源、运距	m^3	按设计图示尺寸以体积计算。 1. 场地回填。回填面积乘平均回填厚度。 2. 室内回填。主墙间面积乘以回填厚度，不扣除间隔墙。 3. 基础回填。挖方体积减去自然地坪以下埋设的基础体积(包括基础垫层及其他构筑物)
010103002	余方弃置	1. 废弃料品种 2. 运距	m^3	按挖方清单项目工程量减利用回填方体积(正数)计算

二、工程量计算要点

(1) 挖土方平均厚度应按自然地面测量标高至设计地坪标高间的平均厚度确定。基础土方开挖深度应按基础垫层底表面标高至交付施工现场地标高确定，无交付施工场地标高时，应按自然地面标高确定。

(2) 建筑物场地厚度≤±300 mm 的挖、填、运、找平，应按平整场地项目编码列项。厚度>±300 mm 的竖向布置挖土或山坡切土应按挖一般土方项目编码列项。

(3) 沟槽、基坑、一般土方的划分：底宽≤7 m，底长>3 倍底宽为沟槽；底长≤3 倍底宽，底面积≤150 m^2 为基坑；超出上述范围则为一般土方。

(4) 挖土方如需截桩头时，应按桩基工程相关项目编码列项。桩间挖土不扣除桩的体积，并在项目特征中加以描述。

(5) 弃、取土运距可以不描述，但应注明由投标人根据施工现场实际情况自行考虑，决定报价。

(6) 土壤的分类应按规范确定，如土壤类别不能准确划分时，招标人可注明为综合，由投标人根据地勘报告决定报价。

(7) 土方体积应按挖掘前的天然密实体积计算。非天然密实体积应按系数折算。

(8) 挖沟槽、基坑、一般土方因工作面和放坡增加的工程量(管沟工作面增加的工程量)，是否并入各土方工程量中，按各省、自治区、直辖市或行业建设主管部门的规定实施，如并入各土方工程量中，办理工程结算时，按经发包人认可的施工组织设计规定计算，编制工程量清单时，可按规范规定计算。

(9) 挖方出现流沙、淤泥时，如设计未明确，在编制工程量清单时，其工程数量可为暂估量，结算时应根据实际情况由发包人与承包人双方现场签证确认工程量。

(10) 管沟土方项目适用于管道(给排水、工业、电力、通信)、光(电)缆沟(包括人孔桩、接口坑)及连接井(检查井)等。

三、工程量计算规则

1. 工程量计算的几个基数

在计算工程量时，每个分项工程量的计算都各有特点，但是都离不开计算“线”“面”之类的基数,它们在整个工程量的计算中要反复多次使用。

(1) $L_{中}$:外墙中心线。

(2) $L_{外}$:外墙外边线=建筑平面图的外围周长之和。

(3) $L_{内}$:内墙净长线=建筑平面图中所有的内墙净长度之和。

(4) $S_{底}$:底层建筑面积=建筑物底层平面图勒脚以上结构外围水平投影面积。

利用这"三线一面"这四个基数,有关的计算项目有:

$L_{中}$:外墙中心线——外墙基挖沟槽,基础垫层,基础砌筑,墙基防潮层,基础梁,圈梁,墙身砌筑等分项工程。

$L_{外}$:外墙外边线——外墙勒脚,腰线,勾缝,外墙抹灰,散水等分项工程。

$L_{内}$:内墙净长线——内墙基础砌筑,墙基防潮层,圈梁,墙身砌筑等分项工程。

$S_{底}$:底层建筑面积——平整场地,地面,楼面,屋面等分项工程。

2. 平整场地

平整场地工程量按设计图示建筑物首层建筑面积计算。$S=S_{底}$。

3. 挖沟槽土方

工程量按设计图示尺寸以基础垫层底面积乘以挖土深度计算。编制清单时,工作面宽度和放坡系数可按2013《房屋建筑与装饰工程工程量计算规范》规定计取。如表2.1-4和表2.1-5所示。

表2.1-4 基础施工所需工作面宽度计算表

基础材料	每边各增加工作面宽度/mm
砖基础	200
浆砌毛石、条石基础	150
混凝土基础垫层支模板	300
混凝土基础支模板	300
基础垂直面做防水层	1 000(防水层面)

表2.1-5 放坡系数表

土类别	放坡起点/m	人工挖土	机械挖土		
			在坑内作业	在坑上作业	顺沟槽在坑上作业
一、二类土	1.20	1∶0.5	1∶0.33	1∶0.75	1∶0.5
三类土	1.50	1∶0.33	1∶0.25	1∶0.67	1∶0.33
四类土	2.00	1∶0.25	1∶0.10	1∶0.33	1∶0.25

注:
① 沟槽、基坑中土类别不同时,分别按其放坡起点、放坡系数、依不同土类别厚度加权平均计算。
② 计算放坡时,在交接处的重复工程量不予扣除,原槽、坑作基础垫层时,放坡自垫层上表面开始计算。

$$挖沟槽的体积=沟槽的截面积\times沟槽的长度$$

沟槽长度:外墙基础取外墙中心线L中,内墙基础取内墙沟槽净长线L内。

沟槽的截面积计算步骤:

(1) 判断工作面宽度；

(2) 判断是否需要放坡。

① 基础底无垫层：

a. 不需要放坡的情况：

混凝土基础。工作面宽度 $C=300$ mm，$H\leqslant$放坡深度，所以不放坡，B 为基础宽度，则挖沟槽土方的截面积 $S=(B+2C)\times H$，如图 2.1-3 所示。

砖基础。工作面宽度 $C=200$ mm，$H\leqslant$放坡深度，所以不放坡，B 为混凝土基础宽度，则挖沟槽土方的截面积 $S=(B+2C)\times H$，如图2.1-4所示。

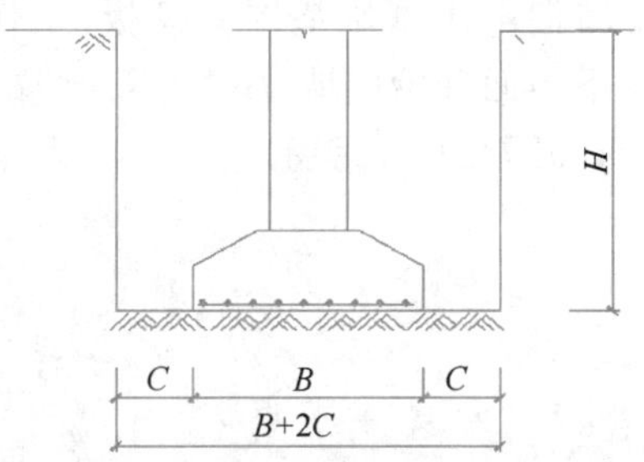

图 2.1-3　混凝土基础不放坡示意图

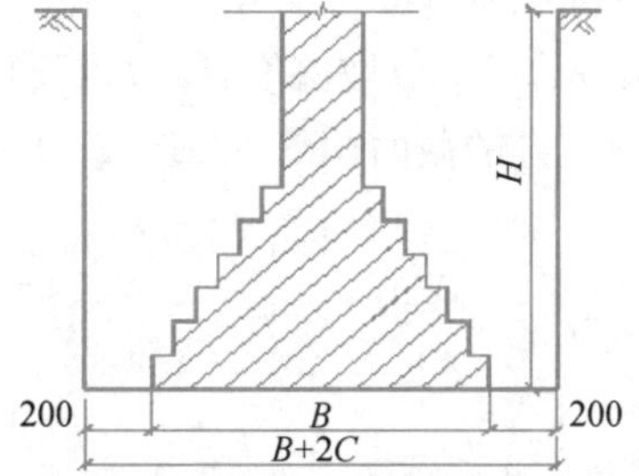

图 2.1-4　砖基础不放坡示意图

混凝土基础。工作面宽度 $C=30$ mm，施工组织设计为不放坡，采用支挡土板的施工方案，则挖沟槽的截面积 $S=(B+2C+0.1\times 2)\times H$，如图 2.1-5 所示。

b. 需要放坡的情况：

混凝土基础。工作面宽度 $C=300$ mm，$H>$放坡深度，所以需要放坡，放坡系数通过查表为 K，B 为混凝土基础宽度，则挖沟槽土方的截面积 $S=(B+2C+K\cdot H)\times H$，如图 2.1-6 所示。

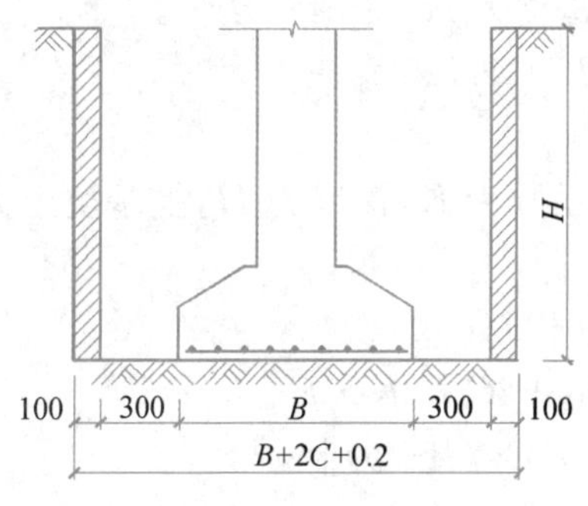

图 2.1-5　混凝土基础不放坡示意图

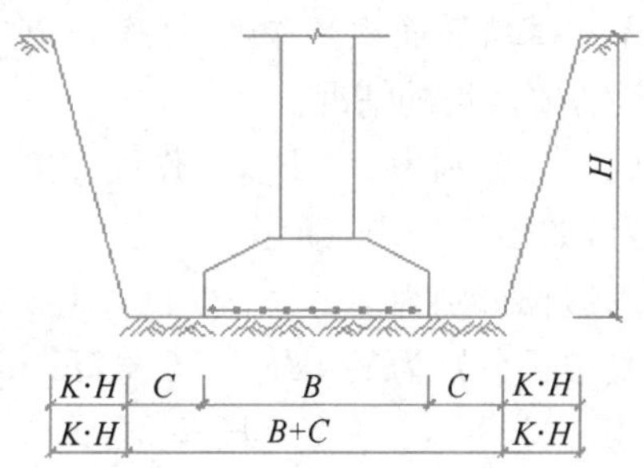

图 2.1-6　混凝土基础放坡示意图

② 基础底有垫层：

砖基础底有三七灰土垫层。工作面宽度看垫层上基础的材料，砖基础工作面宽度 $C=200$ mm，$H>$放坡深度，所以需要放坡，从垫层上表面开始放坡，B 为混凝土基础宽度，则挖沟槽土方的截面积 $S=(B+2C)\times H+$垫层宽$\times H_1$，如图 2.1-7 所示。

砖基础底有混凝土垫层不支模板。工作面宽度看垫层上基础的材料，砖基础工作面宽度 $C=200$ mm，$H>$放坡深度，所以需要放坡，从垫层上表面开始放坡，B 为混凝土基础宽度，则挖沟槽土方的截面积 $S=(B+2C)\times H+$垫层宽$\times H_1$，如图 2.1-8 所示。

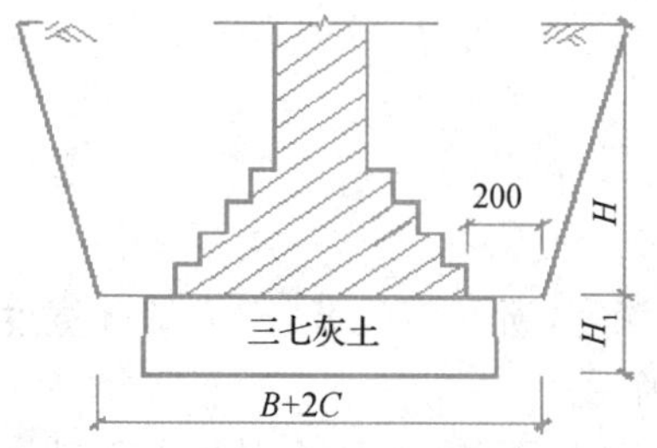

图 2.1-7　砖基础灰土垫层放坡示意图

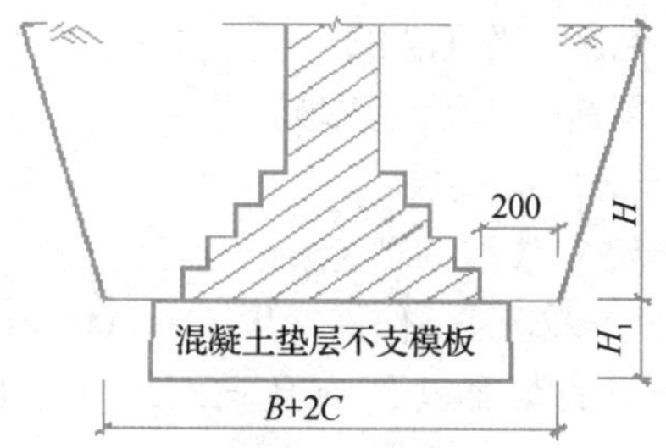

图 2.1-8　砖基础混凝土垫层不支模板放坡示意图

砖基础底有混凝土垫层支模板。工作面宽度看混凝土基础垫层支模板,工作面宽度 $C=300$ mm,$H>$放坡深度,所以需要放坡,从垫层下表面开始放坡,B 为混凝土垫层宽度,则挖沟槽土方的截面积 $S=(B+2C)\times(H+H_1)$,如图 2.1-9 所示。

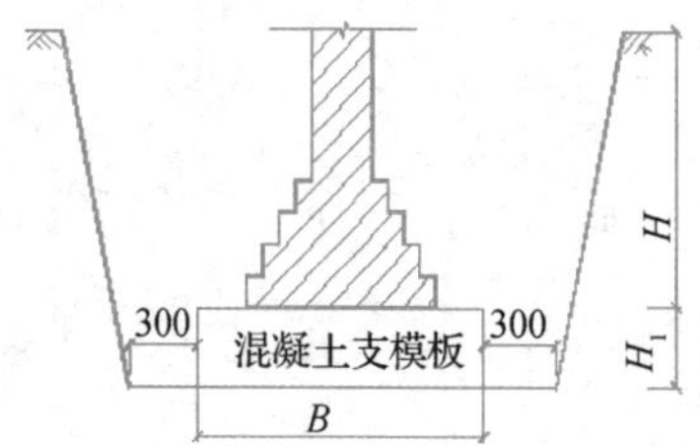

图 2.1-9　砖基础混凝土垫层支模板放坡示意图

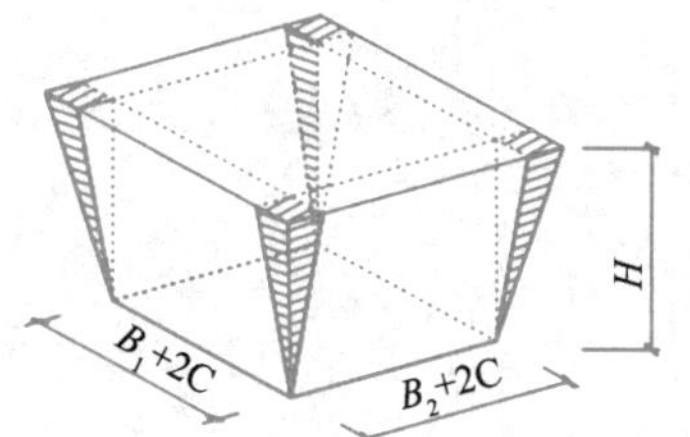

图 2.1-10　挖基坑放坡示意图

4. 挖基坑土方

工程量按设计图示尺寸以基础垫层底面积乘以挖土深度计算。编制清单时,工作面宽度和放坡系数可按2013《房屋建筑与装饰工程工程量计算规范》规定计取。

(1) 不需要放坡的情况。

基础底宽分别为 B_1,B_2,工作面宽度为 C,挖土深度为 H。

则 $V=$基坑底面积$\times$深度$=(B_1+2C)\times(B_2+2C)\times H$。

(2) 需要放坡的情况。

基础底宽分别为 B_1,B_2,工作面宽度为 C,放坡系数为 K,深度为 H,挖基坑土方形体为倒棱台,如图 2.1-10 所示。

基底边长分别为　$a=B_1+2C$,$b=B_2+2C$;

上底边长分别为 $A=B_1+2C+2K\cdot H$,$B=B_2+2C+2K\cdot H$。

则　$V=H/6\times[AB+ab+(A+a)\times(B+b)]$

5. 挖一般土方

挖一般土方工程量按设计图示尺寸以体积计算。计算方法同挖基坑土方。

6. 回填方

回填方工程量计算。场地回填,按回填面积乘以平均回填厚度;室内回填,按主墙间净面积乘以回填厚度;基础回填,按挖基础土方体积减设计室外地坪以下埋设的基础体积。

室内回填土,指房心室内地坪高度之间的土方回填。

$$V_{室内回填}=S_{室内净面积}\times H_{回填厚度(室内外高差-室内地坪厚度)}$$

基础回填土,指设计室外地坪以下土方回填。

$$V_{基础回填}=V_{挖土}-V_{设计室外地坪以下埋设物}$$

7. 余方弃置

工程量按挖方清单项目工程量减利用回填方体积(正数)计算。

$$余方弃置=V_{挖土}-V_{回填土}$$

2.1.1.2　任务实施

【项目一:带形基础土方工程】——清单工程量计算

根据项目内容及2013《房屋建筑与装饰工程工程量计算规范》,该项目清单工程量计算详见表2.1-6。

表2.1-6　清单工程量计算表

序号	项目编码(定额编号)	项目名称	项目特征	单位	工程数量	工程量计算式
		外墙中心线				$L_{中}=(9+5)\times2=28(m)$
		外墙外边线				$L_{外}=[(9+0.24)+(5+0.24)]\times2$ $=28.96(m)$
		内墙净长线				$L_{内}=(5-0.24)\times2=9.52(m)$
		底层建筑面积				$S_{底}=(9+0.24)\times(5+0.24)$ $=48.42(m^2)$
		A土石方工程				
1	010101001001	平整场地	1. 土壤类别:三类干土	m^2	48.42	$S=S_{底}=48.42(m^2)$
2	010101003001	挖沟槽土方	外墙基础 1. 土壤类别:三类干土 2. 挖土深度:1.6 m 3. 弃土运距:就地堆放	m^3	104.29	$H=1.9-0.3=1.6(m)>1.5$ m需要放坡,$K=0.33$ 因为是混凝土垫层,且需要支模板,所以工作面为$C=300$ mm $S=(B+2C+KH)\times H$ $=(1.2+2\times0.3+0.33\times1.6)\times1.6$ $=3.7248(m^2)$ $V_{外基}=S\times L_{中}=3.7248\times28$ $=104.29(m^3)$
3	010101003002	挖沟槽土方	内墙基础 项目特征同外墙基础沟槽	m^3	23.84	S同外墙基础$=3.7248\ m^2$ $L_{内基净}=(5-1.2-2\times0.3)\times2$ $=6.4(m)$ $V_{内基}=S\times L_{内基净}=3.7248\times6.4$ $=23.84(m^3)$
4	010103001001	回填方	房心回填 夯填	m^3	3.94	$S=(3-0.24)\times(5-0.24)\times3$ $=39.4128(m^2)$ $H=0.3-0.2=0.1(m)$ $V=S\times H=3.94(m^3)$
5	010103001002	回填方	基础回填	m^3	103.9	$V_{基础回填}=V_{挖土}-V_{设计室外地坪以下埋设物}$

(续表)

序号	项目编码(定额编号)	项目名称	项目特征	单位	工程数量	工程量计算式
			夯填			=104.29+23.84−15.64 砖基础 −6.48 混凝土−4.27 垫层+0.24 ×(0.3−0.06)×(28+9.52) =103.9(m^3)
6	010103002001	余方弃置	运距 150 m	m^3	20.29	余方弃置$=V_{挖土}-V_{回填土}$ =104.29+23.84−3.94−103.9 =20.29(m^3)

【项目二:满堂基础土方工程】——清单工程量计算

根据项目内容及 2013《房屋建筑与装饰工程工程量计算规范》,该项目清单工程量计算详见表 2.1-7。

表 2.1-7 清单工程量计算表

序号	项目编码(定额编号)	项目名称	项目特征	单位	工程数量	工程量计算式
		底层建筑面积				$S_{底}=(4.5+3.6\times2+0.4)\times(5.4+2.4+0.4)=99.22(m^2)$
		A 土石方工程				
1	010101001001	平整场地	土壤类别:四类干土	m^2	99.22	$S=S_{底}=99.22\ m^2$
2	010101004001	挖基坑土方	1. 土壤类别:四类干土 2. 挖土深度:1.6(m)按实际挖方 3. 反铲挖掘机(斗容量 1 m^3)挖土,不装车 4. 人工修边坡按总挖方量的 10%计算	m^3	251.24	根据题意确定放坡系数 $k=0.33$, 工作面宽为距离基础垂直面 1 m, 挖土深度=:垫层底标高−室外地坪标高 =1.9−0.3=1.6 m>1.5 m 需放坡。 基坑下口: $a=3.6+4.5+3.6+0.4+1\times2=14.1$ m $b=5.4+2.4+0.4+1\times2=10.2$ m $ab=143.82<150\ m^2$,所以是挖基坑土方。 基坑上口: $A=14.1+1.6\times0.33\times2=15.156$ m $B=10.2+1.6\times0.33\times2=11.256$ m 挖土体积 $=1/6\times H[a\times b+(A+a)\times(B+b)+A\times B]$ $=251.24\ m^3$
3	010103001001	回填方	基础回填	m^3	87.04	$V_{基础回填}=V_{挖土}-V_{设计室外地坪以下埋设物}$
			夯填			=251.24−(3.6×2+4.5+0.4)×(5.4+2.4+0.4)(算至基础外墙外边线)×(1.5−0.3)(地下室至室外地坪高度)−33.258−11.61=87.04(m^3)

2.1.2　土石方工程计价工程量计算

2.1.2.1　任务相关知识点

一、《计价定额》主要项目列项

两大部分：(1) 人工土、石方；(2) 机械土、石方。共计359个子目。

1. 人工土、石方

(1) 人工挖一般土方；

(2) 3 m<底宽≤7 m的沟槽挖土或20 m^2<底面积≤150 m^2的基坑人工挖土；

(3) 底宽≤3m且底长>3倍底宽的沟槽人工；

(4) 底面积≤20m^2的基坑人工挖土；

(5) 挖淤泥、流沙、支挡土板；

(6) 人工、人力车运土、石方(渣)；

(7) 平整场地、打底夯、回填；

(8) 人工挖石方；

(9) 人工打眼爆破石方；

(10) 人工清理槽、坑、地面石方。

2. 机械土、石方

(1) 推土机推土；

(2) 铲运机铲土；

(3) 挖掘机挖土；

(4) 挖掘机挖底宽≤3 m且底长>3倍底宽的沟槽；

(5) 挖掘机挖底面积≤20 m^2的基坑；

(6) 支撑下挖土；

(7) 装载机铲松散土、自装自运土；

(8) 自卸汽车运土；

(9) 平整场地、碾压；

(10) 机械打眼爆破石方；

(11) 推土机推渣；

(12) 挖掘机挖渣；

(13) 自卸汽车运渣。

图片十视频

土方开挖
施工机械

二、说明要点

(1) 土壤类别；

(2) 土石方的体积除定额另有规定外，均按天然密实体积(自然方)计算；

(3) 挖土深度以设计室外标高为起点；

(4) 干土、湿土。

施工前先地质勘探，取地下土看土质，及地下水位。以地质勘查资料为准；如无资料时以地下常水位为准，常水位以上为干土，常水位以下为湿土。

三、工程量计算规则

(1) 土方工程套用定额规定。挖填土方厚度在±300 mm以内及找平为平整场地；底宽≤7 m且底长>3倍底宽的为沟槽。套用定额计价时，应根据底宽的不同，分别按底宽3~7 m间、3 m以内，套用对应的定额子目；底长≤3倍底宽底且面积≤150m²的为基坑。套用定额计价时，应根据底宽的不同，分别按底面积20~150 m²间、20 m²以内，套用对应的定额子目。凡沟槽底宽7 m以上，基坑底面积150 m²以上，按挖一般土方或挖一般石方计算。

(2) 平整场地工程量按建筑物底层外墙外边线，每边各加2 m，以平方米计算。

(3) 沟槽工程量按沟槽长度乘沟槽截面积计算。沟槽长度：外墙按图示基础中心线长度计算，内墙按净长线计算(即为：轴线长度，扣减两端和中间交叉的基础底宽及工作面宽度)。沟槽宽度：按设计宽度加基础施工所需工作面宽度计算。

(4) 挖沟槽、基坑土方需放坡时，按施工组织设计的放坡要求计算，若施工组织设计无此要求时，可按放坡系数表计算。

计算放坡时，在交接处的重复工程量不扣除。原槽、坑作基础垫层时，放坡自垫层上表面开始计算，如表2.1-8所示。

表2.1-8 放坡高度、比例确定表

土壤类别	放坡深度规定/m	高与宽之比			
		人工挖土	机械挖土		
			在坑内作业	在坑上作业	顺沟槽在坑上作业
一、二类土	超过1.20	1∶0.5	1∶0.33	1∶0.75	1∶0.5
三类土	超过1.50	1∶0.33	1∶0.25	1∶0.67	1∶0.33
四类土	超过2.00	1∶0.25	1∶0.10	1∶0.33	1∶0.25

(5) 挖沟槽、基坑土方所需工作面宽度按施工组织设计的要求计算，若施工组织设计无此要求时，可按基础施工所需工作面宽度计算表计算，如图2.1-9所示。

表2.1-9 基础施工所需工作面宽度计算表

基础材料	每边各增加工作面宽度/mm
砖基础	以最底下一层大放脚边至地槽(坑)边200
浆砌毛石、条石基础	以基础边至地槽(坑)边150
混凝土基础垫层支模板	以基础边至地槽(坑)边300
混凝土基础支模板	以基础边至地槽(坑)边300
基础垂直面做防水层	以防水层面的外表面至地槽(坑)边1 000(防水层面)

2.1.2.2 任务实施

【项目一：带形基础土方工程】——计价工程量计算

根据项目内容及《计价定额》，该项目计价工程量计算详见表2.1-10。

表 2.1-10　计价工程量计算表

序号	项目编码（定额编号）	项目名称	项目特征	单位	工程数量	工程量计算式
		A 土石方工程				
1	1-98	平整场地		10 m^2	12.23	$S=(9+0.24+4)\times(5+0.24+4)=122.34(m^2)$
2	1-28	挖沟槽深度 1.6 m	外墙基础	m^3	104.29	同清单工程量
3	1-28	挖沟槽深度 1.6 m	内墙墙基础	m^3	23.84	同清单工程量
4	1-102	房心回填		m^3	3.94	同清单工程量
5	1-104	基础回填		m^3	103.9	同清单工程量
6	[1-92]+[1-95]×2	人力车运土 150 m		m^3	20.29	余方弃置$=V_{挖土}-V_{回填土}$ 同清单工程量

【项目二：满堂基础土方工程】——计价工程量计算

根据项目内容及《计价定额》，该项目计价工程量计算详见表 2.1-11。

表 2.1-11　计价工程量计算表

序号	项目编码（定额编号）	项目名称	项目特征	单位	工程数量	工程量计算式
		A 土石方工程				
1	1-98	平整场地		10 m^2	19.64	$S=S_{底}+2L_{外}+16=99.22+2\times40.6+16=196.42(m^2)$
2	[1-4]×2	人工挖一般土方（人工×2）		m^3	25.12	根据施工组织设计，其中人工修边坡按 10%计算。 $251.24\times0.10=25.124$ m^3
3	1-205　换	反铲挖掘机（斗容量 1 m^3）挖土，不装车		1 000 m^3	0.23	机械挖土工程量： $251.24\times0.90=226.116(m^3)$
4	1-104	基础回填夯填	基础回填	m^3	87.04	清单工程量$=87.04$ m^3

2.1.3　土石方工程清单组价

2.1.3.1　任务实施

【项目一：带形基础土方工程】——清单组价

根据项目内容 2013《房屋建筑与装饰工程工程量计算规范》及《计价定额》等，该项目清单组价详见下表。

表 2.1-12　分部分项工程综合单价分析表

序号	项目编码(定额编号)	项目名称	单位	工程数量	综合单价	合价
		A 土石方工程				
1	010101001001	平整场地	m^2	48.42	735.39/48.42=15.19	735.39
	1-98	平整场地	10 m^2	12.23	60.13	735.39
2	010101003001	挖沟槽土方	m^3	104.29	53.80	5610.80
	1-28	挖沟槽深度 1.6 m	m^3	104.29	53.80	5610.80
3	010101003002	挖沟槽土方	m^3	23.84	53.80	1282.59
	1-28	挖沟槽深度 1.6 m	m^3	23.84	53.80	1282.59
4	010103001001	回填方	m^3	3.94	28.40	111.90
	1-102	房心回填	m^3	3.94	28.40	111.90
5	010103001002	回填方	m^3	103.9	31.17	3238.56
	1-104	基础回填	m^3	103.9	31.17	3238.56
6	010103002001	余方弃置	m^3	20.29	28.49	578.06
	[1-92]+[1-95]×2	人力车运土 150 m	m^3	20.29	20.05+4.22×2=28.49	578.06

【项目二:满堂基础土方工程】——清单组价

根据项目内容 2013《房屋建筑与装饰工程工程量计算规范》及《计价定额》等,该项目清单组价详见下表。

表 2.1-13　分部分项工程综合单价分析表

序号	项目编码(定额编号)	项目名称	单位	工程数量	综合单价	合价
		A 土石方工程				
1	010101001001	平整场地	m^2	99.22	1 180.95/99.22=11.90	1 180.72
	1-98	平整场地	10 m^2	19.64	60.13	1 180.95
2	010101004001	挖基坑土方	m^3	251.24	3211.52/251.24=12.78	3 210.85
	[1-4]×2	人工挖一般土方(人工×2)	m^3	25.12	41.14×2=82.28	2 066.87
	1-205　换	反铲挖掘机(斗容量 1 m^3)挖土,不装车	1 000 m^3	0.23	(231+2 694.21×1.14)×(1+25%+12%)×1.1=4 976.72	1 144.65
3	010103001001	回填方	m^3	87.04	31.17	2 713.04
	1-104	基础回填夯填	m^3	87.04	31.17	2 713.04

1. 根据《江苏省建筑与装饰工程计价定额》第一章土石方工程说明部分,机械挖土方工程量,按机械实际完成工程量计算,机械确实挖不到的地方,用人工修边坡,整平的土方工程量按照人工挖一般土方定额(最多不超过挖方量的 10%),人工乘系数 2。

2. 机械挖土、石方单位工程量小于 2 000 m^3 或在桩间挖土、石方,按相应定额乘系数 1.1。

3. 定额中机械土方按三类土取定。如实际土壤类别不同,定额中机械台班量乘以相应系数。

技能训练与拓展

在线答题

土石方工程

习　　题

1. 某建筑物地下室如习题图 2.1－1 所示，为三类工程，设计室外地坪标高为－0.30 m，地下室的室内地坪标高为－1.50 m。地下室 C25 钢筋混凝土满堂基础下为 C10 素混凝土基础垫层，均为自拌混凝土，地下室墙外壁做防水层。

施工组织设计确定用反铲挖掘机(斗容量 1 m^3) 挖土，土壤为四类土，机械挖土坑上作业，不装车，机械挖土用人工找平部分按总挖方量的 10％计算。现场土方 80％集中堆放在距挖土中心 200 m 处，用拖式铲运机(斗容量 3 m^3) 铲运，其余土方堆放在坑边，余土不计。

施工组织设计确定深度超过 1.5 m 起放坡，放坡系数为 1∶0.33，工作面宽度从防水层放 1 000 mm。

请完成该土方工程的清单、计价工程量计算表及综合单价分析表。

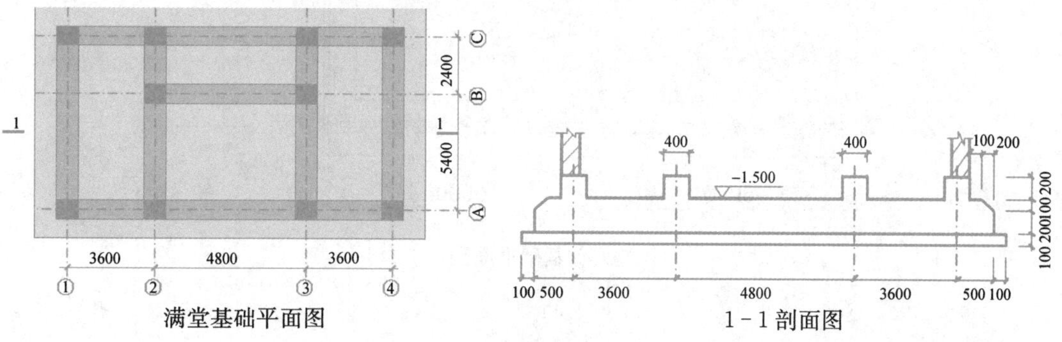

满堂基础平面图　　　　1－1 剖面图

习题图 2.1－1

2. 某建筑物为三类工程，地下室如习题图 2.1－2 所示，地下室墙外壁做涂料防水层，施工组织设计确定用反铲挖掘机挖土，土壤为三类土，机械挖土坑内作业，土方外运 1 km，回填土已堆放在距场地 150 m 处，完成土方工程的清单、计价工程量计算表及综合单价分析表。

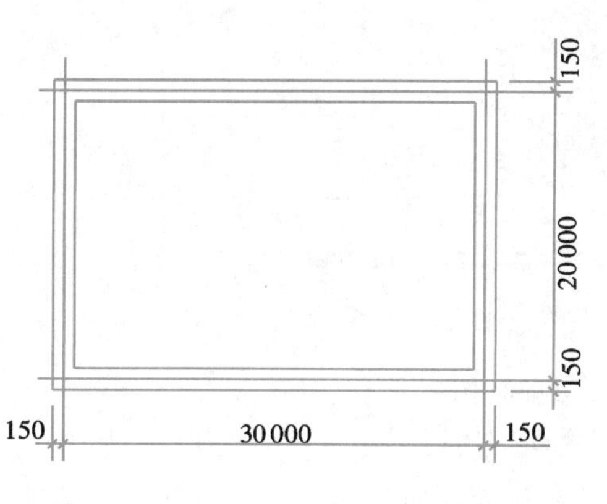

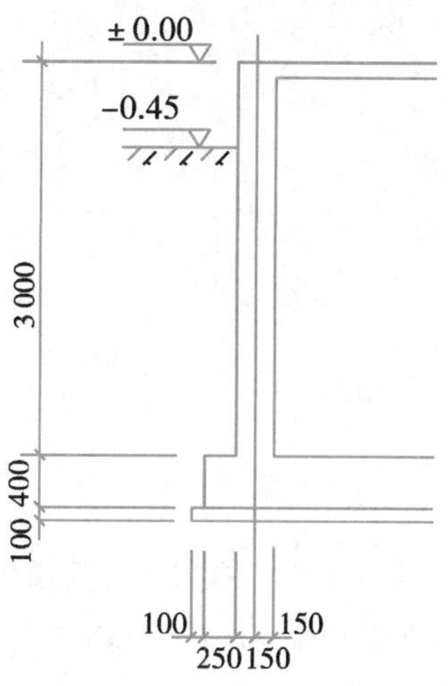

习题图 2.1－2

3. 如习题图 2.1 - 3 所示,某单位传达室基础平面图和剖面图。根据地质勘探报告,土壤类别为三类,无地下水。该工程设计室外地坪标高为－0.30 米,室内地坪标高为±0.00 米,防潮层标高－0.06 米,防潮层做法为 C20 抗渗混凝土 P10 以内,防潮层以下用 M7.5 水泥砂浆砌标准砖基础,防潮层以上为多孔砖墙身,C20 钢筋混凝土条形基础,混凝土构造柱截面尺寸 240 mm×240 mm,从钢筋混凝土条形基础中伸出。

请完成土方工程的清单、计价工程量计算表及综合单价分析表。

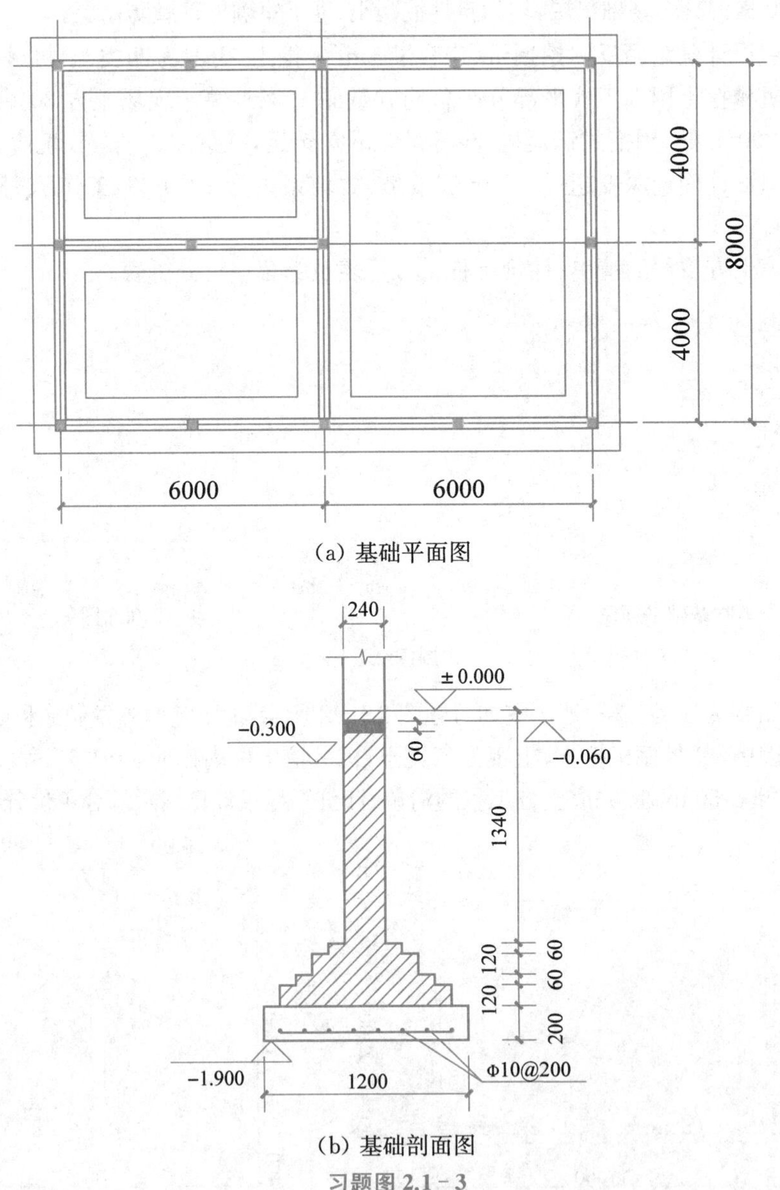

(a) 基础平面图

(b) 基础剖面图

习题图 2.1 - 3

4. 某接待室为三类工程,其基础平面图、剖面图如习题图 2.1 - 4 所示。基础为 C20 钢筋混凝土条形基础,C10 素混凝土垫层,±0.00 m 以下墙身采用混凝土标准砖砌筑,设计室外地坪为－0.150 m。

根据地质勘探报告,土壤类别为三类土,无地下水。该工程采用人工挖土,从垫层下表面起放坡，放坡系数为 1∶0.33，工作面从垫层边到地槽边为 300 mm，混凝土采用泵送商品混凝土。

请完成土方工程的清单、计价工程量计算表及综合单价分析表。

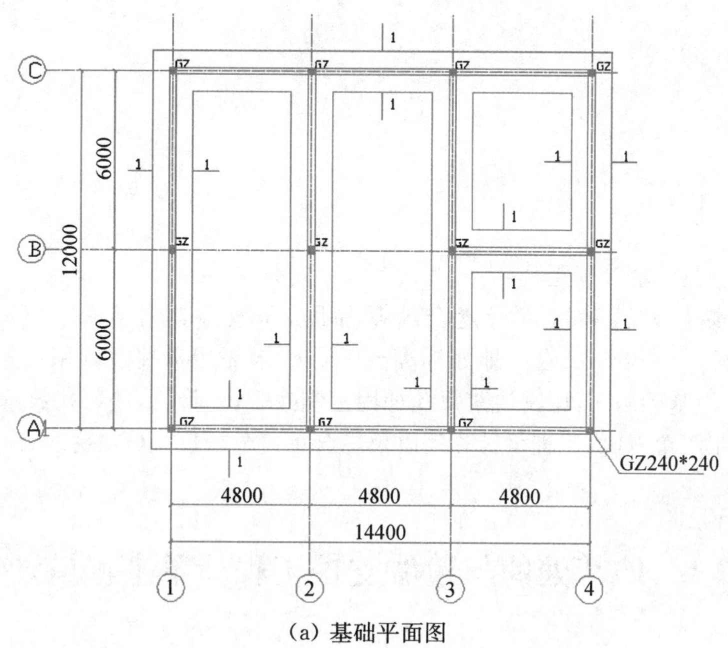

(a) 基础平面图

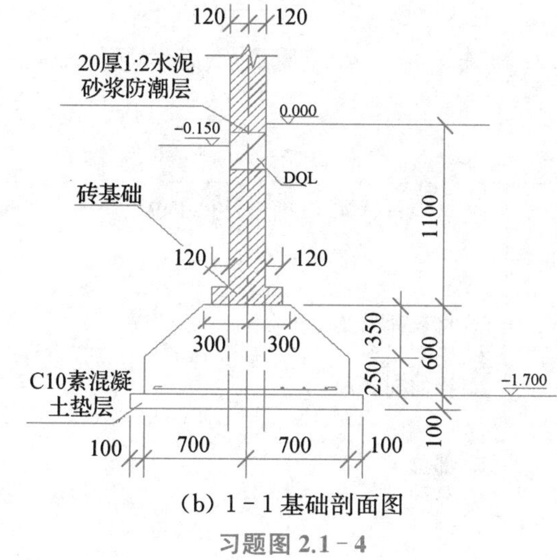

(b) 1－1 基础剖面图

习题图 2.1－4

任务二

地基处理与边坡支护工程计量与计价

资源合集

项目引入

【项目一:注浆地基处理工程】

某工程采用压密注浆法进行复合地基加固,压密注浆孔孔径 50 mm,孔顶标高 −1.0 m,孔底标高 −6.00 m,自然地面标高 −0.5 m,水泥用量按定额用量不调整,孔间距 1.0 m×1.0 m,沿基础满布,压密注浆每孔加固范围按 1 m^2 计算,注浆孔数量 230 根。请根据以上信息编制清单、计价工程量计算表以及综合单价分析表。(价格按《计价定额》中含税价格计取)

2.2.1 地基处理与边坡支护工程清单工程量计算

2.2.1.1 任务相关知识点

一、2013《房屋建筑与装饰工程工程量计算规范》主要清单项目

表 2.2－1 地基处理主要清单项目及规则

项目编码	项目名称	项目特征	计量单位	工程量计算规则
	B.1 地基处理			
010201001	换填垫层	1. 材料种类及配比 2. 压实系数 3. 掺加剂品种	m^3	按设计图示尺寸以体积计算
010201002	铺设土工合成材料	1. 部位 2. 品种 3. 规格	m^2	按设计图尺寸以面积计算
010201003	预压地基	1. 排水竖井种类、断面尺寸排列方式、间距、深度 2. 预压方法 3. 预压荷载、时间 4. 沙垫层厚度		按设计图示处理范围以面积计算

（续表）

项目编码	项目名称	项目特征	计量单位	工程量计算规则
010201004	强夯地基	1. 夯击能量 2. 夯击遍数 3. 夯击点布置形式、间距 4. 地耐力要求 5. 夯填材料种类	m^2	按设计图示处理范围以面积计算
010201005	振冲密实（不填料）	1. 地层情况 2. 振实深度 3. 孔距		
010201006	振冲桩（填料）	1. 地层情况 2. 空桩长度、桩长 3. 桩径 4. 填充材料种类	1. m 2. m^3	1. 以米计量，按设计图示尺寸以桩长计算。 2. 以立方米计量，按设计桩截面乘以桩长以体积计算
010201007	砂石桩	1. 地层情况 2. 空桩长度、桩长 3. 桩径 4. 成孔方法 5. 材料种类、级配		1. 以米计量，按设计图示尺寸以桩长（包括桩尖）计算。 2. 以立方米计量，按设计桩截面乘以桩长（包括桩尖）以体积计算
010201008	水泥粉煤灰碎石桩	1. 地层情况 2. 空桩长度、桩长 3. 桩径 4. 成孔方法 5. 混合料强度等级	m	按设计图示尺寸以桩长（包括桩尖）计算
010201009	深层搅拌桩	1. 地层情况 2. 空桩长度、桩长 3. 桩截面尺寸 4. 水泥强度等级、掺量		按设计图示尺寸以桩长计算
010201010	粉喷桩	1. 地层情况 2. 空桩长度、桩长 3. 桩径 4. 粉体种类、掺量 5. 水泥强度等级、石灰粉要求		
010201011	夯实水泥土桩	1. 地层情况 2. 空桩长度、桩长 3. 桩径 4. 成孔方法 5. 水泥强度等级 6. 混合料配比		按设计图示尺寸以桩长（包括桩尖）计算
010201012	高压喷射注浆桩	1. 地层情况 2. 空桩长度、桩长 3. 桩截面 4. 注浆类型、方法 5. 水泥强度等级		按设计图示尺寸以桩长计算

续表

项目编码	项目名称	项目特征	计量单位	工程量计算规则
010201013	石灰桩	1. 地层情况 2. 空桩长度、桩长 3. 桩径 4. 成孔方法 5. 掺和料种类、配合比		按设计图示尺寸以桩长(包括桩尖)计算
010201014	灰土(土)挤密桩	1. 地层情况 2. 空桩长度、桩长 3. 桩径 4. 成孔方法 5. 灰土级配	m	
10201015	柱锤冲扩桩	1. 地层情况 2. 空桩长度、桩长 3. 桩径 4. 成孔方法 5. 桩体材料种类、配合比		按设计图示尺寸以桩长计算
010201016	注浆地基	1. 地层情况 2. 空钻深度、注浆深度 3. 注浆间距 4. 浆液种类及配比 5. 注浆方法 6. 水泥强度等级	1. m 2. m^3	1. 以米计量,按设计图示尺寸以钻孔深度计算。 2. 以立方米计量,按设计图示尺寸以加固体积计算
010201017	褥垫层	1. 厚度 2. 材料品种及比例	1. m^2 2. m^3	1. 以平方米计量,按设计图示尺寸以铺设面积计算。 2. 以立方米计量,按设计图示尺寸以体积计算

表2.2-2 基坑与边坡支护主要清单项目及规则

项目编码	项目名称	项目特征	计量单位	工程量计算规则
	B.2 基坑与边坡支护			
010202001	地下连续墙	1. 地层情况 2. 导墙类型、截面 3. 墙体厚度 4. 成槽深度 5. 混凝土类别、强度等级 6. 接头形式	m^3	按设计图示墙中心线长乘以厚度乘以槽深,以体积计算
010202002	咬合灌注桩	1. 地层情况 2. 桩长 3. 桩径 4. 混凝土类别、强度等级 5. 部位	1. m 2. 根	1. 以米计量,按设计图示尺寸以桩长计算 2. 以根计量,按设计图示数量计算

续表

项目编码	项目名称	项目特征	计量单位	工程量计算规则
010202003	圆木桩	1. 地层情况 2. 桩长 3. 材质 4. 尾径 5. 桩倾斜度	1. m 2. 根	1. 以米计量，按设计图示尺寸以桩长（包括桩尖）计算 2. 以根计量，按设计图示数量计算
010202004	预制钢筋混凝土板桩	1. 地层情况 2. 送桩深度、桩长 3. 桩截面 4. 沉桩方法 5. 连接方式 6. 混凝土强度等级		
010202005	型钢桩	1. 地层情况或部位 2. 送桩深度、桩长 3. 规格型号 4. 桩倾斜度 5. 防护材料种类 6. 是否拔出	1. t 2. 根	1. 以吨计量，按设计图示尺寸以质量计算 2. 以根计量，按设计图示数量计算
010202006	钢板桩	1. 地层情况 2. 桩长 3. 板桩厚度	1. t 2. m^2	1. 以吨计量，按设计图示尺寸以质量计算 2. 以平方米计量，按设计图示墙中心线长乘以桩长，以面积计算
010202007	锚杆（锚索）	1. 地层情况 2. 锚杆（索）类型、部位 3. 钻孔深度 4. 钻孔直径 5. 杆体材料品种、规格、数量 6. 预应力 7. 浆液种类、强度等级	1. m 2. 根	1. 以米计量，按设计图示尺寸以钻孔深度计算 2. 以根计量，按设计图示数量计算
010202008	土钉	1. 地层情况 2. 钻孔深度 3. 钻孔直径 4. 置入方法 5. 杆体材料品种、规格、数量 6. 浆液种类、强度等级		
010202009	喷射混凝土、水泥砂浆	1. 部位 2. 厚度 3. 材料种类 4. 混凝土（砂浆）类别、强度等级	m^2	按设计图示尺寸以面积计算

续表

项目编码	项目名称	项目特征	计量单位	工程量计算规则
010202010	钢筋混凝土支撑	1. 部位 2. 混凝土种类 3. 混凝土强度等级	m^3	按设计图示尺寸以体积计算
010202011	钢支撑	1. 部位 2. 钢材品种、规格 3. 探伤要求	t	按设计图示尺寸以质量计算。不扣除孔眼质量,焊条、铆钉、螺栓等不另增加质量

二、工程量计算规则及要点

(1) 项目特征中的桩长应包括桩尖,空桩长度=孔深-桩长,孔深为自然地面到设计桩底的深度。

(2) 高压喷射注浆类型包括旋喷、摆喷、定喷,高压喷射注浆方法包括单管法、双重管法和三重管法。

(3) 如采用泥浆护壁成孔,工作内容包括土方、废泥浆外运,如采用沉管灌注成孔,工作内容包括桩尖制作、安装。

(4) 计量单位为立方米的,按照设计图示尺寸以体积计算;计量单位为平方米的按照图示尺寸以面积计算;计量单位为米的,按照设计图示尺寸以桩长(包括桩尖)计算;计量单位为根的,按照设计图示数量计算。具体规则详见 2013《房屋建筑与装饰工程工程量计算规范》附录 B。

2.2.1.2 任务实施

【项目一:注浆地基处理工程】——清单工程量计算

根据项目内容及 2013《房屋建筑与装饰工程工程量计算规范》,该项目清单工程量计算详见表 2.2-3。

表 2.2-3 清单工程量计算表

序号	项目编码(定额编号)	项目名称	项目特征	单位	工程数量	工程量计算式
1	010201016001	注浆地基	1. 压密注浆孔孔径 50 mm, 2. 孔顶标高-1.0 m,孔底标高-6.00 m,自然地面标高-0.5 m。 3. 注浆孔数量 230 根。 4. 水泥用量按定额用量不调整,孔间距 1.0 m×1.0 m,沿基础满布。 5. 压密注浆每孔加固范围按 1 m^2 计算。	m	1265.00	$L=(6-0.5)\times 230$ $=1\,265.00(m)$

2.2.2　地基处理与边坡支护工程计价工程量计算

2.2.2.1　任务相关知识点

一、《计价定额》主要项目列项

两大部分:(1) 地基处理;(2) 基坑及边坡支护。共计 46 个子目。

1. 地基处理

(1) 强夯法加固地基;(2) 深层搅拌桩和粉喷桩;(3) 高压旋喷桩;(4) 灰土挤密桩;(5) 压密注浆。

2. 基坑及边坡支护

(1) 基坑锚喷护壁;(2) 斜拉锚桩成孔;(3) 钢管支撑;(4) 打、拔钢板桩。

二、说明要点

1. 地基处理

(1) 本定额适用于一般工业与民用建筑工程的地基处理及边坡支护。

(2) 换填垫层适用于软弱地基的换填材料加固,按《计价定额》第四章相应子目执行。

(3) 强夯法加固地基是在天然地基土上或在填土地基上进行作业的,不包括强夯前的试夯工作和费用。如设计要求试夯,可按设计要求另行计算。

(4) 深层搅拌桩不分桩径大小,执行相应子目。设计水泥量不同可换算,其他不调整。

(5) 深层搅拌桩(三轴除外)和粉喷桩按四搅二喷施工编制,设计为二搅一喷,定额人工、机械乘以系数 0.7;六搅三喷,定额人工、机械乘以系数 1.4。

(6) 高压旋喷桩、压密注浆的浆体材料用量可按设计含量调整。

2. 基坑及边坡支护

(1) 斜拉铺桩是指深基坑围护中,锚接围护桩体的斜拉桩。

(2) 基坑钢管支撑为周转摊销材料,其场内运输、回库保养均已包括在内。支撑处需挖运土方、围檩与基坑护壁的填充混凝土未包括在内,发生对应按实另行计算。场外运输按金属Ⅲ类构件计算。

(3) 打、拔钢板桩单位工程打桩工程量小于 50 t 时,人工、机械乘以系数 1.25。场内运输超过 300 m 时,应按相应构件运输子目执行,并扣除打桩子目中的场内运输费。

(4) 采用桩进行地基处理时,按《计价定额》第三章相应子目执行。

(5) 本章未列混凝土支撑,若发生,按相应混凝土构件定额执行。

三、工程量计算规则

1. 地基处理

(1) 强夯加固地基,以夯锤底面积计算,并根据设计要求的夯击能量和每点夯击数执行相应定额。

(2) 深层搅拌桩、粉喷桩加固地基,按设计长度另加500 mm(设计有规定的按设计要求)乘以设计截面积以立方米计算(重叠部分面积不得重复计算),群桩间的搭接不扣除。

(3) 高压旋喷桩钻孔长度按自然地面至设计桩底标高以长度计算,喷浆按设计加固桩的截面面积乘以设计桩长以体积计算。

(4) 灰土挤密桩按设计图示尺寸以桩长计算(包括桩尖)。

(5) 压密注浆钻孔按设计长度计算。注浆工程量按以下方式计算:设计图纸注明加固土体体积的,按注明的加固体积计算;设计图纸按布点形式图示土体加固范围的,则按两孔间距的一半作为扩散尺寸,以布点边线各加扩散半径形成计算平面,计算注浆体积。如果设计图纸上注浆点在钻孔灌注桩之间,按两注浆孔距的一半作为每孔的扩散半径,以此圆柱体体积计算。

2. 基坑及边坡支护

(1) 基坑锚喷护壁成孔、斜拉锚桩成孔及孔内注浆按设计图示尺寸以长度计算。护壁喷射混凝土按设计图示尺寸以面积计算。

(2) 土钉支护钉土锚杆按设计图示尺寸以长度计算。挂钢筋网按设计图纸以面积计算。

(3) 基坑钢管支撑以坑内的钢立柱、支撑,围檩、活络接头、法兰盘、预埋铁件的合并质量计算。

(4) 打、拔钢板桩按设计钢板桩质量计算。

2.2.2.2 任务实施

【项目一:注浆地基处理工程】——计价工程量计算

根据项目内容及《计价定额》,该项目计价工程量计算详见表2.2-4。

表2.2-4 计价工程量计算表

序号	项目编码(定额编号)	项目名称	项目特征	单位	工程数量	工程量计算式
1	2—21	压浆注浆钻孔		m	1 265.00	同清单工程量
2	2—22	压密注浆		m^3	1 265	$V=1\times(6-0.5)\times230=1\ 265(m^3)$

2.2.3 地基与边坡支护工程清单组价

2.2.3.1 任务实施

【项目一:注浆地基处理工程】——清单组价

根据项目内容2013《房屋建筑与装饰工程工程量计算规范》及《计价定额》等,该项目清单组价详见表2.2-5。

表 2.2－5　分部分项工程综合单价分析表

序号	项目编码（定额编号）	项目名称	单位	工程数量	综合单价	合价
		B 地基与边坡支护工程				
1	010201016001	注浆地基	m	1 265.00	149 687.45/12 65＝118.33	149 687.45
	2－21	压浆注浆钻孔	m	1 265.00	33.97	42 972.05
	2－22	压密注浆	m^3	1 265.00	84.36	106 715.40

技能训练与拓展

习　　题

某工程基地为可塑黏土，不满足设计承载力要求，采用水泥粉煤灰碎石桩进行地基处理，桩径为 400 mm，桩体强度等级为 C20，桩数为 50 根，设计桩长为 12 m，桩端进入硬塑黏土层不少于 1.5 m，桩顶在地面以下 1.5 m～2 m，采用震动沉管灌注桩施工，桩顶采用 200 mm 厚人工级配砂石，最大粒径 30 mm，砂∶碎石＝3∶7，尺寸为 1 800×1 600 共 10 个。请根据以上信息编制清单、计价工程量计算表以及综合单价分析表。

任务三
桩基工程计量与计价

项目引入

【项目一:打桩工程】

某单独招标打桩工程,断面及示意如图 2.3-1 所示,设计静力压预应力圆形管桩 75 根,设计桩长 18 m(9+9 m),桩外径 400 mm,壁厚 35 mm,自然地面标高-0.45 m,桩顶标高-2.1 m,螺栓加焊接接桩,管桩接桩接点周边设计用钢板,根据当地地质条件不需要使用桩尖,成品管桩市场信息价为 2 500 元/m^3。本工程人工单价、除成品管桩外其他材料单价、机械台班单价、企业管理费费率 11%,利润费率 6%,按《计价定额》执行不调整。请根据上述条件按《房屋建筑与装饰工程工程量计算规范》(2013)及《计价定额》,完成桩基工程清单、计价工程量计算表以及综合单价分析表。(价格按《计价定额》中含税价格计取)

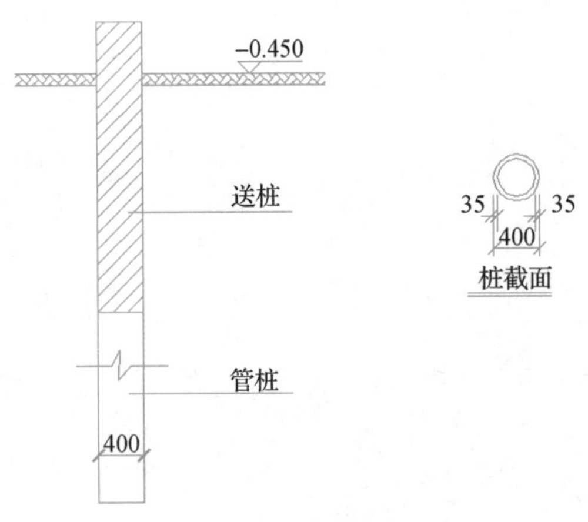

图 2.3-1　静力压管桩示意图

【项目二:灌注桩工程】

如图 2.3-2 所示,某单独招标桩基工程编制招标控制价。设计钻孔灌注砼桩 30 根,桩径 Φ800 mm,设计桩长 30 m,入岩(较软岩)2 m,自然地面标高-0.45 m,桩顶标高-2.20 m,C30 砼现场自拌,根据地质情况土孔砼充盈系数为 1.3,岩石孔砼充盈系数为 1.08,钢筋另计。以自身的黏土及灌入的自来水进行护壁,砌泥浆池,泥浆外运按 7 KM,桩头不需凿除。管理费、利润按《计价定额》执行不调整。

请根据上述条件按《房屋建筑与装饰工程工程量计算规范》(2013)及《计价定额》,完成桩基工程清单、计价工程量计算表以及综合单价分析表。(价格按《计价定额》中含税价格计取)

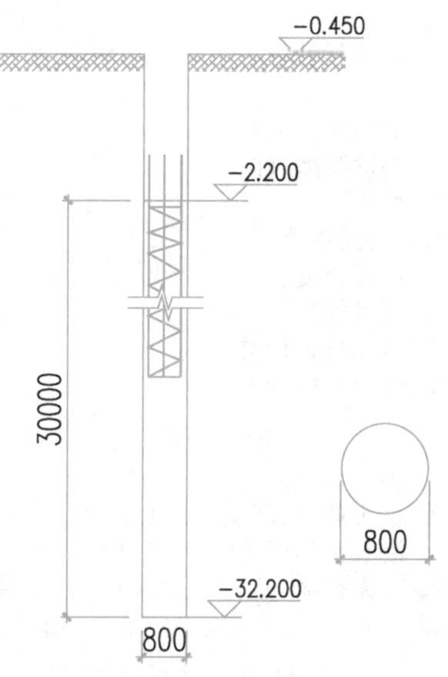

图 2.3 - 2　钻孔灌注桩示意图

图片集十视频

灌注桩

2.3.1　桩基工程清单工程量计算

2.3.1.1　任务相关知识点

一、2013《房屋建筑与装饰工程工程量计算规范》主要清单项目

表 2.3 - 1　打桩清单项目及计算规则

项目编码	项目名称	项目特征	计量单位	工程量计算规则
	C.1 打桩			
010301001	预制钢筋混凝土方桩	1. 地层情况 2. 送桩深度、桩长 3. 桩截面 4. 桩倾斜度 5. 沉桩方法 6. 接桩方式 7. 混凝土强度等级	1. m 2. m^3 3. 根	1. 以米计量，按设计图示尺寸以桩长(包括桩尖)计算 2. 以立方米计量，按设计图示截面积乘以桩长(包括桩尖)以实体积计算 3. 以根计量，按设计图示数量计算
010301002	预制钢筋混凝土管桩	1. 地层情况 2. 送桩深度、桩长 3. 桩外径、壁厚 4. 桩倾斜度 5. 沉桩方法 6. 接桩方式 7. 混凝土强度等级 8. 填充材料种类 9. 防护材料种类		

(续表)

项目编码	项目名称	项目特征	计量单位	工程量计算规则
010301003	钢管桩	1. 地层情况 2. 送桩深度、桩长 3. 材质 4. 管径、壁厚 5. 桩倾斜度 6. 沉桩方法 7. 填充材料种类 8. 防护材料种类	1. t 2. 根	1. 以吨计量,按设计图示尺寸以质量计算 2. 以根计量,按设计图示数量计算
010301004	截(凿)桩头	1. 桩类型 2. 桩头截面、高度 3. 混凝土强度等级 4. 有无钢筋	1. m^3 2. 根	1. 以立方米计量,按设计桩截面乘以桩头长度,以体积计算 2. 以根计量,按设计图示数量计算

表 2.3-2　灌注桩清单项目及计算规则

项目编码	项目名称	项目特征	计量单位	工程量计算规则
	C.2 灌注桩			
010302001	泥浆护壁成孔灌注桩	1. 地层情况 2. 空桩长度、桩长 3. 桩径 4. 成孔方法 5. 护筒类型、长度 6. 混凝土类别、强度等级	1. m 2. m^3 3. 根	1. 以米计量,按设计图示尺寸以桩长(包括桩尖)计算 2. 以立方米计量,按不同截面在桩上范围内以体积计算 3. 以根计量,按设计图示数量计算
010302002	沉管灌注桩	1. 地层情况 2. 空桩长度、桩长 3. 复打长度 4. 桩径 5. 沉管方法 6. 桩尖类型 7. 混凝土类别、强度等级		
010302003	干作业成孔灌注桩	1. 地层情况 2. 空桩长度、桩长 3. 桩径 4. 扩孔直径、高度 5. 成孔方法 6. 混凝土类别、强度等级		
010302004	挖孔桩土(石)方	1. 土(石)类别 2. 挖孔深度 3. 弃土(石)运距	m^3	按设计图示尺寸截面积乘以挖孔深度,以立方米计算

（续表）

项目编码	项目名称	项目特征	计量单位	工程量计算规则
010302005	人工挖孔灌注桩	1. 桩芯长度 2. 桩芯直径、扩底直径、扩底高度 3. 护壁厚度、高度 4. 护壁混凝土类别、强度等级 5. 桩芯混凝土类别、强度等级	1. m^3 2. 根	1. 以立方米计量，按桩芯混凝土体积计算。 2. 以根计量，按设计图示数量计算
010302006	钻孔压浆桩	1. 地层情况 2. 空钻长度、桩长 3. 钻孔直径 4. 水泥强度等级	1. m 2. 根	1. 以米计量，按设计图示尺寸以桩长计算。 2. 以根计量，按设计图示数量计算
010302007	灌注桩后压浆	1. 注浆导管材料、规格 2. 注浆导管长度 3. 单孔注浆量 4. 水泥强度等级	孔	按设计图示以注浆孔数计算

二、工程量计算规则及要点

(1) 预制钢筋混凝土方桩、预制钢筋混凝土管桩等项目计量单位为“米”时，工程量按图示桩长（包括桩尖）计算；计量单位为立方米时，按截面积乘以图示桩长（包括桩尖）计算；计量单位为“根”时，工程量以根数计算。预制钢筋混凝土方桩、预制钢筋混凝土管桩项目以成品桩编制，应包括成品桩购置费，如果用现场预制，应包括现场预制桩的所有费用。

预制钢筋混凝土方桩、预制钢筋混凝土管桩工程内容有：工作平台搭拆、桩机竖拆、移位、沉桩、接桩、送桩、桩尖制作安装、填充材料、刷防护材料等。

(2) 截（凿）桩头项目适用于工程量计算规范附录B和C所列桩的截（凿）。

(3) 打试验桩和打斜桩应按相应项目单独列项，并在项目特征中注明试验桩或斜桩（斜率）。

(4) 项目特征中的桩长应包括桩尖，空桩长度=孔深－桩长，孔深为自然地面到设计桩底的深度。

(5) 项目特征中的桩截面（桩径）、混凝土强度等级、桩类型等可以直接用标准图代号或设计桩型进行描述。

2.3.1.2　任务实施

【项目一：打桩工程】——清单工程量计算

根据项目内容及2013《房屋建筑与装饰工程工程量计算规范》，该项目清单工程量计算详见下表。

表 2.3－3　清单工程量计算表

序号	项目编码（定额编号）	项目名称	项目特征	单位	工程数量	工程量计算式
1	010301002001	预制钢筋混凝土管桩	1. 预制钢筋混凝土成品管桩桩外径 400 mm，壁厚 35 mm 2. 桩长 18 米，75 根 3. 送桩 1.65 米 4. 螺栓加焊接接桩 5. 管桩接桩接点周边设计用钢板。 6. 根据当地地质条件不需要使用桩尖，成品管桩市场信息价为 2 500 元/m^3。	根	75	75

【项目二：灌注桩工程】——清单工程量计算

根据项目内容及 2013《房屋建筑与装饰工程工程量计算规范》，该项目清单工程量计算详见下表。

表 2.3－4　清单工程量计算表

序号	项目编码（定额编号）	项目名称	项目特征	单位	工程数量	工程量计算式
		桩基工程				
1	010302001001	泥浆护壁成孔灌注桩	1. 单桩长 30 m，入岩(Ⅴ类)2 m，自然地面标高－0.45 m，桩顶标高－2.20 m。 2. 钻孔混凝土灌注桩 3. C30 自拌混凝土 4. 地质情况土孔砼充盈系数为 1.3，岩石孔砼充盈系数为 1.08。 5. 以自身的黏土及灌入的自来水进行护壁，砌泥浆池，泥浆外运按 7 km，桩头不需凿除。	根	30	30

2.3.2　桩基工程计价工程量计算

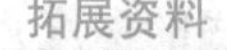

桩基工程

2.3.2.1　任务相关知识点

一、《计价定额》主要项目列项

(1) 打桩工程。

① 打预制钢筋砼方桩、送桩；

② 打预制离心管桩(空心方桩)、送桩;

③ 静力压预制钢筋砼管桩、送桩;

④ 静力压预制离心管桩(空心方桩)、送桩;

⑤ 电焊接桩。

(2) 灌注桩。

① 回旋钻机钻孔;

② 旋挖钻机钻孔;

③ 混凝土搅拌及运输、泥浆运输:(a)钻孔灌注桩混凝土,(b)使用预拌混凝土;

④ 长螺旋钻孔灌注混凝土桩;

⑤ 钻盘式钻机灌注混凝土桩;

⑥ 打孔沉管灌注桩:(a)灌注混凝土桩,(b)灌注砂桩,(c)灌注碎石桩,(d)灌注砂、石桩;

⑦ 打孔夯扩灌注混凝土桩;

⑧ 灌注桩后注浆;

⑨ 人工挖孔桩;

⑩ 人工凿预留桩头、截断桩。

二、说明要点

打桩机的类别,规格在定额中不换算,但打桩机及为打桩机配套的施工机械进(退)场费,组装、拆卸费按实际进场机械的类别、规格在措施项目中计算。

本定额不包括打桩、送桩后场地隆起土的清除、清孔及填桩孔的处理(包括填的材料),现场实际发生时,应另行计算。

凿出后的桩端部钢筋与底板或承台钢筋焊接应按相应定额执行。

坑内钢筋混凝土支撑需截断按截断桩定额执行。

因设计修改在桩间补打桩时,补打桩按用应打桩定额子目人工、机械乘以系数 1.15。

(1) 打桩工程。

① 预制钢筋混凝土桩的制作费,另按相关章节规定计算。打桩如设计有接桩,另按接桩定额执行。

② 本定额土壤级别已综合考虑,执行中不换算。子目中的桩长度是指包括桩尖及接桩后的总长度。

③ 电焊接桩钢材用量,设计与定额不同时,按设计用量乘以系数 1.05 调整,人工、材料、机械消耗量不变。

④ 每个单位工程的打(灌注)桩工程量小于表 2.3－5 规定数量时,其人工、机械(包括送桩)按相应定额项目乘以系数 1.25。

表 2.3－5　单位打桩工程工程量表

项　目	工程量/m^3
预制钢筋砼方桩	150
预制钢筋砼离心管桩(空心方桩)	50
打孔灌注砼桩	60

(续表)

项 目	工程量/m^3
打孔灌注砂桩、碎石桩、砂石桩	100
钻孔灌注砼桩	60

⑤ 本定额以打直桩为准,若打斜桩,斜度在1∶6以内,按相应定额项目人工、机械乘以系数1.25;若斜度大于1∶6,按相应定额项目人工、机械乘以系数1.43。

⑥ 地面打桩坡度以小于15°为准。大于15°打桩按相应定额项目人工、机械乘以系数1.15。如在基坑内(基坑深度大于1.15 m)打桩或在地坪上打坑槽内(坑槽深度大于1.0 m)桩时,按相应定额项目人工、机械乘以系数1.11。

⑦ 本定额打桩(包括方桩、管桩)已包括300 m内的场内运输,实际超过300 m时,应按相应构件运输定额执行,并扣除定额内的场内运输费。

(2) 灌注桩。

① 各种灌注桩中的材料用量预算暂按表2.3-6内的充盈系数和操作损耗计算,结算时充盈系数按打桩记录灌入量进行调整,操作损耗不变。

表2.3-6 灌注桩充盈系数及操作损耗率

项目名称	充盈系数	操作损耗率/%
打孔沉管灌注砼桩	1.20	1.50
打孔沉管灌注砂(碎石)桩	1.20	2.00
打孔沉管灌注砂石桩	1.20	2.00
钻孔灌注砼桩(土孔)	1.20	1.50
钻孔灌注砼桩(岩石孔)	1.10	1.50
打孔沉管夯扩灌注砼桩	1.15	2.00

② 各种灌注桩中设计钢筋笼时,按相应定额执行。

③ 设计混凝土强度、等级或砂、石级配与定额取定不同,应按设计要求调整材料,其他不变。

④ 钻孔灌注桩的钻孔深度是按50 m内综合编制的,超过50 m的桩,钻孔人工、机械乘以系数1.10。人工挖孔灌注混凝土桩的挖孔深度是按15 m内综合编制的,超过15 m的桩,挖孔人工、机械乘以系数1.20。

⑤ 钻孔灌注桩钻土孔含极软岩,钻入岩石以软岩为准(参照第一章岩石分类表),如钻入较软岩时,人工、机械乘以系数1.15,如钻入较硬岩以上时,应另行调整人工、机械用量。

⑥ 打孔沉管灌注桩分单打、复打,第一次按单打桩定额执行,在单打的基础上再次打,按复打桩定额执行。打孔夯扩灌注桩一次夯扩执行一次夯扩定额,再次夯扩时,应执行二次夯扩定额,最后在管内灌注混凝土到设计高度按一次夯扩定额执行。使用预制钢筋混凝土桩尖时,钢筋混凝土桩尖另加,定额中活瓣桩尖摊销费应扣除。

⑦ 注浆管埋设定额按桩底注浆考虑,如设计采用侧向注浆,则人工和机械乘以系数1.2。

⑧ 灌注桩后注浆的注浆管、声测管埋设,浆管、声测管如遇材质、规格不同时,可以换算,其余不变。

三、工程量计算规则

(1) 打桩。

① 打预制钢筋混凝土桩的体积，按设计桩长(包括桩尖，不扣除桩尖虚体积)乘以桩截面面积计算；管桩(空心方桩)的空心体积应扣除，管桩(空心方桩)的空心部分设计要求灌注混凝土或其他填充材料时，应另行计算。

② 接桩。按每个接头计算。

③ 送桩。以送桩长度(自桩顶面至自然地坪另加 500 mm)乘以桩截面面积以体积计算。

(2) 灌注桩。

① 泥浆护壁钻孔灌注桩。

a. 钻土孔与钻岩石孔工程量应分别计算。土与岩石地层分类详见土壤分类表和岩石分类表。钻土孔自自然地面至岩石表面之深度乘以设计桩截面积以体积计算；钻岩石孔以入岩深度乘桩截面面积以体积计算。

b. 混凝土灌入量以设计桩长(含桩尖长)另加一个直径(设计有规定的，按设计要求)乘以桩截面积以体积计算。地下室基础超灌高度按现场具体情况另行计算。

c. 泥浆外运的体积按钻孔的体积计算。

② 长螺旋或钻盘式钻机钻孔灌注桩的单桩体积，按设计桩长(含桩尖)另加 500 mm(设计有规定，按设计要求)再乘以螺旋外径或设计截面积以体积计算。

③ 打孔沉管、夯扩灌注桩。

a. 灌注混凝土、砂、碎石桩使用活瓣桩尖时，单打、复打桩体积均按设计桩长(包括桩尖)另加 250 mm(设计有规定，按设计要求)乘以标准管外径以体积计算。使用预制钢筋混凝土桩尖时，单打、复打桩体积均按设计桩长(不包括预制桩尖)另加 250 mm 乘以标准管外径以体积计算。

b. 打孔、沉管灌注桩空沉管部分，按空沉管的实体积计算。

c. 夯扩桩体积分别按每次设计夯扩前投料长度(不包括预制桩尖)乘以标准管内径体积计算，最后管内灌注混凝土按设计桩长另加 250 mm 乘以标准管外径体积计算。

d. 打孔灌注桩、夯扩桩使用预制钢筋混凝土桩尖的，桩尖个数另列项目计算，单打、复打的桩尖按单打、复打次数之和计算，桩尖费用另计。

④ 注浆管、声测管按打桩前的自然地坪标高至设计桩底标高的长度另加 0.2 m，按长度计算。

⑤ 灌注桩后注浆按设计注入水泥用量，以质量计算。

⑥ 人工挖孔灌注混凝土桩中挖井坑土、挖井坑岩石、砖砌井壁、掘凝土井壁、井壁内灌注混凝土均按图示尺寸以体积计算。如设计要求超灌时，另行增加超灌工程量。

⑦ 凿灌注混凝土桩头按体积计算，凿、截断预制方(管)桩均以根计算。

2.3.2.2　任务实施

【项目一：打桩工程】——计价工程量计算

根据项目内容及《计价定额》，该项目计价工程量计算详见表 2.3－7。

表 2.3-7　计价工程量计算表

序号	项目编码（定额编号）	项目名称	项目特征	单位	工程数量	工程量计算式
		C 桩基工程				
1	3-21 换	静力压预制桩		m^3	54.15	$3.14\times(0.2^2-0.165^2)\times18\times75=54.153(m^3)$
2	3-23	送桩		m^3	6.47	$(2.1-0.45+0.5)\times3.14\times(0.2^2-0.165^2)\times75=6.468(m^3)$
3	材料费	成品管桩		m^3	54.15	
4	3-27	螺栓＋电焊接桩		个	75	75 个

【项目二:灌注桩工程】——计价工程量计算

根据项目内容及《计价定额》,该项目计价工程量计算详见表 2.3-8。

表 2.3-8　计价工程量计算表

序号	项目编码（定额编号）	项目名称	项目特征	单位	工程数量	工程量计算式
		C 桩基工程				
1	3-29	钻土孔 Φ800 mm		m^3	448.39	$V_{钻土孔}=3.14\times0.4^2\times(32.2-0.45-2)\times30=448.39(m^3)$
2	3-32 换	钻岩石孔 Φ800 mm		m^3	30.14	$V_{钻岩石孔}=3.14\times0.4^2\times2\times30=30.14(m^3)$
3	3-39 换	土孔砼		m^3	434.07	$V_{土孔砼}=3.14\times0.4^2\times(30+0.8-2)\times30=434.07(m^3)$
4	3-40 换	岩石砼		m^3	30.14	$V_{岩石孔砼}=3.14\times0.4^2\times2\times30=30.14(m^3)$
5	桩 86 注 2	砌泥浆池		m^3	464.21	$V_{土孔砼}+V_{岩石孔砼}=434.07+30.14=464.21(m^3)$
6	[3-41]+[3-42]×2	泥浆外运 7 km 内		m^3	478.53	$V_{钻土孔}+V_{钻岩石孔}=448.39+30.14=478.53(m^3)$

2.3.3　桩基工程清单组价

2.3.3.1　任务实施

【项目一:打桩工程】——清单组价

根据项目内容 2013《房屋建筑与装饰工程工程量计算规范》及《计价定额》等,该项目清单组价详见表 2.3-9。

表 2.3 - 9　分部分项工程综合单价分析表。

<table>
<tr><th colspan="2">项目编码</th><th>项目名称</th><th>计量单位</th><th>工程数量</th><th>综合单价</th><th>合价</th></tr>
<tr><td colspan="2">010301002001</td><td>预制钢筋混凝土管桩</td><td>根</td><td>75</td><td>2 262.76</td><td>169 707.14</td></tr>
<tr><td rowspan="5">清单综合单价组成</td><td>定额号</td><td>子目名称</td><td>单位</td><td>数量</td><td>单价</td><td>合价</td></tr>
<tr><td>3 - 21 换</td><td>静力压预制桩</td><td>m^3</td><td>54.15</td><td>294.45＋0.01×(2 500－1 300)＝306.45</td><td>16 594.27</td></tr>
<tr><td>3 - 23</td><td>送桩</td><td>m^3</td><td>6.47</td><td>290.90</td><td>1 882.123</td></tr>
<tr><td>材料费</td><td>成品管桩</td><td>m^3</td><td>54.15</td><td>2 500</td><td>135 375</td></tr>
<tr><td>3 - 27</td><td>螺栓＋电焊接桩</td><td>个</td><td>75</td><td>211.41</td><td>15 855.75</td></tr>
</table>

【项目二:灌注桩工程】——清单组价

根据项目内容 2013《房屋建筑与装饰工程工程量计算规范》及《计价定额》等,该项目清单组价详见表 2.3 - 10。

表 2.3 - 10　分部分项工程综合单价分析表

<table>
<tr><th colspan="2">项目编码</th><th>项目名称</th><th>计量单位</th><th>工程数量</th><th>综合单价</th><th>合价</th></tr>
<tr><td colspan="2">010302001001</td><td>泥浆护壁成孔灌注桩</td><td>根</td><td>30</td><td>15 008.11</td><td>450 243.3</td></tr>
<tr><td rowspan="8">清单综合单价组成</td><td>定额号</td><td>子目名称</td><td>单位</td><td>数量</td><td>单价</td><td>合价</td></tr>
<tr><td>3 - 29</td><td>钻土孔(直径 1 000 以内)</td><td>m^3</td><td>448.39</td><td>291.09</td><td>130 521.8</td></tr>
<tr><td>3 - 32 换</td><td>钻岩石孔(直径 1 000 以内)V 类</td><td>m^3</td><td>30.14</td><td>1 240.94</td><td>37 401.93</td></tr>
<tr><td>3 - 39 换</td><td>土孔 C30 混凝土</td><td>m^3</td><td>434.07</td><td>488.08</td><td>211 860.9</td></tr>
<tr><td>3 - 40 换</td><td>岩石孔 C30 混凝土</td><td>m^3</td><td>30.14</td><td>415.18</td><td>12 513.53</td></tr>
<tr><td>桩 86 注 2</td><td>砌泥浆池</td><td>m^3</td><td>464.21</td><td>2. 00</td><td>928.42</td></tr>
<tr><td>[3 - 41]＋[3－42]×2</td><td>泥浆外运</td><td>m^3</td><td>478.53</td><td>119.15</td><td>57 016.85</td></tr>
</table>

《江苏省建筑与装饰工程计价定额》(2014 版)中打桩管理费费率为 11%,利润率为 6%,灌注桩管理费费率为 14%,利润率为 8%。

《计价定额》中钻岩孔是以软岩为准,该项目为较软岩,套用定额时需将人工、机械乘以系数 1.15。换算过程如下:

3 - 32 换 1 084.57＋(288.75＋565.72)×0.15×(1＋14%＋8%)＝1 240.94 元。

土孔混凝土和岩石孔混凝土充盈系数与定额不一致,换算如下:

3 - 39 换 458.83－351.03＋288.2×1.3×1.015＝488.08 元;

3 - 40 换 421.18－321.92＋288.2×1.08×1.015＝415.18 元。

技能训练与拓展

在线答题

桩基工程

习　　题

1. 某打桩工程，设计桩型为 T－PHC－AB700－650(110)－13、13a，管桩数量 100 根，断面及示意如习题图 2.3－1 所示，桩外径 700 mm，壁厚 110 mm，自然地面标高－0.3 m，桩顶标高－3.6 m，螺栓加焊接接桩，管桩接桩接点周边设计用钢板，该型号管桩成品价为1 800 元/m^3，a 型空心桩尖市场价 180 元/个。采用静力压桩施工方法，管桩场内运输按 250 m 考虑。本工程人工单价、除成品桩外其他材料单价、机械台班单价、管理费、利润费率标准等按计价定额执行不调整。请根据上述条件按营改增后 2014 费用定额取费，按简易计税法计算该打桩工程分部分项工程费及工程造价。(π 取值 3.14；按计价表规则计算送桩工程量时，需扣除管桩空心体积；填表时成品桩、桩尖单独列项；小数点后保留两位小数)

习题表 2.3－1　(一) 计价工程量计算表

序号	项目名称	计算公式	计量单位	数量
1	压桩			
2	接桩			
3	送桩			
4	成品桩			
5	a 型桩尖			

习题表 2.3－2　(二) 套用计价定额子目综合单价计算表

定额编号	子目名称	单位	数量	综合单价(列简要计算过程)/元	合价/元
分部分项工程费合计/元					

习题表 2.3－3　(三) 工程造价计价程序表

序号	费用名称	计算公式	金额/元

2. 某单独招标打桩工程编制招标控制价。设计钻孔灌注砼桩50根，桩径Φ700 mm，设计桩长26 m，入岩（Ⅳ类软岩）2 m，自然地面标高−0.45 m，桩顶标高−2.20 m。砼采用C30砼现场自拌，根据地质情况土孔砼充盈系数为1.2，岩石孔砼充盈系数为1.05，每根桩钢筋用量为0.8 t。以自身的黏土及灌入的自来水进行护壁，砖砌泥浆池按2元/m^3计算，泥浆外运按6 km，泥浆运出后的堆置费用不计，桩头不考虑凿除。

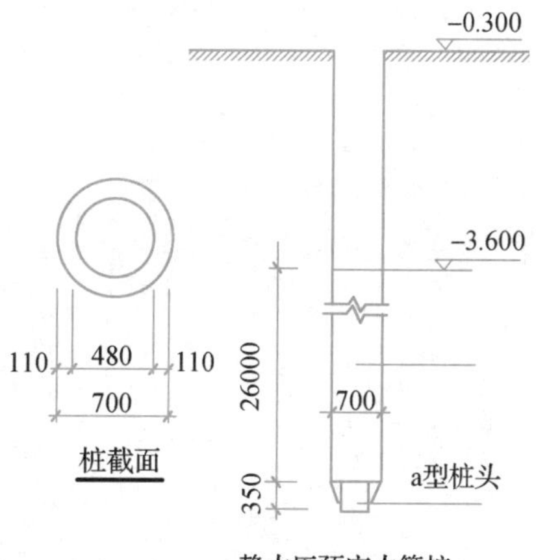

习题图 2.3-1

（1）请按江苏省2014计价定额计算该打桩工程的分部分项工程费。

（2）请按2014费用定额计价程序计算钻孔灌注砼桩的招标控制价。已知机械进退场费1 554元，临时设施费费率1.5%，安全文明施工措施费按创建省级一星级文明工地标准计取，环境保护税率0.1%，税金费率3.36%，社会保险费、公积金按营改增后相应费率执行。招标控制价调整系数不考虑，其他未列项目不计取。按简易计税法计算该打桩工程分部分项工程费及工程造价（π取值3.14，小数点后保留两位小数。）

习题表 2.3-4　（一）计价工程量计算表

序号	项目名称	计算公式	计量单位	数量

习题表 2.3-5　（二）套用计价定额子目综合单价计算表

定额编号	子目名称	单位	数量	综合单价（列简要计算过程）/元	合价/元
分部分项工程费合计/元					

习题表 2.3-6　（三）工程造价计价程序表

序号	费用名称	计算公式	金额/元

任务四
砌筑工程计量与计价

资源合集

项目引入

软件三维模型

砖基础

【项目一:砖基础工程】

如图 2.4-1 所示,室外标高−0.3 m,1∶2 防水砂浆防潮层以下为 M5 水泥砂浆砌筑的标准砖,以上为多孔砖,请根据上述条件按《房屋建筑与装饰工程工程量计算规范》(2013)及《计价定额》,完成砌筑工程清单、计价工程量计算表以及综合单价分析表。(价格按《计价定额》中含税价格计取)

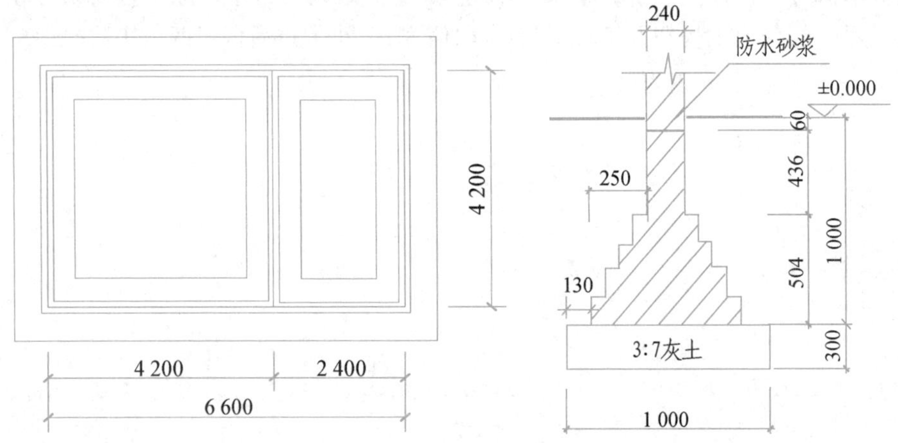

图 2.4-1 基础平面图与剖面图

【项目二:多孔砖墙工程】

某工程一层,三类工程,平、剖面图如图 2.4-2 所示,墙均为 240 mm 厚,墙体中 C20 构造柱尺寸 240 mm×240 mm,构造柱体积为 2.64 m^3,墙体中 C20 圈梁断面为 240×300 mm,圈梁体积为 2.65 m^3,屋面板砼标号 C20,厚 100 mm,门上方设置砼过梁,过梁断面为 240×200 mm,过梁体积为 0.83 m^3,−0.06 m 处设水泥砂浆防潮层,防潮层以上墙体为 MU5KP1 黏土多孔砖 240×115×90 mm,M5 混合砂浆砌筑,防潮层以下为砼标准砖,门窗尺寸见门窗表。(墙上方均有圈梁,混凝土均采用商品混凝土)。

请根据上述条件按《房屋建筑与装饰工程工程量计算规范》(2013)及《计价定额》,编制 KP1 黏土多孔砖墙的清单、计价工程量计算表以及综合单价分析表。(价格按《计价定额》中含税价格计取)

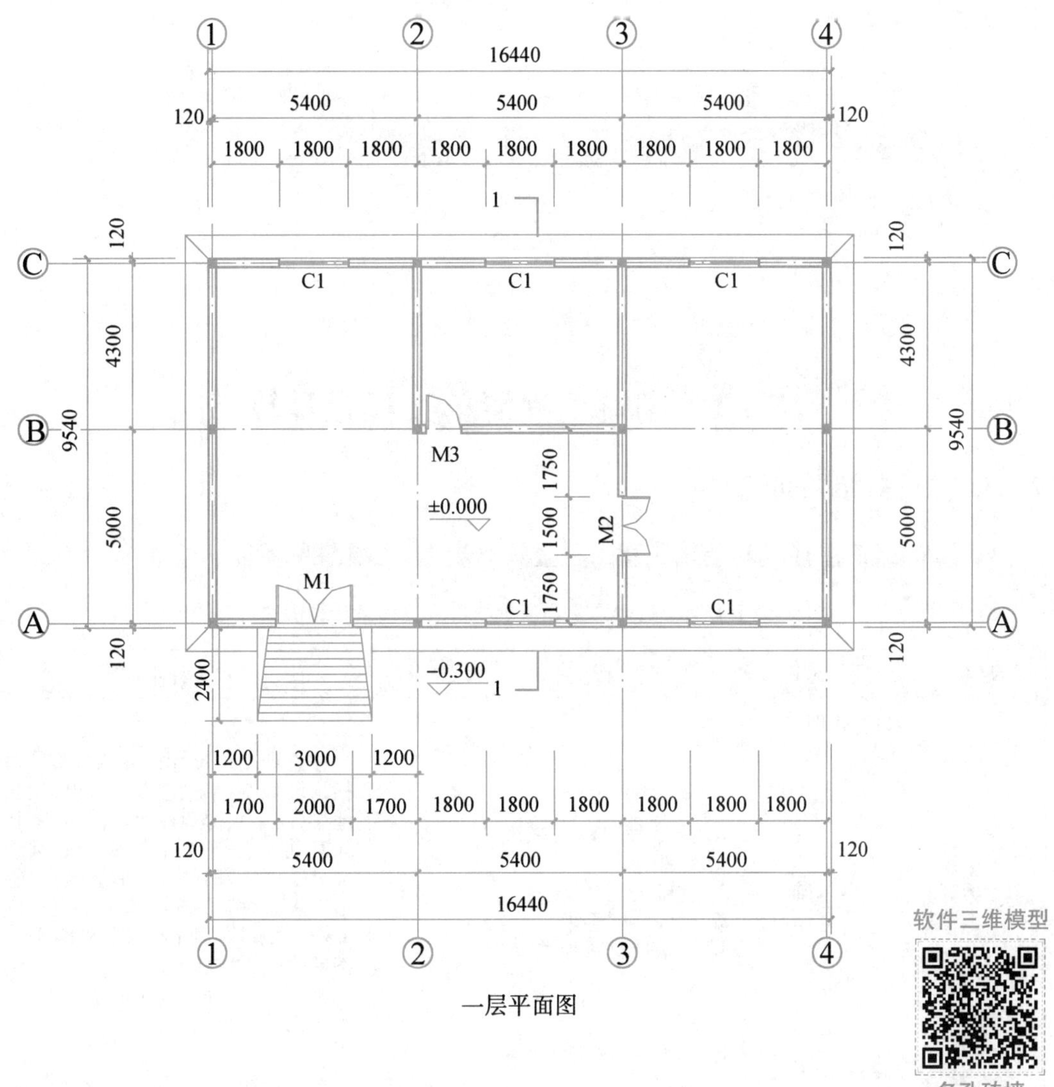

一层平面图

软件三维模型

多孔砖墙

门窗表

	门窗编号	洞口尺寸		材质
		高×宽	数量	
窗	C1	1 800×1 800	5	塑钢组合窗
门	M1	2 000×2 200	1	塑钢组合门
	M2	1 500×2 200	1	双面夹板门
	M3	900×2 200	1	双面夹板门

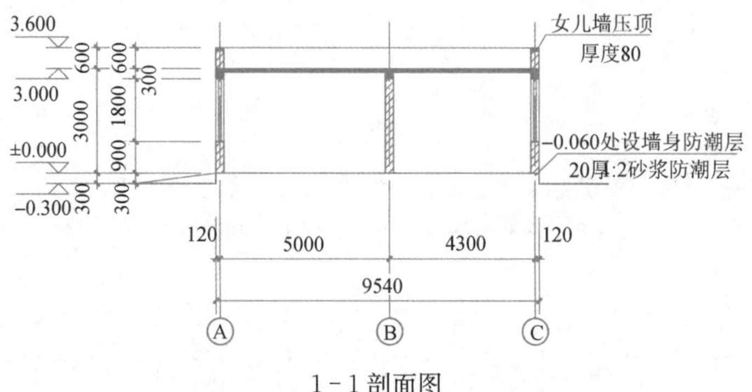

1-1剖面图

图2.4-2 一层平面图、剖面图及门窗表

2.4.1 砌筑工程清单工程量计算

2.4.1.1 任务相关知识点

一、2013《房屋建筑与装饰工程工程量计算规范》主要清单项目

表2.4-1 砖砌体主要清单项目及工程量计算规则

项目编码	项目名称	项目特征	计量单位	工程量计算规则
	D.1 砖砌体			
010401001	砖基础	1. 砖品种、规格、强度等级 2. 基础类型 3. 砂浆强度等级 4. 防潮层材料种类	m^3	按设计图示尺寸以体积计算。包括附墙垛基础宽出部分体积，扣除地梁(圈梁)、构造柱所占体积，不扣除基础大放脚T形接头处的重叠部分及嵌入基础内的钢筋、铁件、管道、基础砂浆防潮层和单个面积≤0.3 m^2的孔洞所占体积，靠墙暖气沟的挑檐不增加。 基础长度：外墙按外墙中心线，内墙按内墙净长线计算
010401002	砖砌挖孔桩护壁	1. 砖品种、规格、强度等级 2. 砂浆强度等级		按设计图示尺寸以立方米计算
010401003	实心砖墙	1. 砖品种、规格、强度等级 2. 墙体类型 3. 砂浆强度等级、配合比		按设计图示尺寸以体积计算具体规则见注解。 实心砖墙、多孔砖墙、空心砖墙工程量计算规则：按设计图示尺寸以体积计算。扣除门窗洞口、过人洞、空圈、嵌入墙内的钢筋混凝土柱、梁、圈梁、挑梁、过梁及凹进墙内的壁龛、管槽、暖气槽、消火栓箱所占体积，不扣除梁头、板头、檩头、垫木、木楞头、沿缘木、木砖、门窗走头、砖墙内加固钢筋、木筋、铁件、钢管及单个面积≤0.3 m^2的孔洞所占的体积。凸出墙面的腰线、挑檐、压顶、窗台线、虎头砖、门窗套的体积亦不增加。凸出墙面的砖垛并入墙体体积内计算
010401004	多孔砖墙			
010401005	空心砖墙			

续表

项目编码	项目名称	项目特征	计量单位	工程量计算规则
010401006	空斗墙	1. 砖品种、规格、强度等级 2. 墙体类型 3. 砂浆强度等级、配合比	m^3	按设计图示尺寸以空斗墙外形体积计算。墙角、内外墙交接处、门窗洞口立边、窗台砖、屋檐处的实砌部分体积并入空斗墙体积内
010401007	空花墙			按设计图示尺寸以空花部分外形体积计算，不扣除空洞部分体积
010404008	填充墙	1. 砖品种、规格、强度等级 2. 墙体类型 3. 填充墙材料种类及厚度 4. 砂浆强度等级、配合比		按设计图示尺寸以填充墙外形体积计算
010401009	实心砖柱	1. 砖品种、规格、强度等级 2. 柱类型 3. 砂浆强度等级、配合比		按设计图示尺寸以体积计算。扣除混凝土及钢筋混凝土梁垫、梁头所占体积
010404010	多孔砖柱			
010404011	砖检查井	1. 井截面 2. 垫层材料种类、厚度 3. 底板厚度 4. 井盖安装 5. 混凝土强度等级 6. 砂浆强度等级 7. 防潮层材料种类	座	按设计图示数量计算
010404013	零星砌砖	1. 零星砌砖名称、部位 2. 砖品种、规格、强度等级 2. 砂浆强度等级、配合比	1. m^3 2. m^2 3. m 4. 个	1. 以立方米计量，按设计图示尺寸截面积乘以长度计算。 2. 以平方米计量，按设计图示尺寸水平投影面积计算。 3. 以米计量，按设计图示尺寸长度计算。 4. 以个计量，按设计图示数量计算
010404014	砖散水、地坪	1. 砖品种、规格、强度等级 2. 垫层材料种类、厚度 3. 散水、地坪厚度 4. 面层种类、厚度 5. 砂浆强度等级	m^2	按设计图示尺寸以面积计算

续表

项目编码	项目名称	项目特征	计量单位	工程量计算规则
010404015	砖地沟、明沟	1. 砖品种、规格、强度等级 2. 沟截面尺寸 3. 垫层材料种类、厚度 4. 混凝土强度等级 5. 砂浆强度等级	m	以米计量，按设计图示以中心线长度计算

注：

1. 墙长度：外墙按中心线、内墙按净长计算；

2. 墙高度。

(1) 外墙：斜(坡)屋面无檐口天棚者算至屋面板底；有屋架且室内外均有天棚者算至屋架下弦底另加200 mm；无天棚者算至屋架下弦底另加300 mm，出檐宽度超过600 mm时按实砌高度计算；与钢筋混凝土楼板隔层者算至板顶。平屋顶算至钢筋混凝土板底。

(2) 内墙：位于屋架下弦者，算至屋架下弦底；无屋架者算至天棚底另加100 mm；有钢筋混凝土楼板隔层者算至楼板底；有框架梁时算至梁底。

(3) 女儿墙：从屋面板上表面算至女儿墙顶面(如有混凝土压顶时算至压顶下表面)。

(4) 内、外山墙：按其平均高度计算。

3. 框架间墙：不分内外墙按墙体净尺寸以体积计算。

4. 围墙：高度算至压顶上表面(如有混凝土压顶时算至压顶下表面)，围墙柱并入围墙体积内。

表 2.4－2　砌块砌体主要清单项目及工程量计算规则

目编码	项目名称	项目特征	计量单位	工程量计算规则
	D.2 砌块砌体			
010402001	砌块墙	1. 砌块品种、规格、强度等级 2. 墙体类型 3. 砂浆强度等级	m^3	按设计图示尺寸以体积计算。 扣除门窗洞口、过人洞、空圈、嵌入墙内的钢筋混凝土柱、梁、圈梁、挑梁、过梁及凹进墙内的壁龛、管槽、暖气槽、消火栓箱所占体积，不扣除梁头、板头、檩头、垫木、木楞头、沿缘木、木砖、门窗走头、砌块墙内加固钢筋、木筋、铁件、钢管及单个面积≤0.3 m^2 的孔洞所占的体积。凸出墙面的腰线、挑檐、压顶、窗台线、虎头砖、门窗套的体积亦不增加。凸出墙面的砖垛并入墙体体积内计算。 1. 墙长度：外墙按中心线、内墙按净长计算； 2. 墙高度。 (1) 外墙：斜(坡)屋面无檐口天棚者算至屋面板底；有屋架且室内外均有天棚者算至屋架下弦底另加200 mm；无天棚者算至屋架下弦底另加300 mm，出檐宽度超过600 mm时按实砌高度计算；与钢筋混凝土楼板隔层者算至板顶；平屋面算至钢筋混凝土板底。

续表

目编码	项目名称	项日特征	计量单位	工程量计算规则
010402001	砌块墙	1. 砖品种、规格、强度等级 2. 墙体类型 3. 砂浆强度等级	m^3	(2) 内墙：位于屋架下弦者算至屋架下弦底；无屋架者算至天棚底另加 100 mm；有钢筋混凝土楼板隔层者算至楼板底；有框架梁时算至梁底。 (3) 女儿墙：从屋面板上表面算至女儿墙顶面（如有混凝土压顶时算至压顶下表面）。 (4) 内、外山墙：按其平均高度计算。 3. 框架间墙：不分内外墙按墙体净尺寸以体积计算。 4. 围墙：高度算至压顶上表面（如有混凝土压顶时算至压顶下表面），围墙柱并入围墙体积内
010402002	砌块柱			按设计图示尺寸以体积计算。扣除混凝土及钢筋混凝土梁垫、梁头、板头所占体积

表 2.4－3　石砌体主要清单项目及工程量计算规则

项目编码	项目名称	项目特征	计量单位	工程量计算规则
	D.3 石砌体			
010403001	石基础	1. 石料种类、规格 2. 基础类型 3. 砂浆强度等级	m^3	按设计图示尺寸以体积计算。 包括附墙垛基础宽出部分体积，不扣除基础砂浆防潮层及单个面积≤0.3 m^2 的孔洞所占体积，靠墙暖气沟的挑檐不增加体积。基础长度：外墙按中心线，内墙按净长计算
010403002	石勒脚	1. 石料种类、规格 2. 石表面加工要求 3. 勾缝要求 4. 砂浆强度等级、配合比		按设计图示尺寸以体积计算，扣除单个面积>0.3 m^2 的孔洞所占的体积
010403003	石墙			按设计图示尺寸以体积计算。 扣除门窗洞口、过人洞、空圈、嵌入墙内的钢筋混凝土柱、梁、圈梁、挑梁、过梁及凹进墙内的壁龛、管槽、暖气槽、消火栓箱所占体积，不扣除梁头、板头、檩头、垫木、木楞头、沿缘木、木砖、门窗走头、石墙内加固钢筋、木筋、铁件、钢管及单个面积≤0.3 m^2 的孔洞所占的体积。凸出墙面的腰线、挑檐、压顶、窗台线、虎头砖、门窗套的体积亦不增加。凸出墙面的砖垛并入墙体体积内计算。

续表

项目编码	项目名称	项目特征	计量单位	工程量计算规则
010403003	石墙	1. 石料种类、规格 2. 石表面加工要求 3. 勾缝要求 4. 砂浆强度等级、配合比	m^3	1. 墙长度:外墙按中心线、内墙按净长计算。 2. 墙高度。 (1) 外墙:斜(坡)屋面无檐口天棚者算至屋面板底;有屋架且室内外均有天棚者算至屋架下弦底另加 200 mm;无天棚者算至屋架下弦底另加 300 mm,出檐宽度超过600 mm时按实砌高度计算;平屋顶算至钢筋混凝土板底。 (2) 内墙:位于屋架下弦者算至屋架下弦底;无屋架者算至天棚底另加 100 mm;有钢筋混凝土楼板隔层者算至楼板底;有框架梁时算至梁底。 (3) 女儿墙:从屋面板上表面算至女儿墙顶面(如有混凝土压顶时算至压顶下表面)。 (4) 内、外山墙:按其平均高度计算。 3. 围墙:高度算至压顶上表面(如有混凝土压顶时算至压顶下表面),围墙柱并入围墙体积内
010403004	石挡土墙			按设计图示尺寸以体积计算
010403005	石柱			
010403006	石栏杆		m	
010403007	石护坡	1. 垫层材料种类、厚度 2. 石料种类、规格 3. 护坡厚度、高度 4. 石表面加工要求 5. 勾缝要求 6. 砂浆强度等级、配合比	m^3	按设计图示尺寸以体积计算
010403008	石台阶			
010403009	石坡道		m^2	按设计图示以水平投影面积计算

续表

项目编码	项目名称	项目特征	计量单位	工程量计算规则
010403010	石地沟、明 沟	1. 沟截面尺寸 2. 土壤类别、运距 3. 垫层材料种类、厚度 4. 石料种类、规格 5. 石表面加工要求 6. 勾缝要求 7. 砂浆强度等级、配合比	m	按设计图示以中心线长度计算

表 2.4－4　垫层主要清单项目及工程量计算表

项目编码	项目名称	项目特征	计量单位	工程量计算规则
	D.4 垫层			
010404001	垫层	垫层材料种类、配合比、厚度	m^3	按设计图示尺寸以立方米计算

二、工程量计算规则及要点

(1)“砖基础”项目适用于各种类型砖基础:砖柱基础、砖墙基础、管道基础等。工程量按设计图示尺寸以体积计算。基础的截面积乘以基础的长度,基础的截面积为基础宽乘以基础的高度(有大放脚的可合并到基础截面积,或者将大放脚折加到基础高度计算),外墙基础的长度按外墙中心线,内墙基础的长度按内墙净长线计算。

(2) 基础与墙(柱)使用同一种材料时,以设计室内地坪为界(有地下室者,以地下室室内设计地面为界),以下为基础,以上为墙(柱)身。基础与墙身使用不同材料,位于设计室内地面高度≤±300 mm 时,以不同材料为分界线;高度>±300 mm 时,以设计室内地面为分界线。

(3) 砖围墙以设计室外地坪为界,以下为基础,以上为墙身。

(4) 台阶、台阶挡墙、梯带、锅台、炉灶、蹲台、池槽、池槽腿、砖胎膜、花台、花池、楼梯栏板、阳台栏板、地垄墙、≤0.3 m^2 的空洞填塞等,应按零星砌砖项目列项。砖砌锅台与炉灶可按外形尺寸以个计算,砖砌台阶可按水平投影面积以平方米计算,小便槽、地垄墙可按长度计算,其他工程按立方米计算。

(5) 垫层项目适用于除混凝土垫层应按工程量计算规范附录 E 中相关项目编码列项外,没有包括垫层要求的清单项目应按本表垫层项目编码列项。

2.4.1.2　任务实施

【项目一:砖基础工程】——清单工程量计算

根据项目内容及 2013《房屋建筑与装饰工程工程量计算规范》,该项目清单工程量计算详见表 2.4－5。

表 2.4-5 清单工程量计算表

序号	项目编码(定额编号)	项目名称	项目特征	单位	工程数量	工程量计算式
1	010401001001	砖基础	1. 标准砖 2. 条形基础 3. M5水泥砂浆 4. 1∶2 防水砂浆防潮层	m^3	9.79	厚度为0.24 m，大放脚为等高式四阶双面大放脚，通过查表得出折加高度为0.656 m，则 $H=1.0-0.06+0.656=1.596$(m)， $L_{中}=21.6$ m，$L_{内}=3.96$(m) $V=S\times L=0.24\times 1.596\times(21.6+3.96)=9.79(m^3)$
2	010404001001	垫层	3∶7 灰土垫层	m^3	7.44	$S_{垫}=0.3\times 1.0=0.3(m^2)$ $L_{中}=21.6$(m) $L_{垫净}=4.2-1=3.2$(m) $V=S_{垫}\times(L_{中}+L_{垫净})$ $=0.3\times(21.6+3.2)$ $=7.44(m^3)$

【项目二:多孔砖墙工程】——清单工程量计算

根据项目内容及2013《房屋建筑与装饰工程工程量计算规范》，该项目清单工程量计算详见表2.4-6。

表 2.4-6 清单工程量计算表

序号	项目编码(定额编号)	项目名称	项目特征	单位	工程数量	工程量计算式
		砌筑工程				
1	010401004001	多孔砖墙	MU5KP1 黏土多孔砖 240 mm × 115 mm × 90 mm，M5 混合砂浆砌筑	m^3	37.06	$L_{中}=(5.4\times 3+5+4.3)\times 2$ $=51$(m) $L_{内}=4.3+(4.3+5-0.24)+(5.4-0.24)=18.52$(m) $V=0.24\times 2.96\times(51+18.52)-0.24\times(2\times 2.2+1.5\times 2.2+0.9\times 2.2+1.8\times 1.8\times 5)-0.83-2.65-2.64=37.06(m^3)$

2.4.2 砌筑工程计价工程量计算

2.4.2.1 任务相关知识点

一、《计价定额》主要项目列项

1. 砌砖

(1) 砖基础、砖柱；(2) 砌块墙、多孔砖墙；(3) 砖砌外墙；(4) 砖砌内墙；(5) 空斗墙、空花墙；(6) 填充墙、墙面砌贴砖；(7) 墙基防潮层及其他(围墙、台阶、地沟、零星砌砖)。

2. *砌石*

(1) 毛石基础、护坡、墙身；(2) 方整石墙、柱、台阶；(3) 荒料毛石加工。

3. *构筑物*

(1) 烟囱砖基础、筒身及砖加工；(2) 烟囱内衬；(3) 烟道砌砖及烟道内衬；(4) 砖水塔。

4. *基础垫层*

二、说明要点

(1) 标准砖墙不分清、混水墙及艺术形式复杂程度。砖券、砖过梁、砖圈梁、腰线、砖垛、砖挑檐、附墙烟囱等因素已综合在定额内，不得另列项目计算。阳台砖隔断按相应内墙定额执行。

(2) 砌体使用配砖与定额不同时，不做调整。

(3) 空斗墙中门窗立边、门窗过梁、窗台、墙角、擦条下、楼板下、踢脚线部分和屋檐处的实砌砖已包括在定额内，不得另列项目计算。空斗墙中遇有实砌钢筋砖圈梁及单面附垛时，应另列项目按零星砌砖定额执行。

(4) 砌块墙、多孔砖墙中，窗台虎头砖、腰线、门窗洞边接茬用标准砖已包括在定额内。

(5) 门窗洞口侧预埋混凝土块，定额中已综合考虑。实际施工不同时，不做调整。

(6) 各种砖砌体的砖、砌块规格与定额不同时，可以换算。

(7) 除标准砖墙外，本定额的其他品种砖弧形墙其弧形部分每立方米砌体按相应定额人工增加 15%，砖 5%，其他不变。

(8) 砌砖、块定额中已包括了门、窗框与砌体的原浆勾缝在内，砌筑砂浆强度等级按设计规定应分别套用。

(9) 砖砌体内的钢筋加固及转角、内外墙的搭接钢筋，按设计图示钢筋长度乘以单位理论质量计算，执行《计价定额》第五章的“砌体、板缝内加固钢筋”子目。

(10) 砖砌挡土墙以顶面宽度按相应墙厚内墙定额执行，顶面宽度超过一砖按砖基础定额执行。

(11) 零星砌砖系指砖砌门蹲、房上烟囱、地垅墙、水槽、水池脚、垃圾箱、台阶面上矮墙、花台、煤箱、垃圾箱、容积在 3 m^3 内的水池、大小便槽(包括踏步)、阳台栏板等砌休。

(12) 砖砌围墙如设计为空斗墙、砌块墙时，应按相应定额执行，其基础与墙身除定额注明外应分别套用定额。

(13) 蒸压加气混凝土砌块根据施工方法的不同，分为普通砂浆砌筑加气砼砌块墙(指主要靠普通砂浆或专用砌筑砂浆黏结，砂浆获缝厚度不超过 15 mm)和薄层砂浆砌筑加气砼砌块墙(简称薄灰砌筑法，使用专用黏结砂浆和专用铁件连接，砂浆灰缝一般 3 mm～4 mm)。定额分别按蒸压加气混凝土砌块和蒸压砂加气混凝土砌块列入子目，实际砌块种类与定额不同时，可以替换。

(14) 砌石定额分为毛石、方整石砌体两种。毛石系指无规则的乱毛石，方整石系指已加工好有面、有线的商品方整石(方整石砌体不得再套打荒、錾凿、剁斧定额)。

(15) 毛石、方整石零星砌体按窗台下墙相应定额执行，人工乘以系数 1.10。毛石地沟、水池按窗台下石墙定额执行。毛石、方整石围墙按相应墙定额执行。砌筑圆弧形基础、墙(含砖、石混合砌体)，人工按相应定额乘以系数 1.10，其他不变。

(16) 构筑物，砖烟囱毛石砌体基础按水塔的相应定额执行。

(17) 基础垫层,整板基础下垫层采用压路机碾压时,人工乘以系数0.9,垫层材料乘以系数1.15,增加光轮压路机(8t)0.022台班,同时扣除定额中的电动夯实机台班(已有压路机的子目除外)。混凝土垫层应另行执行《计价定额》第六章相应子目。

三、工程量计算规则

(1) 计算墙体工程量时,应扣除门窗、洞口、嵌入墙内的钢筋混凝土柱、梁、圈梁、挑梁、过梁及凹进端内的壁龛、管槽、暖气槽、消火栓箱所占体积,不扣除梁头、板头、檩头、垫木、木楞头、沿缘木、木砖、门窗走头、砖墙内加圃钢筋、木筋、铁件、钢管及单个面积不大于0.3 m^{2}的孔洞所占的体积。凸出墙面的腰线、挑檐、压顶、窗台线、虎头砖、门窗套的体积亦不增加。凸出墙面的砖垛并入墙体体积内计算。

(2) 附墙烟囱、通风道、垃圾道按其外形体积并入所依附的墙体积内合并计算,不扣除每个横截面在0.1 m^{2}以内的孔洞体积。

(3) 多孔砖、空心砖墙、加气混凝土、硅酸盐砌块、小型空心砌块墙均按砖或砌块的厚度计算,不扣除砖或砌块本身的空心部分体积。

(4) 标准砖尺寸应为240 mm×115 mm×53 mm,标准砖墙厚度应按表2.4-7计算。

表2.4-7　标准墙计算厚度表

砖数(厚度)	1/4	1/2	3/4	1	3/2	2	5/2	3
计算厚度/mm	53	115	178	240	365	490	615	740

(5) 基础与墙身的划分。

① 砖墙。基础与墙(柱)身使用同一种材料时,以设计室内地面为界(有地下室者,以地下室室内设计地面为界),以下为基础,以上为墙(柱)身。基础与墙身使用不同材料时,位于设计室内地面高度±300 mm以内时,以不同材料为分界线;位于高度±300 mm以外时,以设计室内地坪为分界线。

② 石墙。外墙以设计室外地坪,内墙以设计室内地坪为界,以下为基础,以上为墙身。

③ 砖、石围墙以设计室外地坪为分界线,以下为基础,以上为墙身。

(6) 砖石基础长度的确定。

① 外墙墙基按外墙中心线长度计算。

② 内墙墙基按内墙基最上一层净长度计算。基础大放脚T形接头处重叠部分以及嵌入基础的钢筋,铁件、管道、基础防水砂浆防潮层、通过基础单个面积在0.3 m^{2}以内孔洞所占的体积不扣除,但靠墙暖气沟的挑檐亦不增加。附墙垛基础宽出部分体积,并入所依附的基础工程量内。

(7) 墙身长度的确定。外墙按中心线、内墙按净长计算。弧形端按中心线处长度计算。

(8) 墙身高度的确定。设计有明确高度时以设计高度计算,未明确时按下列规定计算:

① 外墙。坡(斜)屋面无檐口天棚者,算至屋面板底;有屋架且室内外均超天棚者,算至屋架下弦底另加200 mm:无天棚者,算至屋架下弦另加300 mm,出檐宽度超过600 mm时按实砌高度计算;有现浇钢筋混凝土平板楼层者,算至平板底面。

② 内墙。位于屋架下弦者,算至屋架下弦底;无屋架者,算至天棚底另加100 mm;有钢筋混凝土楼板隔层者,算至楼板底;有框架梁时,算至梁底。

③ 女儿墙。从屋面板上表面算至女儿墙项面(如有混凝土压顶时算至压顶下表面)。

(9) 框架间墙。不分内外墙,按墙体净尺寸以体积计算。框架外表面镶贴砖部分,按零星砌砖子目计算。

(10) 空斗墙、空花墙、围墙。

① 空斗墙。按设计图示尺寸以空斗墙外形体积计算。墙角、内外墙交接处、门窗洞口立边、窗台砖、屋檐处的实砌部分体积,并入空斗墙体积内。空斗墙的窗间墙、窗台下、楼板下、梁头下等的实砌部分,按零星砌砖定额计算。

② 空花墙。按设计图示尺寸以空花部分的外形体积计算,不扣除空洞部分体积。空花墙外有实砌墙,其实砌部分应以体积另列项目计算。

③ 围墙。按设计图示尺寸以体积计算,其围墙附垛、围墙柱及砖压顶应并入墙身体积内:砖围墙上有混凝土花格、混凝土压顶时,混凝土花格及压顶应按《计价定额》第六章相应子目计算,其围墙高度算至混凝土压顶下表面。

(11) 填充墙。

填充墙按设计图示尺寸以填充墙外形体积计算,其实砌部分及填充料已包括在定额内,不另计算。

(12) 砖柱。按设计图示尺寸以体积计算。扣除混凝土及钢筋混凝土梁垫、梁头、板头所占体积。砖柱基、柱身不分断面,均以设计体积计算,柱身、柱基工程量合并套"砖柱"定额。柱基与柱身砌体品种不同时,应分开计算并分别套用相应定额。

(13) 砖砌地下室墙身及基础。

砖砌地下室墙身及基础。按设计图示以体积计算,内、外墙身工程量合并计算按相应内墙定额执行。墙身外侧面砌贴砖按设计厚度以体积计算。

(14) 钢筋砖过梁。加气混凝土、硅酸盐砌块、小型空心砌块墙砌体中设计钢筋砖过梁时,应另行计算,套"零星砌砖"定额。

(15) 毛石墙、方整石墙。按图示尺寸以体积计算。方整石墙单面出垛并入墙身工程量内,双面出墙垛按柱计算。标准砖镶砌门、窗口立边、窗台虎头砖、钢筋砖过梁等按实砌砖体积另列项目计算,套"零星砌砖"定额。

(16) 墙基防潮层。按墙基顶面水平宽度乘以长度以面积计算,有附垛时将其面积并入墙基内。

(17) 其他。

① 砖砌台阶按水平投影面积以面积计算。

② 毛石、方整石台阶均以图示尺寸按体积计算,毛石台阶按毛石基础定额执行。

③ 墙面、柱、底座、台阶的剁斧以设计展开面积计算。

④ 砖砌地沟沟底与沟壁工程量合并以体积计算。

⑤ 毛石砌体打荒、錾凿、剁斧按砌体裸露外表面积计算(錾凿包括打荒,剁斧包括打荒、錾凿,打荒、錾凿、剁斧不能同时列入)。

2.4.2.2　任务实施

【项目一:砖基础工程】——计价工程量计算

根据项目内容及《计价定额》,该项目计价工程量计算详见表 2.4－8。

表 2.4-8 计价工程量计算表

序号	项目编码（定额编号）	项目名称	项目特征	单位	工程数量	工程量计算式
		D 砌筑工程				
1	4-1	直形砖基础		m^3	9.79	同清单工程量
2	4-52	防水砂浆墙基防潮层		10 m^2 投影面积	0.61	$S=0.24\times(L_{中}+L_{内})$ $=0.24\times(21.6+3.96)$ $=6.13\ m^2$
3	4-95	3∶7 灰土垫层		m^3	7.44	同清单工程量

【项目二:多孔砖墙工程】——计价工程量计算

根据项目内容及《计价定额》,该项目计价工程量计算详见表 2.4-9。

表 2.4-9 计价工程量计算表

序号	项目编码（定额编号）	项目名称	项目特征	单位	工程数量	工程量计算式
		D 砌筑工程				
1	4-28	KP1 黏土多孔砖 240 mm×115 mm×90 mm		m^3	37.06	同清单工程量

2.4.3 砌筑工程清单组价

2.4.3.1 任务实施

【项目一:砖基础工程】——清单组价

根据项目内容 2013《房屋建筑与装饰工程工程量计算规范》及《计价定额》等,该项目清单组价详见表 2.4-10。

表 2.4-10 分部分项工程综合单价分析表

项目编码		项目名称	计量单位	工程数量	综合单价	合价
010401001001		砖基础	m^3	9.79	417.09	4 083.29
清单综合单价组成	定额号	子目名称	单位	数量	单价	合价
	4-1	直形砖基础	m^3	9.79	406.25	3 977.188
	4-52	防水砂浆墙基防潮层	10 m^2 投影面积	0.61	173.94	106.10

表 2.4-11 分部分项工程综合单价分析表

项目编码		项目名称	计量单位	工程数量	综合单价	合价
010404001001		垫层	m^3	7.44	196.74	1 463.746
清单综合单价组成	定额号	子目名称	单位	数量	单价	合价
	4—95	3∶7 灰土垫层	m^3	7.44	196.74	1 463.746

【项目二:多孔砖墙工程】——清单组价

根据项目内容 2013《房屋建筑与装饰工程工程量计算规范》及《计价定额》等,该项目清单组价详见表 2.4－12。

表 2.4－12　分部分项工程综合单价分析表

项目编码		项目名称	计量单位	工程数量	综合单价	合价
010401004001		多孔砖墙	m^3	37.06	311.14	11 530.85
清单综合单价组成	定额号	子目名称	单位	数量	单价	合价
	4－28	KP1 黏土多孔砖 240 mm×115 mm×90 mm	m^3	37.06	311.14	11 530.85

技能训练与拓展

在线答题

砌筑工程

习　题

1. 某单位工程基础平面图和剖面图如习题图 2.4－1 所示。根据地质勘探报告,土壤类别为三类,无地下水。基础为 C25 钢筋混凝土条形基础,C10 素混凝土垫层,防潮层标高－0.06 米,防潮层以下墙身采用标准砖砌筑,M5 水泥砂浆,防潮层以上为多孔砖墙身,设计室外地坪为－0.30 m。

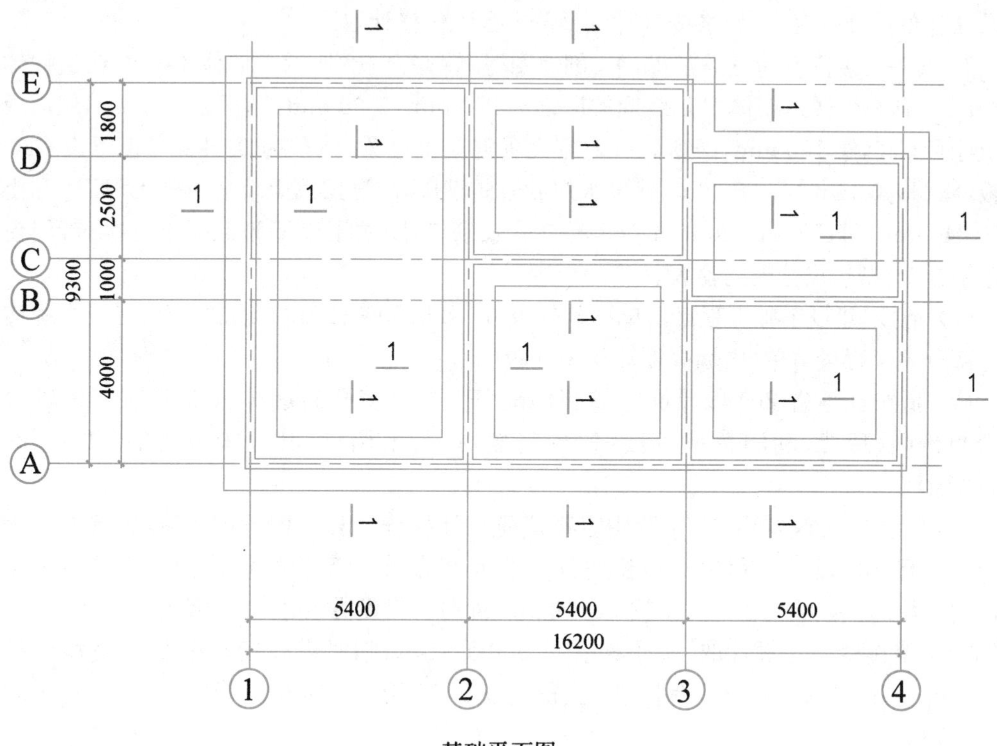

基础平面图

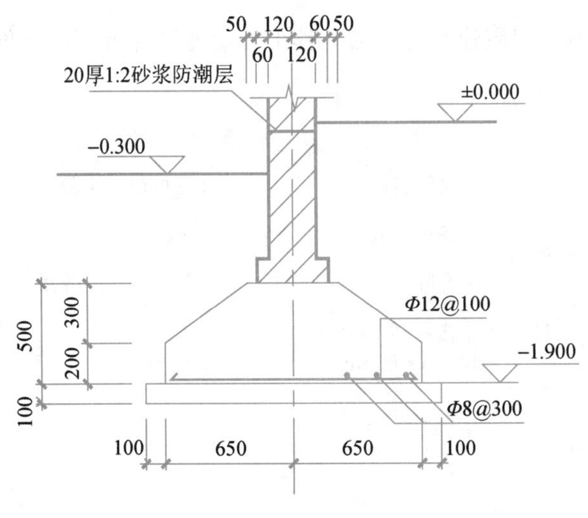

1 - 1 剖面图

习题图 2.4 - 1 基础平面图及坡面图

该工程采用人工挖土，从垫层下表面起放坡，放坡系数为 1∶0.33，工作面从垫层边到地槽边为 200 mm，混凝土采用泵送商品混凝土。

请按以上施工方案以及《房屋建筑与装饰工程工程量计算规范》(2013)、江苏省 2014《计价定额》编制计算土方开挖、砼垫层、砼基础、砖基础、防潮层的清单、计价工程量计算表以及综合单价分析表。(价格按《计价定额》中含税价格计取)

2. 某一层接待室为三类工程，平、剖面图习题图 2.4 - 2 所示。墙体中 C20 构造柱体积为3.6 m^3(含马牙槎)，墙体中 C20 圈梁断面为 240 mm×300 mm，体积为 1.99 m^3，屋面板混凝土标号 C20，厚 100 mm，门窗洞口上方设置混凝土过梁，体积为 0.54 m^3，窗下设 C20 窗台板，体积为0.14 m^3，－0.06 m 处设水泥砂浆防潮层，防潮层以上墙体为 MU5KP1 黏土多孔砖 240 mm×115 mm×90 mm，M5 混合砂浆砌筑，防潮层以下为混凝土标准砖，门窗为彩色铝合金材质，尺寸见门窗表。

(1) 请按《建设工程工程量清单计价规范》(GB 50500—2013) 编制 KP1 黏土多孔砖墙体分部分项工程量清单(内墙高度算至屋面板底)。

(2) 请按江苏省 2014《计价定额》计算 KP1 黏土多孔砖墙体分部分项工程量清单综合单价(管理费、利润费率等按《计价定额》执行不调整，其他未说明的，按《计价定额》执行)。

(3) 请根据营改增后 2014 费用定额按简易计税法计算 KP1 黏土多孔砖墙体工程预算造价。已知本墙体工程中材料暂估价为 2 000 元，专业工程暂估价为业主拟单独发包的门窗，其中门按320 元/m^2，窗按 300 元/m^2暂列。建设方要求创建市级文明工地，安全文明施工措施费暂足额计取，脚手架费按 500 元计算，临时设施费费率 2%，环境保护税 0.1%，税金费率3.36%，社会保险费、公积金按 2014 费用定额相应费率执行(其他未列项目不计取)。

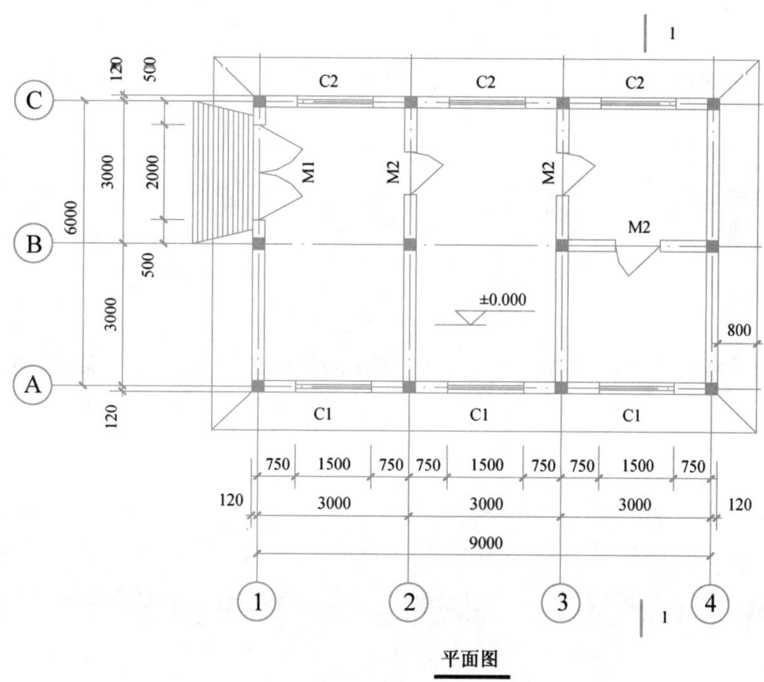

平面图

门窗表

名称	编号	洞口尺寸/mm		数量
		宽	高	
门	M−1	2 000	2 400	1
	M−2	900	2 400	3
窗	C−1	1 500	1 500	3
	C−2	1 500	1 500	3

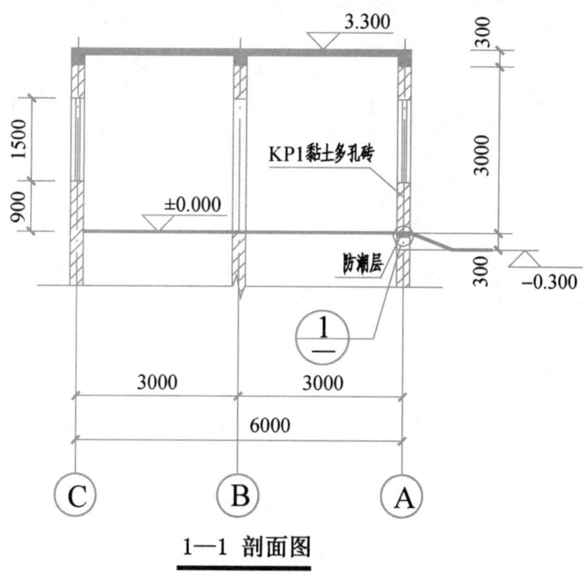

1—1 剖面图

习题图 2.4－2

（一）分部分项清单工程量计算表

序号	项目名称	计算公式	计量单位	数量

（二）分部分项工程量清单

序号	项目编码	项目名称	项目特征描述	计量单位	工程量

（三）分部分项工程量清单综合单价分析表

<table>
<tr><th colspan="2">项目编码</th><th>项目名称</th><th>计量单位</th><th>工程数量</th><th>综合单价</th><th>合价</th></tr>
<tr><td colspan="2"></td><td></td><td></td><td></td><td></td><td></td></tr>
<tr><td rowspan="5">清单综合单价组成</td><td>定额号</td><td>子目名称</td><td>单位</td><td>数量</td><td>单价</td><td>合价</td></tr>
<tr><td></td><td></td><td></td><td></td><td></td><td></td></tr>
<tr><td></td><td></td><td></td><td></td><td></td><td></td></tr>
<tr><td></td><td></td><td></td><td></td><td></td><td></td></tr>
<tr><td></td><td></td><td></td><td></td><td></td><td></td></tr>
</table>

（四）工程造价计价程序表

序号	费用名称	计算公式	金额/元

任务五
混凝土工程计量与计价

资源合集

项目引入

【项目一:带形基础混凝土工程】

软件三维模型
条型基础

某接待室,为三类工程,其基础平面图、剖面图如图 2.5-1 所示。基础为 C20 钢筋砼条形基础,C10 素砼垫层,砼采用泵送商品砼,±0.00 m 以下墙身采用砼标准砖砌筑,设计室外地坪为-0.150 m。请根据上述条件按《房屋建筑与装饰工程工程量计算规范》(2013)及《计价定额》,完成混凝土工程清单、计价工程量计算表以及综合单价分析表。(价格按《计价定额》中含税价格计取)

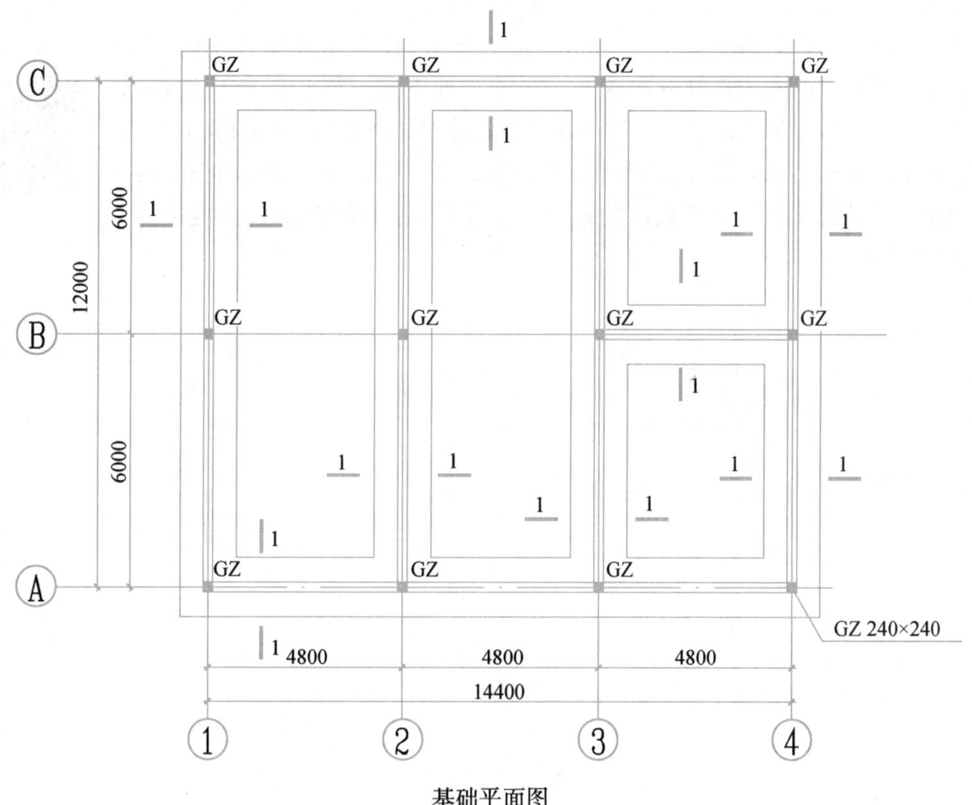

基础平面图

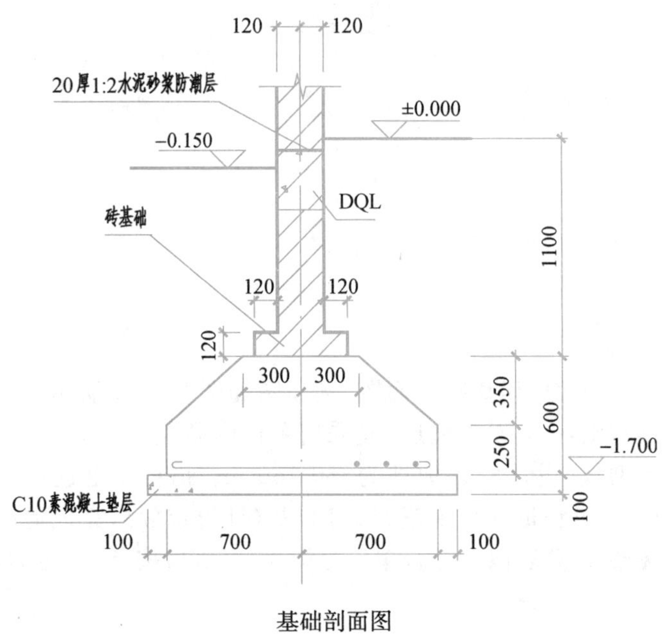

图2.5-1　基础平面及剖面图

【项目二:满堂基础混凝土工程】

某建筑物地下室如图2.5-2所示,为三类工程,设计室外地坪标高为-0.30 m,地下室的室内地坪标高为-1.50 m。地下室C25钢筋砼满堂基础下为C10素砼基础垫层,均为自拌砼,地下室墙外壁做防水层。请根据上述条件按《房屋建筑与装饰工程工程量计算规范》(2013)及《计价定额》,完成混凝土工程清单、计价工程量计算表以及综合单价分析表。(价格按《计价定额》中含税价格计取)

软件三维模型

满堂基础

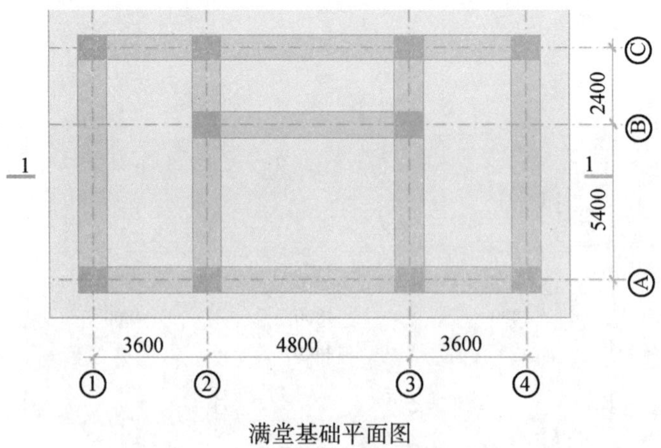

满堂基础平面图

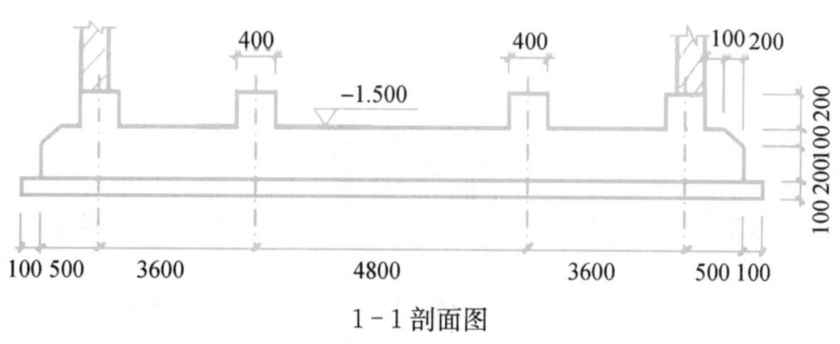

图 2.5-2　满堂基础平面及剖面图

【项目三:独立基础混凝土工程】

如图 2.5-3 所示独立基础 DJ01，400/200/300，垫层厚 100 mm，垫层采用 C10 自拌混凝土，独立基础采用 C20 自拌混凝土，请根据上述条件按《房屋建筑与装饰工程工程量计算规范》(2013)及《计价定额》，完成混凝土工程清单、计价工程量计算表以及综合单价分析表。(价格按《计价定额》中含税价格计取)

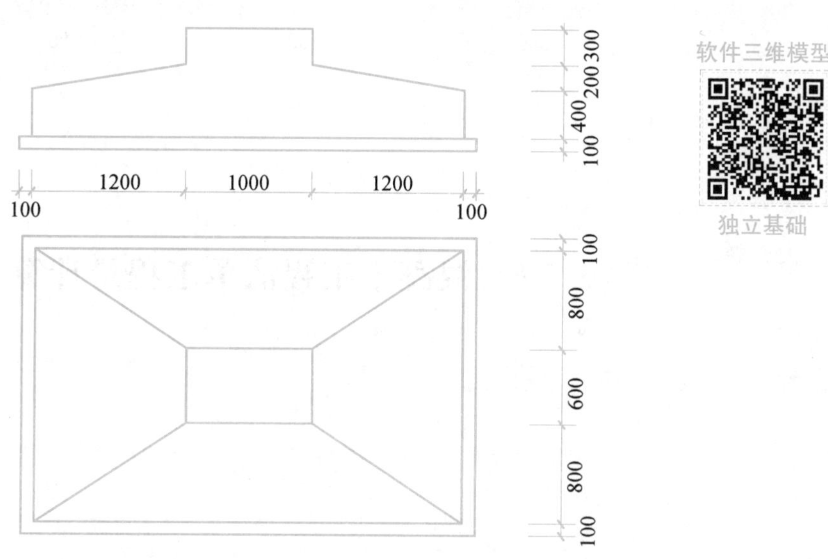

图 2.5-3　独立基础平面图与剖面图

【项目四:柱梁板混凝土工程】

某工业建筑，全现浇框架结构，地下一层，地上三层。柱、梁、板均采用非泵送预拌 C30 砼，其中二层楼面结构如图 2.5-4 所示。已知柱截面尺寸均为 600×600 mm；一层楼面结构标高－0.030 m；二层楼面结构标高 4.470 m，现浇楼板厚 120 mm；轴线尺寸为柱中心线尺寸。(管理费费率、利润费率标准按建筑工程三类标准执行)

请根据 2014 年计价定额的有关规定，编制一层现浇钢筋混凝土柱、有梁板的清单工程量、计价工程量计算表以及综合单价分析表。(价格按《计价定额》中含税价格计取)

软件三维模型

柱梁板

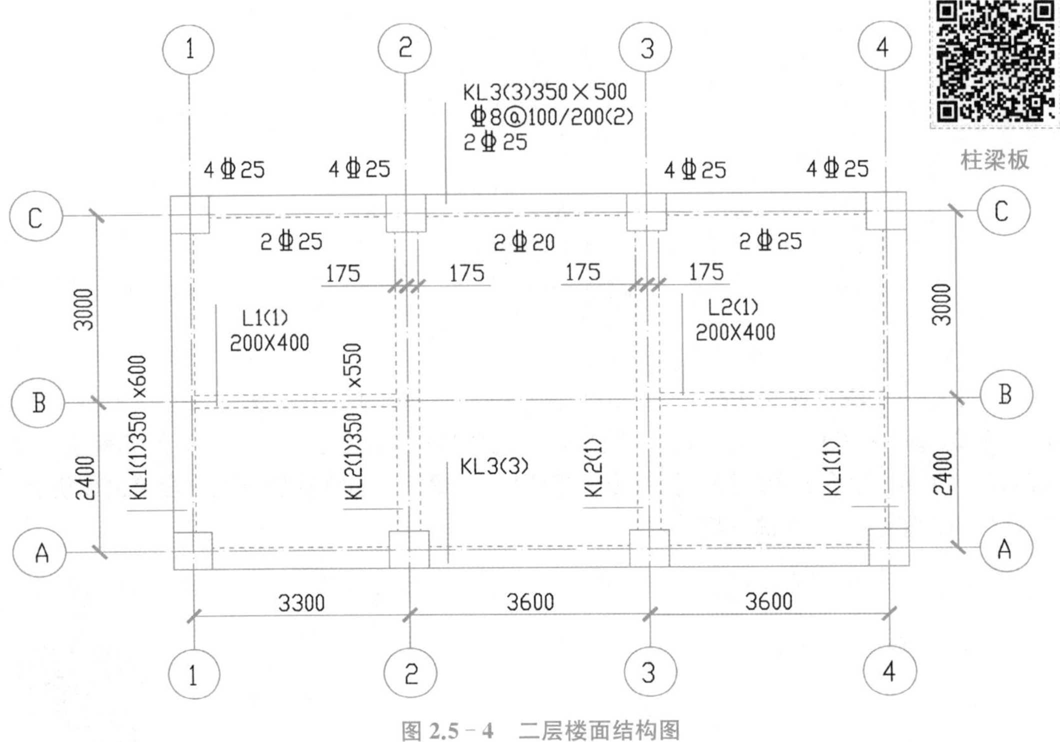

图 2.5－4　二层楼面结构图

2.5.1　混凝土工程清单工程量计算

图片集

混凝土工程

2.5.1.1　任务相关知识点

一、2013《房屋建筑与装饰工程工程量计算规范》主要清单项目

表 2.5－1　现浇混凝土基础主要清单项目及工程量计算规则

项目编码	项目名称	项目特征	计量单位	工程量计算规则
	E.1 现浇混凝土基础			
010501001	垫层	1. 混凝土类别 2. 混凝土强度等级	m^3	按设计图示尺寸以体积计算。不扣除构件内钢筋、预埋铁件和伸入承台基础的桩头所占体积
010501002	带形基础			
010501003	独立基础			
010501004	满堂基础			
010501005	桩承台基础			
010501006	设备基础	1. 混凝土类别 2. 混凝土强度等级 3. 灌浆材料、灌浆材料强度等级		

表 2.5－2　现浇混凝土柱主要清单项目及工程量计算规则

项目编码	项目名称	项目特征	计量单位	工程量计算规则
	E.2 现浇混凝土柱			
010502001	矩形柱	1. 混凝土类别 2. 混凝土强度等级	m^3	按设计图示尺寸以体积计算。柱高。 1. 有梁板的柱高:应自柱基上表面(或楼板上表面)至上一层楼板上表面之间的高度计算。 2. 无梁板的柱高:应自柱基上表面(或楼板上表面)至柱帽下表面之间的高度计算。 3. 框架柱的柱高:应自柱基上表面至柱顶高度计算。 4. 构造柱按全高计算,嵌接墙体部分(马牙槎)并入柱身体积。 5. 依附柱上的牛腿和升板的柱帽,并入柱身体积计算
010502002	构造柱			
010502003	异形柱	1. 柱形状 2. 混凝土类别 3. 混凝土强度等级		

表 2.5－3　现浇混凝土梁主要清单项目及工程量计算规则

项目编码	项目名称	项目特征	计量单位	工程量计算规则
	E.3 现浇混凝土梁			
010503001	基础梁	1. 混凝土类别 2. 混凝土强度等级	m^3	按设计图示尺寸以体积计算。伸入墙内的梁头、梁垫并入梁体积内。 梁长: 1. 梁与柱连接时,梁长算至柱侧面; 2. 主梁与次梁连接时,次梁长算至主梁侧面
010503002	矩形梁			
010503003	异形梁			
010503004	圈梁			
010503005	过梁			
010503006	弧形、拱形梁			

表 2.5－4　现浇混凝土墙主要清单项目及工程量计算规则

项目编码	项目名称	项目特征	计量单位	工程量计算规则
	E.4 现浇混凝土墙			
010504001	直形墙	1. 混凝土类别 2. 混凝土强度等级	m^3	按设计图示尺寸以体积计算。不扣除构件内钢筋、预埋铁件所占体积,扣除门窗洞口及单个面积>0.3 m^2 的孔洞所占体积,墙垛及突出墙面部分并入墙体体积内计算
010504002	弧形墙			
010504003	短肢剪力墙			
010504004	挡土墙			

表 2.5 - 5　现浇混凝土板主要清单项目及工程量计算规则

项目编码	项目名称	项目特征	计量单位	工程量计算规则
	E.5 现浇混凝土板			
010505001	有梁板	1. 混凝土类别 2. 混凝土强度等级	m^3	按设计图示尺寸以体积计算,不扣除构件内钢筋、预埋铁件及单个面积≤0.3 m^2 的柱、垛、孔洞所占体积。压形钢板混凝土楼板扣除构件内压形钢板所占体积。有梁板(包括主、次梁与板)按梁、板体积之和计算,无梁板按板和柱帽体积之和计算,各类板伸入墙内的板头并入板体积内,薄壳板的肋、基梁并入薄壳体积内计算
010505002	无梁板			
010505003	平板			
010505004	拱板			
010505005	薄壳板			
010505006	栏板			
010505007	天沟(檐沟)、挑檐板			按设计图示尺寸以体积计算
010505008	雨篷、悬挑板、阳台板			按设计图示尺寸以墙外部分体积计算。包括伸出墙外的牛腿和雨篷反挑檐的体积
010505009	空心板			按设计图示尺寸以体积计算。空心板(GBF 高强薄壁蜂巢芯板等)应扣除空心那部分体积
010505010	其他板			按设计图示尺寸以体积计算

表 2.5 - 6　现浇混凝土楼梯主要清单项目及工程量计算规则

项目编码	项目名称	项目特征	计量单位	工程量计算规则
	E.6 现浇混凝土楼梯			
010506001	直形楼梯	1. 混凝土类别 2. 混凝土强度等级	1. m^2 2. m^3	1. 以平方米计量,按设计图示尺寸以水平投影面积计算。不扣除宽度≤500 mm 的楼梯井,伸入墙内部分不计算; 2. 以立方米计量,按设计图示尺寸以体积计算
010506002	弧形楼梯			

表 2.5－7　现浇混凝土其他构件主要清单项目及工程量计算规则

项目编码	项目名称	项目特征	计量单位	工程量计算规则
	E.7 现浇混凝土其他构件			
010507001	散水、坡道	1. 垫层材料种类、厚度 2. 面层厚度 3. 混凝土类别 4. 混凝土强度等级 5. 变形缝填塞材料种类	m^2	以平方米计量，按设计图示尺寸以面积计算。不扣除单个≤0.3 m^2 的孔洞所占面积
010507002	室外地坪	1. 地坪厚度 2. 混凝土强度等级		
010507003	电缆沟、地沟	1. 土壤类别 2. 沟截面净空尺寸 3. 垫层材料种类、厚度 4. 混凝土类别 5. 混凝土强度等级 6. 防护材料种类	m	按设计图示以中心线长计算
010507004	台阶	1. 踏步高宽比 2. 混凝土种类 3. 混凝土强度等级	1. m^2 2. m^3	1. 以平方米计量，按设计图示尺寸水平投影面积计算。 2. 以立方米计量，按设计图示尺寸以体积计算
010507005	扶手、压顶	1. 断面尺寸 2. 混凝土种类 3. 混凝土强度等级	1. m 2. m^3	1. 以米计量，按设计图示的中心线延长米计算。 2. 以立方米计量，按设计图示尺寸以体积计算
010507006	化粪池、检查井	1. 部位 2. 混凝土强度等级 3. 防水、抗渗要求	1. m^3 2. 座	1. 按设计图示尺寸以体积计算。 2. 以座计量，按设计图示数量计算
010507007	其他构件	1. 构件的类型 2. 构件规格 3. 部位 4. 混凝土类别 5. 混凝土强度等级	m^3	

表 2.5－8　后浇带主要清单项目及工程量计算规则

项目编码	项目名称	项目特征	计量单位	工程量计算规则
	E.8 后浇带			
010508001	后浇带	1. 混凝土类别 2. 混凝土强度等级	m^3	按设计图示尺寸以体积计算

表 2.5-9　预制混凝土柱主要清单项目及工程量计算规则

项目编码	项目名称	项目特征	计量单位	工程量计算规则
	E.9 预制混凝土柱			
010509001	矩形柱	1. 图代号 2. 单件体积 3. 安装高度 4. 混凝土强度等级 5. 砂浆强度等级、配合比	1. m^3 2. 根	1. 以立方米计量,按设计图示尺寸以体积计算。不扣除构件内钢筋、预埋铁件所占体积。 2. 以根计量,按设计图示尺寸以数量计算
010509002	异形柱			

表 2.5-10　预制混凝土梁主要清单项目及工程量计算规则

项目编码	项目名称	项目特征	计量单位	工程量计算规则
	E.10 预制混凝土梁			
010510001	矩形梁	1. 图代号 2. 单件体积 3. 安装高度 4. 混凝土强度等级 5. 砂浆强度等级、配合比	1. m^3 2. 根	1. 以立方米计量,按设计图示尺寸以体积计算。 2. 以根计量,按设计图示尺寸以数量计算
010510002	异形梁			
010510003	过梁			
010510004	拱形梁			
010510005	鱼腹式吊车梁			
010510006	风道梁			

表 2.5-11　预制混凝土屋架主要清单项目及工程量计算规则

项目编码	项目名称	项目特征	计量单位	工程量计算规则
	E.11 预制混凝土屋架			
010511001	折线型屋架	1. 图代号 2. 单件体积 3. 安装高度 4. 混凝土强度等级 5. 砂浆强度等级、配合比	1. m^3 2. 榀	1. 以立方米计量,按设计图示尺寸以体积计算。不扣除构件内钢筋、预埋铁件所占体积。 2. 以榀计量,按设计图示尺寸以数量计算
010511002	组合屋架			
010511003	薄腹屋架			
010511004	门式刚架屋架			
010511005	天窗架屋架			

表 2.5-12　预制混凝土板主要清单项目及工程量计算规则

项目编码	项目名称	项目特征	计量单位	工程量计算规则
	E.12 预制混凝土板			
010512001	平板	1. 图代号 2. 单件体积 3. 安装高度 4. 混凝土强度等级 5. 砂浆强度等级、配合比	1. m^3 2. 块	1. 以立方米计量,按设计图示尺寸以体积计算。不扣除构件内钢筋、预埋铁件及单个尺寸≤300 mm×300 mm的孔洞所占体积,扣除空心板空洞体积。 2. 以块计量,按设计图示尺寸以数量计算
010512002	空心板			
010512003	槽形板			
010512004	网架板			
010512005	折线板			
010512006	带肋板			
010512007	大型板			

（续表）

项目编码	项目名称	项目特征	计量单位	工程量计算规则
010512008	沟盖板、井盖板、井圈	1. 单件体积 2. 安装高度 3. 混凝土强度等级 4. 砂浆强度等级、配合比	1. m^3 2. 块(套)	1. 以立方米计量，按设计图示尺寸以体积计算。 2. 以块计量，按设计图示尺寸以块(套)计算

表 2.5-13　预制混凝土楼梯主要清单项目及工程量计算规则

项目编码	项目名称	项目特征	计量单位	工程量计算规则
	E.13 预制混凝土楼梯			
010513001	楼梯	1. 楼梯类型 2. 单件体积 3. 混凝土强度等级 4. 砂浆强度等级	1. m^3 2. 块	1. 以立方米计量，按设计图示尺寸以体积计算。扣除空心踏步板空洞体积。 2. 以块计量，按设计图示数量计算

表 2.5-14　其他预制构件主要清单项目及工程量计算规则

项目编码	项目名称	项目特征	计量单位	工程量计算规则
	E.14 其他预制构件			
010514001	垃圾道、通风道、烟道	1. 单件体积 2. 混凝土强度等级 3. 砂浆强度等级	1. m^3 2. m^2 3. 根(块)	1. 以立方米计量，按设计图示尺寸以体积计算。不扣除构件内钢筋、预埋铁件及单个面积≤300 mm×300 mm的孔洞所占体积，扣除烟道、垃圾道、通风道的孔洞所占体积。 2. 以平方米计量，按设计图示尺寸以面积计算。不扣除构件内钢筋、预埋铁件及单个面积≤300 mm×300 mm的孔洞所占面积。 3. 以根计量，按设计图示尺寸以数量计算
010514002	其他构件	1. 单件体积 2. 构件的类型 3. 混凝土强度等级 4. 砂浆强度等级		

二、工程量计算规则及要点

（1）有肋带型基础、无肋带型基础应按照相关项目列项，并注明肋高。

（2）箱式满堂基础、框架式设备基础中的柱、梁、墙、板分别按照柱、梁、墙、板的相关项目列项，箱式满堂基础的底板按照满堂基础项目列项，框架式设备基础的基础部分按照设备基础列项。

（3）如果基础类型为毛石混凝土基础，项目特征应描述毛石所占的比例。

（4）短肢剪力墙是指截面厚度不大于 300 mm，各肢截面高度与厚度之比的最大值大于 4 但不大于 8 的剪力墙，各肢截面高度与厚度之比的最大值不大于 4 的剪力墙按柱项目列项。

(5) 现浇挑檐、天沟板、雨篷、阳台与板(包括屋面板、楼板)连接时，以外墙外边线为界，与圈梁(包括其他梁)连接时，以梁外边线为分界线，外边线以外的为挑檐、天沟板、雨篷、阳台等。

(6) 整体楼梯(包括直行楼梯、弧形楼梯)水平投影面积包括休息平台、平台梁、斜梁和楼梯的连接梁，当整体楼梯与现浇楼板无梯梁连接时以楼梯的最后一个踏步边缘加300 mm为界。

(7) 现浇混凝土小型池漕、垫块、门框等应按照其他构件列项。

(8) 架空式混凝土台阶按照现浇楼梯计算。

(9) 预制混凝土柱、梁、板、屋架等如以根、榀等计量单位计量的，必须描述单件体积。

2.5.1.2 任务实施

【项目一:带形基础混凝土工程】——清单工程量计算

根据项目内容及 2013《房屋建筑与装饰工程工程量计算规范》，该项目清单工程量计算详见表 2.5 - 15。

表 2.5 - 15 清单工程量计算表

序号	项目编码（定额编号）	项目名称	项目特征	单位	工程数量	工程量计算式
		E 混凝土工程				
1	010501001001	垫层	C10 商品泵送混凝土	m^3	12.29	外墙垫层长 $L_{中}=52.8$ m
						内墙垫层净长： $L_{垫净}=(12-1.4-0.1\times2)\times 2+4.8-1.4-0.1\times2=24(m)$
						$V=(52.8+24)\times0.1\times1.6=12.29(m^3)$
2	010501002001	带形基础	C20 商品泵送混凝土	m^3	54.6	$S_{上}=(0.6+1.4)\times0.35\times1/2=0.35(m^2)$ $S_{下}=0.25\times1.4=0.35(m^2)$
						$L_{混凝土上}=(12-1)\times2+4.8-1=25.8(m)$ $L_{混凝土下}=(12-1.4)\times2+4.8-1.4=24.6(m)$
						$V_{混凝土}=S_{上}\times L_{混凝土上}+S_{下}\times L_{混凝土下}+(S_{上}+S_{下})\times L_{中}=0.35\times25.8+0.35\times24.6+0.35\times2\times52.8=54.6(m^3)$

【项目二:满堂基础混凝土工程】——清单工程量计算

根据项目内容及 2013《房屋建筑与装饰工程工程量计算规范》，该项目清单工程量计算详见表 2.5 - 16。

表 2.5－16　清单工程量计算表

序号	项目编码（定额编号）	项目名称	项目特征	单位	工程数量	工程量计算式
		E 混凝土工程				
1	010501001001	垫层	1. C10 素混凝土 2. 自拌混凝土	m^3	11.88	$V=(13+0.2)\times(8.8+0.2)\times 0.1=11.88(m^3)$
2	010501004001	满堂基础	1. C25 钢筋混凝土 2. 自拌混凝土	m^3	38.59	下部六面体尺寸： $A=0.5\times2+3.6\times2+4.8=13(m)$ $B=0.5\times2+5.4+2.4=8.8(m)$ 体积 $V_1=13\times8.8\times0.2=22.88(m^3)$
						上部四棱台尺寸： $a=A-0.2\times2=12.6(m)$ $b=B-0.2\times2=8.4(m)$ 体积 $V_2=(0.1/6)\times[13\times8.8+(13+12.6)\times(8.8+8.4)+12.6\times8.4]=11.01(m^3)$
						$S_{梁截面}=0.4\times0.2=0.08(m^2)$ $L_{中}=(12+7.8)\times2=39.6(m)$ $L_{梁净}=(7.8-0.4)\times2+4.8-0.4=19.2(m)$ $V_{梁}=S_{梁截面}\times L=0.08\times(39.6+19.2)=4.704(m^3)$
						有梁式满堂基础总体积 $V=V_1+V_2+V_{梁}=22.88+11.01+4.704=38.59(m^3)$

【项目三：独立基础混凝土工程】——清单工程量计算

根据项目内容及 2013《房屋建筑与装饰工程工程量计算规范》，该项目清单工程量计算详见表 2.5－17。

表 2.5－17　清单工程量计算表

序号	项目编码（定额编号）	项目名称	项目特征	单位	工程数量	工程量计算式
		E 混凝土工程				
1	010501001001	垫层	1. C10 素砼 2. 自拌混凝土	m^3	0.86	$(1.2+1+1.2+0.2)\times(0.8+0.6+0.8+0.2)\times0.1=3.6\times2.4\times0.1=0.86(m^3)$
2	010501003001	独立基础	C20 现浇自拌混凝土	m^3	3.85	下部六面体体积 $V_1=3.4\times2.2\times0.4=2.99(m^3)$

(续表)

序号	项目编码(定额编号)	项目名称	项目特征	单位	工程数量	工程量计算式
		E 混凝土工程				
						上部六面体 $V_2=1\times0.6\times0.3=0.18$ (m^3)
						四棱台体积 $V_3=0.2\div6\times[3.4\times2.2+1\times0.6+(3.4+1)\times(2.2+0.6)]=0.68$ (m^3)
						独立基础体积 $V=V_1+V_2+V_3=2.99+0.18+0.68=3.85$($m^3$)

【项目四:柱梁板混凝土工程】——清单工程量计算

根据项目内容及2013《房屋建筑与装饰工程工程量计算规范》,该项目清单工程量计算详见表2.5-18。

表 2.5-18　清单工程量计算表

序号	项目编码(定额编号)	项目名称	项目特征	单位	工程数量	工程量计算式
		E 混凝土工程				
1	010502001001	矩形柱	1. 非泵送混凝土 2. 混凝土强度 C30	m^3	12.96	$0.6\times0.6\times(4.47+0.03)\times8=12.96$ m^3
2	010505001001	有梁板	1. 非泵送混凝土 2. 混凝土强度 C30	m^3	13.36	KL1:$0.35\times(0.6-0.12)\times(2.4+3-0.6)\times2=1.61$ m^3 KL2:$0.35\times(0.55-0.12)\times(2.4+3-0.6)\times2=1.44$ m^3 KL3:$0.35\times(0.5-0.12)\times(3.3+3.6+3.6-0.6\times3)\times2=2.31$ m^3 L1:$0.2\times(0.4-0.12)\times(3.3-0.05-0.175)=0.17$ m^3 L2:$0.2\times(0.4-0.12)\times(3.6-0.05-0.175)=0.19$ m^3 板:$(3.3+3.6\times2+0.6)\times(2.4+3+0.6)\times0.12=7.99$ m^3 扣柱头:$-0.6\times0.6\times0.12\times8=-0.35$ m^3

2.5.2　混凝土工程计价工程量计算

2.5.2.1　任务相关知识点

一、《计价定额》主要项目列项

1. 自拌混凝土构件

(1) 现浇构件。

① 垫层及基础；② 柱；③ 梁；④ 墙；⑤ 板；⑥ 其他(楼梯、雨篷、阳台、地沟、栏板、现浇扶手、门框、柱接柱及框架柱接头、天檐沟竖向挑板、压顶、小型构件、台阶)。

(2) 现场预制构件。

① 桩、柱；② 梁；③ 屋架；④ 板；⑤ 其他(天窗架、支撑腹杆天窗上下档、漏空花格窗花格芯、栏杆芯、小型构件)。

(3) 加工厂预制构件。

(4) 构筑物。

① 烟囱；② 水塔；③ 贮水(油)池；④ 贮仓；⑤ 钢筋混凝土支架及地沟；⑥ 栈桥。

2. 商品混凝土泵送构件

(1) 泵送现浇构件。

① 垫层及基础；② 柱；③ 梁；④ 墙；⑤ 板；⑥ 其他(楼梯、雨篷、阳台、天檐沟竖向挑板、台阶)。

(2) 泵送预制构件。

① 桩、柱；② 梁。

(3) 泵送构筑物。

① 烟囱；② 水塔；③ 贮水(油)池；④ 贮仓；⑤ 钢筋混凝土支架；⑥ 栈桥。

3. 商品混凝土非泵送构件

(1) 非泵送现浇构件。

① 垫层及基础；② 柱；③ 梁；④ 墙；⑤ 板；⑥ 其他(楼梯、雨篷、现浇扶手、门框、柱接柱及框架柱接头)。

(2) 现场非泵送预制构件。

① 桩、柱；② 梁；③ 屋架；④ 板。

(3) 非泵送构筑物。

① 烟囱；② 水塔；③ 贮水(油)池；④ 贮仓；⑤ 钢筋混凝土支架及地沟；⑥ 栈桥。

二、说明要点

(1) 混凝土构件分为自拌混凝土构件和商品混凝土泵送构件和商品混凝土非泵送构件三部分，各部分又包括了现浇构件、现场预制构件、加工厂预制构件、构筑物等。

(2) 混凝土石子粒径取定。设计有规定的按设计规定，无设计规定按表 2.5－19 规定计算。

(3) 毛石混凝土中的毛石掺量是按 15％计算的，如设计要求不同时，可按比例换算毛石、混凝土数量，其余不变。

(4) 现浇柱、墙子目中，均已按规范规定综合考虑了底部铺垫 1∶2 水泥砂浆的用量。

表 2.5-19　构件中混凝土石子粒径选用表

石子粒径	构件名称
5～16 mm	预制板类构件、预制小型构件
5～31.5 mm	现浇构件:矩形柱(构造柱除外)、圆柱、多边形柱(L、T、＋型柱除外)、框架梁、单梁、连续梁、地下室防水混凝土墙 预制构件:柱、梁、桩
5～20 mm	除以上构件外均用此粒径
5～40 mm	基础垫层、各种基础、道路、挡土墙、地下室墙、大体积混凝土

(5) 室内净高超过 8 m 的现浇柱、梁、墙、板(各种板)的人工工日分别乘以下系数:净高在 12 m 以内 1.18;净高在 18 m 以内 1.25。

(6) 现场预制构件,如在加工厂制作,混凝土配合比按加工厂配合比计算,加工厂构件及商品混凝土改在现场制作,混凝土配合比按现场配合比计算,其工料、机械台班不调整。

(7) 加工厂预制构件其他材料费中已综合考虑了掺入早强剂的费用,现浇构件和现场预制构件未考虑使用早强剂费用,设计需使用或建设单位认可时,其费用可按每 m^3 混凝土增加4.00元计算。

(8) 加工厂预制构件采用蒸汽养护时,立窑、养护池养护每 m^3 构件增加 64 元。

(9) 小型混凝土构件,系指单体体积在 0.05 m^3 以内的未列出子目的构件。

(10) 构筑物中混凝土、抗渗混凝土已按常用的强度等级列入基价,设计与子目取定不符综合单价调整。

(11) 钢筋混凝土水塔、砖水塔基础采用毛石混凝土,混凝土基础按烟囱相应项目执行。

(12) 构筑物中的混凝土、钢筋混凝土地沟是指建筑物室外的地沟,室内钢筋混凝土地沟按现浇构件相应项目执行。

(13) 泵送混凝土子目中已综合考虑了输送泵车台班,布拆管及清洗人工、泵管摊销费、冲洗费。当输送高度超过 30 m 时,输送泵车台班乘以 1.10;输送高度超过 50 m 时,输送泵车台班乘以 1.25;输送高度超过 100 m 时,输送泵车台班(含 100 m 以内)乘以 1.35;输送高度超过 150 m 时,输送泵车台班(含 150 m 以内)乘以 1.45;输送高度超过 200 m 时,输送泵车台班(含 200 m 以内)乘以 1.55。

(14) 现场集中搅拌混凝土按现场集中搅拌混凝土配合比执行,混凝土搅拌的费用另行计算。

三、工程量计算规则

混凝土工程量除另有规定者外,均按图示尺寸实体积,以立方米计算。不扣除构件内钢筋、支架、螺栓孔、螺栓、预埋铁件及墙、板中 0.3 m^2 内的孔洞所占体积。留洞所增加工、料不再另增费用。

1. 混凝土基础垫层

(1) 混凝土基础垫层是指砖、石、混凝土、钢筋混凝土等基础下的混凝土垫层。按图示尺寸以体积计算。不扣除伸入承台基础的桩头所占体积。

(2) 外墙基础垫层长度按外墙中心线长度计算，内墙基础垫层长度按内墙基础垫层净长计算。

2. 基础

(1) 带形基础长度。外墙下条形基础按外墙中心线长度、内墙下带形基础按基底、有斜坡的按斜坡间的中心线长度、有梁部分按梁净长计算，独立柱基间带形基础按基底净长计算，如图 2.5－5 所示。

有梁带形混凝土基础，其梁高与梁宽之比在 4∶1 以内的，按有梁式带形基础计算(带形基础梁高是指梁底部到上部的高度)。超过 4∶1 时，其基础底按无梁式带形基础计算，上部按墙计算。

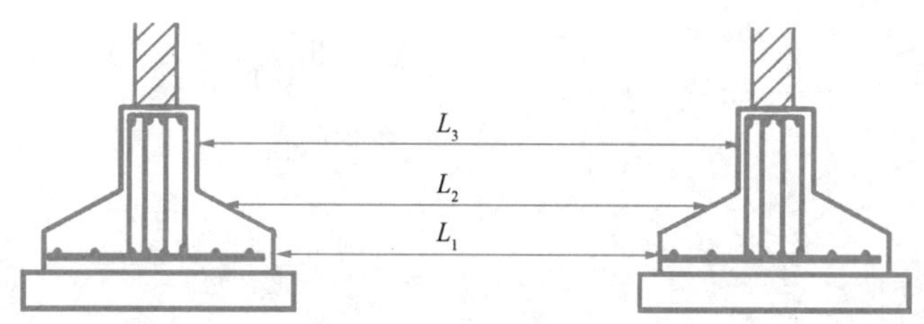

图 2.5－5　基础净长线示意图

$$条形基础体积=基础断面积\times基础长度$$

$$V_{混凝土基础}=S_{截}\times L \qquad (2.5-1)$$

外墙基础按外墙中心线“$L_{中}$”计算，如图 2.5－5 所示。

内墙基础按内墙基础净长线“$L_{内墙基础净长}$”，直面部分算至接头直面的净长，斜面部分算至接头斜面的中心线净长。如图 2.5－6 所示。

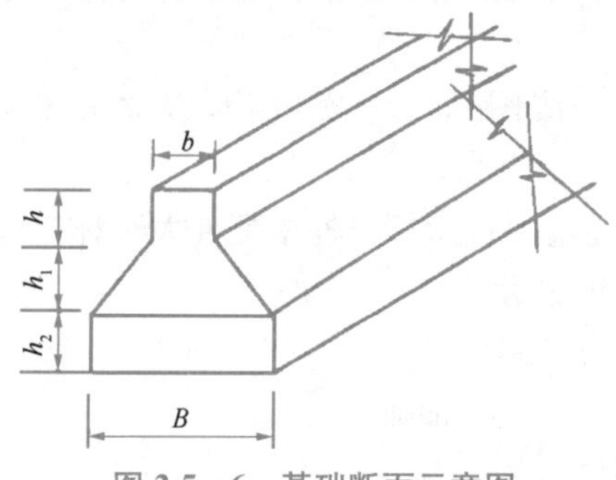

图 2.5－6　基础断面示意图

$$基础断面积按图示尺寸\ S=Bh_2+1/2\times(B+b)h_1+bh$$

$$V_{混凝土基础}=S\times L \qquad (2.5-2)$$

(2) 满堂(板式)基础有梁式(包括反梁)、无梁式应分别计算，仅带有边肋者，按无梁式满堂基础套用子目。

无梁式满堂基础也称板式基础，有扩大或角锥形柱墩时，应并入无梁式满堂基础内计算，如图 2.5－7 所示。其工程量可用下式计算：

$$V=底板长\times宽\times板厚+\sum 柱墩体积 \qquad (2.5-3)$$

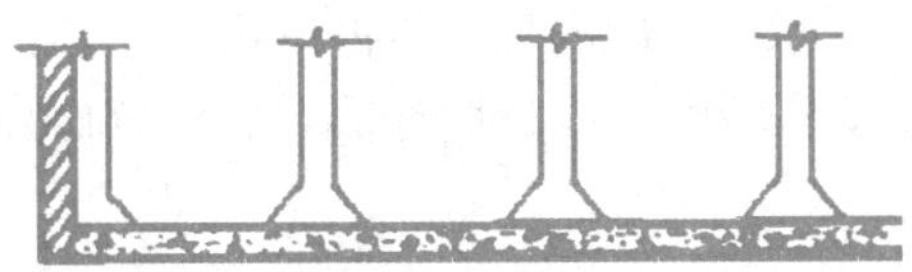

图 2.5-7　无梁式满堂基础示意图

有梁式满堂基础也称梁板式基础，相当于倒置的有梁板或井格形板，如图 2.5-8 所示。其工程量按板和梁体积之和计算。

$$V=\text{底板长}\times\text{宽}\times\text{板厚}+\sum(\text{梁断面积}\times\text{梁长}) \quad (2.5-4)$$

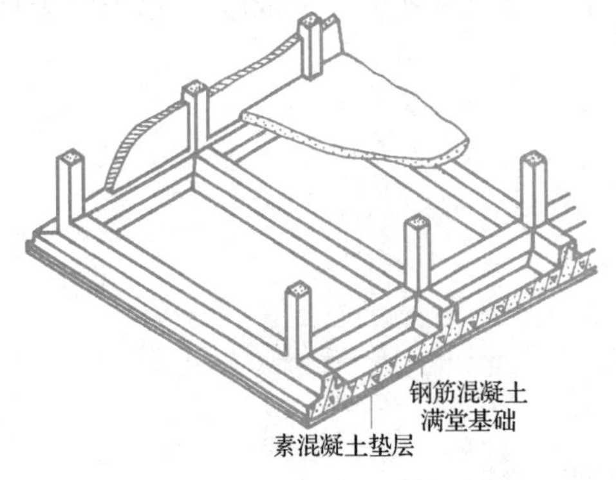

图 2.5-8　有梁式满堂基础示意图

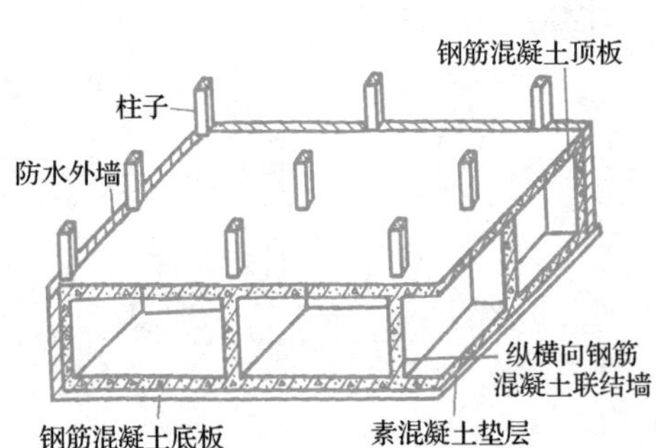

图 2.5-9　箱型基础示意图

箱型基础是指由顶板、底板及纵横墙板连成整体的基础。通常定额未直接编列项目，工程量按图示几何形状，应分别按无梁式满堂基础、柱、墙、梁、板有关规定，以立方米计算，套相应定额项目。如图 2.5-9 所示。

(3) 设备基础除块体以外，其他类型设备基础分别按基础、梁、柱、板、墙等有关规定计算，套相应的项目。

(4) 独立柱基、桩承台。按图示尺寸实体积，以立方米算至基础扩大顶面。如图 2.5-10所示。

(5) 杯形基础套用独立柱基项目。杯口外壁高度大于杯口外长边的杯形基础，套“高颈杯形基础”项目。如图 2.5-10 所示。

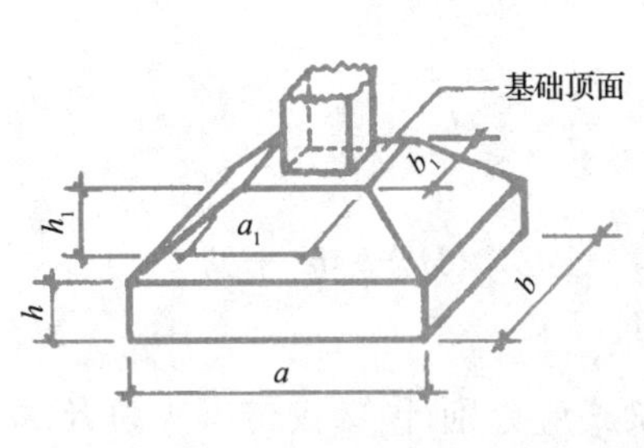

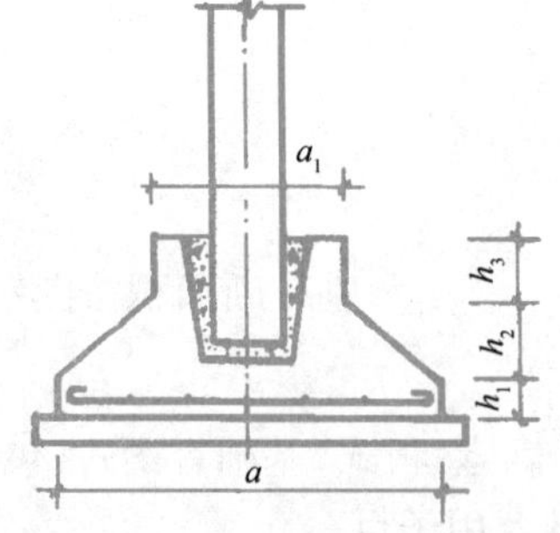

图 2.5-10　独立基础和杯型基础示意图

独立基础体积计算公式

$$V=a\times b\times h+h_1/6\times[a\times b+(a+a_1)\times(b+b_1)+a_1\times b_1] \quad (2.5-5)$$

3. 柱

按图示断面尺寸乘以柱高，以立方米计算。柱高按下列规定确定：

(1) 有梁板的柱高自柱基上表面(或楼板上表面)算至上一层楼板上表面之间的高度，不扣除板厚。如图 2.5－11 所示。

包括框架柱、独立柱等。工程量:V＝柱截面积×柱高×根数

(2) 无梁板的柱高，自柱基上表面(或楼板上表面)至柱帽下表面的高度计算。如图 2.5－12所示。

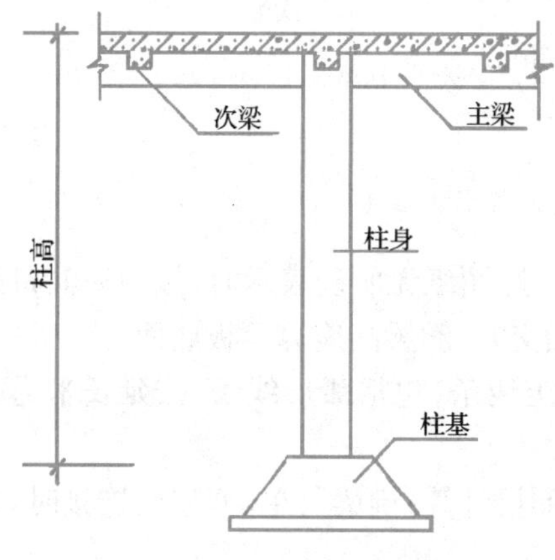

图 2.5－11　有梁板柱高示意图

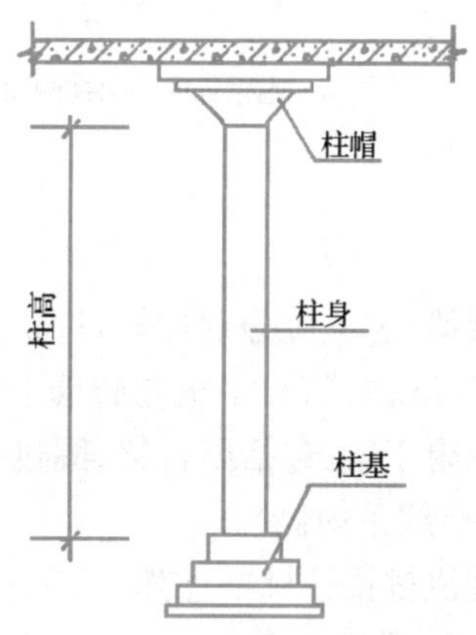

图 2.5－12　无梁板柱高示意图

(3) 有预制板的框架柱，柱高自柱基上表面至柱顶高度计算。如图 2.5－13 所示。

(4) 构造柱按全高计算，应扣除与现浇板、梁相交部分的体积，与砖墙嵌接部分的混凝土体积并入柱身体积内计算。如图 2.5－14 所示。

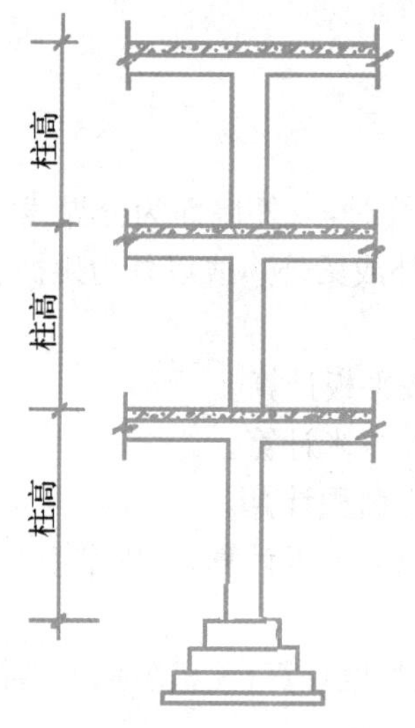

图 2.5－13　有预制板的框架柱柱高示意图

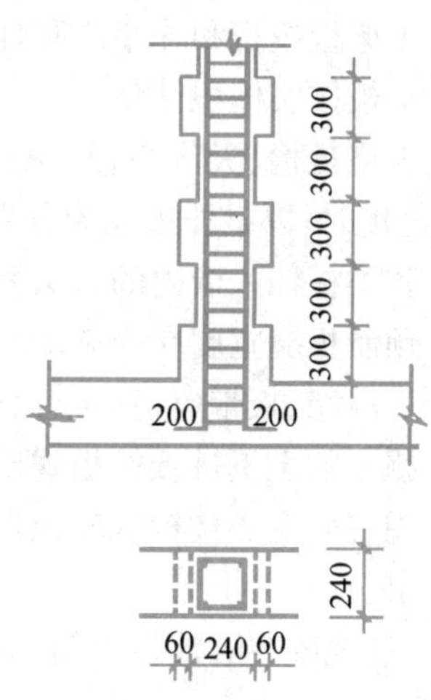

图 2.5－14　构造柱示意图

(5) 依附柱上的牛腿，并入相应柱身体积内计算。

$$V_{单个马牙槎}=墙体厚度\times 0.030\times H \quad (2.5-6)$$

$$V_{马牙槎}=V_{单个马牙槎}\times N(与墙体接触面个数) \quad (2.5-7)$$

4. 梁

按图示断面尺寸乘以梁长，以立方米计算，梁长按下列规定确定：

(1) 梁与柱连接时，梁长算至柱侧面。

(2) 主梁与次梁连接时，次梁长算至主梁侧面。伸入砖墙内的梁头、梁垫体积并入梁体积内计算。如图 2.5-15 所示。

图 2.5-15　主梁与次梁连接示意图

(3) 圈梁、过梁应分别计算，过梁长度按图示尺寸，图纸无明确表示时，按门窗洞口外围宽另加 500 mm 计算。平板与砖墙上混凝土圈梁相交时，圈梁高应算至板底面。

(4) 依附于梁(包括阳台梁、圈过梁)上的混凝土线条(包括弧形线条)按延长米另行计算(梁宽算至线条内侧)。

(5) 现浇挑梁按挑梁计算，其压入墙身部分按圈梁计算；挑梁与单、框架梁连接时，其挑梁应并入相应梁内计算。

(6) 花篮梁二次浇捣部分执行圈梁子目。

5. 板

按图示面积乘板厚以立方米计算(梁板交接处不得重复计算)。其中：

(1) 有梁板按梁(包括主、次梁)、板体积之和计算，有后浇板带时，后浇板带(包括主、次梁)应扣除。

(2) 无梁板按板和柱帽之和计算。

(3) 平板按实体积计算。

(4) 现浇挑檐、天沟与板(包括屋面板、楼板)连接时，以外墙面为分界线，与圈梁(包括其他梁)连接时，以梁外边线为分界线。外墙边线以外或梁外边线以外为挑檐、天沟。

(5) 各类板伸入墙内的板头并入板体积内计算。

(6) 预制板缝宽度在 100 mm 以上的现浇板缝按平板计算。

(7) 后浇墙、板带(包括主、次梁)按设计图纸以立方米计算。

(8) 飘窗的上下挑板按板式雨篷以板底水平投影面积计算。

(9) 现浇砼空心楼板混凝土按图示面积乘板厚以立方米计算，其中空心管、箱体及空心部分体积扣除。

(10) 现浇砼空心楼板内筒芯按设计图示中心线长度计算；无机阻燃型箱体按设计图示数量计算。

6. 墙

外墙按图示中心线(内墙按净长)乘墙高、墙厚以立方米计算，应扣除门、窗洞口及 0.3 m^2外的孔洞体积。单面墙垛其突出部分并入墙体体积内计算，双面墙垛(包括墙)按柱计算。弧形墙按弧线长度乘墙高、墙厚计算，地下室墙有后浇墙带时，后浇墙带应扣除。梯形断面墙按上口与下口的平均宽度计算。墙高的确定：

(1) 墙与梁平行重叠，墙高算至梁顶面；当设计梁宽超过墙宽时，梁、墙分别按相应项目计算。

(2) 墙与板相交，墙高算至板底面。

(3) 屋面混凝土女儿墙按直(圆)形墙以体积计算。

7. 整体楼梯

包括休息平台、平台梁、斜梁及楼梯梁，按水平投影面积计算，不扣除宽度小于 500 mm 的楼梯井，伸入墙内部分不另增加，楼梯与楼板连接时，楼梯算至楼梯梁外侧面。圆弧形楼梯包括圆弧形梯段、圆弧形边梁及与楼板连接的平台，按楼梯的水平投影面积计算。

8. 阳台、雨篷、水平和竖向悬挑板

阳台、雨篷按伸出墙外的板底水平投影面积计算，伸出墙外的牛腿不另计算。水平、竖向悬挑板以立方米计算。

阳台、沿廊栏杆的轴线柱、下嵌、扶手以扶手的长度按延长米计算；混凝土栏板、竖向挑板以立方米计算；栏板的斜长如图纸无规定时，按水平长度乘系数 1.18 计算；地沟底、壁应分别计算，沟底按基础垫层子目执行。

9. 其他

预制钢筋混凝土框架的梁、柱现浇接头，按设计断面以立方米计算，套用“柱接柱接头”子目。

台阶按水平投影面积以平方米计算，平台与台阶的分界线以最上层台阶的外口减 300 mm 宽度为准，台阶宽以外部分并入地面工程量计算。

空调板按板式雨篷以板底水平投影面积计算。

2.5.2.2　任务实施

【项目一：带形基础混凝土工程】——计价工程量计算

根据项目内容及《计价定额》，该项目计价工程量计算详见表 2.5－20。

表 2.5－20　计价工程量计算表

序号	项目编码(定额编号)	项目名称	项目特征	单位	工程数量	工程量计算式
		E.混凝土工程				
1	6－178	C10 素混凝土垫层	C10 商品泵送混凝土	m^3	12.29	同清单工程量
2	6－180	C20 钢筋混凝土条形基础	C20 商品泵送混凝土	m^3	54.6	同清单工程量

【项目二：满堂基础混凝土工程】——计价工程量计算

根据项目内容及《计价定额》，该项目计价工程量计算详见表 2.5－21。

表 2.5－21　计价工程量计算表

序号	项目编码(定额编号)	项目名称	项目特征	单位	工程数量	工程量计算式
		E.混凝土工程				
1	6－1	C10 素混凝土垫层 自拌混凝土		m^3	11.88	同清单工程量
2	6－7换	有梁式满堂基础 自拌混凝土 C25		m^3	38.59	同清单工程量

【项目三:独立基础混凝土工程】——计价工程量计算

根据项目内容及《计价定额》,该项目计价工程量计算详见表 2.5－22。

表 2.5－22　计价工程量计算表

序号	项目编码(定额编号)	项目名称	项目特征	单位	工程数量	工程量计算式
		E 混凝土工程				
1	6－1	垫层 C10 自拌混凝土		m^3	0.86	同清单工程量
2	6－8	桩承台独立柱基 C20 自拌混凝土		m^3	3.85	同清单工程量

【项目四:柱梁板混凝土工程】——计价工程量计算

根据项目内容及《计价定额》,该项目计价工程量计算详见表表 2.5－23。

表 2.5－23　计价工程量计算表

序号	项目编码(定额编号)	项目名称	项目特征	单位	工程数量	工程量计算式
		E 混凝土工程				
1	6－313	非泵送预拌 C30 砼矩形柱		m^3	12.96	同清单工程量
2	6－331	非泵送预拌 C30 砼有梁板		m^3	13.36	同清单工程量

2.5.3　混凝土工程清单组价

2.5.3.1　任务实施

【项目一:带形基础混凝土工程】——清单组价

根据项目内容 2013《房屋建筑与装饰工程工程量计算规范》及《计价定额》等,该项目清单组价详见表 2.5－24 和表 2.5－25。

表 2.5－24　分部分项工程综合单价分析表

<table>
<tr><th colspan="2">项目编码</th><th>项目名称</th><th>计量单位</th><th>工程数量</th><th>综合单价</th><th>合价</th></tr>
<tr><td colspan="2">010501001001</td><td>垫层</td><td>m³</td><td>12.29</td><td>409.10</td><td>5 027.84</td></tr>
<tr><td rowspan="2">清单综合单价组成</td><td>定额号</td><td>子目名称</td><td>单位</td><td>数量</td><td>单价</td><td>合价</td></tr>
<tr><td>6－178</td><td>C10 素混凝土垫层，
商品泵送混凝土</td><td>m³</td><td>12.29</td><td>409.10</td><td>5 027.84</td></tr>
</table>

表 2.5－25　分部分项工程综合单价分析表

<table>
<tr><th colspan="2">项目编码</th><th>项目名称</th><th>计量单位</th><th>工程数量</th><th>综合单价</th><th>合价</th></tr>
<tr><td colspan="2">010501002001</td><td>带型基础</td><td>m³</td><td>54.6</td><td>407.65</td><td>22 257.69</td></tr>
<tr><td rowspan="2">清单综合单价组成</td><td>定额号</td><td>子目名称</td><td>单位</td><td>数量</td><td>单价</td><td>合价</td></tr>
<tr><td>6－180</td><td>C20 钢筋混凝土条形基础，
商品泵送混凝土</td><td>m³</td><td>54.6</td><td>407.65</td><td>22 257.69</td></tr>
</table>

【项目二：满堂基础混凝土工程】——清单组价

根据项目内容 2013《房屋建筑与装饰工程工程量计算规范》及《计价定额》等，该项目清单组价详见表表 2.5－26 和表 2.5－27。

表 2.5－26　分部分项工程综合单价分析表

<table>
<tr><th colspan="2">项目编码</th><th>项目名称</th><th>计量单位</th><th>工程数量</th><th>综合单价</th><th>合价</th></tr>
<tr><td colspan="2">010501001001</td><td>垫层</td><td>m³</td><td>11.88</td><td>385.69</td><td>4 581.997</td></tr>
<tr><td rowspan="2">清单综合单价组成</td><td>定额号</td><td>子目名称</td><td>单位</td><td>数量</td><td>单价</td><td>合价</td></tr>
<tr><td>6－1</td><td>C10 素砼垫层，
自拌混凝土</td><td>m³</td><td>11.88</td><td>385.69</td><td>4 581.997</td></tr>
</table>

表 2.5－27　分部分项工程综合单价分析表

<table>
<tr><th colspan="2">项目编码</th><th>项目名称</th><th>计量单位</th><th>工程数量</th><th>综合单价</th><th>合价</th></tr>
<tr><td colspan="2">010501004001</td><td>满堂基础</td><td>m³</td><td>38.59</td><td>394.06</td><td>15 206.78</td></tr>
<tr><td rowspan="2">清单综合单价组成</td><td>定额号</td><td>子目名称</td><td>单位</td><td>数量</td><td>单价</td><td>合价</td></tr>
<tr><td>6－7 换</td><td>有梁式满堂基础
C25 自拌混凝土</td><td>m³</td><td>38.59</td><td>394.06</td><td>15 206.78</td></tr>
</table>

有梁式满堂基础采用 C25 自拌混凝土，定额中 C20 混凝土需换算，换算过程如下：

6－7 换　380.48－239.68＋253.26＝394.06 元。

【项目三：独立基础混凝土工程】——清单组价

根据项目内容 2013《房屋建筑与装饰工程工程量计算规范》及《计价定额》等，该项目清单组价详见表 2.5－28 和表 2.5－29。

表 2.5-28　分部分项工程综合单价分析表

项目编码		项目名称	计量单位	工程数量	综合单价	合价
010501001001		垫层	m^3	0.86	385.69	331.693 4
清单综合单价组成	定额号	子目名称	单位	数量	单价	合价
	6-1	垫层 C10 自拌混凝土	m^3	0.86	385.69	331.693 4

表 2.5-29　分部分项工程综合单价分析表

项目编码		项目名称	计量单位	工程数量	综合单价	合价
010501003001		独立基础	m^3	3.85	371.51	1 430.314
清单综合单价组成	定额号	子目名称	单位	数量	单价	合价
	6-8	桩承台独立柱基 C20 自拌混凝土	m^3	3.85	371.51	1 430.314

【项目四:柱梁板混凝土工程】——清单组价

根据项目内容2013《房屋建筑与装饰工程工程量计算规范》及《计价定额》等,该项目清单组价详见表2.5-30和表2.5-31。

表 2.5-30　分部分项工程综合单价分析表

项目编码		项目名称	计量单位	工程数量	综合单价	合价
010502001001		矩形柱	m^3	12.96	498.23	6 457.06
清单综合单价组成	定额号	子目名称	单位	数量	单价	合价
	6-313	非泵送预拌 C30 砼矩形柱	m^3	12.96	498.23	6 457.06

表 2.5-31　分部分项工程综合单价分析表

项目编码		项目名称	计量单位	工程数量	综合单价	合价
010505001001		有梁板	m^3	13.36	452.21	6 041.53
清单综合单价组成	定额号	子目名称	单位	数量	单价	合价
	6-331	非泵送预拌 C30 砼有梁板	m^3	13.36	452.21	6 041.53

技能训练与拓展

在线答题

混凝土工程

习　题

1. 某建筑物基础采用C20钢筋混凝土,平面图形和结构构造如习题图

2.5－1所示，试计算钢筋混凝土的工程量（图中基础的轴心线与中心线重合，括号内为内墙尺寸）。

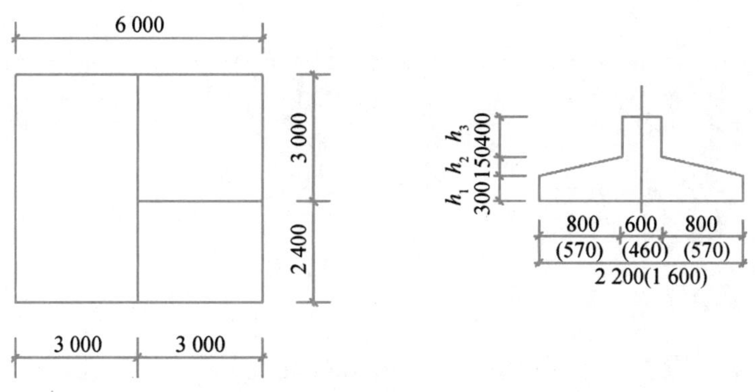

习题图 2.5－1

2. 某框架结构建筑二层楼面结构施工如图所示，柱截面尺寸为 600 mm×600 mm，梁板混凝土强度等级为 C30，采用商品混凝土泵送。请根据上述条件按《房屋建筑与装饰工程工程量计算规范》(2013)及《计价定额》，完成有梁板混凝土工程清单、计价工程量计算表以及综合单价分析表。（价格按《计价定额》中含税价格计取）

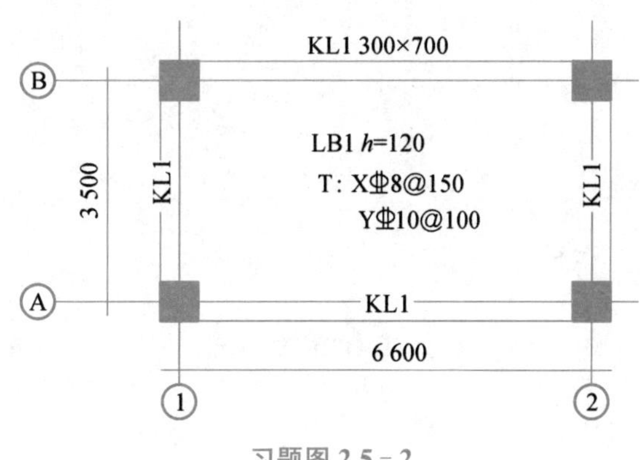

习题图 2.5－2

课程思政

发展绿色建筑
实现双碳目标

任务六 装配式混凝土工程计量与计价

资源合集

项目引入

【项目一:装配式混凝土叠合板项目】

某装配式住宅，其楼面采用预制叠合板布置如图所示，该项目中叠合板底板厚度为60 mm，C30混凝土，采用DBS-3617-67-1和DBS-3617-67-2叠合板底板。请根据上述条件按2017《江苏省装配式混凝土建筑工程定额》(试行)，完成装配式混凝土叠合板项目的底板清单、计价工程量计算表以及综合单价分析表。(价格按《江苏省装配式混凝土建筑工程定额》(试行)中价格计取不调整，装配式叠合板上层板及叠合板之间的后浇板带另计。)

软件三维模型

叠合板

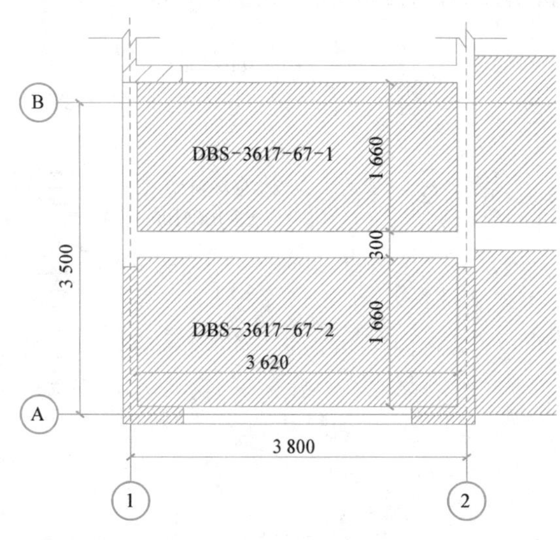

图 2.6-1　叠合板布置图局部

2.6.1　装配式混凝土工程清单工程量计算

2.6.1.1　任务相关知识点

一、2017《江苏省装配式混凝土建筑工程定额》(试行)

(一) 总说明

1. 为了贯彻落实创新、协调、绿色、开放、共享的发展理念，按照适用、经济、安全、绿色、美观的要求，推进建造方式创新，促进传统建造方式向现代工业化建造方式转变，满足装配式建筑工程的计价需要，合理确定和有效控制其工程造价，根据《国务院办公厅关于大力发展装配式建筑的指导意见》(国办发[2016]71号)、《省政府关于加快推进建筑产业现代化促进建筑产业转型升级的意见》(苏政发[2014]111号)、江苏省现行计价定额和费用定额等有关规定，并根据相关规范、规程、标准，制定《江苏省装配式混凝土建筑工程定额(试行)》(以下简称“本定额”)。

2. 本定额包括装配式混凝土建筑工程费用定额和计价定额两部分。为适应装配式混凝土建筑工程招标发包，补充了相关工程量清单计量规则。

3. 本定额适用于江苏省行政区域内采用标准化方式设计、工业化方式生产、装配化方式施工的新建、扩建的，按《江苏省装配式建筑预制装配率计算细则(试行)》(苏建科[2017]39号)计算出的$Z1$值不低于30%的装配式混凝土房屋建筑工程。如$Z1$值小于30%，则施工措施项目不执行本定额，仍按《江苏省建筑与装饰工程计价定额》(2014版)规定执行；同时取费仍按《江苏省建设工程费用定额》(2014年)中建筑工程规定执行。

4. 本定额是装配式混凝土建筑工程编制设计概算、施工图预算、招标控制价(最高投标限价)以及调解处理工程造价纠纷的依据；是投标报价、工程结算审核的指导；是相关企业内部核算和制订企业定额的参考。

(二) 装配式混凝土建筑工程量清单补充规则

1. 为适应装配式混凝土建筑工程以及部分采用成品构件的其他工程发承包的需求，补充制定本工程量清单计量规则。

2. 本补充规则与《房屋建筑与装饰工程工程量计算规范》(GB 50854—2013)《通用安装工程工程量计算规范》(GB 50856—2013)及我省有关工程量清单计价的规定配合使用。

3. 当装配式建筑工程采用“施工图深化设计＋构件制造＋现场装配安装”工程总承包方式实施时，在执行《房屋建筑与装饰工程工程量计算规范》(GB 50854—2013)时，分部分项工程清单子目的项目特征可以简化，简化原则及简化内容应当在清单编制说明中详细说明。

4. 对于混凝土构件单独吊装工程，必须明确后浇带是否在承包内容内以及垂直运输及脚手架工程等措施项目的计价方法。

5. 对于装配式混凝土房屋建筑工程，成品构件中的门窗框、水电线管、套管及线盒等的预埋内容，应在清单中单独列项，并在清单编制说明和合同条款中具体说明相关预埋项目的材料供应及计价方法。

表 2.6-1　装配式混凝土建筑工程补充分部分项工程量清单项目及工程量计算规则

项目编码	项目名称	项目特征	计量单位	工程量计算规则
010508901	垂直后浇混凝土	1. 后浇部位 2. 混凝土强度等级	m^3	按设计图示后浇部位体积计算，不扣除构件内钢筋、预埋铁件所占体积
010508902	水平后浇混凝土			
010509901	装配式混凝土柱	1. 柱截面形式(矩形柱或异形柱) 2. 混凝土强度等级	m^3	按设计图示尺寸以体积计算，不扣除构件内钢筋、预埋铁件所占体积
010510901	装配式混凝土梁	1. 梁截面形式(矩形梁或异形梁) 2. 混凝土强度等级		
010510902	装配式混凝土叠合梁	1. 混凝土强度等级		

(续表)

项目编码	项目名称	项目特征	计量单位	工程量计算规则
010512901	装配式混凝土板	1. 板类型(非预应力或非预应力板) 2. 混凝土强度等级	m^3	按设计图示尺寸以体积计算,扣除空心板空心部分,不扣除构件内钢筋、预埋铁件所占体积
010512902	装配式混凝土叠合板	1. 板类型(非预应力或非预应力板) 2. 混凝土强度等级		
010512903	装配式混凝土剪力墙	1. 墙类型(内墙或外墙) 2. 混凝土强度等级 3. 门窗情况	m^3	按设计图示尺寸以体积计算,不扣除构件内钢筋、预埋铁件、配管、线盒及单个面积≤300 mm×300 mm 孔洞所占体积,依附于构件制作的保温层、饰面板体积并入工程量内计算
010512904	装配式混凝土保温外墙板	1. 保湿层(饰面板)材质、厚度 2. 混凝土强度等级 3. 门窗情况		
010512905	装配式混凝土外挂墙板	1. 保温层(饰面板)材质、厚度 2. 混凝土强度等级 3. 门窗情况	m^3	按设计图示尺寸以体积计算,不扣除构件内钢筋、预埋铁件所占体积。依附于构件制作的保温层、饰面板体积并入工程量内计算
010512906	装配式混凝土女儿墙	1. 混凝土强度等级	m^3	按设计图示尺寸以体积计算,不扣除构件内钢筋、预埋铁件所占体积。
010513901	装配式混凝土楼梯	1. 混凝土强度等级		
010514901	装配式混凝土阳台			
010514902	凸窗	1. 保温层(饰面板)材质、厚度 2. 混凝土强度等级 3. 窗洞口尺寸	1. m^3 2. 樘	1. 按设计图示尺寸以体积计算,扣除窗洞口,不扣除构件内钢筋、预埋铁件所占体积,不增加窗型材体积,依附于构件制作的保温层、饰面板体积并入工程量内计算。 2. 按设计图示以数量计算
010514903	空调板	1. 混凝土强度等级	1. m^3 2. 块	1. 按设计图示尺寸以体积计算,不扣除构件内钢筋、预埋铁件所占体积 2. 按设计图示以数量计算
010514904	压顶	1. 混凝土强度等级	1. m^3 2. m	1. 按设计图示尺寸以体积计算,不扣除构件内钢筋、预埋铁件所占体积 2. 按设计图示以长度计算
010514905	其他小型构件	1. 单件体积 2. 构件的类型 3. 混凝土强度等级	1. m^3 2. 块(根)	1. 按设计图示尺寸以体积计算,不扣除构件内钢筋、预埋铁件所占体积 2. 按设计图示以数量计算

二、工程量计算规则及要点

1. 后浇混凝土清单中包含后浇混凝土对应的模板，不再单列措施项目清单。

2. 墙板的门窗情况，要求注明是否有依附于外墙板制作的凸(飘)窗或门窗洞口。

3. 保温层(饰面板)如依附于构件制作，需在项目特征中描述保温层(饰面板)材质、厚度，并计入清单工程量中。

三、装配式混凝土叠合板的识读

1. 双向受理叠合板用底板

《预制混凝土叠合板》15G366－1图集规定，双向受力叠合板用底板表达方式为：

$$\text{DBS}\ \underset{①}{\underline{\times}}-\underset{②}{\underline{\times}}\ \underset{③}{\underline{\times}}-\underset{④}{\underline{\times\times}}-\underset{⑤}{\underline{\times\times}}-\underset{⑥}{\underline{\times\times}}-\delta$$

DBS：叠合板用底板代号(双向板)；

① ×：叠合板类型，1代表边板，2代表中板；

② ×：预制底板厚度，单位为cm(15G366－1为6)；

③ ×：后浇叠合板厚度，单位为cm(15G366－1为7/8/9)；

④ ××：标志跨度，单位为dm(可为30～60，以3 dm进制)；

⑤ ××：标志宽度，单位为dm(可为12/15/18/20/24)；

⑥ ××：板底跨度及宽度方向钢筋代号。

2. 单向受理叠合板用底板

《预制混凝土叠合板》15G366－1图集规定，单向受力叠合板用底板表达方式为：

$$\text{DBD}\,\underset{①}{\underline{\times}}\ \underset{②}{\underline{\times}}-\underset{③}{\underline{\times\times}}-\underset{④}{\underline{\times\times}}-\underset{⑤}{\underline{\times}}$$

DBD：叠合板用底板代号(单向板)；

① ×：预制底板厚度，单位为cm(15G366－1为6)；

② ×：后浇叠合板厚度，单位为cm(15G366－1为7/8/9)；

③ ××：标志跨度，单位为dm(可为27～42，以3 dm进制)；

④ ××：标志宽度，单位为dm(可为12/15/18/20/24)；

⑤ ×：板底跨度及宽度方向钢筋代号。

2.6.1.2　任务实施

【项目一：装配式混凝土叠合板项目】——清单工程量计算

根据项目内容及《江苏省装配式混凝土建筑工程定额》(试行)装配式混凝土建筑工程量清单补充规则部分，该项目清单工程量计算详见表2.6－2。

表 2.6－2　清单工程量计算表

序号	项目编码（定额编号）	项目名称	项目特征	单位	工程数量	工程量计算式
		装配式混凝土工程				
1	010512902001	装配式混凝土叠合板	1. 预制钢筋混凝土叠合板 2. C30、含钢筋、模板及二次浇筑费用 3. 含支撑安拆 4. 包含二次深化设计费用	m^3	0.72	$3.62\times1.66\times0.06\times2=0.72\ m^3$

2.6.2　装配式混凝土工程计价工程量计算

2.6.2.1　任务相关知识点

一、《计价定额》主要项目列项

1. 成品构件安装

(1) 柱;(2) 梁;(3) 楼板;(4) 墙;(5) 楼梯;(6) 阳台及其他;(7) 注浆、嵌缝及打胶。

2. 施工措施项目

(1) 脚手架;(2)垂直运输。

3. 成品构件运输

4. 构件制作

(1) 柱;(2) 单梁;(3) 叠合梁;(4) 整体板;(5) 叠合楼板;(6) 墙板;(7) 保温墙板;(8) 楼梯;(9) 阳台、凸窗;(10) 小型构件。

二、江苏省装配式混凝土建筑工程计价定额说明

1. 为满足装配式混凝土建筑工程的计价需要,合理确定和有效控制其工程造价,根据有关规范、规程、标准,制定《江苏省装配式混凝土建筑工程计价定额》(以下简称“本计价定额”)。

2. 本计价定额是按现行装配式建筑工程设计及施工规范,根据正常的施工条件、合理的劳动组织与工期安排,结合我省现阶段装配式混凝土房屋建筑工程常用的施工方法、施工工艺和机械化程度等进行编制的。

3. 本计价定额是装配式混凝土建筑工程编制设计概算、施工图预算、招标控制价(最高投标限价)以及调解处理工程造价纠纷的依据;是投标报价、工程结算审核的指导;是相关企业内部核算和制订企业定额的参考。

4. 本计价定额包括成品构件安装、施工措施项目、成品构件运输和成品构件制作参考定额共四章。

5. 本计价定额的工作内容仅说明了主要的施工工序,但相应定额子目的施工过程中的

施工准备、场内搬运、施工操作到完工清理等全部工序的消耗已包含在定额内。

6. 本计价定额采用的预算工资单价、材料预算价格、机械台班价格，与《江苏省建筑和装饰工程计价定额》(2014 年版)(以下简称“14 计价定额”)保持一致。

7. 装配式混凝土房屋建筑工程中完全采用传统施工工艺的工程项目，除本计价定额有明确规定外，应执行 14 计价定额。

8. 与混凝土成品构件安装密切相关的部分工程内容，在执行 14 计价定额时，规定如下：

(1) 预制构件之间连接形成整体的后浇混凝土部分

<table>
<tr><th>序号</th><th>部位</th><th>混凝土浇筑</th><th>钢筋制安</th><th colspan="2">模板制安</th></tr>
<tr><td>1</td><td>柱、墙之间</td><td rowspan="2">执行“后浇墙带”子目，人工、混凝土振捣器乘以系数 1.20。</td><td rowspan="5">执行相应“钢筋制安”子目，人工、焊接机械乘以系数 1.30。</td><td rowspan="2">执行“T、L、+形柱”子目，人工乘以系数 1.20，材料乘以系数 2.0。</td><td rowspan="5">工程量按混凝土与模板接触面积计算。</td></tr>
<tr><td>2</td><td>墙、墙之间</td></tr>
<tr><td>3</td><td>叠合梁上部</td><td rowspan="2">执行“平板”子目，人工、混凝土振捣器乘以系数 1.30。</td><td rowspan="2">执行“平板”子目，人工，材料乘以系数 1.3。</td></tr>
<tr><td>4</td><td>叠合板上部</td></tr>
<tr><td>5</td><td>梁板之间
板和板之间</td><td>执行“后浇板带”子目</td><td>执行“平板子目”，人工乘以系数 1.2，材料乘以系数 1.4。</td></tr>
</table>

(2) 建筑物超高增加费执行 14 计价定额相应定额子目，人工消耗量乘以系数 0.75。

三、工程量计算规则

(一) 成品构件安装

1. 构件安装工程量按设计图示尺寸以 m^3 计算，依附于构件制作的各类保温层、饰面层的体积并入相应构件安装工程量内计算，应扣除门窗洞口，不扣除构件内钢筋、预埋铁件、配管、套管、线盒及墙、板中单个面积≤300 mm×300 mm 的孔洞所占的体积，扣除空心板孔洞体积，构件外露钢筋体积亦不再增加。

2. 套筒注浆按设计数量以个计算，波纹管按设计数量以根计算。

3. 外墙嵌缝、打胶按构件外墙接缝的设计图示长度以 m 计算。

(二) 施工措施项目

1. 装配式混凝土建筑工程，不执行综合脚手架定额，按相应单项脚手架计算。

2. 外脚手架分为搭设与使用两个部分。

3. 外脚手架超高材料增加费执行 14 计价定额相应定额子目乘以系数 0.80。

4. 建筑物超高增加费执行 14 计价定额相应定额子目，人工乘以系数 0.75。

5. 垂直运输机械数量与定额不同时，可以按比例调整定额含量。

6. 附着式电动整体提升架按提升范围的外墙外边线长度乘以外墙高度以面积计算，不扣除门窗、洞口所占面积。

7. 外脚手架搭拆工程量按外墙外边线长度乘以外墙高度以面积计算。外脚手架使用工程量按脚手架搭设面积乘以脚手架在施工现场的有效使用天数以 100 m^2×100 天为单位计算。

8. 垂直运输天数按照《省住房城乡建设厅关于贯彻执行〈建筑安装工程工期定额〉的通

知》(苏建价[2016] 740号)的规定执行。

(三) 成品构件运输

1. 成品构件运输由成品构件生产企业负责的执行本章定额。如由专业运输企业负责成品构件运输的,运输费用应根据市场价确定。

2. 成品构件的运输费用是指成品构件从工厂出厂至工地仓库或指定堆放地点所发生的全部运杂费用。

3. 混凝土构件运输,不区分构件类型,按运输距离执行本章定额。

4. 本章定额运输距离以25 km为基本运距,并设置25 km以外每增加5 km子目。运输距离应由构件工厂至施工现场的实际距离确定。构件运输超过100 km,运输费用应根据市场价确定。

5. 本章定额综合考虑城镇、现场运输道路等级、上下坡等各种因素,不得因道路条件不同而调整定额。

6. 本章定额未考虑构件运输过程中遇有道路、桥梁限载而发生的加固、拓宽和公安交通管理部门的保安护送以及沿途发生的过路、过桥等费用。如发生费用另行计算。

7. 构件运输工程量计算规则同构件制作。

(四) 成品构件制作

1. 定额包括混凝土成品构件的混凝土、钢筋、预埋套筒以及未来用于吊装和支撑的预埋件等制作全部生产过程,作为成品构件出厂参考价。不包括出厂后的运输费用,构件生产企业负责运输的,可执行第三章成品构件运输定额。

2. 混凝土成品构件计价按预拌混凝土考虑。

3. 混凝土构件的工程量按施工图(构件加工图)图示尺寸以体积计算,应扣除门窗洞口、空心板孔洞体积,不扣除构件内钢筋、铁件、套筒、波纹管及墙、板中单个面积≤300 mm×300 mm的孔洞所占的体积,构件外露钢筋体积亦不再增加。保温层体积计入保温墙板工程量中。

4. 墙板带门窗框的,工程量中扣除门窗框。

5. 依附于阳台板的栏板、翻沿、空调板,并入阳台工程量内计算;非悬挑的阳台分别按梁、板计算。依附于外墙板的凸(飘)窗的混凝土部分,并入外墙板工程量内计算。依附于女儿墙制作的压顶,并入女儿墙工程量内计算。依附于梁、板、墙上的混凝土装饰线条,并入所依附的构件工程量内计算。

2.6.2.2 任务实施

【项目一:装配式混凝土叠合板项目】——计价工程量计算

根据项目内容及《江苏省装配式混凝土建筑工程计价定额》,该项目计价工程量计算详见表2.6-3。

表2.6-3 计价工程量计算表

序号	项目编码(定额编号)	项目名称	项目特征	单位	工程数量	工程量计算式
		装配式混凝土工程				
1	ZP1-5	叠合板成品构件安装		m^3	0.72	计算过程同清单工程量

（续表）

序号	项目编码（定额编号）	项目名称	项目特征	单位	工程数量	工程量计算式
2	ZP3－1	构件运输距离 25 km		m^3	0.72	计算过程同清单工程量
3	ZP4－5	叠合楼板构件制作		m^3	0.72	计算过程同清单工程量

2.6.3　装配式混凝土工程清单组价

2.6.3.1　任务实施

【项目一:装配式混凝土叠合板项目】——清单组价

根据项目内容及《江苏省装配式混凝土建筑工程计价定额》,该项目清单组价详见表 2.6－4。

表 2.6－4　分部分项工程综合单价分析表

项目编码		项目名称	计量单位	工程数量	综合单价	合价
010512902001		装配式混凝土叠合板	m^3	0.72	2 676.94	1 927.39
清单综合单价组成	定额号	子目名称	单位	数量	单价	合价
	ZP1－5	叠合板成品构件安装	m^3	0.72	455.75	328.14
	ZP3－1	构件运输距离 25 km	m^3	0.72	199.06	143.32
	ZP4－5	叠合楼板构件制作	m^3	0.72	2 022.13	1 455.93

技能训练与拓展

习　　题

1. 某装配式住宅,其楼面采用预制叠合板,该项目中叠合板底板厚度为 60 mm,C30 混凝土,采用 DBS－3217－67－1 叠合板底板,实际跨度为 3 220 mm,宽度 1 740 mm。请根据上述条件按 2017《江苏省装配式混凝土建筑工程定额》(试行),完成装配式混凝土叠合板项目的底板清单、计价工程量计算表以及综合单价分析表。(价格按《江苏省装配式混凝土建筑工程定额》(试行)中价格计取不调整,装配式叠合板上层板及叠合板之间的后浇带另计。)

拓展资料

桁架钢筋混凝土叠合板

在线答题

装配式混凝土

任务七
金属结构工程计量与计价

资源合集

项目引入

【项目一:钢支撑工程】

如图 2.7 - 1 是某钢结构柱间支撑,请按《房屋建筑与装饰工程工程量计算规范》(2013)及《计价定额》,完成金属结构工程清单、计价工程量计算表以及综合单价分析表。(价格按《计价定额》中含税价格计取)

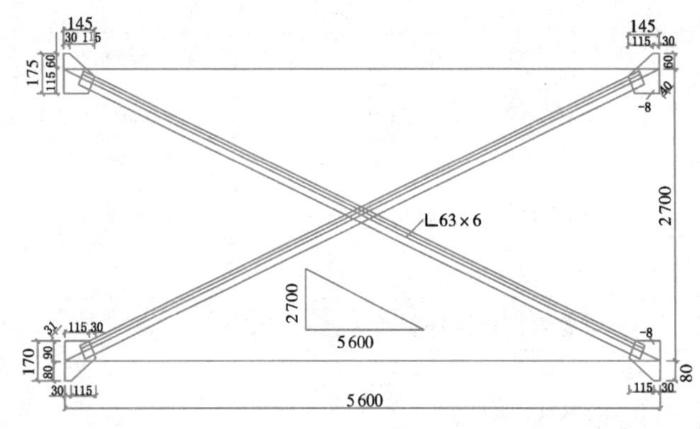

图 2.7 - 1　柱间支撑

【项目二:钢屋架工程】

某工程钢屋架如图 2.7 - 2 所示,请按《房屋建筑与装饰工程工程量计算规范》(2013)及《计价定额》,完成金属结构工程清单、计价工程量计算表以及综合单价分析表。(价格按《计价定额》中含税价格计取)

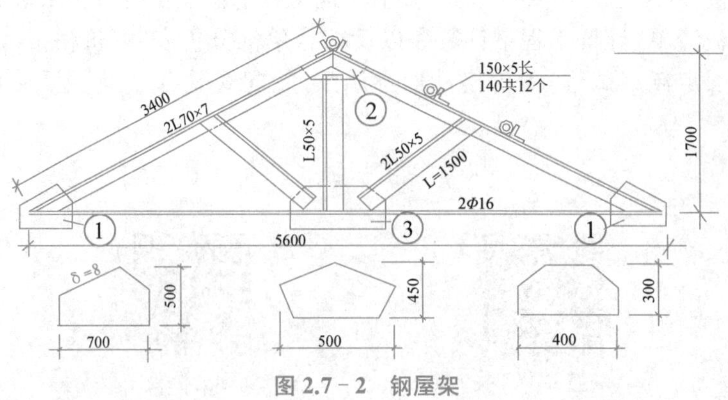

图 2.7 - 2　钢屋架

2.7.1　金属结构工程清单工程量计算

2.7.1.1　任务相关知识点

一、2013《房屋建筑与装饰工程工程量计算规范》主要清单项目

表 2.7－1　钢网架主要清单项目及工程量计算规则

项目编码	项目名称	项目特征	计量单位	工程量计算规则
	F.1 钢网架			
010601001	钢网架	1. 钢材品种、规格 2. 网架节点形式、连接方式 3. 网架跨度、安装高度 4. 探伤要求 5. 防火要求	t	按设计图示尺寸以质量计算。不扣除孔眼的质量，焊条、铆钉、螺栓等不另增加质量

表 2.7－2　钢屋架、钢托架、钢桁架、钢桥架主要清单项目及工程量计算规则

<table>
<tr><th>项目编码</th><th>项目名称</th><th>项目特征</th><th>计量单位</th><th>工程量计算规则</th></tr>
<tr><td></td><td>F.2 钢屋架、钢托架、钢桁架、钢桥架</td><td></td><td></td><td></td></tr>
<tr><td>010602001</td><td>钢屋架</td><td>1. 钢材品种、规格
2. 单榀质量
3. 屋架跨度、安装高度
4. 螺栓种类
5. 探伤要求
6. 防火要求</td><td>1. 榀
2. t</td><td>1. 以榀计量，按设计图示数量计算。
2. 以吨计量，按设计图示尺寸以质量 计算。不扣除孔眼的质量，焊条、铆钉、螺栓等不另增加质量</td></tr>
<tr><td>010602002</td><td>钢托架</td><td rowspan="2">1. 钢材品种、规格
2. 单榀质量
3. 安装高度
4. 螺栓种类
5. 探伤要求
6. 防火要求</td><td rowspan="3">t</td><td rowspan="3">按设计图示尺寸以质量计算。不扣除孔眼的质量，焊条、铆钉、螺栓等不另增加质量</td></tr>
<tr><td>010602003</td><td>钢桁架</td></tr>
<tr><td>010602004</td><td>钢桥架</td><td>1. 桥架类型
2. 钢材品种、规格
3. 单榀质量
4. 安装高度
5. 螺栓种类
6. 探伤要求</td></tr>
</table>

表 2.7－3　钢柱主要清单项目及工程量计算规则

<table>
<tr><th>项目编码</th><th>项目名称</th><th>项目特征</th><th>计量单位</th><th>工程量计算规则</th></tr>
<tr><td></td><td>F.3 钢柱</td><td></td><td></td><td></td></tr>
<tr><td>010603001</td><td>实腹钢柱</td><td rowspan="2">1. 柱类型
2. 钢材品种、规格
3. 单根柱质量
4. 螺栓种类
5. 探伤要求
6. 防火要求</td><td rowspan="3">t</td><td rowspan="2">按设计图示尺寸以质量计算。不扣除孔眼的质量,焊条、铆钉、螺栓等不另增加质量,依附在钢柱上的牛腿及悬臂梁等 并入钢柱工程量内</td></tr>
<tr><td>010603002</td><td>空腹钢柱</td></tr>
<tr><td>010603003</td><td>钢管柱</td><td>1. 钢材品种、规格
2. 单根柱质量
3. 螺栓种类
4. 探伤要求
5. 防火要求</td><td>按设计图示尺寸以质量计算。不扣除孔眼的质量,焊条、铆钉、螺栓等不另增加质量,钢管柱上的节点板、加强环、内衬管、牛腿等并入钢管柱工程量内</td></tr>
</table>

表 2.7－4　钢梁主要清单项目及工程量计算规则

<table>
<tr><th>项目编码</th><th>项目名称</th><th>项目特征</th><th>计量单位</th><th>工程量计算规则</th></tr>
<tr><td></td><td>F.4 钢梁</td><td></td><td></td><td></td></tr>
<tr><td>010604001</td><td>钢梁</td><td>1. 梁类型
2. 钢材品种、规格
3. 单根质量
4. 螺栓种类
5. 安装高度
6. 探伤要求
7. 防火要求</td><td rowspan="2">t</td><td rowspan="2">按设计图示尺寸以质量计算。不扣除孔眼的质量,焊条、铆钉、螺栓等不另增加质量,制动梁、制动板、制动桁架、车挡并入钢吊车梁工程量内</td></tr>
<tr><td>010504002</td><td>钢吊车梁</td><td>1. 钢材品种、规格
2. 单根质量
3. 螺栓种类
4. 安装高度
5. 探伤要求
6. 防火要求</td></tr>
</table>

表 2.7－5　钢板楼板、墙板主要清单项目及工程量计算规则

<table>
<tr><th>项目编码</th><th>项目名称</th><th>项目特征</th><th>计量单位</th><th>工程量计算规则</th></tr>
<tr><td></td><td>F.5 钢板楼板、墙板</td><td></td><td></td><td></td></tr>
<tr><td>010605001</td><td>钢板楼板</td><td>1. 钢材品种、规格
2. 钢板厚度
3. 螺栓种类
4. 防火要求</td><td rowspan="2">m^2</td><td>按设计图示尺寸以铺设水平投影面积计算。不扣除单个面积≤0.3 m^2 柱、垛及孔洞所占面积</td></tr>
<tr><td>010605002</td><td>钢板墙板</td><td>1. 钢材品种、规格
2. 钢板厚度、复合板厚度
3. 螺栓种类
4. 复合板夹芯材料种类、层数、型号、规格
5. 防火要求</td><td>按设计图示尺寸以铺挂展开面积计算。不扣除单个面积≤0.3 m^2 的 梁、孔洞所占面积,包角、包边、窗台泛水等不另加面积</td></tr>
</table>

表 2.7-6　钢构件主要清单项目及工程量计算规则

<table>
<tr><th>项目编码</th><th>项目名称</th><th>项目特征</th><th>计量单位</th><th>工程量计算规则</th></tr>
<tr><td></td><td>F.6 钢构件</td><td></td><td></td><td></td></tr>
<tr><td>010606001</td><td>钢支撑、钢拉条</td><td>1. 钢材品种、规格
2. 构件类型
3. 安装高度
4. 螺栓种类
5. 探伤要求
6. 防火要求</td><td rowspan="9">t</td><td rowspan="9">按设计图示尺寸以质量计算。不扣除孔眼的质量，焊条、铆钉、螺栓等不另增加质量</td></tr>
<tr><td>010606002</td><td>钢檩条</td><td>1. 钢材品种、规格
2. 构件类型
3. 单根质量
4. 安装高度
5. 螺栓种类
6. 探伤要求
7. 防火要求</td></tr>
<tr><td>010606003</td><td>钢天窗架</td><td>1. 钢材品种、规格
2. 单榀质量
3. 安装高度
4. 螺栓种类
5. 探伤要求
6. 防火要求</td></tr>
<tr><td>010606004</td><td>钢挡风架</td><td rowspan="2">1. 钢材品种、规格
2. 单榀质量
3. 螺栓种类
4. 探伤要求
5. 防火要求</td></tr>
<tr><td>010606005</td><td>钢墙架</td></tr>
<tr><td>010606006</td><td>钢平台</td><td rowspan="2">1. 钢材品种、规格
2. 螺栓种类
3. 防火要求</td></tr>
<tr><td>010606007</td><td>钢走道</td></tr>
<tr><td>010606008</td><td>钢梯</td><td>1. 钢材品种、规格
2. 钢梯形式
3. 螺栓种类
4. 防火要求</td></tr>
<tr><td>010606009</td><td>钢护栏</td><td>1. 钢材品种、规格
2. 防火要求</td></tr>
<tr><td>010606010</td><td>钢漏斗</td><td rowspan="2">1. 钢材品种、规格
2. 漏斗、天沟形式
3. 安装高度
4. 探伤要求</td><td rowspan="4">t</td><td rowspan="2">按设计图示尺寸以质量计算，不扣除孔眼的质量，焊条、铆钉、螺栓等不另增加质量，依附漏斗或天沟的型钢并入漏斗或天沟工程量内</td></tr>
<tr><td>010606011</td><td>钢板天沟</td></tr>
<tr><td>010606012</td><td>钢支架</td><td>1. 钢材品种、规格
2. 单付重量</td><td rowspan="2">按设计图示尺寸以质量计算，不扣除孔眼的质量，焊条、铆钉、螺栓等不另增加质量</td></tr>
<tr><td>010606013</td><td>零星钢构件</td><td>1. 构件名称
2. 钢材品种、规格</td></tr>
</table>

表 2.7－7　金属制品主要清单项目及工程量计算规则

项目编码	项目名称	项目特征	计量单位	工程量计算规则
	F.7 金属制品			
010607001	成品空调金属百页护栏	1. 材料品种、规格 2. 边框材质	m^2	按设计图示尺寸以框外围展开面积计算
010607002	成品栅栏	1. 材料品种、规格 2. 边框及立柱型钢品种、规格		
010607003	成品雨篷	1. 材料品种、规格 2. 雨篷宽度 3. 晾衣竿品种、规格	1. m 2. m^2	1. 以米计量,按设计图示接触边以米计算 2. 以平方米计量,按设计图示尺寸以展开面积计算
010607004	金属网栏	1. 材料品种、规格 2. 边框及立柱型钢品种、规格	m^2	按设计图示尺寸以框外围展开面积计算
010607005	砌块墙钢丝网加固	1. 材料品种、规格 2. 加固方式		按设计图示尺寸以面积计算
010607006	后浇带金属网			

二、工程量计算规则及要点

(1) 金属结构工程量按设计图示尺寸以质量计算。如以榀为计量单位,按设计图示数量计算。螺栓种类是指普通或高强。

(2) 以榀计量,按标准图设计的应注明标准图代号,按非标准图设计的项目特征必须描述单榀屋架的质量。

(3) 实腹钢柱类型指十字、T、L、H 形等。

(4) 空腹钢柱类型指箱形、格构式等。

(5) 型钢混凝土柱浇筑钢筋混凝土,其混凝土和钢筋应按本规范附录 E 混凝土及钢筋混凝土工程中相关项目编码列项。

(6) 梁类型指 H、L、T 形、箱形、格构式等。

(7) 型钢混凝土梁浇筑钢筋混凝土,其混凝土和钢筋应按本规范附录 E 混凝土及钢筋混凝土工程中相关项目编码列项。

(8) 钢板楼板上浇筑钢筋混凝土,其混凝土和钢筋应按本规范附录 E 混凝土及钢筋混凝土工程中相关项目编码列项。

(9) 压型钢楼板按钢楼板项目编码列项。

(10) 钢墙架项目包括墙架柱、墙架梁和连接杆件。

(11) 钢支撑、钢拉条类型指单式、复式;钢檩条类型指型钢式、格构式;钢漏斗形式指方形、圆形;天沟形式指矩形沟或半圆形沟。

(12) 加工铁件等小型构件,应按零星钢构件项目编码列项。

2.7.1.2　任务实施

【项目一:钢支撑工程】——清单工程量计算

根据项目内容及 2013《房屋建筑与装饰工程工程量计算规范》,该项目清单工程量计算详见表 2.7－8。

表 2.7－8　清单工程量计算表

序号	项目编码（定额编号）	项目名称	项目特征	单位	工程数量	工程量计算式
1	010606001001	钢支撑、钢拉条	L63×6 角钢－8 钢板	t	0.077	1. 求角钢重量。 (1) 角钢长度可以按照图示尺寸用几何知识求出 $L=\sqrt{2.7^2+5.6^2}=6.22$(m)（勾股定理） $L_{净长}=6.22-0.031-0.04=6.15$(m) (2) 查角钢∟ 63×6 理论质量 5.72 kg/m (3) 角钢质量 6.15×5.72×2＝70.36(kg) 2. 求节点重量。 (1) 上节点板面积＝0.175×0.145×2＝0.051(m^2) 下节点板面积＝0.170×0.145×2＝0.049(m^2) (2) 查 8 mm 扁铁理论质量 62.8 kg/m^2 (3) 钢板质量(0.051＋0.049)×62.8＝6.28(kg) 3. 该柱间支撑工程量为 70.36＋6.28＝76.64 kg＝0.077(t)

【项目二：钢屋架工程】——清单工程量计算

根据项目内容及 2013《房屋建筑与装饰工程工程量计算规范》，该项目清单工程量计算详见表 2.7－9。

表 2.7－9　清单工程量计算表

序号	项目编码（定额编号）	项目名称	项目特征	单位	工程数量	工程量计算式
1	010602001001	钢屋架	上弦 2L70×7 下弦 ф16 立杆 L50×5 斜撑 2L50×5	t	0.2193	上弦质量＝3.40×2×2×7.398＝100.61(kg) 下弦质量＝5.60×2×1.58＝17.70(kg) 立杆质量＝1.70×3.77＝6.41(kg) 斜撑质量＝1.50×2×2×3.77＝22.62(kg) ① 号连接板质量＝0.7×0.5×2×62.80＝43.96(kg) ② 号连接板质量＝0.5×0.45×62.80＝14.13(kg) ③ 号连接板质量＝0.4×0.3×62.80＝7.54(kg) 檩托质量＝0.14×12×3.77＝6.33(kg) 屋架工程量＝100.61＋17.70＋6.41＋22.62＋43.96＋14.13＋7.54＋6.33＝219.30 kg＝0.2193(t)

2.7.2 金属结构工程计价工程量计算

2.7.2.1 任务相关知识点

一、《计价定额》主要项目列项

(1) 钢柱的制作;
(2) 钢屋架、钢托架、钢桁架制作;
(3) 钢梁、钢吊车梁制作;
(4) 钢制动梁、支撑、檩条、墙架、挡风架制作;
(5) 钢平台、钢梯、钢栏杆制作;
(6) 钢拉杆制作、钢漏斗制安、型钢制作;
(7) 钢屋架、钢桁架、钢托架现场制作平台摊销;
(8) 其他(钢盖板制安、铁件制作、U 型爬梯、晒衣架制安、端头螺杆螺帽、钢木大门骨架、龙骨钢骨架制作)。

二、说明要点

(1) 金属构件不论在附属企业加工厂或现场制作均执行本定额(现场制作需搭设操作平台,其平台摊销费按本章相应项目执行)。

(2) 本定额中各种钢材数量除定额已注明为钢筋综合、不锈钢管、不锈钢网架球的之外,均以型钢表示。实际不论使用何种型材,估价表中的钢材总数量和其他工料均不变。

(3) 本定额的制作均按焊接编制,局部制作用螺栓或铆钉连接,亦按本定额执行。轻钢檩条拉杆安装用的螺帽、圆钢剪刀撑用的花篮螺栓以及螺栓球网架的高强螺栓、紧定钉,已列入本章节相应定额中,执行时按设计用量调整。

(4) 本定额除注明者外,均包括现场内(工厂内)的材料运输、下料、加工、组装及成品堆放等全部工序。加工点至安装点的构件运输,应另按第七章构件运输定额相应项目计算。

(5) 本定额构件制作项目中,均已包括刷一遍防锈漆工料。

(6) 金属结构制作定额中的钢材品种系按普通钢材为准,如用锰钢等低合金钢者,其制作人工乘系数为 1.1。

(7) 劲性混凝土柱、梁、板内,用钢板、型钢焊接而成的 H、T 型钢柱、梁等构件,按 H 型、T 型钢构件制作定额执行,截面由单根成品型钢构成的构件按成品型钢构件制作定额执行。

(8) 本定额各子目均未包括焊缝无损探伤(如:X 光透视、超声波探伤、磁粉探伤、着色探伤等),亦未包括探伤固定支架制作和被检工件的退磁。

(9) 轻钢檩条拉杆按檩条钢拉杆定额执行,木屋架、钢筋混凝土组合屋架拉杆按屋架钢拉杆定额执行。

(10) 钢屋架单榀质量在 0.5 t 以下者,按轻型屋架定额执行。

(11) 天窗挡风架、柱侧挡风板、挡雨板支架制作均按挡风架定额执行。

(12) 钢漏斗、晒衣架、钢盖板等制作、安装一体的定额项目中已包括安装费在内,但未包括场外运输。角钢、圆钢焊制的入口截流沟篦盖制作、安装，按设计质量执行钢盖板制、安定额。

(13) 零星钢构件制作是指质量 50 kg 以内的其他零星铁件制作。

(14) 薄壁方钢管、薄壁槽钢、成品 H 型钢檩条及车棚等小间距钢管、角钢槽钢等单根型钢檩条的制作，按 C、Z 型轻钢檩条制作执行。由双 C、双[、双 L 型钢之间断续焊接或通过连接板焊接的檩条，由圆钢或角钢焊接成片形、三角形截面的檩条按型钢檩条制作定额执行。

(15) 弧形构件(不包括螺旋式钢梯、圆形钢漏斗、钢管柱)的制作人工、机械乘以系数 1.2。

(16) 网架中的焊接空心球、螺栓球、锥头等热加工已含在网架制作工作内容中，不锈钢球按成品半球焊接考虑。

(17) 钢结构表面喷砂与抛丸除锈定额按照 Sa2 级考虑。如果设计要求 Sa2.5 级，定额乘以系数 1.2；设计要求 Sa3 级，定额乘以系数 1.4。

三、工程量计算规则

(1) 金属结构制作按图示钢材尺寸以吨计算，不扣除孔眼、切肢、切角、切边的重量，电焊条重量已包括在定额内，不另计算。在计算不规则或多边形钢板质量时均以矩形面积计算。

(2) 实腹柱、钢梁、吊车梁、H 型钢、T 型钢构件按图示尺寸计算，其中钢梁、吊车梁腹板及翼板宽度按图示尺寸每边增加 8 mm 计算。

(3) 钢柱制作工程量包括依附于柱上的牛腿及悬臂梁质量；制动梁的制作工程量包括制动梁、制动桁架、制动板质量；墙架的制作工程量包括墙架柱、墙架梁及连接柱杆质量。轻钢结构中的门框、雨篷的梁柱按墙架定额执行。

(4) 钢平台、走道应包括楼梯、平台、栏杆合并计算，钢梯应包括踏步、栏杆合并计算。栏杆是指平台、阳台、走廊和楼梯的单独栏杆。

(5) 钢漏斗制作工程量，矩形按图示分片，圆形按图示展开尺寸，并依钢板宽度分段计算，每段均以其上口长度(圆形以分段展开上口长度)与钢板宽度，按矩形计算，依附漏斗的型钢并入漏斗质量内计算。

(6) 轻钢檩条以设计型号、规格按质量计算，檩条间的 C 型钢、薄壁槽钢、方钢管、角钢撑杆、窗框并入轻钢檩条内计算。

(7) 轻钢檩条的圆钢拉杆按檩条钢拉杆定额执行，套在圆钢拉杆上作为撑杆用的钢管，其质量并入轻钢檩条钢拉杆内计算。

(8) 檩条间圆钢钢拉杆定额中的螺母质量、圆钢剪刀撑定额中的花篮螺栓、螺栓球网架定额中的高强螺栓质量不计入工程量，但应按设计用量对定额含量进行调整。

(9) 金属构件中的剪力栓钉安装，按设计套数执行第八章相应子目。

(10) 网架制作中，螺栓球按设计球径、锥头按设计尺寸计算质量，高强螺栓、紧定钉的质量不计算工程量，设计用量与定额含量不同时应调整；空心焊接球矩形下料余量定额已考虑，按设计质量计算；不锈钢网架球按设计质量计算。

(11) 机械喷砂、抛丸除锈的工程量同相应构件制作的工程量。

2.7.2.2　任务实施

【项目一：钢支撑工程】——计价工程量计算

根据项目内容及《计价定额》，该项目计价工程量计算详见表 2.7－10。

表 2.7-10 计价工程量计算表

序号	项目编码(定额编号)	项目名称	项目特征	单位	工程数量	工程量计算式
		F 金属结构工程				
1	7-28	柱间支撑		t	0.077	同清单工程量

【项目二:钢屋架工程】——计价工程量计算

根据项目内容及《计价定额》,该项目计价工程量计算详见表 2.7-11。

表 2.7-11 计价工程量计算表

序号	项目编码(定额编号)	项目名称	项目特征	单位	工程数量	工程量计算式
		F 金属结构工程				
1	7-9	轻型屋架		t	0.219 3	同清单工程量

2.7.3 金属结构工程清单组价

2.7.3.1 任务实施

【项目一:钢支撑工程】——清单组价

根据项目内容 2013《房屋建筑与装饰工程工程量计算规范》及《计价定额》等,该项目清单组价详见表 2.7-12。

表 2.7-12 分部分项工程综合单价分析表

项目编码		项目名称	计量单位	工程数量	综合单价	合价
010606001001		钢支撑、钢拉条	t	0.077	7 045.80	542.526 6
清单综合单价组成	定额号	子目名称	单位	数量	单价	合价
	7-28	柱间支撑	t	0.077	7 045.80	542.526 6

【项目二:钢屋架工程】——清单组价

根据项目内容 2013《房屋建筑与装饰工程工程量计算规范》及《计价定额》等,该项目清单组价详见表 2.7-13。

表 2.7-13 分部分项工程综合单价分析表

项目编码		项目名称	计量单位	工程数量	综合单价	合价
010602001001		钢屋架	t	0.219 3	7 175.78	1 573.649
清单综合单价组成	定额号	子目名称	单位	数量	单价	合价
	7-9	轻型屋架	t	0.219 3	7 175.78	1 573.649

任务八
木结构与门窗工程计量与计价

项目引入

【项目一:木结构工程】

某跃层住宅室内木楼梯,共 1 套楼梯斜梁截面积为 80 mm×150 mm,踏步板 900 mm×300 mm×25 mm,踢脚板 900 mm×150 mm×20 mm,楼梯水平投影尺寸为 2 000 mm×3 105 mm,木楼梯材质为杉木,露面部分刨光,刷防火漆两遍,刷地板清漆两遍。请根据上述条件按《房屋建筑与装饰工程工程量计算规范》(2013)及《计价定额》,完成木结构工程清单、计价工程量计算表以及综合单价分析表。(价格按《计价定额》中含税价格计取)

【项目二:门窗工程】

某工程由 8 樘 70 系列推拉塑钢窗(成品),洞口尺寸 2 400×1 800,请根据上述条件按《房屋建筑与装饰工程工程量计算规范》(2013)及《计价定额》,完成门窗工程清单、计价工程量计算表以及综合单价分析表。(价格按《计价定额》中含税价格计取)

2.8.1 木结构与门窗工程清单工程量计算

2.8.1.1 任务相关知识点

一、木结构工程清单工程量计算要点

1. 2013《房屋建筑与装饰工程工程量计算规范》主要清单项目

表 2.8-1 木屋架主要清单项目及工程量计算规则

项目编码	项目名称	项目特征	计量单位	工程量计算规则
	G.1 木屋架			
010701001	木屋架	1. 跨度 2. 材料品种、规格 3. 刨光要求 4. 拉杆及夹板种类 5. 防护材料种类	1. 榀 2. m^3	1. 以榀计量,按设计图示数量计算 2. 以立方米计量,按设计图示的规格尺寸以体积计算

(续表)

项目编码	项目名称	项目特征	计量单位	工程量计算规则
010701002	钢木屋架	1. 跨度 2. 木材品种、规格 3. 刨光要求 4. 钢材品种、规格 5. 防护材料种类	榀	以榀计量,按设计图示数量计算

表 2.8-2 木构件主要清单项目及工程量计算规则

项目编码	项目名称	项目特征	计量单位	工程量计算规则
	G.2 木构件			
010702001	木柱	1. 构件规格尺寸 2. 木材种类 3. 刨光要求 4. 防护材料种类	m^3	按设计图示尺寸以体积计算
010702002	木梁		1. m^3 2. m	1. 以立方米计量,按设计图示尺寸以体积计算 2. 以米计量,按设计图示尺寸以长度计算
010702003	木檩			
010702004	木楼梯	1. 楼梯形式 2. 木材种类 3. 刨光要求 4. 防护材料种类	m^2	按设计图示尺寸以水平投影面积计算。不扣除宽度≤300mm 的楼梯井,伸入墙内部分不计算
010702005	其他木构件	1. 构件名称 2. 构件规格尺寸 3. 木材种类 4. 刨光要求 5. 防护材料种类	1. m^3 2. m	1. 以立方米计量,按设计图示尺寸以体积计算 2. 以米计量,按设计图示尺寸 以长度计算

表 2.8-3 屋面木基层主要清单项目及工程量计算规则

项目编码	项目名称	项目特征	计量单位	工程量计算规则
	G.3 屋面木基层			
010703001	屋面木基层	1. 椽子断面尺寸及椽距 2. 望板材料种类、厚度 3. 防护材料种类	m^2	按设计图示尺寸以斜面积计算。不扣除房上烟囱、风帽底座、风道、小气窗、斜沟等所占面积。小气窗的出檐部分不增加面积

2. 工程量计算规则及要点

(1) 屋架的跨度应以上、下弦中心线两交点之间的距离计算。

(2) 带气楼的屋架和马尾、折角以及正交部分的半屋架,按相关屋架项目编码列项。

(3) 以榀计量,按标准图设计,项目特征必须标注标准图代号。

(4) 木楼梯的栏杆(栏板)、扶手,应按工程量计算规范附录 O 中的相关项目编码列项。

(5) 以米计量,项目特征必须描述构件规格尺寸。

二、门窗工程清单工程量计算要点

1. 2013《房屋建筑与装饰工程工程量计算规范》主要清单项目

表 2.8－4　木门主要清单项目及工程量计算规则

项目编码	项目名称	项目特征	计量单位	工程量计算规则
	H.1 木门			
010801001	木质门	1. 门代号及洞口尺寸 2. 镶嵌玻璃品种、厚度	1. 樘 2. m^2	1. 以樘计量，按设计图示数量计算。 2. 以平方米计量，按设计图示洞口尺寸以面积计算
010801002	木质门带套			
010801003	木质连窗门			
010801004	木质防火门			
010801005	木门框	1. 门代号及洞口尺寸 2. 框截面尺寸 3. 防护材料种类	1. 樘 2. m^2	
010801006	门锁安装	1. 锁品种 2. 锁规格	个(套)	按设计图示数量计算

表 2.8－5　金属门主要清单项目及工程量计算规则

项目编码	项目名称	项目特征	计量单位	工程量计算规则
	H.2 金属门			
010802001	金属(塑钢)门	1. 门代号及洞口尺寸 2. 门框或扇外围尺寸 3. 门框、扇材质 4. 玻璃品种、厚度	1. 樘 2. m^2	1. 以樘计量，按设计图示数量计算。 2. 以平方米计量，按设计图示洞口尺寸以面积计算
010802002	彩板门	1. 门代号及洞口尺寸 2. 门框或扇外围尺寸		
010802003	钢质防火门	1. 门代号及洞口尺寸 2. 门框或扇外围尺寸 3. 门框、扇材质		
010702004	防盗门	1. 门代号及洞口尺寸 2. 门框或扇外围尺寸 3. 门框、扇材质		

表 2.8－6　金属卷帘(闸)门主要清单项目及工程量计算规则

项目编码	项目名称	项目特征	计量单位	工程量计算规则
	H.3 金属卷帘(闸)门			
010803001	金属卷帘(闸)门	1. 门代号及洞口尺寸 2. 门材质 3. 启动装置品种、规格	1. 樘 2. m^2	1. 以樘计量，按设计图示数量计算。 2. 以平方米计量，按设计图示洞口尺寸以面积计算
010803002	防火卷帘(闸)门			

表 2.8－7　厂库房大门、特种门主要清单项目及工程量计算规则

<table>
<tr><th>项目编码</th><th>项目名称</th><th>项目特征</th><th>计量单位</th><th>工程量计算规则</th></tr>
<tr><td></td><td>H.4 厂库房大门、特种门</td><td></td><td></td><td></td></tr>
<tr><td>010804001</td><td>木板大门</td><td rowspan="4">1. 门代号及洞口尺寸
2. 门框或扇外围尺寸
3. 门框、扇材质
4. 五金种类、规格
5. 防护材料种类</td><td rowspan="4">1. 樘
2. m^2</td><td rowspan="3">1. 以樘计量，按设计图示数量计算。
2. 以平方米计量，按设计图示洞口尺寸以面积计算</td></tr>
<tr><td>010804002</td><td>钢木大门</td></tr>
<tr><td>010804003</td><td>全钢板大门</td></tr>
<tr><td>010804004</td><td>防护铁丝门</td><td>1. 以樘计量，按设计图示数量计算。
2. 以平方米计量，按设计图示门框或扇以面积计算</td></tr>
<tr><td>010804005</td><td>金属格栅门</td><td>1. 门代号及洞口尺寸
2. 门框或扇外围尺寸
3. 门框、扇材质
4. 启动装置的品种、规格</td><td rowspan="3">1. 樘
2. m^2</td><td>1. 以樘计量，按设计图示数量计算。
2. 以平方米计量，按设计图示洞口尺寸以面积计算</td></tr>
<tr><td>010804006</td><td>钢质花饰大门</td><td>1. 门代号及洞口尺寸
2. 门框或扇外围尺寸
3. 门框、扇材质</td><td>1. 以樘计量，按设计图示数量计算。
2. 以平方米计量，按设计图示门框或扇以面积计算</td></tr>
<tr><td>010804007</td><td>特种门</td><td></td><td>1. 以樘计量，按设计图示数量计算。
2. 以平方米计量，按设计图示洞口尺寸以面积计算</td></tr>
</table>

表 2.8－8　其他门主要清单项目及工程量计算规则

<table>
<tr><th>项目编码</th><th>项目名称</th><th>项目特征</th><th>计量单位</th><th>工程量计算规则</th></tr>
<tr><td></td><td>H.5 其他门</td><td></td><td></td><td></td></tr>
<tr><td>010805001</td><td>电子感应门</td><td rowspan="2">1. 门代号及洞口尺寸
2. 门框或扇外围尺寸
3. 门框、扇材质
4. 玻璃品种、厚度
5. 启动装置的品种、规格
6. 电子配件品种、规格</td><td rowspan="7">1. 樘
2. m^2</td><td rowspan="7">1. 以樘计量，按设计图示数量计算。
2. 以平方米计量，按设计图示洞口尺寸以面积计算</td></tr>
<tr><td>010805002</td><td>旋转门</td></tr>
<tr><td>010805003</td><td>电子对讲门</td><td rowspan="2">1. 门代号及洞口尺寸
2. 门框或扇外围尺寸
3. 门材质
4. 玻璃品种、厚度
5. 启动装置的品种、规格
6. 电子配件品种、规格</td></tr>
<tr><td>010805004</td><td>电动伸缩门</td></tr>
<tr><td>010805005</td><td>全玻自由门</td><td>1. 门代号及洞口尺寸
2. 门框或扇外围尺寸
3. 框材质
4. 玻璃品种、厚度</td></tr>
<tr><td>010805006</td><td>镜面不锈钢饰面门</td><td rowspan="2">1. 门代号及洞口尺寸
2. 门框或扇外围尺寸
3. 框、扇材质
4. 玻璃品种、厚度</td></tr>
<tr><td>010805007</td><td>复合材料门</td></tr>
</table>

表 2.8－9　木窗主要清单项目及工程量计算规则

项目编码	项目名称	项目特征	计量单位	工程量计算规则
	H.6 木窗			
010806001	木质窗	1. 窗代号及洞口尺寸 2. 玻璃品种、厚度	1. 樘 2. m^2	1. 以樘计量，按设计图示数量计算。 2. 以平方米计量，按设计图示洞口尺寸以面积计算
010806002	木飘(凸)窗			
010806003	木橱窗	1. 窗代号 2. 框截面及外围展开面积 3. 玻璃品种、厚度 4. 防护材料种类		1. 以樘计量，按设计图示数量计算。 2. 以平方米计量，按设计图示尺寸以框外围展开面积算
010806004	木纱窗	1. 窗代号及洞口尺寸 2. 纱窗材料品种、规格		1. 以樘计量，按设计图示数量计算。 2. 以平方米计量，按设计图示洞口尺寸以面积计算

表 2.8－10　金属窗主要清单项目及工程量计算规则

项目编码	项目名称	项目特征	计量单位	工程量计算规则
	H.7 金属窗			
010807001	金属(塑钢、断桥)窗	1. 窗代号及洞口尺寸 2. 框、扇材质 3. 玻璃品种、厚度	1. 樘 2. m^2	1. 以樘计量，按设计图示数量计算。 2. 以平方米计量，按设计图示洞口尺寸以面积计算
010807002	金属防火窗			
010807003	金属百叶窗			
010807004	金属纱窗	1. 窗代号及框的外围尺寸 2. 框材质 3. 窗纱材料品种、规格		1. 以樘计量，按设计图示数量计算。 2. 以平方米计量，按框的外围尺寸以面积计算
010807005	金属格栅窗	1. 窗代号及洞口尺寸 2. 框外围尺寸 3. 框、扇材质		1. 以樘计量，按设计图示数量计算。 2. 以平方米计量，按设计图示洞口尺寸以面积计算
010807006	金属(塑钢、断桥)橱窗	1. 窗代号 2. 框外围展开面积 3. 框、扇材质 4. 玻璃品种、厚度 5. 防护材料种类		1. 以樘计量，按设计图示数量计算。 2. 以平方米计量，按设计图示尺寸以框外围展开面积计算
010807007	金属(塑钢、断桥)飘(凸)窗	1. 窗代号 2. 框外围展开面积 3. 框、扇材质 4. 玻璃品种、厚度		

(续表)

项目编码	项目名称	项目特征	计量单位	工程量计算规则
010807008	彩板窗	1. 窗代号及洞口尺寸 2. 框外围尺寸 3. 框、扇材质 4. 玻璃品种、厚度	1. 樘 2. m^2	1. 以樘计量,按设计图示数量计算。 2. 以平方米计量,按设计图示洞口尺寸或框外围以面积计算
010807009	复合材料窗			

表 2.8-11　门窗套主要清单项目及工程量计算规则

项目编码	项目名称	项目特征	计量单位	工程量计算规则
	H.8 门窗套			
010808001	木门窗套	1. 窗代号及洞口尺寸 2. 门窗套展开宽度 3. 基层材料种类 4. 面层材料品种、规格 5. 线条品种、规格 6. 防护材料种类	1. 樘 2. m^2 3. m	1. 以樘计量,按设计图示数量计算。 2. 以平方米计量,按设计图示尺寸以展开面积计算。 3. 以米计量,按设计图示中心以延长米计算
010808002	木筒子板	1. 筒子板宽度 2. 基层材料种类 3. 面层材料品种、规格 4. 线条品种、规格 5. 防护材料种类		
010808003	饰面夹板筒子板			
010808004	金属门窗套	1. 窗代号及洞口尺寸 2. 门窗套展开宽度 3. 基层材料种类 4. 面层材料品种、规格 5. 防护材料种类		
010808005	石材门窗套	1. 窗代号及洞口尺寸 2. 门窗套展开宽度 3. 底层厚度、砂浆配合比 4. 面层材料品种、规格 5. 线条品种、规格		
010808006	门窗木贴脸	1. 门窗代号及洞口尺寸 2. 贴脸板宽度 3. 防护材料种类	1. 樘 2. m	1. 以樘计量,按设计图示数量计算。 2. 以米计量,按设计图示尺寸以延长米计算
010808007	成品木门窗套	1. 门窗代号及洞口尺寸 2. 门窗套展开宽度 3. 门窗套材料品种、规格	1. 樘 2. m^2 3. m	1. 以樘计量,按设计图示数量计算。 2. 以平方米计量,按设计图示尺寸以展开面积计算。 3. 以米计量,按设计图示中心以延长米计算

表 2.8-12　窗台板主要清单项目及工程量计算规则

项目编码	项目名称	项目特征	计量单位	工程量计算规则
	H.9 窗台板			
010809001	木窗台板	1. 基层材料种类 2. 窗台面板材质、规格、颜色 3. 防护材料种类	m^2	按设计图示尺寸以展开面积计算
010809002	铝塑窗台板			
010809003	金属窗台板			
010809004	石材窗台板	1. 黏结层厚度、砂浆配合比 2. 窗台板材质、规格、颜色		

表 2.8-13　窗帘、窗帘盒、轨主要清单项目及工程量计算规则

项目编码	项目名称	项目特征	计量单位	工程量计算规则
	H.10 窗帘、窗帘盒、轨			
010810001	窗帘	1. 窗帘材质 2. 窗帘高度、宽度 3. 窗帘层数 4. 带幔要求	1. m 2. m^2	1. 以米计量，按设计图示尺寸以成活后长度计算。 2. 以平方米计量，按图示尺 寸以成活后展开面积计算
010810002	木窗帘盒	1. 窗帘盒材质、规格 2. 防护材料种类	m	按设计图示尺寸以长度计算
010810003	饰面夹板、塑料窗帘盒			
010810004	铝合金窗帘盒			
010810005	窗帘轨	1. 窗帘轨材质、规格 2. 轨的数量 3. 防护材料种类		

2. 工程量计算规则及要点

（1）木质门应区分镶板木门、企口木板门、实木装饰门、胶合板门、夹板装饰门、木纱门、全玻门（带木质扇框）、木质半玻门（带木质扇框）等项目，分别编码列项。

（2）木门五金应包括折页、插销、门碰珠、弓背拉手、搭机、木螺丝、弹簧折页（自动门）、管子拉手（自由门、地弹门）、地弹簧（地弹门）、角铁、门轧头（地弹门、自由门）等。

（3）木质门带套计量按洞口尺寸以面积计算，不包括门套的面积。

（4）以樘计量，项目特征必须描述洞口尺寸，以平方米计量，项目特征可不描述洞口尺寸。

（5）单独制作安装木门框按木门框项目编码列项。

（6）金属门应区分金属平开门、金属推拉门、金属地弹门、全玻门（带金属扇框）、金属半玻门（带扇框）等项目，分别编码列项。

（7）铝合金门五金包括地弹簧、门锁、拉手、门插、门铰、螺丝等。

（8）其他金属门五金包括 L 形执手插锁（双舌）、执手锁（单舌）、门轨头、地锁、防盗门机、门眼（猫眼）、门碰珠、电子锁（磁卡锁）、闭门器、装饰拉手等。

(9) 以樘计量，项目特征必须描述洞口尺寸，没有洞口尺寸必须描述门框或扇外围尺寸，以平方米计量，项目特征可不描述洞口尺寸及框、扇的外围尺寸。

(10) 以平方米计量，无设计图示洞口尺寸，按门框、扇外围以面积计算。

(11) 特种门应区分冷藏门、冷冻间门、保温门、变电室门、隔音门、防射电门、人防门、金库门等项目，分别编码列项。门开启方式指推拉或平开。

(12) 木质窗应区分木百叶窗、木组合窗、木天窗、木固定窗、木装饰空花窗等项目，分别编码列项。

(13) 木橱窗、木飘(凸)窗以樘计量，项目特征必须描述框截面及外围展开面积。

(14) 木窗五金包括折页、插销、风钩、木螺丝、滑楞滑轨(推拉窗)等。窗开启方式指平开、推拉、上悬或中悬，窗形状指矩形或异形。

(15) 金属窗应区分金属组合窗、防盗窗等项目，分别编码列项。

(16) 金属橱窗、飘(凸)窗以樘计量，项目特征必须描述框外围展开面积。

(17) 金属窗中铝合金窗五金应包括卡锁、滑轮、铰拉、执手、拉把、拉手、风撑、角码、牛角制等。其他金属窗五金包括折页、螺丝、执手、卡锁、风撑、滑轮滑轨(推拉窗)等。

(18) 以米计量，项目特征必须描述门窗套展开宽度、筒子板及贴脸宽度。窗帘若是双层，项目特征必须描述每层材质。窗帘以米计量，项目特征必须描述窗帘高度和宽度。

2.8.1.2 任务实施

【项目一:木结构工程】——清单工程量计算

根据项目内容及 2013《房屋建筑与装饰工程工程量计算规范》，该项目清单工程量计算详见表 2.8－14。

表 2.8－14 清单工程量计算表

序号	项目编码(定额编号)	项目名称	项目特征	单位	工程数量	工程量计算式
		G. 木结构工程				
1	010702004001	木楼梯	1. 木楼梯材质为杉木 2. 露面部分刨光 3. 楼梯斜梁截面积为 80 mm×150 mm 4. 踏步板 900 mm×300 mm×25 mm 5. 踢脚板 900 mm×150 mm×20 mm 6. 楼梯水平投影尺寸为 2 000 mm×3 105 mm 7. 刷防火漆两遍 8. 刷地板清漆两遍	m^2	6.21	2×3.105＝6.21 m^2

【项目二:门窗工程】——清单工程量计算

根据项目内容及 2013《房屋建筑与装饰工程工程量计算规范》，该项目清单工程量计算详见表 2.8－15。

表 2.8 - 15　清单工程量计算表

序号	项目编码（定额编号）	项目名称	项目特征	单位	工程数量	工程量计算式
		H. 门窗工程				
1	010807001001	金属（塑钢、断桥）窗	1. 70 系列推拉塑钢窗（成品） 2. 洞口尺寸 2 400×1 800	樘	8	8

2.8.2　木结构与门窗工程计价工程量计算

2.8.2.1　任务相关知识点

一、木结构工程计价工程量计算要点

1.《计价定额》主要项目列项

(1) 厂库房大门、特种门；

(2) 木结构；

① 木屋架；② 屋面木基层；③ 木柱、木梁、木楼梯。

(3) 附表：厂库房大门、特种门五金、铁件配件表。

2. 说明要点

(1) 本章中均以一、二类木种为准，如采用三、四类木种（木种划分见第十六章说明），木门制作人工和机械费乘以系数 1.3，木门安装人工乘以系数 1.15，其他项目人工和机械费乘系数 1.35。

(2) 本定额是按已成形的两个切断面规格编制的，两个切断面以前的锯缝损耗按总说明规定应另外计算。

(3) 本章中注明的木材断面或厚度均以毛料为准，如设计图纸注明的断面或厚度为净料时，应增加断面刨光损耗：一面刨光加 3 mm，两面刨光加 5 mm，圆木按直径增加 5 mm。

(4) 本章中的木材是以自然干燥条件下的木材编制的，需要烘干时，其烘干费用及损耗由各市确定。

(5) 厂库房大门的钢骨架制作已包括在子目中，其上、下轨及滑轮等应按五金铁件表相应项目执行。

(6) 厂库房大门、钢木大门及其他特种门的五金铁件表按标准图用量列出，仅作备料参考。

3.《计价定额》下木结构工程量计算

(1) 门制作、安装工程量按门洞口面积计算。无框厂库房大门、特种门按设计门扇外围面积计算。

(2) 木屋架的制作安装工程量，按以下规定计算：

① 木屋架不论圆、方木，其制作安装均按设计断面以立方米计算，分别套用相应子目，

其后配长度及配制损耗已包括在子目内不另外计算(游沿木、风撑、剪刀撑、水平撑、夹板、垫木等木料并入相应屋架体积内)。

② 圆木屋架刨光时,圆木按直径增加5 mm计算;附属于屋架的夹板、垫木等已并入相应的屋架制作项目中,不另计算;与屋架连接的挑檐木、支撑等工程量并入屋架体积内计算。

③ 圆木屋架连接的挑檐木、支撑等为方木时,方木部分按矩形檩木计算。

④ 气楼屋架、马尾折角和正交部分的半屋架应并入相连接的正榀屋架体积内计算。

(3) 檩木按立方米计算,简支檩木长度按设计图示中距增加200 mm计算,如两端出山,檩条长度算至搏风板。连续檩条的长度按设计长度计算,接头长度按全部连续檩木的总体积的5%计算。檩条托木已包括在子目内,不另计算。

(4) 屋面木基层,按屋面斜面积计算,不扣除附墙烟囱、风道、风帽底座和屋顶小气窗所占面积,小气窗出檐与木基层重叠部分亦不增加,气楼屋面的屋檐突出部分的面积并入计算。

(5) 封檐板按图示檐口外围长度计算,搏风板按水平投影长度乘以屋面坡度系数C后,单坡加300 mm,双坡加500 mm计算。

(6) 木楼梯(包括休息平台和靠墙踢脚板)按水平投影面积计算,不扣除宽度小于300 mm的楼梯井,伸入墙内部分的面积亦不另计算。

(7) 木柱、木梁制作安装均按设计断面竣工木料以立方米计算,其后备长度及配置损耗已包括在子目内。

二、门窗工程计价工程量计算要点

(一)《计价定额》主要项目列项

1. 购入构件成品安装

(1) 铝合金门窗;(2) 塑钢门窗及塑钢、铝合金纱窗;(3) 彩板门窗;(4) 电子感应门及旋转门;(5) 卷帘门、拉栅门;(6) 成品木门。

2. 铝合金门窗制作安装

(1) 门;(2) 窗;(3) 无框玻璃门扇;(4) 门窗框包不锈钢板。

3. 木门、窗框扇制作

(1) 普通木窗;(2) 纱窗扇;(3) 工业木窗;(4) 木百叶窗;(5) 无框窗扇、圆形窗;(6) 半玻木门;(7) 镶板门;(8) 胶合板门;(9) 企口板门;(10) 纱门窗;(11) 全玻自由门、半截百叶门。

4. 装饰木门扇

(1) 细木工板实芯门扇;(2) 其他木门扇;(3) 门扇上包金属软包面。

5. 门窗五金配件安装

(1) 门窗特殊五金;(2) 铝合金窗五金配件;(3) 木门窗五金配件,附:铝合金门窗用料表。

(二) 说明要点

(1) 门窗工程分为购入构件成品安装,铝合金门窗制作安装,木门窗框、扇制作安装,装饰木门扇及门窗五金配件安装五部分。

(2) 购入构件成品安装门窗单价中,除地弹簧、门夹、管子、拉手等特殊五金外,玻璃及一般五金已包括在相应的成品单价中，一般五金的安装人工已包括在定额内，特殊五金和安装人工应按"门、窗配件安装"的相应子目执行。

(3) 铝台金门窗制作、安装。

① 铝合金门窗制作、安装是按在构件厂制作，现场安装编制的，但构件厂至现场的运输费用应按当地交通部门的规定运费执行(运费不进入取费基价)。

② 铝合金门窗制作型材分为普通铝合金型材和断桥隔热铝合金型材两种，应按设计分别套用相应子目。各种锅台金型材含量的取定定额仅为暂定。设计型材的含量与定额不符，应按设计用量加 6%制作损耗调整。

③ 铝合金门窗的五金应按"门、窗五金配件安装"另列项目计算。

④ 门窗框与墙或柱的连接是按镀锌铁脚、尼龙膨胀螺钉连接考虑的，设计不同，定额中的铁脚、螺栓应扣除，其他连接件另外增加。

(4) 木门、窗制作安装。

① 本章编制了一般木门窗制、安及成品木门框扇的安装，制作是按机械和手工操作综合编制的。

② 本章均以一、二类木种为准，如采用三、四类木种，分别乘以下系数：木门、窗制作人工和机械费乘以系数 1.30；木门、窗安装人工乘以系数 1.15。

③ 木材木种划分具体见《计价定额》。

④ 木材规格是按已成形的两个切断面规格料编制的，两个切断面以前的锯缝损耗按总说明规定应另外计算。

⑤ 本章中注明的木材断面或厚度均以毛料为准，如设计图纸注明的断面或厚度为净料时，应增加断面刨光损耗：一面刨光加 3 mm，两面刨光加 5 mm，圆木按直径增加5 mm。

⑥ 本章中的木材是以自然干燥条件下的木材编制的，需要烘干时，其烘干费用及损耗由各市确定。

⑦ 本章中门、窗框扇断面除注明者外均是按《木窗图集》苏 J73－2 常用项目断面编制的，其具体取定尺寸见《计价定额》表。

设计框、扇断面与定额不同时，应按比例换算。框料以边立框断面为准(框裁口处如为钉条者，应加贴条断面)，扇料以立挺断面为准。换算公式如下：

$$\frac{\text{设计断面积(净料加刨光损耗)}}{\text{定额断面积}}\times\text{相应子目材积}$$

或　(设计断面积－定额断面积)×相应子目框、扇每增减 10 cm^2 的材积

⑧ 胶合板门的基价是按四八尺(1 220 mm×2 440 mm)编制的，剩余的边角料残值已考虑回收，如建设单位供应胶合板，按两倍门扇数量张数供应，每张裁下的边角料全部退还给建设单位(但残值回收取消)。若使用三七尺(910 mm×2 130 mm)胶合板，定额基价应按括号内的含量换算，并相应扣除定额中的胶合板边角料残值回收值。

⑨ 门窗制作、安装的五金、铁件配件按"门窗五金配件安装"相应子目执行，安装人工已包括在相应定额内。设计门、窗玻璃品种、厚度与定额不符，单价应调整，数量不变。

⑩ 木质送、回风口的制作、安装按百叶窗定额执行。

⑪ 设计门、窗有艺术造型等有特殊要求时，因设计差异变化较大，其制作、安装应按实

际情况另行处理。

⑫ 本章节子目如涉及钢骨架或者铁件的制作安装，另行套用相应子目。

⑬ “门窗五金配件安装”子目中，五金规格、品种与设计不符时应调整。

(三) 工程量计算规则

(1) 购入成品的各种铝合金门窗安装，按门窗洞口面积以平方米计算；购入成品的木门扇安装，按购入门扇的净面积计算。

(2) 现场铝合金门窗扇制作、安装按门窗洞口面积以平方米计算。

(3) 各种卷帘门按实际制作面积计算，卷帘门上有小门时，其卷帘门工程量应扣除小门面积。卷帘门上的小门按扇计算，卷帘门上电动提升装置以套计算，手动装置的材料、安装人工已包括在定额内，不另增加。

(4) 无框玻璃门按其洞口面积计算。无框玻璃门中，部分为固定门扇、部分为开启门扇时，工程量应分开计算。无框门上带亮子时，其亮子与固定门扇合并计算。

(5) 门窗框上包不锈钢板均按不锈钢板的展开面积以平方米计算，木门扇上包金属面或软包面均以门扇净面积计算。无框玻璃门上亮子与门扇之间的钢骨架横撑(外包不锈钢板)，按横撑包不锈钢板的展开面积计算。

(6) 门窗扇包镀锌铁皮，按门窗洞口面积以平方米计算；门窗框包镀锌铁皮、钉橡皮条、钉毛毡按图示门窗洞口尺寸以延长米计算。

(7) 木门窗框、扇制作、安装工程量按以下规定计算：

① 各类木门窗(包括纱门、纱窗)制作、安装工程量均按门窗洞口面积以平方米计算。

② 连门窗的工程量应分别计算，套用相应门、窗定额，窗的宽度算至门框外侧。

③ 普通窗上部带有半圆窗的工程量应按普通窗和半圆窗分别计算，其分界线以普通窗和半圆窗之间的横框上边线为分界线。

④ 无框窗扇按扇的外围面积计算。

2.8.2.2 任务实施

【项目一:木结构工程】——计价工程量计算

根据项目内容及《计价定额》，该项目计价工程量计算详见表 2.8 - 16。

表 2.8 - 16 计价工程量计算表

序号	项目编码(定额编号)	项目名称	项目特征	单位	工程数量	工程量计算式
		G. 木结构工程				
1	9 - 65	木楼梯(含楼梯斜梁、踢脚板)制作、安装		10 m^2 水平投影面积	0.62	计算过程同清单工程量
2	17 - 92	楼梯刷防火漆两遍		10 m^2	1.43	6. 21 × 2. 3 (系数) = 14. 283 m^2
3	[17 - 24]—[17 - 29]	楼梯刷清漆漆两遍		10 m^2	1.43	6. 21 × 2. 3 (系数) = 14. 283 m^2

【项目二:门窗工程】——计价工程量计算

根据项目内容及《计价定额》,该项目计价工程量计算详见表 2.8－17。

表 2.8－17　计价工程量计算表

序号	项目编码（定额编号）	项目名称	项目特征	单位	工程数量	工程量计算式
		H. 门窗工程				
1	16－12	塑钢窗		10 m^2	3.46	2.4×1.8×8＝34.56 m^2

2.8.3　木结构与门窗工程清单组价

2.8.3.1　任务实施

【项目一:木结构工程】——清单组价

根据项目内容 2013《房屋建筑与装饰工程工程量计算规范》及《计价定额》等,该项目清单组价详见表 2.8－18。

表 2.8－18　分部分项工程综合单价分析表

项目编码		项目名称	计量单位	工程数量	综合单价	合价
010702004001		木楼梯	樘	6.21	495.5982	3077.665
清单综合单价组成	定额号	子目名称	单位	数量	单价	合价
	9－65	木楼梯(含楼梯斜梁、踢脚板)制作、安装	10 m^2水平投影面积	0.62	3 651.42	2 263.88
	17－92	楼梯刷防火漆两遍	10 m^2	1.43	189.95	271.628 5
	[17－24]—[17－29]	楼梯刷清漆漆两遍	10 m^2	1.43	423.97—44.84＝379.13	542.155 9

【项目二:门窗工程】——清单组价

根据项目内容 2013《房屋建筑与装饰工程工程量计算规范》及《计价定额》等,该项目清单组价详见表 2.8－19。

表 2.8－19　分部分项工程综合单价分析表

项目编码		项目名称	计量单位	工程数量	综合单价	合价
010807001001		金属(塑钢、断桥)窗	樘	8	1 429.901	11 439.21
清单综合单价组成	定额号	子目名称	单位	数量	单价	合价
	16－12	塑钢窗	10 m^2	3.46	3 306.13	11 439.21

任务九 屋面、防水及保温、隔热工程计量与计价

资源合集

项目引入

拓展资料

屋面工程

【项目一：平屋面工程】

某工程的平屋面及檐沟做法如图 2.9－1 所示，室外标高－0.3 m，计算屋面中找平层、找坡层、隔热层、防水层、排水管等的工程量。请根据上述条件按《房屋建筑与装饰工程工程量计算规范》(2013)及《计价定额》，完成屋面工程清单、计价工程量计算表以及综合单价分析表。(价格按《计价定额》中含税价格计取)

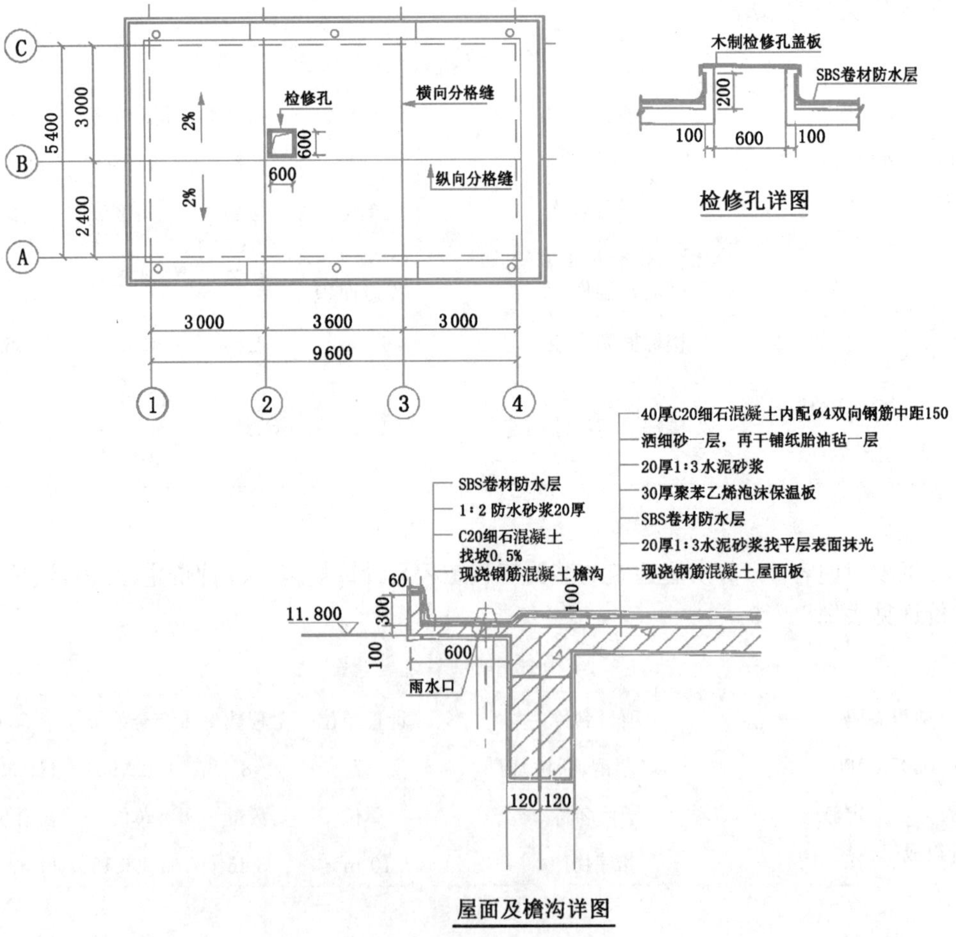

检修孔详图

屋面及檐沟详图

图 2.9－1

2.9.1　屋面、防水及保温、隔热工程清单工程量计算

2.9.1.1　任务相关知识点

一、2013《房屋建筑与装饰工程工程量计算规范》主要清单项目

表 2.9－1　瓦、型材及其他屋面主要清单项目及工程量计算规则

项目编码	项目名称	项目特征	计量单位	工程量计算规则
	J.1 瓦、型材及其他屋面			
010901001	瓦屋面	1. 瓦品种、规格 2. 黏结层砂浆的配合比	m^2	按设计图示尺寸以斜面积计算。不扣除房上烟囱、风帽底座、风道、小气窗、斜沟等所占面积。小气窗的出檐部分不增加面积
010901002	型材屋面	1. 型材品种、规格 2. 金属檩条材料品种、规格 3. 接缝、嵌缝材料种类		
010901003	阳光板屋面	1. 阳光板品种、规格 2. 骨架材料品种、规格 3. 接缝、嵌缝材料种类 4. 油漆品种、刷漆遍数		按设计图示尺寸以斜面积计算。 不扣除屋面面积≤0.3 m^2 孔洞所占面积
010901004	玻璃钢屋面	1. 玻璃钢品种、规格 2. 骨架材料品种、规格 3. 玻璃钢固定方式 4. 接缝、嵌缝材料种类 5. 油漆品种、刷漆遍数		
010901005	膜结构屋面	1. 膜布品种、规格 2. 支柱(网架)钢材品种、规格 3. 钢丝绳品种、规格 4. 锚固基座做法 5. 油漆品种、刷漆遍数		按设计图示尺寸以需要覆盖的水平投影面积计算

表 2.9－2　屋面防水及其他主要清单项目及工程量计算规则

项目编码	项目名称	项目特征	计量单位	工程量计算规则
	J.2 屋面防水及其他			
010902001	屋面卷材防水	1. 卷材品种、规格、厚度 2. 防水层数 3. 防水层做法	m^2	按设计图示尺寸以面积计算： 1. 斜屋顶(不包括平屋顶找坡)按斜面积计算，平屋顶按水平投影面积计算。 2. 不扣除房上烟囱、风帽底座、风道、屋面小气窗和斜沟所占面积。 3. 屋面的女儿墙、伸缩缝和天窗等处的弯起部分，并入屋面工程量内
010902002	屋面涂膜防水	1. 防水膜品种 2. 涂膜厚度、遍数 3. 增强材料种类		
010902003	屋面刚性层	1. 刚性层厚度 2. 混凝土种类 3. 混凝土强度等级 4. 嵌缝材料种类 5. 钢筋规格、型号		按设计图示尺寸以面积计算。不扣除房上烟囱、风帽底座、风道等所占面积
010902004	屋面排水管	1. 排水管品种、规格 2. 雨水斗、山墙出水口品种、规格 3. 接缝、嵌缝材料种类 4. 油漆品种、刷漆遍数	m	按设计图示尺寸以长度计算。如设计未标注尺寸，以檐口至设计室外散水上表面垂直距离计算
010902005	屋面排(透)气管	1. 排(透)气管品种、规格 2. 接缝、嵌缝材料种类 3. 油漆品种、刷漆遍数		按设计图示尺寸以长度计算
010902006	屋面(廊、阳台)吐水管	1. 吐水管品种、规格 2. 接缝、嵌缝材料种类 3. 吐水管长度 4. 油漆品种、刷漆遍数	根(个)	按设计图示数量计算
010902007	屋面天沟、檐沟	1. 材料品种、规格 2. 接缝、嵌缝材料种类	m^2	按设计图示尺寸以展开面积计算
010902008	屋面变形缝	1. 嵌缝材料种类 2. 止水带材料种类 3. 盖缝材料 4. 防护材料种类	m	按设计图示以长度计算

表 2.9－3　墙面防水、防潮主要清单项目及工程量计算规则

项目编码	项目名称	项目特征	计量单位	工程量计算规则
	J.3 墙面防水、防潮			
010903001	墙面卷材防水	1. 卷材品种、规格、厚度 2. 防水层数 3. 防水层做法	m^2	按设计图示尺寸以面积计算
010903002	墙面涂膜防水	1. 防水膜品种 2. 涂膜厚度、遍数 3. 增强材料种类		
010903003	墙面砂浆防水（防潮）	1. 防水层做法 2. 砂浆厚度、配合比 3. 钢丝网规格		
010903004	墙面变形缝	1. 嵌缝材料种类 2. 止水带材料种类 3. 盖缝材料 4. 防护材料种类	m	按设计图示以长度计算

表 2.9－4　楼(地)面防水、防潮主要清单项目及工程量计算规则

项目编码	项目名称	项目特征	计量单位	工程量计算规则
	J.4 楼(地)面防水、防潮			
010904001	楼(地)面卷材防水	1. 卷材品种、规格、厚度 2. 防水层数 3. 防水层做法 4. 反边高度	m^2	按设计图示尺寸以面积计算： 1. 楼(地)面防水。按主墙间净空面积计算，扣除凸出地面的构筑物、设备基础等所占面积，不扣除间壁墙及单个面积≤0.3 m^2柱、垛、烟囱和孔洞所占面积。 2. 楼(地)面防水反边高度≤300 mm 时算作地面防水，反边高度>300 mm 时算作墙面防水
010904002	楼(地)面涂膜防水	1. 防水膜品种 2. 涂膜厚度、遍数 3. 增强材料种类 4. 反边高度		
010904003	楼(地)面 砂浆防水（防潮）	1. 防水层做法 2. 砂浆厚度、配合比 3. 反边高度		
010904004	楼(地)面变形缝	1. 嵌缝材料种类 2. 止水带材料种类 3. 盖缝材料 4. 防护材料种类	m	按设计图示以长度计算

表 2.9－5　保温、隔热主要清单项目及工程量计算规则

<table>
<tr><th>项目编码</th><th>项目名称</th><th>项目特征</th><th>计量单位</th><th>工程量计算规则</th></tr>
<tr><td></td><td>K 保温、隔热、防腐工程</td><td></td><td></td><td></td></tr>
<tr><td></td><td>K.1 保温、隔热</td><td></td><td></td><td></td></tr>
<tr><td>011001001</td><td>保温、隔热屋面</td><td>1. 保温、隔热材料品种、规格、厚度
2. 隔气层材料品种、厚度
3. 黏结材料种类、做法
4. 防护材料种类、做法</td><td rowspan="5">m^2</td><td>按设计图示尺寸以面积计算。扣除面积＞0.3 m^2 孔洞及占位面积</td></tr>
<tr><td>011001002</td><td>保温、隔热天棚</td><td>1. 保温、隔热面层材料品种、规格、性能
2. 保温、隔热材料品种、规格及厚度
3. 黏结材料种类及做法
4. 防护材料种类及做法</td><td>按设计图示尺寸以面积计算。扣除面积＞0.3 m^2 上柱、垛、孔洞所占面积</td></tr>
<tr><td>011001003</td><td>保温、隔热墙面</td><td rowspan="2">1. 保温、隔热部位
2. 保温、隔热方式
3. 踢脚线、勒脚线保温做法
4. 龙骨材料品种、规格
5. 保温、隔热面层材料品种、规格、性能
6. 保温、隔热材料品种、规格及厚度
7. 增强网及抗裂防水砂浆种类
8. 黏结材料种类及做法
9. 防护材料种类及做法</td><td>按设计图示尺寸以面积计算：
扣除门窗洞口以及面积＞0.3 m^2 梁、孔洞所占面积；门窗洞口侧壁需作保温时，并入保温墙体工程量内</td></tr>
<tr><td>011001004</td><td>保温柱、梁</td><td>按设计图示尺寸以面积计算：
1. 柱按设计图示柱断面保温层中心线展开长度乘以保温层高度以面积计算，扣除面积＞ 0.3 m^2 梁所占面积。
2. 梁按设计图示梁断面保温层中心线展开长度乘以保温层长度以面积计算</td></tr>
<tr><td>011001005</td><td>保温、隔热楼地面</td><td>1. 保温、隔热部位
2. 保温、隔热材料品种、规格、厚度
3. 隔气层材料品种、厚度
4. 黏结材料种类、做法
5. 防护材料种类、做法</td><td>按设计图示尺寸以面积计算。扣除面积＞0.3 m^2 柱、垛、孔洞所占面积。门洞、空圈、暖气包槽、壁龛的开口部分不增加面积</td></tr>
</table>

续表

项目编码	项目名称	项目特征	计量单位	工程量计算规则
011001006	其他保温隔热	1. 保温、隔热部位 2. 保温、隔热方式 3. 隔气层材料品种、厚度 4. 保温、隔热面层材料品种、规格、性能 5. 保温、隔热材料品种、规格及厚度 6. 黏结材料种类及做法 7. 增强网及抗裂防水砂浆种类 8. 防护材料种类及做法		按设计图示尺寸以展开面积计算。扣除面积＞0.3 m^2孔洞及占位面积

表 2.9－6　防腐面层主要清单项目及工程量计算规则

项目编码	项目名称	项目特征	计量单位	工程量计算规则
	K.2 防腐面层			
011002001	防腐混凝土面层	1. 防腐部位 2. 面层厚度 3. 混凝土种类 4. 胶泥种类、配合比	m^2	按设计图示尺寸以面积计算： 1. 平面防腐：扣除凸出地面的构筑物、设备基础等以及面积＞0.3 m^2 平方米孔洞、柱、垛所占面积。 2. 立面防腐：扣除门、窗、洞口以及面积＞0.3 m^2孔洞、梁所占面积，门、窗、洞口侧壁、垛突出部分按展开面积并入墙面积内
011002002	防腐砂浆面层	1. 防腐部位 2. 面层厚度 3. 砂浆、胶泥种类、配合比	m^2	
011002003	防腐胶泥面层	1. 防腐部位 2. 面层厚度 3. 胶泥种类、配合比		
011002004	玻璃钢防腐面层	1. 防腐部位 2. 玻璃钢种类 3. 贴布材料的种类、层数 4. 面层材料品种		
011002005	聚氯乙烯板面层	1. 防腐部位 2. 面层材料品种、厚度 3. 黏结材料种类		按设计图示尺寸以面积计算： 1. 平面防腐：扣除凸出地面的构筑物、设备基础等以及面积＞0.3 m^2 孔洞、柱、垛所占面积。 2. 立面防腐：扣除门、窗、洞口以及面积＞0.3 m^2孔洞、梁所占面积，门、窗、洞口侧壁、垛突出部分按展开面积并入墙面积内
011002006	块料防腐面层	1. 防腐部位 2. 块料品种、规格 3. 黏结材料种类 4. 勾缝材料种类		
011002007	池、槽块料防腐 面层	1. 防腐池、槽名称、代号 2. 块料品种、规格 3. 黏结材料种类 4. 勾缝材料种类	m^2	按设计图示尺寸以展开面积计算

表 2.9－7　其他防腐主要清单项目及工程量计算规则

项目编码	项目名称	项目特征	计量单位	工程量计算规则
	K.3 其他防腐			
011003001	隔离层	1. 隔离层部位 2. 隔离层材料品种 3. 隔离层做法 4. 粘贴材料种类	m^2	按设计图示尺寸以面积计算： 1. 平面防腐：扣除凸出地面的构筑物、设备基础等以及面积>0.3 m^2 孔洞、柱、垛所占面积。 2. 立面防腐：扣除门、窗、洞口以及面积>0.3 m^2 孔洞、梁所占面积，门、窗、洞口侧壁、垛突出部分按展开面积并入墙面积内
011003002	砌筑沥青浸渍砖	1. 砌筑部位 2. 浸渍砖规格 3. 胶泥种类 4. 浸渍砖砌法	m^3	按设计图示尺寸以体积计算
011003003	防腐涂料	1. 涂刷部位 2. 基层材料类型 3. 刮腻子的种类、遍数 4. 涂料品种、刷涂遍数	m^2	按设计图示尺寸以面积计算： 1. 平面防腐：扣除凸出地面的构筑物、设备基础等以及面积>0.3m^2 孔洞、柱、垛所占面积。 2. 立面防腐：扣除门、窗、洞口以及面积>0.3 m^2 孔洞、梁所占面积，门、窗、洞口侧壁、垛突出部分按展开面积并入墙面积内

二、工程量计算规则及要点

(1) 瓦屋面，若是在木基层上铺瓦，项目特征不必描述黏结层砂浆的配合比；瓦屋面铺防水层按 I.2 屋面防水及其他中相关项目编码列项。

(2) 型材屋面、阳光板屋面、玻璃钢屋面的柱、梁、屋架，按工程量计算规范附录 F 金属结构工程，附录 G 屋面、防水及保温隔热工程中相关项目编码列项。

(3) 屋面刚性层防水，按屋面卷材防水、屋面涂膜防水项目编码列项；屋面刚性层无钢筋，其钢筋项目特征不必描述。

(4) 屋面找平层按工程量计算规范附录 L 楼地面装饰工程中“平面砂浆找平层”项目编码列项，屋面防水搭接及附加层用量不另行计算，在综合单价中考虑。

(5) 墙面防水搭接及附加层用量不另行计算，在综合单价中考虑。

(6) 墙面变形缝，若做双面，工程量乘以系数 2。

(7) 墙面找平层按工程量计算规范附录 L 墙、柱面装饰与隔断工程“立面砂浆找平层”项目编码列项。

(8) 楼(地)面防水找平层按工程量计算规范附录 K 楼地面装饰工程“平面砂浆找平层”

项目编码列项。

(9) 楼(地)面防水搭接及附加层用量不另行计算,在综合单价中考虑。

(10) 保温隔热装饰面层,按工程量计算规范附录K、L、M、N、O中相关项目编码列项;仅做找平层按工程量计算规范附录K中“平面砂浆找平层”或附录L“立面砂浆找平层”项目编码列项。

(11) 柱帽保温隔热应并入天棚保温隔热工程量内。池槽保温隔热应按其他保温隔热项目编码列项。保温隔热方式指内保温、外保温、夹心保温。

(12) 防腐踢脚线,应按工程量计算规范附录K中“踢脚线”项目编码列项。浸渍砖砌法指平砌、立砌。

2.9.1.2　任务实施

【项目一:平屋面工程】——清单工程量计算

根据项目内容及2013《房屋建筑与装饰工程工程量计算规范》,该项目清单工程量计算详见表2.9-8。

表2.9-8　清单工程量计算表

序号	项目编码(定额编号)	项目名称	项目特征	单位	工程数量	工程量计算式
		J. 屋面及防水工程				
1	010902001001	屋面卷材防水	1. SBS卷材防水层3 mm 2. 冷粘 3. 20厚1∶3水泥砂浆找平层表面抹光	m^2	89.18	平屋面部分 $S=(9.60+0.24)\times(5.40+0.24)-0.80\times0.80=54.86\ m^2$ 检修孔弯起:$0.80\times4\times0.20=0.64\ m^2$ 檐沟部分:$(9.84+5.64)\times2\times0.1+[(9.84+0.54)+(5.64+0.54)]\times2\times0.54+[(9.84+1.08)+(5.64+1.08)]\times2\times(0.3+0.06)=33.68\ m^2$ 合计 $89.18\ m^2$
2	010902003001	屋面刚性防水	屋面 1. 40厚C20细石混凝土 2. 高强APP嵌缝膏 3. 干铺纸胎油毡一层	m^2	54.86	$S=(9.60+0.24)\times(5.40+0.24)-0.80\times0.80=54.86\ m^2$
3	010902003002	屋面刚性防水	檐沟 1. 20厚1∶2防水砂浆 2. 高强APP嵌缝膏 3. 干铺纸胎油毡一层	m^2	20.98	$S=(9.84+5.64)\times2\times0.1+[(9.84+0.54)+(5.64+0.54)]\times2\times0.54=20.98\ m^2$

(续表)

序号	项目编码(定额编号)	项目名称	项目特征	单位	工程数量	工程量计算式
4	010902004001	屋面排水管	1. 白色 D110PVC 水落管 2. 白色 D110 水斗 3. D100 屋面铸铁落水口	m	73.2	$L=(11.80+0.1+0.3)\times 6=73.20$ m
		K. 保温、隔热、防腐工程				
5	011001001001	保温隔热屋面	30 厚聚苯乙烯泡沫保温板	m^2	54.86	同屋面刚性防水工程量
		L. 楼地面装饰工程				
6	011101006001	平面砂浆找平层	楼面一层,保温一层 20 厚 1∶3 水泥砂浆	m^2	109.72	$54.86\times 2=109.72$ m^2
7	011101003001	细石混凝土楼地面	C20 细石混凝土找坡	m^2	17.88	$[(9.84+0.54)+(5.64+0.54)]\times 2\times 0.54=17.88$ m^2

2.9.2 屋面、防水及保温、隔热工程计价工程量计算

2.9.2.1 任务相关知识点

一、《计价定额》主要项目列项

1. 屋面及防水工程

(1) 屋面防水。

① 瓦屋面及彩钢板屋面;② 卷材屋面;③ 屋面找平层;④ 刚性防水屋面;⑤ 涂膜屋面。

(2) 平、立面及其他防水。

① 涂刷油类;② 防水砂浆;③ 粘贴卷材纤维。

(3) 伸缩缝、止水带。

① 伸缩缝;② 盖缝;③ 止水带。

(4) 屋面排水。

① PVC 管排水;② 铸铁管排水;③ 玻璃钢管排水。

2. 保温隔热、防腐工程

(1) 保温、隔热工程。

① 屋面楼地面;② 墙柱天棚及其他。

(2) 防腐工程。

① 整体面层;② 平面砌块料面层;③ 沟池、沟槽砌块料;④ 耐酸防腐涂料;⑤ 烟囱、烟

道内涂刷隔绝层。

二、说明要点

1. 屋面及防水工程

(1) 屋面防水分为瓦、卷材、刚性和涂膜四部分。

① 瓦材规格与定额不同时，瓦的数量可以换算，其他不变。换算公式：

[10 m^2/(瓦有效长度×有效宽度)]×1.025(操作损耗)

② 油毡卷材屋面包括刷冷底子油一遍，但不包括天沟、泛水、屋脊、檐口等处的附加层在内，其附加层应另行计算。其他卷材屋面均包括附加层。

③ 计价定额以石油沥青、石油沥青玛碲脂为准，设计使用煤沥青、煤沥青玛碲脂，按实调整。

④ 冷胶"二布三涂"项目，其"三涂"是指涂膜构成的防水层数，并非指涂刷遍数，每一涂层的厚度必须符合规范(每一涂层刷二至三遍)要求。

⑤ 高聚物、高分子防水卷材粘贴，实际使用的黏结剂与本定额不同，单价可以换算，其他不变。

(2) 平、立面及其他防水是指楼地面及墙面的防水，分为涂刷、砂浆和粘贴卷材三部分，既适用于建筑物(包括地下室)又适用于构筑物。各种卷材的防水层均已包括刷冷底子油一遍和立、平面交界处的附加层工料在内。

(3) 在黏结层上单撒绿豆砂者(定额中已包括绿豆砂的项目除外)，每 10 m^2 铺洒面积增加 0.066 工日。绿豆砂 0.078 t。

(4) 伸缩缝、盖缝项目中，除已注明规格可调整外，其余项目均不调整。

(5) 无分格缝的屋面找平层按第十三章相应子目执行。

2. 保温、隔热、防腐工程

(1) 外墙聚苯颗粒保温系统，根据设计要求套用相应的工序。

(2) 凡保温、隔热工程用于地面时，增加电动夯实机 0.04 台班/m^3。

(3) 整体面层和平面砌块料面层，适用于楼地面、平台的防腐面层。整体面层厚度、砌块料面层的规格、结合层厚度、灰缝宽度、各种胶泥、砂浆、混凝土的配合比，设计与定额不同应换算，但人工、机械不变。

块料贴面结合层厚度、灰缝宽度取定如下：

树脂胶泥、树脂砂浆结合层 6 mm，灰缝宽度 3 mm；

水玻璃胶泥、水玻璃砂浆结合层 6 mm，灰缝宽度 4 mm；

硫黄胶泥、硫黄砂浆结合层 6 mm，灰缝宽度 5 mm；

花岗岩及其他条石结合层 15 mm，灰缝宽度 8 mm。

(4) 块料面层以平面砌为准，立面砌时按平面砌的相应子目人工乘以系数 1.38，踢脚板人工乘以系数 1.56，块料乘以系数 1.01，其他不变。

(5) 本章中浇捣混凝土的项目需立模时，按混凝土垫层项目的含模量计算，按带形基础定额执行。

三、工程量计算规则

(1) 瓦屋面按图示尺寸的水平投影面积乘以屋面坡度延长系数 C(见表 2.9 - 9)以平方

米计算(瓦出线已包括在内),不扣除房上烟囱、风帽底座、风道、屋面小气窗、斜沟等所占面积,屋面小气窗的出檐部分也不增加。

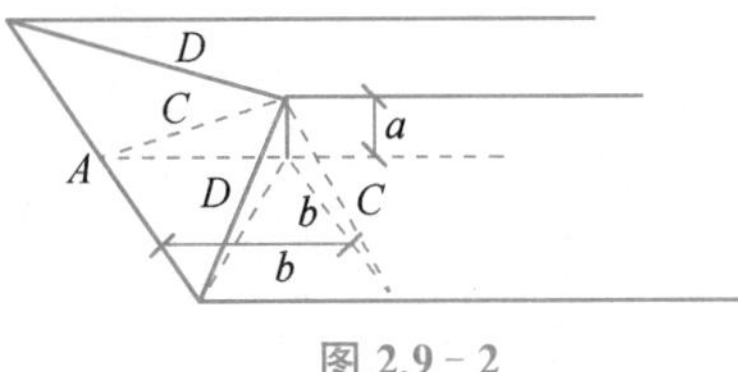

图 2.9-2

(2) 瓦屋面的屋脊、蝴蝶瓦的檐口花边、滴水应另列项目按延长米计算,四坡屋面斜脊长度按图 2.9-2 中的“b”乘以隅延长系数 D(见表 2.9-9)以延长米计算,山墙泛水长度$=A\times C$,瓦穿铁丝、钉铁钉、水泥砂浆粉挂瓦条按每 10 m² 斜面积计算。

表 2.9-9 屋面坡度延长米系数表

坡度比例$\frac{a}{b}$	角度 θ	延长系数 C	隅延长系数 D
$\frac{1}{1}$	45°	1.414 2	1.732 1
$\frac{1}{1.5}$	33°40′	1.201 5	1.562 0
$\frac{1}{2}$	26°34′	1.118 0	1.500 0
$\frac{1}{2.5}$	21°48′	1.077 0	1.469 7
$\frac{1}{3}$	18°26′	1.054 1	1.453 0

注:屋面坡度大于45°时,按设计斜面积计算。

(3) 彩钢夹芯板、彩钢复合板屋面按实铺面积以平方米计算,支架、槽铝、角铝等均包含在定额内。

(4) 彩板屋脊、天沟、泛水、包角、山头按设计长度以延长米计算,堵头已包含在定额内。

(5) 卷材屋面工程量按以下规定计算。

① 卷材屋面按图示尺寸的水平投影面积乘以规定的坡度系数以平方米计算,但不扣除房上烟囱,风帽底座、风道所占面积。女儿墙、伸缩缝、天窗等处的弯起高度按图示尺寸计算并入屋面工程量内;如图纸无规定时,伸缩缝、女儿墙的弯起高度按 250 mm 计算,天窗弯起高度按 500 mm 计算并入屋面工程量内;檐沟、天沟按展开面积并入屋面工程量内。

② 油毡屋面均不包括附加层在内,附加层按设计尺寸和层数另行计算。

③ 其他卷材屋面已包括附加层在内,不另行计算;收头、接缝材料已列入定额内。

(6) 涂膜屋面工程量计算同卷材屋面。屋面刚性防水按设计图示尺寸以面积计算,不扣除房上烟囱、风帽底座、风道所占面积。

(7) 平、立面防水工程量按以下规定计算:

① 涂刷油类防水按设计涂刷面积计算。

② 防水砂浆防水按设计抹灰面积计算、扣除凸出地面的构筑物、设备基础及室内铁道所占的面积。不扣除附墙垛、柱、间壁墙、附墙烟囱及 0.3 m² 以内孔洞所占面积。

③ 粘贴卷材、布类

a. 平面:建筑物地面、地下室防水层按主墙(承重墙)间净面积以平方米计算,扣除凸出地面的构筑物、柱、设备基础等所占面积,不扣除附墙垛、间壁墙、附墙烟囱及 0.3 m² 以内孔洞所占面积。与墙间连接处高度在 300 mm 以内者，按展开面积计算并入平面工程量内，超过 300 mm 时，按立面防水层计算。

b. 立面：墙身防水层按图示尺寸扣除立面孔洞所占面积（0.3 m^2 以内孔洞不扣）以平方米计算。

c. 构筑物防水层按设计图示尺寸以面积计算，不扣除 0.3 m^2 以内孔洞面积。

（8）伸缩缝、盖缝、止水带按延长米计算，外墙伸缩缝在墙内、外双面填缝者，工程量应按双面计算。

（9）屋面排水工程量按以下规定计算：

① 玻璃钢、PVC、铸铁水落管、檐沟均按图示尺寸以延长米计算。水斗、女儿墙弯头、铸铁落水口（带罩）均按只计算。

② 阳台 PVC 管通水落管按只计算。每只阳台出水口至水落管中心线斜长按 1m 计（内含两只 135°弯头，1 只异径三通）。

（10）保温、隔热工程量按以下规定计算：

① 保温、隔热层按隔热材料净厚度（不包括胶结材料厚度）乘以实铺面积按立方米计算。

② 地墙隔热层，按围护结构墙体内净面积计算，不扣除 0.3 m^2 以内孔洞所占的面积。

③ 软木、聚苯乙烯泡沫板铺贴平顶以图示长乘以宽乘厚的体积以立方米计算。

④ 外墙聚苯乙烯挤塑板外保温、外墙聚苯颗粒保温砂浆、屋面架空隔热板、保温隔热砖、瓦、天棚保温（沥青贴软木除外）层，按设计图示尺寸以面积计算。

⑤ 墙体隔热：外墙按隔热层中心线，内墙按隔热层净长乘以图示尺寸的高度（如图纸无注明高度时，则下部由地坪隔热层起算，带阁楼时算至阁楼板顶面止；无阁楼时则算至檐口）及厚度以立方米计算，应扣除冷藏门洞口和管道穿墙洞口所占的体积。

⑥ 门口周围的隔热部分，按图示部位，分别套用墙体或地坪的相应定额以立方米计算。

⑦ 软木、泡沫塑料板铺贴柱帽、梁面，以图示尺寸按立方米计算。

⑧ 梁头、管道周围及其他零星隔热工程，均按实际尺寸以立方米计算，套用柱帽、梁面定额。

⑨ 池槽隔热层按图示池槽保温、隔热层的长、宽及厚度以立方米计算，其中池壁按墙面计算，池底按地面计算。

⑩ 包柱隔热层，按图示柱的隔热层中心线的展开长度乘以图示尺寸高度及厚度以立方米计算。

⑪ 防腐工程项目应区分不同防腐材料种类及厚度，按设计图示尺寸以面积计算，应扣除凸出地面的构筑物、设备基础所占的面积。砖垛等突出墙面部分按展开面积计算，并入墙面防腐工程量内。

⑫ 踢脚板按设计图示尺寸以面积计算，应扣除门洞所占面积，并相应增加侧壁展开面积。

⑬ 平面砌筑双层耐酸块料时，按单层面积乘以系数 2.0 计算。

⑭ 防腐卷材接缝附加层收头等工料，已计入定额中，不另行计算。

⑮ 烟囱内表面涂抹隔绝层，按筒身内壁的面积计算，并扣除孔洞面积。

2.9.2.2　任务实施

【项目一：平屋面工程】——计价工程量计算

根据项目内容及《计价定额》，该项目计价工程量计算详见表 2.9－10。

表 2.9-10　计价工程量计算表

序号	项目编码（定额编号）	项目名称	项目特征	单位	工程数量	工程量计算式
		J. 屋面及防水工程				
1	10-30	SBS 改性沥青防水卷材冷黏法单层		10 m^2	8.918	同清单工程量
2	10-77	40 厚 C20 细石混凝土		10 m^2	5.486	同清单工程量
3	[10-75]—[10-76]	20 厚 1∶2 防水砂浆找平层		10 m^2	2.098	同清单工程量
4	10-202	D110PVC 水落管		10 m	7.32	同清单工程量
	10-206	D110 水斗		个	0.6	6 个
	10-214	D100 屋面铸铁落水口		个	0.6	6 个
		K. 保温、隔热、防腐工程				
5	11-15	30 厚聚苯乙烯泡沫保温板		10 m^2	5.486	同屋面刚性防水工程量
		L. 楼地面装饰工程				
6	10-72	1∶3 水泥砂浆找平层		10 m^2	10.972	同清单工程量
7	[13-18]—[13-19]×3	C20 细石混凝土找坡		10 m^2	1.798	同清单工程量

2.9.3　屋面、防水及保温、隔热工程清单组价

2.9.3.1　任务实施

【项目一:平屋面工程】——清单组价

根据项目内容 2013《房屋建筑与装饰工程工程量计算规范》及《计价定额》等，该项目清单组价详见下表。

分部分项工程综合单价分析表

序号	项目编码（定额编号）	项目名称	项目特征	单位	工程数量	综合单价	合价
		J. 屋面及防水工程					
1	010902001001	屋面卷材防水	1. SBS 卷材防水层 3 mm 2. 冷粘 3. 20 厚 1∶3 水泥砂浆找平层表面抹光	m^2	89.18	52.231	4 657.96

续表

序号	项目编码（定额编号）	项目名称	项目特征	单位	工程数量	综合单价	合价
	10-30	SBS改性沥青防水卷材冷粘法单层		m^2	8.918	522.31	4 657.96
2	010902003001	屋面刚性防水	屋面 1. 40厚C20细石混凝土 2. 高强APP嵌缝膏 3. 干铺纸胎油毡一层	m^2	54.86	41.707	2 288.05
	10-77	40厚C20细石混凝土		10 m^2	5.486	417.07	2 288.05
3	010902003002	屋面刚性防水	檐沟 1. 20厚1∶2防水砂浆 2. 高强APP嵌缝膏 3. 干铺纸胎油毡一层	m^2	20.98	20.979	440.14
	[10-75]—[10-76]	20厚1∶2防水砂浆找平层		10 m^2	2.098	247.24—37.45=209.79	440.14
4	010902004001	屋面排水管	1. 白色D110PVC水落管 2. 白色D110水斗 3. D100屋面铸铁落水口	m	73.2	43.67	3 196.80
	10-202	D110PVC水落管		10 m	7.32	364.58	2 668.73
	10-206	D110水斗		个	0.6	422.04	253.22
	10-214	D100屋面铸铁落水口		个	0.6	458.09	274.85
		K. 保温、隔热、防腐工程					
5	011001001001	保温隔热屋面	30厚聚苯乙烯泡沫保温板	m^2	54.86	25.211	1 383.08
	11-15换	30厚聚苯乙烯泡沫保温板		10 m^2	5.486	252.11	1 383.08

续表

序号	项目编码（定额编号）	项目名称	项目特征	单位	工程数量	综合单价	合价
		L. 楼地面装饰工程					
6	011101006001	平面砂浆找平层	楼面一层，保温一层 20 厚 1∶3 水泥砂浆	m^2	109.72	16.619	1 823.44
	10-72	1∶3 水泥砂浆找平层		10 m^2	10.972	166.19	1 823.44
7	011101003001	细石混凝土楼地面	C20 细石混凝土找坡	m^2	17.88	13.779	246.37
	[13-18]—[13-19]×3	C20 细石混凝土找坡		10 m^2	1.788	206.97—23.06×3=137.79	246.37

技能训练与拓展

习　题

在线答题

屋面工程

1. 如习题图 2.9-1 所示为某工程的坡屋面图，请根据上述条件按《房屋建筑与装饰工程工程量计算规范》(2013)及《计价定额》，完成屋面工程清单、计价工程量计算表以及综合单价分析表。(价格按《计价定额》中含税价格计取)

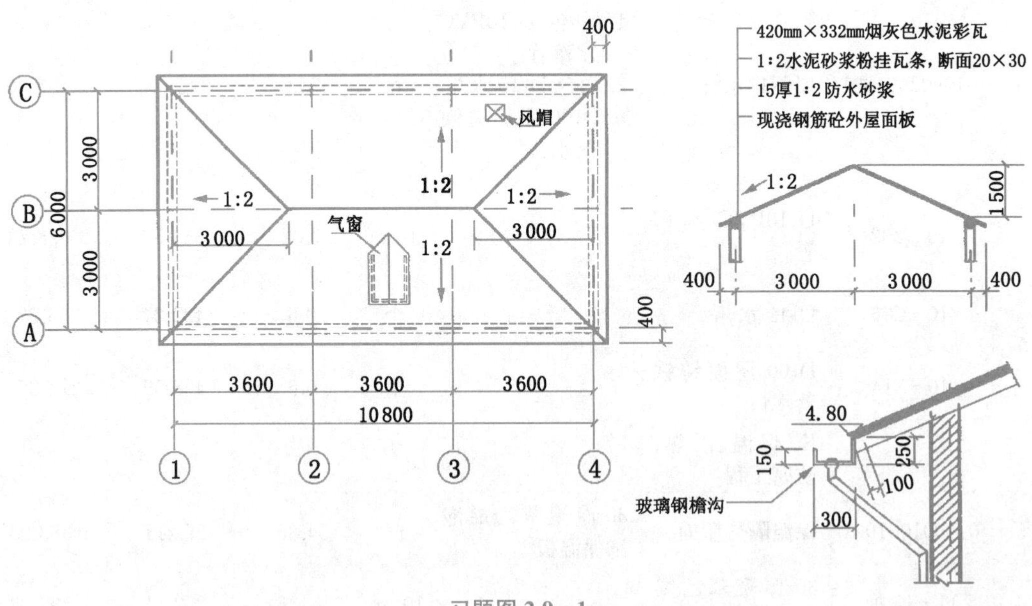

习题图 2.9-1

任务十 钢筋工程计量与计价

资源合集

项目引入

【项目一：框架梁钢筋工程】

框架梁 KL1，如图 2.10－1 所示，混凝土强度等级为 C30，二级抗震设计，钢筋定尺为 8 m，当梁通筋 $d>22$ mm 时，选择焊接接头，单面焊，柱的断面均为 500 mm×500 mm 梁、柱保护层厚度为25 mm，次梁断面 200 mm×300 mm。请根据 16G101－1 平法制图规则计算该框架梁中所有的钢筋质量（钢筋理论质量Φ 25＝3.85 kg/m，Φ 18＝1.998 kg/m，ϕ10＝0.617 kg/m）请根据上述条件按《房屋建筑与装饰工程工程量计算规范》(2013)及《计价定额》，完成钢筋工程清单、计价工程量计算表以及综合单价分析表。（价格按《计价定额》中含税价格计取）

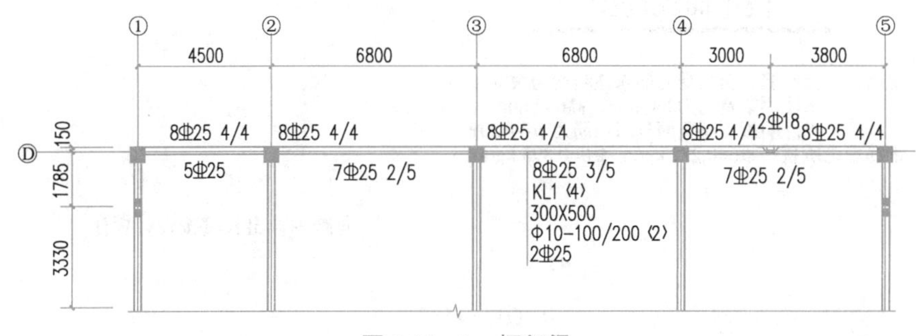

图 2.10－1 框架梁

软件三维模型

梁钢筋

【项目二：有梁板钢筋工程】

某现浇 C30 砼有梁板楼板平面配筋图如图 2.10－2 所示，计算该楼面板钢筋总用量，其中板厚 100 mm，梁截面尺寸为 250×500，柱截面尺寸为 250×250，梁和板的钢筋保护层为 15 mm，板底部设置双向受力筋，板支座上部非贯通纵筋原位标注值为支座中心线向跨内的伸出长度，其余请根据 16G101－1 图集相关规定计算。板筋计算根数时如有小数时，均为向上取整计算根数。钢筋长度计算保留三位小数；重量保留两位小数。温度筋、马凳筋、搭接等不计。请根据上述条件按《房屋建筑与装饰工程工程量计算规范》(2013)及《计价定额》，完成钢筋工程清单、计价工程量计算表以及综合单价分析表。（价格按《计价定额》中含税价格计取）

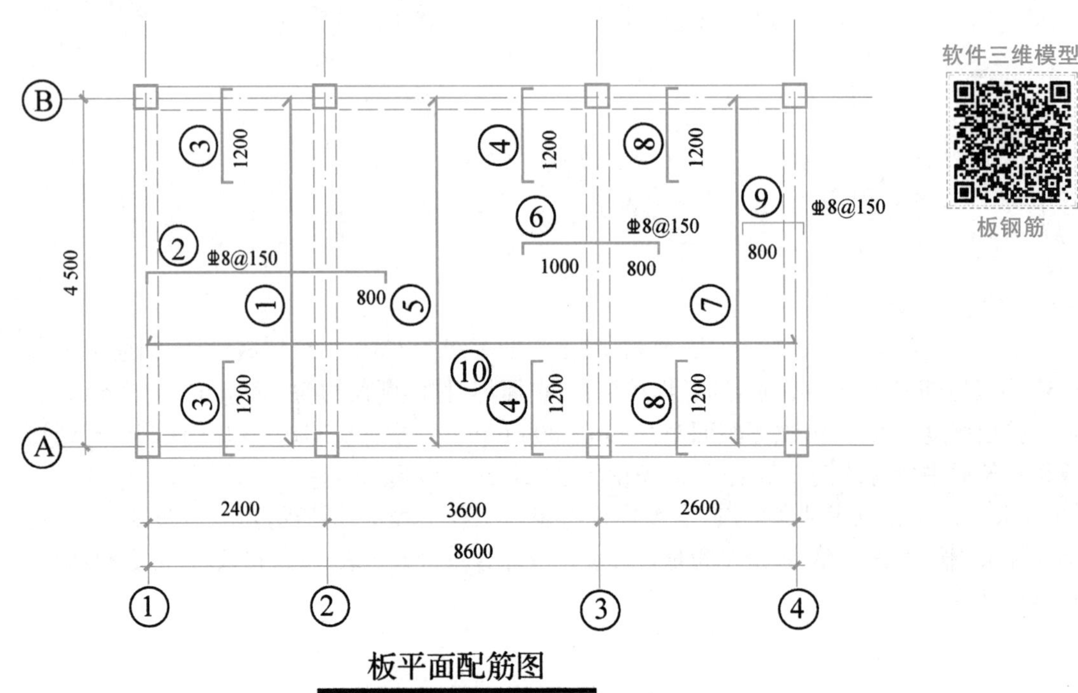

说明：1. 板底筋、负筋受力筋未注明均为 ⌀8@200
2. 未注明梁宽均为250 mm，高600 mm
3. 未注明板支座负筋分布钢筋为 ϕ6@200
钢筋理论质量：ϕ6=0.222 kg/m, ⌀8=0.395 kg/m

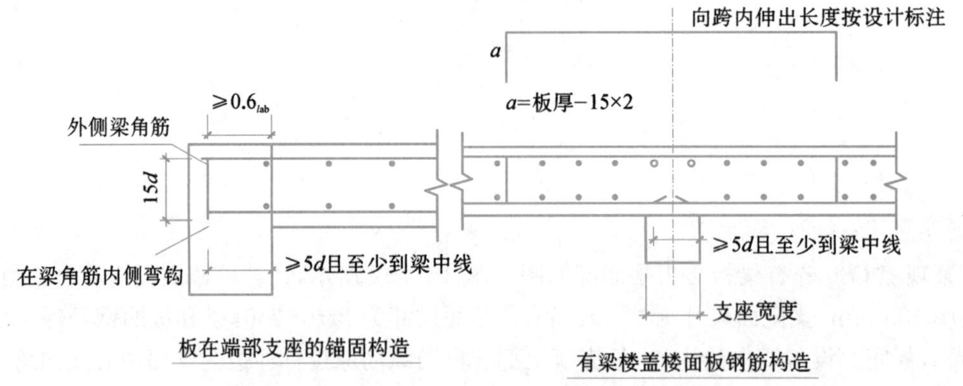

图 2.10－2　板平面配筋图

2.10.1　钢筋工程清单工程量计算

2.10.1.1　任务相关知识点

一、2013《房屋建筑与装饰工程工程量计算规范》主要清单项目

表 2.10－1　钢筋工程主要清单项目及工程量计算规则

项目编码	项目名称	项目特征	计量单位	工程量计算规则
	E.15 钢筋工程			
010515001	现浇构件钢筋	钢筋种类、规格	t	按设计图示钢筋(网)长度(面积)乘以单位理论质量计算
010515002	预制构件钢筋			
010515003	钢筋网片			
010515004	钢筋笼			
010515005	先张法预应力钢筋	1. 钢筋种类、规格 2. 锚具种类	t	按设计图示钢筋长度乘以单位理论质量计算
010515006	后张法预应力钢筋	1. 钢筋种类、规格 2. 钢丝种类、规格 3. 钢绞线种类、规格 4. 锚具种类 5. 砂浆强度等级		按设计图示钢筋(丝束、绞线)长度乘单位理论质量计算。 1. 低合金钢筋两端均采用螺杆锚具时，钢筋长度按孔道长度减 0.35 m 计算，螺杆另行计算； 2. 低合金钢筋一端采用镦头插片、另一端采用螺杆锚具时，钢筋长度按孔道长度计算，螺杆另行计算； 3. 低合金钢筋一端采用镦头插片、另一端采用帮条锚具时，钢筋增加 0.15 m 计算；两端均采用帮条锚具时，钢筋长度按孔道长度增加0.3 m计算； 4. 低合金钢筋采用后张混凝土自锚时，钢筋长度按孔道长度增加 0.35 m 计算；
010515007	预应力钢丝			

续表

项目编码	项目名称	项目特征	计量单位	工程量计算规则
010515008	预应力钢绞线			5. 低合金钢筋(钢绞线)采用JM、XM、QM型锚具,孔道长度≤20 m时,钢筋长度增加1m计算;孔道长度>20 m时,钢筋长度增加1.8 m计算; 6. 碳素钢丝采用锥形锚具,孔道长度≤20 m时,钢丝束长度按孔道长度增加 1 m计算,孔道长度>20 m时,钢丝束长度按孔道长度增加1.8 m计算; 7. 碳素钢丝采用镦头锚具时,钢丝束长度按孔道长度增加0.35 m计算
010515009	支撑钢筋(铁马)	1. 钢筋种类 2. 规格		按钢筋长度乘以单位理论质量计算
010515010	声测管	1. 材质 2. 规格型号		按设计图示尺寸质量计算

表 2.10-2 螺栓、铁件主要清单项目及工程量计算规则

项目编码	项目名称	项目特征	计量单位	工程量计算规则
	E.16 螺栓、铁件			
010516001	螺栓	1. 螺栓种类 2. 规格	t	按设计图示尺寸以质量计算
010516002	预埋铁件	1. 钢材种类 2. 规格 3. 铁件尺寸	t	
010516003	机械连接	1. 连接方式 2. 螺纹套筒种类 3. 规格	个	按数量计算

二、工程量计算规则及要点

图片集

钢筋工程

(1) 钢筋工程量按图示钢筋长度乘以单位理论质量计算。

(2) 现浇构件中伸出构件的锚固钢筋应并入钢筋工程量内。除设计(包括规范规定)标明的搭接外,其他施工搭接不计算工程量,在综合单价中考虑。

(3) 现浇构件中固定位置的支撑钢筋、双层钢筋用的“铁马”在编制工程量清单时,其工程数量可为暂估量,结算时按现签证数量计算。

三、主要构件钢筋工程量的计算

1. 柱平法施工图的识读

建筑结构施工图平面整体设计方法,简称平法。平法的表达形式,概括来讲,是把

结构构件的尺寸和配筋等，按照平面整体表示方法制图规则，整体直接表达在各类构件的结构平面布置图上，再与标准构造详图相配合，即构成一套新型完整的结构设计。这种制图方法相对于传统的结构施工图在绘制时简化了图纸的数量，但是在识读时要注意与相关图集配合使用。例如在柱的平法施工图识图过程中就需要使用其中图集号为 16G101－1 的混凝土结构施工平面整体表示方法制图规则和构造详图（后面简称 16G101－1）。

平法图中柱的表示方法采用列表注写方式或截面注写方式。列表注写方式如表 2.10－3和表 2.10－4 所示。

表 2.10－3　柱表

柱号	标高	$b\times h$	全部纵筋	角筋	b 边一侧中部筋	h 边一侧中部筋	箍筋类型号	箍筋
KZ1	－0.03－10.77	650×600		4⏀22	5⏀22	4⏀20	1(4×4)	ϕ10@100/200

表 2.10－4　结构层楼面标高及结构层高

4	10.77	
3	7.17	3.6
2	3.57	3.6
1	－0.03	3.6
层号	标高	层高/m

表 2.10－3 中所表示的是构件框架柱（KZ1），柱截面尺寸为 650 mm×600 mm，柱内纵筋共 22 根（4＋5×2＋4×2＝22），箍筋为 4 肢箍，加密区间距为 100 mm，非加密区间距为200 mm。从表 2.10－4 中得知该框架柱从首层到第四层布置，每层层高均为 3.6 m。

在读图的过程中构件的保护层厚度、受拉钢筋的锚固长度等数据在图纸中无法读到，这需要配合使用 16G101－1。如表 2.10－5 和表 2.10－6 所示。

表 2.10－5　混凝土保护层的最小厚度(mm)

环境类别		板、墙	梁、柱
一		15	20
二	a	20	25
	b	25	35
三	a	30	40
	b	40	50

表 2.10－6　受拉钢筋基本锚固长度 L_{ab}、L_{abE}

钢筋种类	抗震等级	混凝土强度等级								
		C20	C25	C30	C35	C40	C45	C50	C55	>C60
HPB300	一、二级(L_{abE})	45d	39d	35d	32d	29d	28d	26d	25d	24d
	三级(L_{abE})	41d	36d	32d	29d	26d	25d	24d	23d	22d
	四级(L_{abE}) 非抗震(L_{ab})	39d	34d	30d	28d	25d	24d	23d	24d	21d
HRB335 HRBF335	一、二级(L_{abE})	44d	38d	33d	31d	29d	26d	25d	24d	24d
	三级(L_{abE})	40d	35d	31d	28d	26d	24d	23d	22d	22d
	四级(L_{abE}) 非抗震(L_{ab})	38d	33d	29d	27d	25d	23d	22d	21d	21d
HRB400 HRBF400 RRB400	一、二级(L_{abE})	—	46d	40d	37d	33d	32d	31d	30d	29d
	三级(L_{abE})	—	42d	37d	34d	30d	29d	28d	27d	26d
	四级(L_{abE}) 非抗震(L_{ab})	—	40d	35d	32d	29d	28d	27d	26d	25d
HRB500 HRBF500	一、二级(L_{abE})	—	55d	49d	45d	41d	39d	37d	36d	35d
	三级(L_{abE})	—	50d	45d	41d	38d	36d	34d	33d	32d
	四级(L_{abE}) 非抗震(L_{ab})	—	48d	43d	39d	36d	34d	32d	31d	30d

表 2.10－7　受拉钢筋锚固长度 l_a

钢筋种类	混凝土强度等级																
	C20	C25		C30		C35		C40		C45		C50		C55		>C60	
	d≤25	d≤25	d>25	d≤25	d>25	d≤25	d>25	d≤25	d>25	d≤25	d>25	d≤25	d>25	d≤25	d>25	d≤25	d>25
HPB300	39d	34d	—	30d	—	28d	—	25d	—	24d	23d	—	22d	—	21d	—	
HRB335、 HRBF335	38d	33d	—	29d	—	27d	—	25d	—	23d	—	22d		21d	—	21d	—
HRB400、 HRBF400 RRB400	—	40d	44d	35d	39d	32d	35d	29d	32d	28d	31d	27d	30d	26d	29d	25d	28d
HRB500、 HRBF500	—	48d	53d	43d	47d	39d	43d	36d	40d	34d	37d	32d	35d	31d	34d	30d	33d

表 2.10－8　受拉钢筋抗震锚固长度 l_{aE}

钢筋种类及抗震等级		混凝土强度等级																
		C20	C25		C30		C35		C40		C45		C50		C55		>C60	
		$d\leqslant25$	$d\leqslant25$	$d>25$	$d\leqslant25$	$d>25$	$d\leqslant25$	$d>25$	$d\leqslant25$	$d>25$	$d\leqslant25$	$d>25$	$d\leqslant25$	$d>25$	$d\leqslant25$	$d>25$	$d\leqslant25$	$d>25$
HPB300	一、二级	45*d*	39*d*	—	35*d*	—	32*d*	—	29*d*	—	28*d*	—	26*d*	—	25*d*	—	24*d*	—
	三级	41*d*	36*d*	—	32*d*	—	29*d*	—	26*d*	—	25*d*	—	24*d*	—	23*d*	—	22*d*	—
HRB335 HRBF335	一、二级	44*d*	38*d*	—	33*d*	—	31*d*	—	29*d*	—	26*d*	—	25*d*	—	24*d*	—	24*d*	—
	三级	40*d*	35*d*	—	30*d*	—	28*d*	—	26*d*	—	24*d*	—	23*d*	—	22*d*	—	22*d*	—
HRB400 HRBF400	一、二级	—	46*d*	51*d*	40*d*	45*d*	37*d*	40*d*	33*d*	37*d*	32*d*	36*d*	31*d*	35*d*	30*d*	33*d*	29*d*	32*d*
	三级	—	42*d*	46*d*	37*d*	41*d*	34*d*	37*d*	30*d*	34*d*	29*d*	33*d*	28*d*	32*d*	27*d*	30*d*	26*d*	29*d*
HRB500 HRBF500	一、二级	—	55*d*	61*d*	49*d*	54*d*	45*d*	49*d*	41*d*	46*d*	39*d*	43*d*	37*d*	40*d*	36*d*	39*d*	35*d*	38*d*
	三级	—	50*d*	56*d*	45*d*	49*d*	41*d*	45*d*	38*d*	42*d*	36*d*	39*d*	34*d*	37*d*	33*d*	36*d*	32*d*	35*d*

钢筋工程量应区别现浇构件、预制构件、加工厂预制构件、电焊网片等以及不同规格，分别按设计展开长度乘理论质量以吨计算。所以，在计算钢筋工程量的时候，首先也是关键的一步就是计算钢筋的长度，然后将计算出来的不同级别的钢筋总长度乘以相应的单位长度理论质量计算出钢筋的总重量。

2. 柱钢筋计算基本方法

(1) 单根纵筋长度计算方法。

柱内纵筋在计算时首先要判断柱的类型，是角柱、边柱还是中柱。如果是中柱，则柱内所有纵筋长度均相同；如果是角柱或边柱，则要判断其中有哪些纵筋在柱的外侧，它们的长度在顶层的锚固长度与内侧纵筋长度不同，应分别计算。下面介绍纵筋在各层计算时的常用公式。如图 2.10－3 所示。

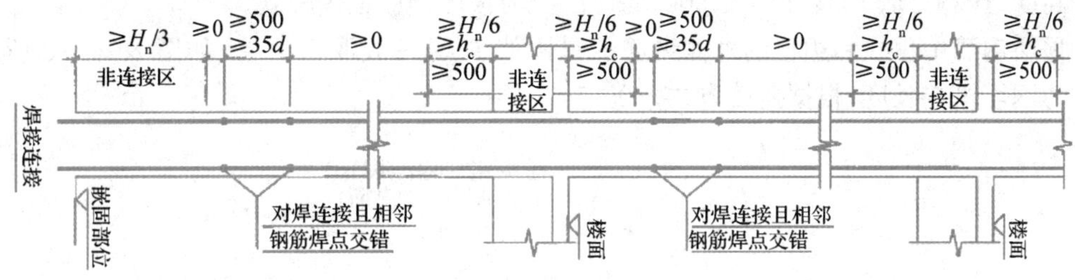

图 2.10－3　KZ 纵向钢筋连接构造

基础插筋的弯折长度根据 16G101－3 图集，如图 2.10－4 所示，当基础底板厚度＞L_{aE}时，基础弯折长度取 Max{6*d*，150}，当基础底板厚度＜L_{aE}时，基础弯折长度取 15*d*。

① $L_{基础插筋}=H_j-C+A(\text{Max}\{6d,150\}或15d)+H_n/3$　　(2.10－1)

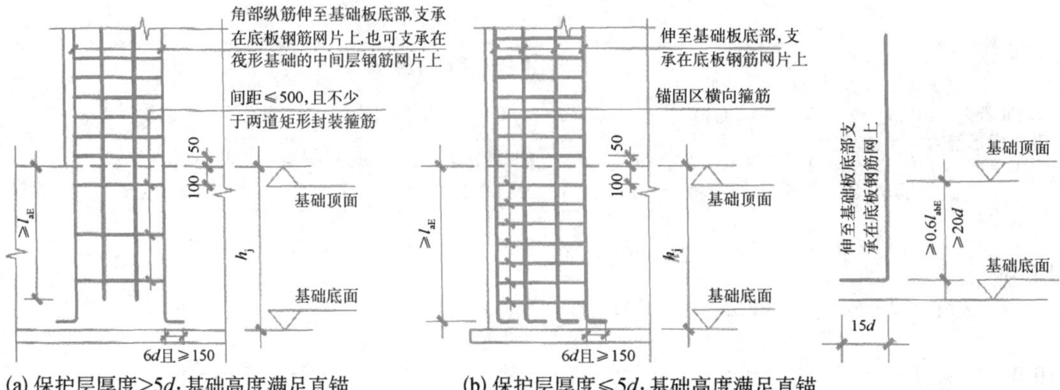

(a) 保护层厚度>5d;基础高度满足直锚　(b) 保护层厚度≤5d;基础高度满足直锚

图 2.10-4　基础插筋的弯折长度

式中 $L_{基础插筋}$ 为基础插筋长度;H_j 为基础厚度;C 为保护层厚度;A 为基础插筋弯折长度,计算时取 Max{6d,150}或 15d,d 为钢筋直径;$H_n/3$ 为基础钢筋伸出上层的长度,其中 H_n 为柱净高,即层高扣除梁高。以上单位均为 mm。

② $L_{首层纵向钢筋}=H-H_n/3+H_{伸出}(\text{Max}\{H_n/6,500,h_c\})+L_{搭接}$　(2.10-2)

式中 $L_{首层纵向钢筋}$ 为首层纵向钢筋长度;H 为层高;$H_n/3$ 为基础钢筋伸出上层的长度;$H_{伸出}$ 为首层钢筋伸出上一层楼地面的高度,计算时取 Max{$H_n/6$,500,h_c},其中 H_n 为柱净高,h_c 为柱截面长边尺寸;$L_{搭接}$ 为钢筋搭接长度,根据搭接方式来确定。

③ $L_{中间层纵向钢筋}=H-H_{伸出}(\text{Max}\{H_n/6,500,h_c\})+H'_{伸出}(\text{Max}\{H_n/6,500,h_c\})+L_{搭接}$　(2.10-3)

式中 $L_{中间层纵向钢筋}$ 为中间层纵向钢筋长度;H 为层高;$H_{伸出}$ 为首层钢筋伸出上一层楼地面的高度,计算时取 Max{$H_n/6$,500,h_c},其中 H_n 为柱净高,h_c 为柱截面长边尺寸;$H'_{伸出}$ 为钢筋伸出上一层楼地面的高度;$L_{搭接}$ 为钢筋搭接长度,根据搭接方式来确定。

④ $L_{顶层柱纵筋长度}=H_n-H_{伸出}(\text{Max}\{H_n/6,500,h_c\})+L_{锚固}+L_{搭接}$　(2.10-4)

式中 $L_{顶层柱纵筋长度}$ 为顶层纵向钢筋长度;H_n 为柱净高;$H_{伸出}$ 为下一层钢筋伸出顶层楼地面的高度,计算时取 Max{$H_n/6$,500,h_c};$L_{锚固}$ 为顶层钢筋锚固长度。

顶层钢筋中角柱和边柱的外侧纵筋的锚固值 $L_{锚固}$ 一般取 1.5l_{aE}。如图 2.10-5 所示。$L_{搭接}$ 为钢筋搭接长度,根据搭接方式来确定。

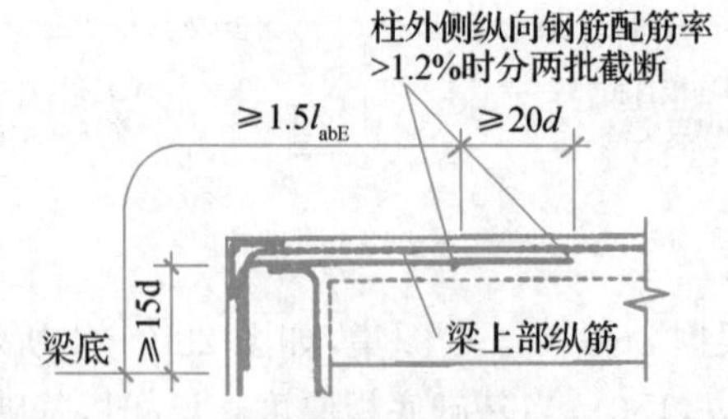

图 2.10-5　KZ 边柱和角柱柱顶纵向钢筋构造

顶层钢筋中角柱和边柱的内侧纵筋以及中柱的纵筋的锚固长度，分两种情况若直锚$\geqslant l_{aE}$时，锚固长度=梁高－保护层，若直锚$\leqslant l_{aE}$时，锚固长度=梁高－保护层+$12d$。如图2.10－6。$L_{搭接}$为钢筋搭接长度，根据搭接方式来确定。

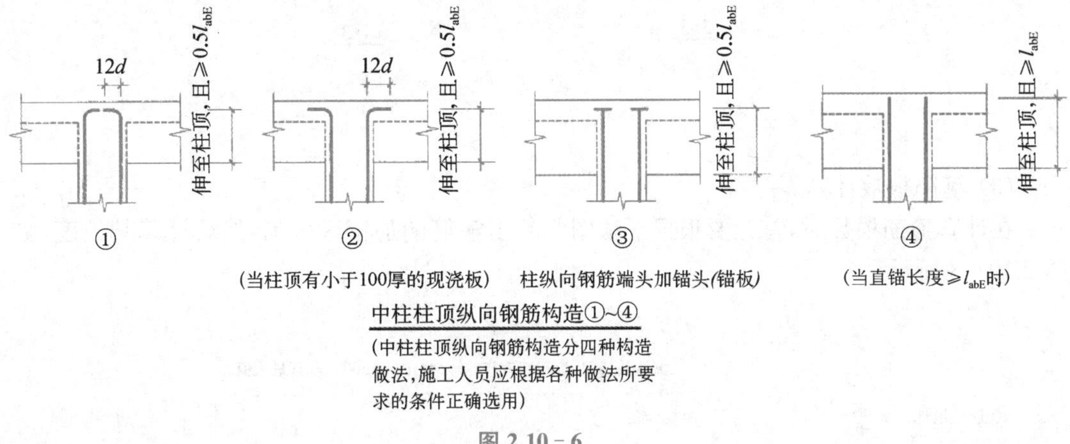

图 2.10－6

(2) 单根箍筋长度计算。

抗震结构箍筋类型为 2×2 的箍筋长度计算公式为：

$$L=(b-2c)\times2+(h-2c)\times2+24d \tag{2.10-5}$$

式中 b，h 分别为柱的截面尺寸，c 为保护层厚度，d 为箍筋的直径，$24d$ 为 135 度弯钩增加长度。针对若为其他类型的箍筋的长度计算问题，下面列举 3×3 和 4×3 两种类型的箍筋计算方法，以便推导出其他类型的箍筋单根长度。

① 箍筋类型为 3×3，如图 2.10－5 所示。计算公式如下：

$$\begin{aligned}L_{外箍}&=(b-2c)\times2+(h-2c)\times2+24d\\L_{内箍}&=[(b-2c)+24d]+[(h-2c)+24d]\end{aligned} \tag{2.10-6}$$

式中 $L_{外箍}$为外箍筋的长度；$L_{内箍}$为内箍筋的长度；h，b 分别为柱的截面尺寸，c 为保护层厚度，d 为箍筋的直径，$24d$ 为 135 度弯钩增加长度。

② 箍筋类型为 4×3，如图 2.10－7 所示。计算公式如下：

$$\begin{aligned}&L_{外箍}=(b-2c)\times2+(h-2c)\times2+24d\\&L_{内箍横}=(b-2c)+24d \text{ 或 } L_{内箍横}=(h-2c)+24d\\&L_{内箍纵}=[(b-2c-2d-D_z)/3+2d+D_z]\times2+(h-2c)\times2+24d\end{aligned} \tag{2.10-7}$$

式中 $L_{外箍}$为外箍筋的长度；$L_{内箍横}$为内箍筋的横向长度；$L_{内箍纵}$为内箍筋纵向的长度；h，b 分别为柱的截面尺寸；c 为保护层厚度；d 为箍筋的直径，D_z 为纵筋最大直径，$24d$ 为 135 度弯钩增加长度。

通过以上两种类型箍筋计算公式，其他类型的箍筋长度计算公式可以以此类推。

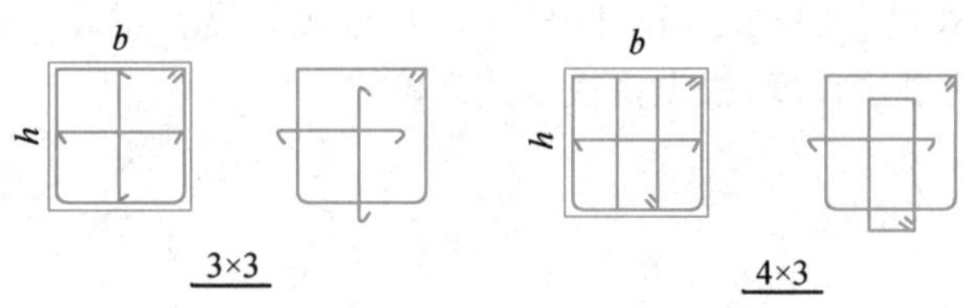

图 2.10 - 7　箍筋

(3) 箍筋根数计算。

在计算箍筋根数时，首先要根据平法图判断出箍筋的加密区范围，然后计算其长度，如图 2.10 - 8 所示。

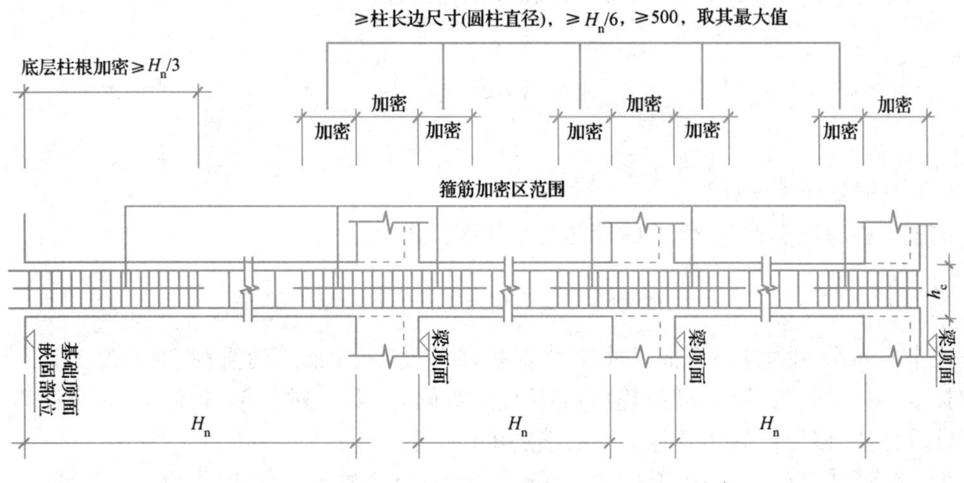

图 2.10 - 8　框架柱箍筋加密区范围

箍筋的加密区主要布置在各楼层的上下部位，基础顶面加密为 1/3 首层层高长度，首层以上各楼层加密区长度为梁高＋梁上梁下加密长度(取 Max{H_n/6，500，h_c 柱截面长边尺寸})。非加密区长度即为箍筋设置区总长扣除加密区长度。所以，箍筋的根数可以用下面的公式来表示：

$$N=L_{箍}/S+1 \tag{2.10-8}$$

式中 N 为箍筋根数；$L_{箍}$ 为箍筋设置长度；S 为箍筋的间距。其中注意不能重复计算加密区与非加密区交界处的一根箍筋。

3. 梁钢筋的相关规范

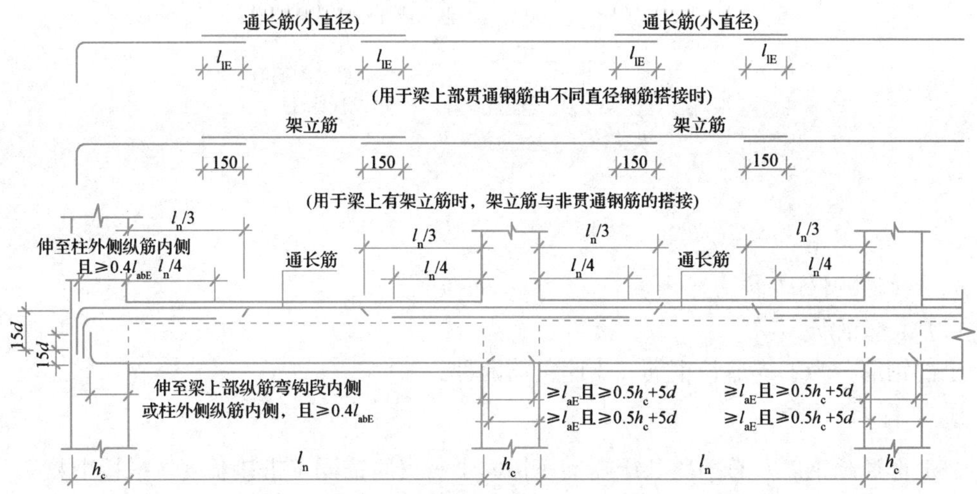

图 2.10 - 9　楼层框架梁 KL 纵向钢筋构造

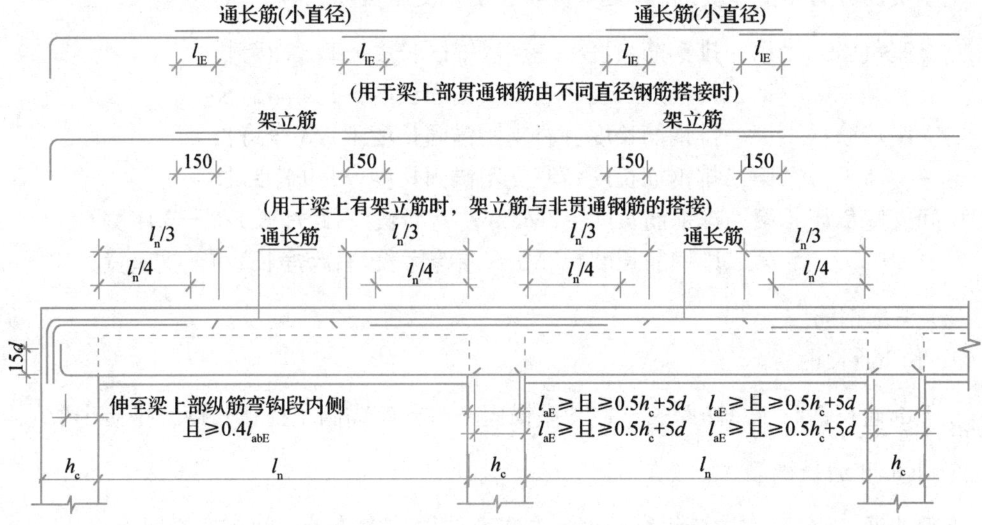

图 2.10 - 10　屋面框架梁 WKL 纵向钢筋构造

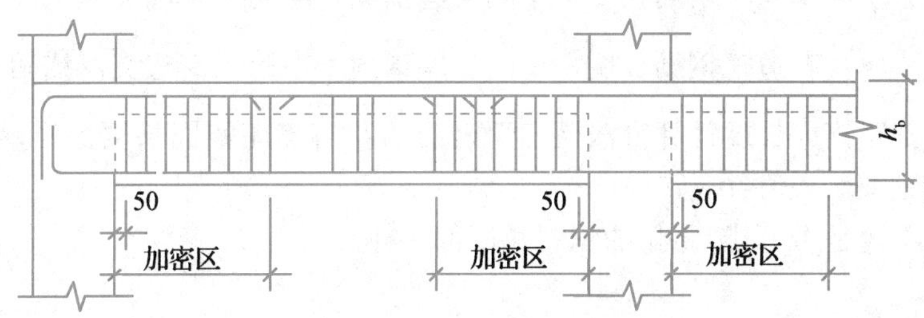

加密区：抗震等级为一级：≥$2.0h_b$且≥500

抗震等级为二～四级：≥$1.5h_b$且≥500

（弧形梁沿梁中心线展开，箍筋间距沿凸面线量度，h_b为梁截面高度）

图 2.10 - 11　框架梁 KL、WKL 箍筋加密区范围

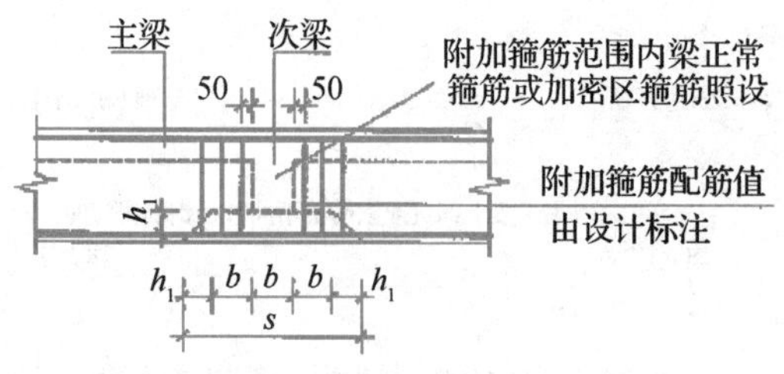

图 2.10-12　附加箍筋范围

4. 框架梁钢筋工程量的计算

(1) 上部钢筋。

上部钢筋分为上部通长钢筋和支座负筋两种。

① 上部通长钢筋。

上部通长钢筋＝总净跨长＋左支座锚固＋右支座锚固＋搭接长度×搭接个数

② 支座负筋。

支座负筋分为左支座负筋、右支座负筋和中间支座负筋三种。

左支座负筋：　第一排钢筋长度＝左支座锚固长度＋1/3 净跨长
　　　　　　　第二排钢筋长度＝左支座锚固长度＋1/4 净跨长

右支座负筋：　第一排钢筋长度＝右支座锚固长度＋1/3 净跨长
　　　　　　　第二排钢筋长度＝右支座锚固长度＋1/4 净跨长

中间支座负筋：第一排钢筋长度＝2Max(左跨净长，右跨净长)/3＋支座宽
　　　　　　　第二排钢筋长度＝2Max(左跨净长，右跨净长)/4＋支座宽

(2) 下部钢筋。

① 下部通长钢筋。

下部通长钢筋＝总净跨长＋左支座锚固＋右支座锚固＋搭接长度×搭接个数

② 下部非通长钢筋。

下部非通长钢筋：左边跨钢筋长度＝左支座锚固＋净跨＋中间支座锚固
　　　　　　　　中间跨钢筋长度＝中间支座锚固＋净跨＋中间支座锚固
　　　　　　　　右边跨钢筋长度＝中间支座锚固＋净跨＋右边支座锚固

其中左右支座锚固长度计算方法同上部钢筋的左右支座锚固长度一样，中间支座锚固长度从以下两者中取大值：L_{aE}；$0.5h_c+5d$。

下部钢筋不论是否分排，每排的钢筋长度都一样。

(3) 吊筋。

① 吊筋夹角取值：梁高≤800 取 45°，＞800 取 60°。

② 45°夹角吊筋长度＝次梁宽＋2×50＋2×(梁高－2c)×1.414＋2×20d。

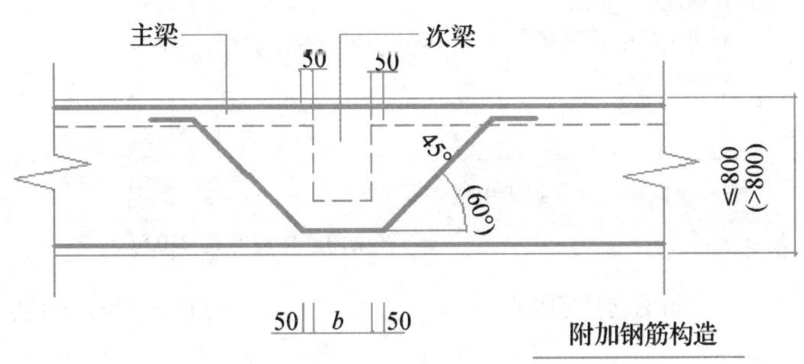

图 2.10－13　附加吊筋构造

(4) 架立筋。

架立筋是为了使纵向钢筋和箍筋能绑扎成骨架，在箍筋的四角必须沿全梁长配置纵向钢筋，在没有纵向受力钢筋的区段，则应补设架立筋。架立筋主要功能是当梁上部纵筋的根数少于箍筋上部的转角数目时使箍筋的角部设有支撑。所以架立筋就是将箍筋架立起来的纵向构造钢筋。

架立筋的长度＝搭接长度(150)＋1/3 净跨长＋搭接长度(150)

(5) 箍筋

① 梁箍筋单根长度算法与柱箍筋相同。

② 梁箍筋根数

加密区长度判断：

抗震等级为一级：≥2.0hb 且≥500；抗震等级为二～四级：≥1.5hb 且≥500。

加密区根数＝(加密区长度－50)/加密区间距＋1

非加密区根数＝(净跨－2×加密区长度)/非加密区间距－1

5. 板钢筋的相关规范

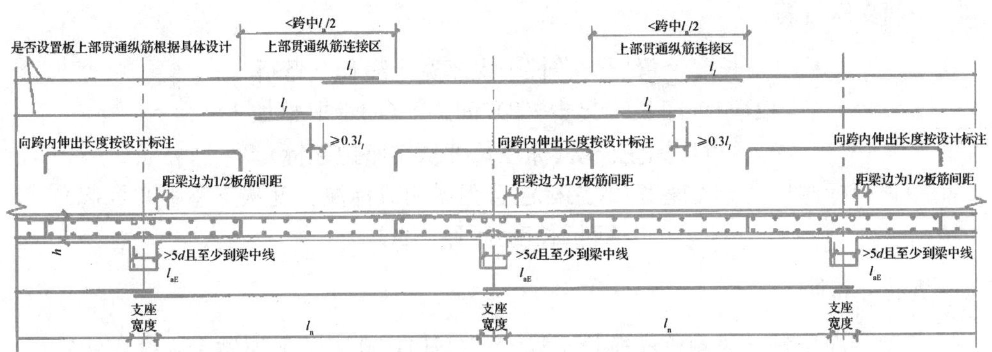

图 2.10－14　有梁楼盖楼面板和屋面板钢筋构造

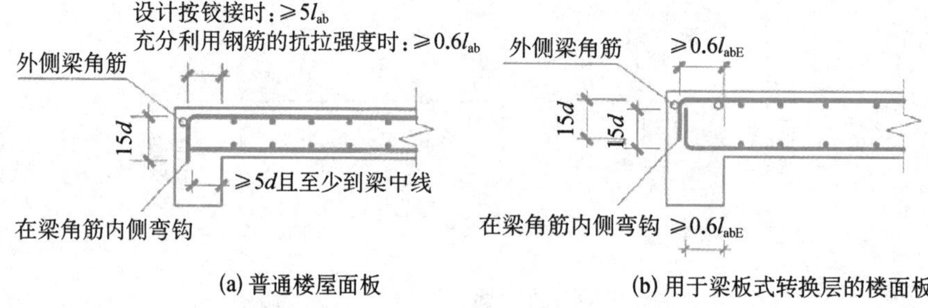

(a) 普通楼屋面板　　(b) 用于梁板式转换层的楼面板

图 2.10－15　板在端支座的锚固构造

6. 板钢筋工程量的计算

板钢筋包括下部钢筋和上部钢筋。下部有底筋，上部包括面筋、跨板受力筋、负筋、分布筋以及温度筋等。

(1) 下部钢筋。

底筋长度＝锚固＋净跨长＋锚固

锚固取值＝ Max(支座宽/2,5d)

根数＝(净长－起步×2)/间距　(向上取整加 1)

(2) 上部钢筋。

① 面筋长度＝锚固＋净长＋锚固。

锚固取值＝支座宽－C ＋15d

根数＝计算公式同底筋

② 边支座负筋。

长度＝锚固＋净长＋弯钩

锚固取值＝支座宽－C＋15×d

根数＝计算公式同底筋

③ 中间支座负筋。

长度＝弯折＋净长＋支座宽＋净长＋弯折

根数＝(净长－起步×2)/间距　(向上取整加 1)

净长标注长度(标注长度从支座边起标)

净长＝标注长度－支座宽/2(无标注且无说明或标注长度从支座中心标起)

弯折长度:板厚－2C

④ 负筋分布筋。

长度＝净跨长－两侧负筋净长＋150×2(HPB300 末端无须做 180 度弯钩)

根数＝(负筋净长－起步)/间距　向上取整即可

⑤ 温度筋、抗裂筋。

长度＝板净长－两侧负筋伸入长度＋L_l×2

根数=(板净长－两侧负筋伸入长度－起步×2)/间距　(向上取整加 1)

⑥ 单边标注跨板受力筋。

长度=锚固+跨板净长+支座宽+伸出净长+ 弯折

锚固长度:计算公式同负筋。

弯折长度:计算公式同负筋弯折长度。

根数=(跨净长－起步×2)/间距　　(向上取整加 1)

⑦ 双边标注跨板受力筋。

长度=弯折+伸出长度+支座宽+跨板净长+支座宽+伸出净长+弯折根数=计算公式同板底筋

2.10.1.2　任务实施

微课

梁钢筋

【项目一:框架梁钢筋工程】——清单工程量计算

根据 16G101－1,查得二级抗震,受拉钢筋的锚固长度为 $l_{aE}=40d=$ 1 000 mm,500－25=475 mm,所以为弯锚。锚固长度=0.475+15d=0.85 m。钢筋工程量计算详见表 2.10－9。

表 2.10－9　钢筋计算表

编号	名称	直径	简图	单根长度计算式/m	根数	数量/m	重量/kg
1	上部通长钢筋	⌀25		(4.5+6.8×3－0.5+3×10d+0.475×2+15d×2)=26.85	2	53.7	206.75
2	第一跨 第一排支座负筋	⌀25		(4.5－0.5+0.475+15d+0.5+6.3/3)=7.45	2	14.9	57.37
3	第一跨 第二排支座负筋	⌀25		(4.5－0.5+0.475+15d+0.5+6.3/4)=6.92	4	27.68	106.57
4	第三跨 左右支座 第一排支座负筋	⌀25		6.3/3×2+0.5=4.7	2×2	18.8	72.38
5	第三跨 左右支座 第二排支座负筋	⌀25		6.3/4×2+0.5=3.65	2×4	29.2	112.42
6	第四跨右支座 第一排支座负筋	⌀25		6.3/3+0.475+15d=2.95	2	5.9	22.72
7	第四跨右支座 第二排支座负筋	⌀25		6.3/4+0.475+15d=2.425	4	9.7	37.35
8	第一跨下部钢筋	⌀25		4+0.475+15d+L_{aE}=5.675	5	28.375	109.24
9	第二跨下部钢筋	⌀25		6.3+L_{aE}×2+10d=8.55	7	59.85	230.42

(续表)

编号	名称	直径	简图	单根长度计算式/m	根数	数量/m	重量/kg
10	第三跨下部钢筋	⌀25		$6.3+L_{aE}\times2+10d=8.55$	8	68.4	263.34
11	第四跨下部钢筋	⌀25		$6.3+L_{aE}+15d+0.475+10d=8.4$	7	58.8	226.38
12	吊筋	⌀18		$0.3+20d\times2+(0.5-0.05)\times1.414\times2=2.295$	2	4.59	9.18
13	箍筋	ϕ10		$(0.3-0.05)\times2+(0.5-0.05)\times2+24d=1.64$	145	237.8	146.72
	小计	⌀25		206.75+57.37+106.57+72.38+112.42+22.72+37.35+109.24+230.42+263.34+226.38=1 444.94 kg			1 444.94
		⌀18					9.18
		ϕ10					146.72
	合计						1 600.84

根据项目内容及2013《房屋建筑与装饰工程工程量计算规范》,该项目清单工程量计算详见下表。

清单工程量计算表

序号	项目编码(定额编号)	项目名称	项目特征	单位	工程数量	工程量计算式
		钢筋工程				
1	010515001001	现浇构件钢筋	1. HRB400,直径25 mm 2. HRB400,直径18 mm 3. HPB300,直径10 mm	t	1.601	计算过程同钢筋计算表

【项目二:有梁板钢筋工程】——清单工程量计算

根据16G101-1,计算钢筋工程量计算详见表2.10-10。

表2.10-10 钢筋工程量计算表

筋号	级别	直径	钢筋图形	计算公式	根数	单长/m	总长/m	总重/kg
			底筋、跨板受力筋					
1号底筋	⌀	8	4500	长度=4 250+max(250/2,5d)×2=4 500 mm 根数:(2 400-125×2-200)/200+1=11根	11	4.5	49.5	19.558

（续表）

筋号	级别	直径	钢筋图形	计算公式	根数	单长/m	总长/m	总重/kg
2 号跨板受力筋	⌀	8	120 ⌊ 3310 ⌋ 70	长度＝2 275＋800＋250－15＋15d＋100－2×15＝3 500 mm 根数：(4 500－125×2－150)/150＋1＝29 根	29	3.5	101.5	40.107
2 号跨板受力筋分布筋	ϕ	6	2400	长度＝2 100＋150＋150＝2 400 mm 根数：(2 400 － 250 －200)/200＝10 根 根数：(800－125－100)/200＝3 根	13	2.4	31.2	6.929
5 号底筋	⌀	8	4500	长度＝4 250＋max(250/2,5d)×2＝4 500 mm 根数：(3 600－125×2 －200)/200＋1＝17 根	17	4.5	76.5	30.226
7 号底筋	⌀	8	4500	长度＝4 250＋max(250/2,5d)×2＝4 500 mm 根数：(2 600－125×2－200)/200＋1＝12 根	12	4.5	54	21.336
10 号底筋	⌀	8	8600	长度＝2 400＋3 600＋2 600＝8 600 mm 根数：(4 500－125×2 －200)/200＋1＝22 根	22	8.6	189.2	74.734
			负筋、分布筋					
3 号负筋	⌀	8	70 ⌊ 1310 ⌋ 120	长度＝1 075＋70＋250－15＋15d＝1 500 mm 根数：[(2 400－125×2－200)/200＋1]×2＝22 根	22	1.5	33	13.046
4 号负筋 1	⌀	8	120 ⌊ 1310 ⌋ 70	长度＝1 075＋250－15＋15d＋70＝1 500 mm 根数：[(3 600－125×2－200)/200＋1]×2＝34 根	34	1.5	51	20.162
4 号负筋 1 分布筋	ϕ	6	2100	长度＝1 800＋150＋150＝2 100 mm 根数：[(1 200 － 125 －100)/200]×2＝5×2＝10 根	10	2.1	21	4.66
6 号负筋	⌀	8	70 ⌊ 1810 ⌋ 70	长度＝800＋1 000＋70＋70＝1 940 mm 根数：(4 500－125×2 －150)/150＋1＝29 根	29	1.94	56.26	22.214
6 号负筋分布筋	ϕ	6	2400	长度 ＝ 4 500 － 1200 ×2＋150×2＝2 400 mm 根 数：(1 000 － 125 －100)/200＝4 根 根数：(800－125－100)/200＝3 根	7	2.4	16.8	3.731

(续表)

筋号	级别	直径	钢筋图形	计算公式	根数	单长/m	总长/m	总重/kg
8 号负筋 1	⌀	8	120 ⌊ 1310 ⌋ 70	1 075＋250－15＋15d＋70＝1 500 mm 根数:[(2 600 －125×2－200)/200＋1] ×2＝24 根	24	1.5	36	14.232
8 号负筋分布筋 1	ϕ	6	1300	长度＝1 000＋150＋150＝1 300 mm 根数:[(1 200 － 125 －100)/200]×2＝10 根	10	1.3	13	2.890
9 号负筋	⌀	8	70 ⌊ 910 ⌋ 120	长度＝675＋70＋250－15＋15d＝1 100 mm 根数:(4 500－125×2 －150)/150＋1＝29 根	29	1.1	31.9	12.615
9 号负筋分布筋	ϕ	6	2400	长度＝2 100＋150＋150＝2 400 mm 根数:(800－125－100)/200＝3 根	3	2.4	7.2	1.599
小计	⌀	8						268.23
	ϕ	6						19.809
合计								288.039

根据项目内容及 2013《房屋建筑与装饰工程工程量计算规范》,该项目清单工程量计算详见表 2.10－11。

表 2.10－11　清单工程量计算表

序号	项目编码(定额编号)	项目名称	项目特征	单位	工程数量	工程量计算式
		钢筋工程				
1	010515001001	现浇构件钢筋	1. HRB400,直径 8 mm 2. HPB300,直径 6 mm	t	0.288	计算过程同钢筋计算表

2.10.2　钢筋工程计价工程量计算

2.10.2.1　任务相关知识点

一、《计价定额》主要项目列项

(1) 现浇构件;

(2) 预制构件;

(3) 预应力构件；

(4) 其他：转角处，柱与墙里有拉截筋，砌在灰缝里，砌体板缝加固钢筋，铁件制作安装(预埋)，钢筋焊接等(电渣压力焊，竖向焊接方法)，成型钢筋的场外运输。

二、说明要点

(1) 钢筋工程以钢筋的不同规格、不分品种，按现浇构件钢筋、现场预制构件钢筋、加工厂预制构件钢筋、预应力构件钢筋、点焊网片分别编制定额项目。

(2) 钢筋工程内容包括除锈、平直、制作、绑扎(点焊)、安装以及浇灌混凝土时维护钢筋用工。

(3) 钢筋搭接所耗用的电焊条、电焊机、铅丝和钢筋余头损耗已包括在定额内，设计图纸注明的钢筋接头长度以及未注明的钢筋接头按规范的搭接长度应计入设计钢筋用量中。

(4) 先张法预应力构件中的预应力、非预应力钢筋工程量应合并计算，按预应力钢筋相应项目执行：后张法预应力构件中的预应力钢筋、非预应力钢筋应分别套用定额。

(5) 预制构件点焊钢筋网片已综合考虑了不同直径点焊在一起的因素，如点焊钢筋直径粗细比在两倍以上时，其定额工日按该构件中主筋的相应子目乘以系数 1.25，其他不变(主筋是指网片中最粗的钢筋)。

(6) 粗钢筋接头采用电渣压力焊、直螺纹、套管接头等接头者，应分别执行钢筋接头定额。计算了钢筋接头的不能再计算钢筋搭接长度。

(7) 非预应力钢筋不包括冷加工，设计要求冷加工时应另行处理。预应力钢筋设计要求人工时效处理时，应另行计算。

(8) 后张法钢筋的锚固是按钢筋帮条焊 V 形垫块编制的，如采用其他方法锚固时应另行计算。

(9) 钢筋制作、绑扎需拆分者，制作按 45%、绑扎按 55%折算。

(10) 钢筋、铁件在加工厂制作时，由加工厂至现场的运输费应另列项目计算。在现场制作的不计算此项费用。

(11) 铁件是指质量在 50 kg 内的预埋铁件。

(12) 管桩与承台连接所用钢筋和钢板分别按钢筋笼和铁件执行。

(13) 后张法预应力钢丝束、钢绞线束不分单跨、多跨以及单向双向布筋，当构件长在 60 m以内时，均按定额执行。定额中预应力筋按直径 5 mm 碳素钢丝或直径 15～15.24 mm钢绞线编制，采用其他规格时另行调整。定额按一端张拉考虑，当两端张拉时，有黏结锚具基价乘以系数 1.14，无黏结锚具乘以系数 1.07。使用转角器张拉的锚具定额人工和机械乘以系数 1.1。当钢绞线束用于地面预制构件时，应扣除定额中张拉平台摊销费。单位工程后张法预应力钢丝束、钢绞线束平均每层结构设计用量在 3 t 以内，且设计总用量在 30 t 以内时，定额人工及机械台班有黏结张拉乘以系数 1.63；无黏结张拉乘以系数 1.80。

(14) 本定额无黏结钢绞线束以净重计量。若以毛重(含封油包塑的重量)计量，按净重与毛重之比 1：1.08 进行换算。

三、工程量计算规则

编制预算时,钢筋工程量可暂按构件体积(或水平投影面积、外围面积、延长米)×钢筋含量计算,详见《计价定额》后附录一。结算工程量计算应按设计图示、标准图集和规范要求计算,当设计图示、标准图集和规范要求不明确时按下列规则计算。

(1) 钢筋工程应区别现浇构件、预制构件、加工厂预制构件、预应力构件、点焊网片等以及不同规格,分别按设计展开长度(展开长度、保护层、搭接长度应符合规范规定)乘单位理论质量计算。

(2) 计算钢筋工程量时,搭接长度按规范规定计算。当梁、板(包括整板基础) 直径8 mm以上的通筋未设计搭接位置时,预算书暂按 9 m 一个双面电焊接头考虑,结算对应按钢筋实际定尺长度调整搭接个数,搭接方式按已审定的施工组织设计确定。

(3) 先张法预应力构件中的预应力和非预应力钢筋工程量应合并按设计长度计算,按预应力钢筋定额(梁、大型屋面板、F 板执行直径 5 mm 外的定额,其余均执行直径 5 mm 内定额)执行。后张法预应力钢筋与非预应力钢筋分别计算,预应力钢筋按设计图规定的预应力钢筋预留孔道长度,区别不同锚具类型,分别按下列规定计算:

① 低合金钢筋两端采用螺杆锚具时,预应力钢筋按预留孔道长度减 350 mm,螺杆另行计算。

② 低合金钢筋一端采用墩头插片,另一端螺杆锚具时。预应力钢筋长度按预留孔道长度计算。

③ 低合金钢筋一端采用墩头插片,另一端采用帮条锚具时,预应力钢筋增加 150 mm,两端均用帮条锚具时,预应力钢筋共增加 300 mm 计算。

④ 低合金钢筋采用后张混凝土自锚时,预应力钢筋长度增加 350 mm 计算。

⑤ 低合金钢筋(钢绞线)采用 JM、XM、QM 型锚具,孔道长度不大于 20 m 时,钢筋长度增加1 m计算,孔道长度大于 20 m 时,钢筋长度增加 1.8 m 计算。

⑥ 碳素钢丝采用锥形锚具,孔道长度不大于 20 m 时,钢丝束长度按孔道长度增加1 m 计算,孔道长度大于 20 m 时,钢丝束长度按孔道长度增加 1.8 m 计算。

⑦ 碳素钢丝采用镦头锚具时,钢丝束长度按孔道长度增加 0.35 m 计算。

(4) 电渣压力焊、直螺纹、冷压套管挤压等接头以"个"计算。预算书中,底板、梁暂按 9 m长一个接头的 50%计算;柱按自然层每根钢筋 1 个接头计算。结算时应按钢筋实际接头个数计算。

(5) 地脚螺栓制作、端头螺杆螺帽制作按设计尺寸以质量计算。

(6) 植筋按设计数量以根数计算。

(7) 桩顶部破碎混凝后主筋与底板钢筋焊接分别分为灌注桩、方桩(离心管桩、空心方桩按方桩)以桩的根数计算。每根桩端焊接钢筋根数不调整。

(8) 在加工厂制作的铁件(包括半成品铁件)、已弯曲成型钢筋的场外运输以质量计算。各种砌体内的钢筋加固分绑扎、不绑扎以质量计算。

(9) 混凝土柱中埋设的钢柱,其制作、安装应按相应的钢结构制作、安装定额执行。

(10) 基础中钢支架、铁件的计算:

① 基础中,多层钢筋的型钢支架、垫铁、撑筋、马凳等按已审定的施工组织设计合并用

量计算，按金属结构的钢平台、走道按定额执行。现浇楼板中设置的撑筋按已审定的施工组织设计用量与现浇构件钢筋用量合并计算。

② 铁件按设计尺寸以质量计算，不扣除孔眼、切肢、切角、切边的质量。在计算不规则或多边形钢板质量时均以矩形面积计算。

③ 预制柱上钢牛腿按铁件以质量计算。

(11) 后张法预应力钢丝束、钢绞线束按设计图纸预应力筋的结构长度(即孔道长度)加操作长度之和乘钢材单位理论质量计算(无黏结钢绞线封油包塑的质量不计算)，其操作长度按下列规定计算：

① 钢丝束采用镦头锚具时，不论一端张拉或两端张拉，均不增加操作长度(即结构长度等于计算长度)。

② 钢丝束采用锥形锚具时，一端张拉为 1.0 m，两端张拉为 1.6 m。

③ 有黏结钢绞线采用多根夹片锚具时，一端张拉为 0.9 m，两端张拉为 1.5 m。

④ 无黏结预应力钢绞线采用单根夹片锚具时，一端张拉为 0.6 m，两端张拉为 0.8 m。

⑤ 使用转角器(变角张拉工艺)张拉操作长度应在定额规定的结构长度及操作长度基础上另外增加操作长度：无黏结钢绞线每个张拉端增加 0.60 m，有黏结钢绞线每个张拉端增加 1.00 m。

⑥ 特殊张拉的预应力筋，其操作长度应按实计算。

(12) 当曲线张拉时，后张法预应力钢丝束、钢绞线计算长度可按直线长度乘以下列系数确定：梁高 1.50 m 内，乘以 1.015；梁高在 1.50 m 以上，乘以 1.025；10 m 以内跨度的梁，当矢高 650 mm 以上时，乘以 1.02。

(13) 后张法预应力钢丝束、钢绞线锚具，按设计规定所穿钢丝或钢绞线的孔数计算(每孔均包括了张拉端和固定端的锚具)，波纹管按设计图示以延长米计算。

(14) 计算方法。

(1) 定额含量法。

$$钢筋工程量=每立方米混凝土的钢筋含量\times混凝土工程量$$

(2) 按图纸计算。

$$钢筋工程量=钢筋的长度\times理论质量$$

a. 直钢筋。

$$直钢筋净长=L-2c$$

b. 弯起钢筋净长$=L-2c+2\times0.414H'$。

当 θ 为 30°时，公式内 $0.414H'$改为 $0.268H'$；

当 θ 为 60°时，公式内 $0.414H'$改为 $0.577H'$。

c. 弯起钢筋两端带直钩净长$=L-2c+2H''+2\times0.414H'$。

当 θ 为 30°时，公式内 $0.414H'$改为 $0.268H'$；

当 θ 为 60°时，公式内 $0.414H'$改为 $0.577H'$。

a. b. c. 当采用Ⅰ级钢时，除按上述计算长度外，在钢筋末端应设弯钩，每只弯钩增加 $6.25d$。

d. 箍筋。

Ⅰ. 箍筋长度计算。

$$非抗震\ L=[(a-2c)+(b-2c)]\times 2+14d;$$
$$抗震\ L=[(a-2c)+(b-2c)]\times 2+24d。$$

Ⅱ. 箍筋根数计算。

$$箍筋、板筋排列根数=\frac{L-100}{间距}+1$$

式中 L=柱、梁、板净长。柱梁净长计算方法同混凝土,其中柱不扣板厚。板净长指主(次)梁与主(次)梁之间的净长。计算中有小数时,向上取整。

2.10.2.2 任务实施

【项目一:框架梁钢筋工程】——计价工程量计算

根据项目内容及《计价定额》,该项目计价工程量计算详见表 2.10-12。

表 2.10-12 计价工程量计算表

序号	项目编码 (定额编号)	项目名称	项目特征	单位	工程数量	工程量计算式
		E 钢筋工程				
1	5-2	现浇混凝土构件钢筋Φ25 以内(直径 25 mm)		t	1.445	同清单工程量
2	5-2	现浇混凝土构件钢筋Φ25 以内(直径 18 mm)		t	0.009	同清单工程量
3	5-1	现浇混凝土构件钢筋Φ12 以内(直径 10 mm)		t	0.147	同清单工程量

【项目二:有梁板钢筋工程】——计价工程量计算

根据项目内容及《计价定额》,该项目计价工程量计算详见表 2.10-13。

表 2.10-13 计价工程量计算表

序号	项目编码 (定额编号)	项目名称	项目特征	单位	工程数量	工程量计算式
		E 钢筋工程				
1	5-1	现浇混凝土构件钢筋Φ20 内(直径 8 mm)		t	0.268	同清单工程量
2	5-1	现浇混凝土构件钢筋Φ20 外(直径 6 mm)		t	0.020	同清单工程量

2.10.3　钢筋工程清单组价

2.10.3.1　任务实施

【项目一:框架梁钢筋工程】——清单组价

根据项目内容 2013《房屋建筑与装饰工程工程量计算规范》及《计价定额》等,该项目清单组价详见表 2.10－14。

表 2.10－14　分部分项工程综合单价分析表

项目编码		项目名称	计量单位	工程数量	综合单价	合价
010515001001		现浇构件钢筋	t	1.601	5 042.194	8 072.553
清单综合单价组成	定额号	子目名称	单位	数量	单价	合价
	5－2	现浇混凝土构件钢筋φ25以内(直径 25 mm)	t	1.445	4 998.87	7 223.367
	5－2	现浇混凝土构件钢筋φ25以内(直径 18 mm)	t	0.009	4 998.87	44.989 83
	5－1	现浇混凝土构件钢筋φ12以内(直径 10 mm)	t	0.147	5 470.72	804.195 8

【项目二:有梁板钢筋工程】——清单组价

根据项目内容 2013《房屋建筑与装饰工程工程量计算规范》及《计价定额》等,该项目清单组价详见表 2.10－15。

表 2.10－15　分部分项工程综合单价分析表

项目编码		项目名称	计量单位	工程数量	综合单价	合价
010515001001		现浇构件钢筋	t	0.288	5 470.72	1 575.567
清单综合单价组成	定额号	子目名称	单位	数量	单价	合价
	5－1	现浇混凝土构件钢筋φ12以内(直径 8 mm)	t	0.268	5 470.72	1 466.153
	5－1	现浇混凝土构件钢筋φ12以内(直径 6 mm)	t	0.020	5 470.72	109.414 4

技能训练与拓展

在线答题

钢筋工程

习　　题

1. 如习题图 2.10－1 所示为某地上三层带地下一层现浇框架柱平法施工图的一部分,结构层高均为 3.50 m,混凝土框架设计抗震等级为三级。已知柱混凝土强度等级为 C25,整板基础厚度为 800 mm,每层的框架梁高均为400 mm。柱中纵向钢筋采用闪光对焊接头,每层均分两批接头。请根据习题图 2.10－1 及《江苏省建筑与装饰工程计价定额》(2014)有关规定,计算一根边柱 KZ2 的钢筋用量(箍筋为 HPB300 普通钢筋,其余均为 HRB335 普通螺纹钢筋;钢筋保护层 30 mm;主筋伸入整板基础距板底 100 mm 处,在基础内水平弯折 200 mm,基础内箍筋 2 根;其余未知条件执行《16G101－1 规范》)。注:长度计算时保留三位小数;质量保留两位小数。

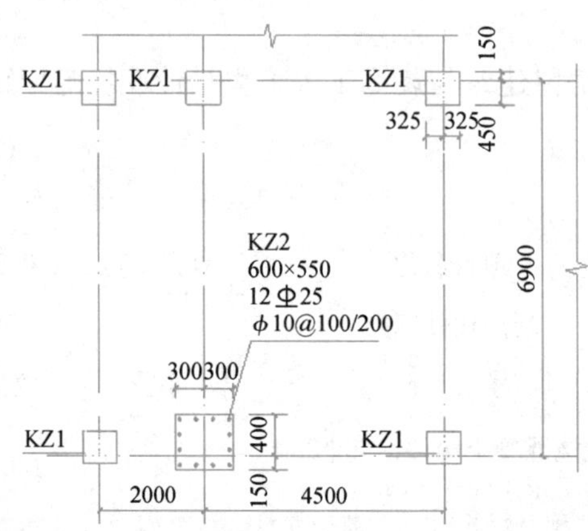

屋面	10.47	
3	6.97	3.5
2	3.47	3.5
1	−0.03	3.5
−1	−3.53	3.5
层号	标高/m	层高/m

习题图 2.10－1

2. 某框架结构建筑二层楼面结构施工如习题图 2.10－2 所示,梁板混凝土强度等级为 C30,梁板的保护层厚度为 25 mm,15 mm,钢筋的定尺长度为 9 m,连接方式为绑扎,试计算板面钢筋的工程量。

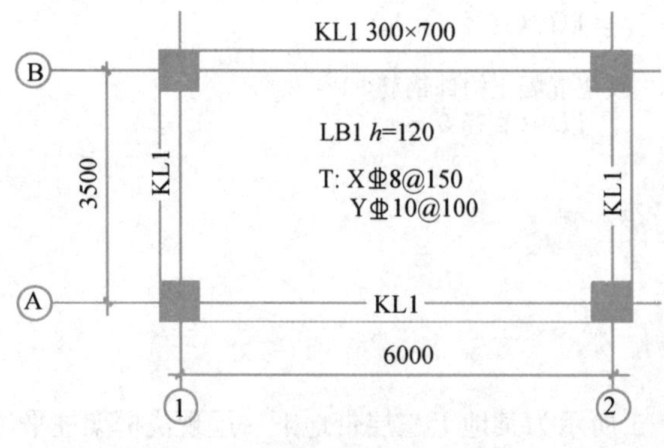

习题图 2.10－2

学习情境三
措施项目费计算

【知识目标】

1. 掌握措施项目的概念、了解措施项目费的组成。

2. 掌握各措施项目费的计算方法。

【职业技能目标】

1. 能够结合图纸根据《房屋建筑与装饰工程工程量计算规范》编制单价措施项目清单工程量计算表。

2. 能够结合图纸根据《江苏省建筑与装饰工程计价定额》编制单价措施项目计价工程量计算表。

3. 能够结合图纸,运用工具书,计算单价措施项目费以及总价措施项目费。

安全生产措施保障

【思政教育与劳动教育目标】

1. 生命重于泰山,敬畏生命。牢牢守住安全生产底线,强化风险防控,消除安全隐患,营造稳定的安全生产环境。

2. 严把措施项目关,保障施工安全文明。

【学习工具书准备】

1.《房屋建筑与装饰工程工程量计算规范》(GB 500854—2013)。

2.《江苏省建筑与装饰工程计价定额》(2014 版)。

措施项目费指完成工程项目施工,发生于该工程施工前和施工过程中非工程实体项目的费用。措施项目一般包括两大类:

一类是施工技术措施,需要通过计算工程量计算费用,以《江苏省建筑与装饰工程计价定额》为例,有相应的工程量计算规则,这些措施项目为单价措施,如《计价定额》第 19 章的建筑物超高增加费,第 20 章的脚手架工程,第 21 章的模板工程,第 22 章的施工排水、降水,第 23 章的建筑工程垂直运输,第 24 章的场内二次搬运费。

另一类是不能计算工程量的组织措施项目,如夜间施工、非夜间施工照明、冬雨季施工、已完工程及设备保护、临时设施、赶工措施、安全文明施工措施等,这些措施无工程量计算规则,通过总价计算其总价措施项目费。

任务一
脚手架工程计量与计价

项目引入

【项目一:综合脚手架工程】

某多层住宅变形缝宽度为 0.20 m,阳台水平投影尺寸为 1.80×3.60 m(共 18 个),雨篷水平投影尺寸为 2.60×4.00 m,坡屋面阁楼室内净高最高点为3.65 m,坡屋面屋檐底面标高为 12.6 m,坡屋面坡度为 1∶2;平屋面女儿墙顶面标高为 11.60 m,如图 3.1－1 所示。请计算综合脚手架工程清单、计价工程量计算表以及综合单价分析表。(价格按《计价定额》中含税价格计取)

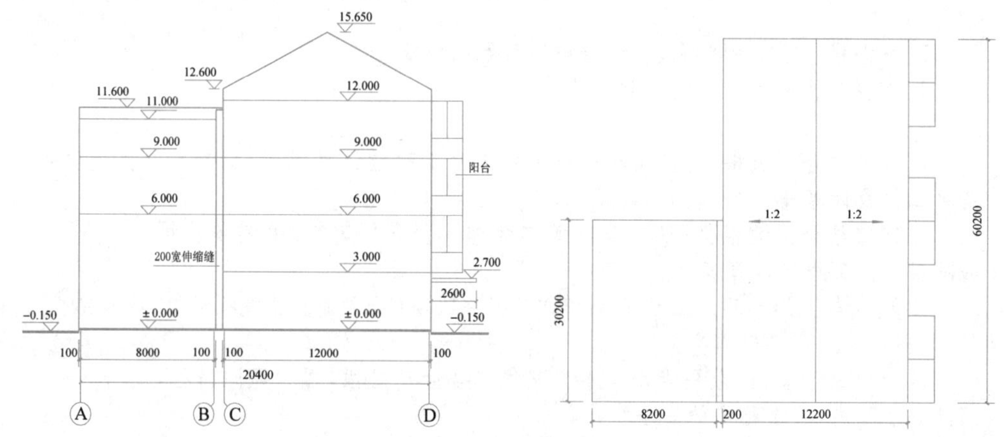

图 3.1－1　综合脚手架

【项目二:单项(浇捣)脚手架工程】

某工程取费三类工程,钢筋砼独立基础如图 3.1－2 所示,请判别该基础是否可计算浇捣脚手费,如可以计算,请完成清单、计价工程量计算表以及综合单价分析表。(价格按《计价定额》中含税价格计取)

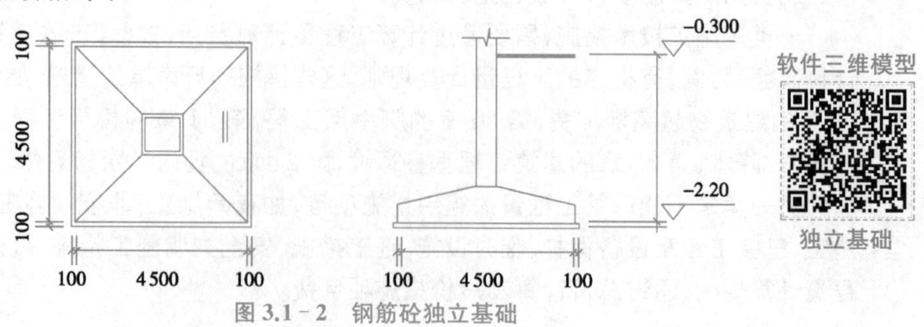

图 3.1－2　钢筋砼独立基础

【项目三:单项(砌筑、抹灰、满堂)脚手架工程】

某单层建筑物平面如图 3.1－3 所示,室内外高差 0.3 m,平屋面,预应力空心板厚 0.12 m,天棚抹灰,试根据以下条件计算内外墙、天棚脚手架清单、计价工程量计算表以及综合单价分析表:(1) 檐高 3.52 m;(2) 檐高 4.02 m;(3) 檐高 6.12 m。(价格按《计价定额》中含税价格计取)

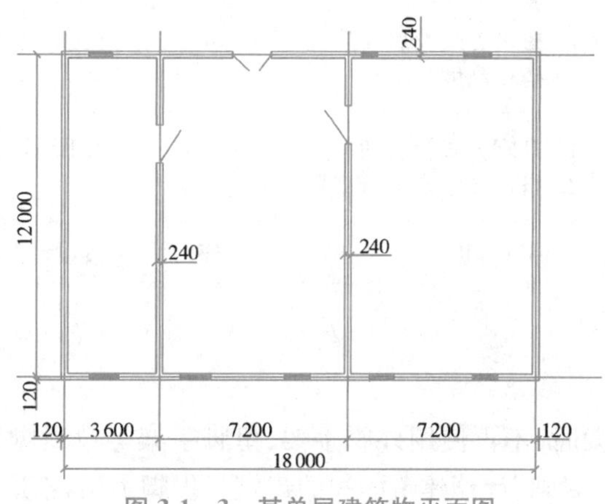

图 3.1－3　某单层建筑物平面图

3.1.1　脚手架工程清单工程量计算

图片集

脚手架

3.1.1.1　任务相关知识点

脚手架属于措施项目,措施项目是指为了完成工程施工,发生于该工程施工前和施工过程,主要指技术、生活、安全等方面的非工程实体项目。

一、2013《房屋建筑与装饰工程工程量计算规范》主要清单项目

工程量清单项目设置、项目特征描述的内容、计量单位及工程量计算规则,应按表 3.1－1的规定执行。

表 3.1－1　脚手架工程主要清单项目及规则

项目编码	项目名称	项目特征	计量单位	工程量计算规则
	S.1 脚手架			
011701001	综合脚手架	1. 建筑结构形式 2. 檐口高度	m^2	按建筑面积计算
011701002	外脚手架	1. 搭设方式 2. 搭设高度 3. 脚手架材质		按所服务对象的垂直投影面积计算
011701003	里脚手架			
011701004	悬空脚手架	1. 搭设方式 2. 悬挑宽度 3. 脚手架材质		按搭设的水平投影面积计算
011701005	挑脚手架		m	按搭设长度乘以搭设层数以延长米计算

(续表)

项目编码	项目名称	项目特征	计量单位	工程量计算规则
011701006	满堂脚手架	1. 搭设方式 2. 搭设高度 3. 脚手架材质	m^2	按搭设的水平投影面积计算
011701007	整体提升架	1. 搭设方式及启动装置 2. 搭设高度		按所服务对象的垂直投影面积计算
011701008	外装饰吊篮	1. 升降方式及启动装置 2. 搭设高度及吊篮型号		按所服务对象的垂直投影面积计算
011701009	电梯井脚手架	电梯井高度	座	按设计图示数量计算

二、脚手架清单工程量计算要点

(1) 使用综合脚手架时，不再使用外脚手架、里脚手架等单项脚手架；综合脚手架适用于能够按“建筑面积计算规则”计算建筑面积的建筑工程脚手架，不适用于房屋加层、构筑物及附属工程脚手架。

(2) 同一建筑物有不同檐高时，按建筑物竖向切面分别按不同檐高编列清单项目。

(3) 整体提升架已包括2米高的防护架体设施。

(4) 脚手架材质可以不描述，但应注明由投标人根据工程实际情况按照《建筑施工扣件式钢管脚手架安全技术规范》《建筑施工附着升降脚手架管理规定》等规范自行确定。

3.1.1.2 任务实施

【项目一:综合脚手架工程】——清单工程量计算

由于综合脚手架工程量按建筑面积计算，不同檐口高度应分别计算工程量。建筑面积的计算按2013面积计算规范。根据项目内容及2013《房屋建筑与装饰工程工程量计算规范》，该项目清单工程量计算详见表3.1－2。

表3.1－2 清单工程量计算表

序号	项目编码 (定额编号)	项目名称	项目特征	单位	工程数量	工程量计算式
1	011701001001	综合脚手架	1. 框架结构 2. 檐高 11.15 m	m^2	634.2	AB轴建筑面积634.2 m^2 首层层高6 m，建筑面积：30.2×8.4＝253.68 m^2 二层层高3 m、三层层高2 m，建筑面积：30.2×8.4×1.5＝380.52 m^2 合计：634.2 m^2

（续表）

序号	项目编码（定额编号）	项目名称	项目特征	单位	工程数量	工程量计算式
2	011701001002	综合脚手架	1. 框架结构 2. 檐高 12.75 m	m^2	3 542.88	CD 轴建筑面积 3 542.88 m^2 坡屋顶层高 3.65 m，建筑面积：60.2×(3.1×2+1.8×2×1/2)=481.60 m^2 一～四层及阳台、雨棚建筑面积： 60.2×12.2×4+1.8×3.6×1/2×18+2.6×4×1/2=3001.28 m^2 合计：3 542.88 m^2

【项目二：单项（浇捣）脚手架工程】——清单工程量计算

根据项目内容及 2013《房屋建筑与装饰工程工程量计算规范》，该项目清单工程量计算详见表 3.1 - 3。

表 3.1 - 3　清单工程量计算表

序号	项目编码（定额编号）	项目名称	项目特征	单位	工程数量	工程量计算式
1	011701006001	满堂脚手架	独立基础浇捣脚手架	m^2	26.01	(1) 因为该钢筋砼独立基础深度 2.2−0.3=1.9m>1.5m 该钢筋砼独立基础砼底面积4.5×4.5=20.25 m^2>16 m^2 同时满足两个条件：故应计算浇捣脚手架，按搭设的水平投影面积计算。 (2) 工程量计算 (4.5+0.3×2)×(4.5+0.3×2)=26.01(m^2)(0.3 m为规定的工作面增加尺寸)

【项目三：单项（砌筑、抹灰、满堂）脚手架工程】——清单工程量计算

根据项目内容及 2013《房屋建筑与装饰工程工程量计算规范》，该项目清单工程量计算详见表 3.1 - 4～表 3.1 - 6。

(1) 檐高 3.52 m

表 3.1 - 4　清单工程量计算表

序号	项目编码（定额编号）	项目名称	项目特征	单位	工程数量	工程量计算式
1	011701003001	里脚手架	砌筑脚手架	m^2	26.01	① 外墙砌筑脚手架：(18.24+12.24)×2×3.52=214.58(m^2) ② 内墙砌筑脚手架：(12−0.24)×2×(3.52−0.3−0.12)=72.91(m^2) 合计：287.49(m^2)

(续表)

序号	项目编码(定额编号)	项目名称	项目特征	单位	工程数量	工程量计算式
2	011701003002	里脚手架	抹灰脚手架	m^2	532.06	抹灰脚手架:高度 3.6 m 以内的墙面,天棚套用 3.6 m 以内的抹灰脚手架 墙面抹灰:(按砌筑脚手可以利用考虑) [(12－0.24)×6＋(18－0.24)×2]×(3.52－0.3－0.12)＝328.85(m^2) 天棚抹灰 [(3.6－0.24)＋(7.2－0.24)×2]×(12－0.24)＝203.21 (m^2) 抹灰面积小计:328.85＋203.21＝532.06 (m^2)

(2) 檐高 4.02 m

表 3.1－5　清单工程量计算表

序号	项目编码(定额编号)	项目名称	项目特征	单位	工程数量	工程量计算式
1	011701002001	外脚手架	砌筑脚手架	m^2	245.06	外墙砌筑脚手架:(18.24＋12.24)×2×4.02＝245.06(m^2)
2	011701003001	里脚手架	砌筑脚手架	m^2	84.67	① 墙砌筑脚手架 (12－0.24)×2×(4.02－0.3－0.12)＝84.67(m^2)
3	011701003002	里脚手架	抹灰脚手架	m^2	585.10	抹灰脚手架 a. 墙面抹灰 [(12－0.24)×6×(18－0.24)×2]×(4.02－0.3－0.12)＝381.89(m^2) b. 天棚抹灰 [(3.6－0.24)＋(7.2－0.24)×2]×(12－0.24)＝203.21 (m^2) 抹灰面积小计:585.10m^2

(3) 檐高 6.12 m

表 3.1－6　清单工程量计算表

序号	项目编码(定额编号)	项目名称	项目特征	单位	工程数量	工程量计算式
1	011701002001	外脚手架	砌筑脚手架	m^2	507.14	① 外墙砌筑脚手架 (18.24＋12.24)×2×6.12＝373.08 (m^2) ② 内墙砌筑脚手架 (12－0.24)×2×(6.12－0.3－0.12)＝134.06(m^2) 合计:507.14(m^2)

（续表）

序号	项目编码（定额编号）	项目名称	项目特征	单位	工程数量	工程量计算式
2	011701006001	满堂脚手架	砌筑脚手架	m^2	203.21	③ 抹灰脚手架 净高超 3.6 m，按满堂脚手架计算 [(3.6－0.24)＋(7.2－0.24)×2]×(12－0.24)＝203.21(m^2)

3.1.2　脚手架工程计价工程量计算

3.1.2.1　任务相关知识点

一、《计价定额》主要列项

(1) 脚手架：分综合脚手架、单项脚手架两部分。

(2) 建筑物檐高超 20 m 脚手架材料增加费。也分综合脚手架、单项脚手架两部分。

二、说明要点

脚手架分为综合脚手架和单项脚手架两部分。单项脚手架适用于单独地下室、装配式和多(单)层工业厂房、仓库、独立的展览馆、体育馆、影剧院、礼堂、饭堂(包括附属厨房)、锅炉房、檐高未超过 3.60 m 的单层建筑、超过 3.60 m 高的屋顶构架、构筑物和单独装饰工程等。除此之外的单位工程均执行综合脚手架项目。

1. 综合脚手架

(1) 檐高在 3.60 m 内的单层建筑不执行综合脚手架定额。

(2) 综合脚手架项目仅包括脚手架本身的搭拆，不包括建筑物洞口临边、电器防护设施等费用，以上费用已在安全文明施工措施费中列支。

(3) 单位工程在执行综合脚手架时，遇有下列情况应另列项目计算，不再计算超过20 m脚手架材料增加费。

① 各种基础自设计室外地面起深度超过 1.50 m(砖基础至大方脚砖基底面、钢筋混凝土基础至垫层上表面)，同时混凝土带形基础底宽超过 3 m、满堂基础或独立柱基(包括设备基础)混凝土底面积超过 16 m^2 应计算砌墙、混凝土浇捣脚手架。砖基础以垂直面积按单项脚手架中里架子、混凝土浇捣按相应满堂脚手架定额执行。

② 层高超过 3.60 m 的钢筋混凝土框架柱、梁、墙混凝土浇捣脚手架按单项定额规定计算。

③ 独立柱、单梁、墙高度超过 3.60 m 混凝土浇捣脚手架按单项定额规定计算。

④ 层高在 2.20 m 以内的技术层外墙脚手架按相应单项定额规定执行。

⑤ 施工现场需搭设高压线防护架、金属过道防护棚脚手架按单项定额规定执行。

⑥ 屋面坡度大于 45°时，屋面基层、盖瓦的脚手架费用应另行计算。

⑦ 未计算到建筑面积的室外柱、梁等，其高度超过 3.60 m 时，应另按单项脚手架相应

定额计算。

⑧ 地下室的综合脚手架按檐高在 12 m 以内的综合脚手架相应定额乘以系数 0.5 执行。

⑨ 檐高 20 m 以下采用悬挑脚手架的可计取悬挑脚手架增加费用,20 m 以上悬挑脚手架增加费已包括在脚手架超高材料增加费中。

2. 单项脚手架

(1) 本定额适用于综合脚手架以外的檐高在 20 m 以内的建筑物,突出主体建筑物顶的女儿墙、电梯间、楼梯间、水箱等不计入檐口高度。前后檐高不同,按平均高度计算。檐高在 20 m 以上的建筑物,脚手架除按本定额计算外,其超过部分所需增加的脚手架加固措施等费用,均按超高脚手架材料增加费子目执行。构筑物、烟囱、水塔、电梯井按其相应子目执行。

(2) 除高压线防护架外,《计价定额》已按扣件式钢管脚手架编制,实际施工中不论使用何种脚手架材料,均按《计价定额》执行。

(3) 需采用型钢悬挑脚手架时,除计算脚手架费用外,应计算外架子悬挑脚手架增加费。

(4)《计价定额》满堂脚手架不适用于满堂扣件式钢管支撑架(简称满堂支撑架),满堂支撑架应按搭设方案计价。

(5) 单层轻钢厂房脚手架适用于单层轻钢厂房钢结构施工用脚手架,分钢柱梁安装脚手架、屋面瓦等水平结构安装脚手架和墙板、门窗、雨篷、天沟等竖向结构安装脚手架不包括厂房内土建、装饰工作脚手架,实际发生时另执行相关子目。

(6) 外墙镶(挂)贴脚手架定额适用于单独外装饰工程脚手架搭设。

(7) 高度在 3.60 m 以内的墙面、天棚、柱、梁抹灰(包括钉间壁、钉天棚)用的脚手架费用套用 3.60 m 以内的抹灰脚手架。如室内(包括地下室)净高超过 3.60 m 时,天棚需抹灰(包括钉天棚)应按满堂脚手架计算,但其内墙抹灰不再计算脚手架。高度在 3.60 m 以上的内墙面抹灰(包括钉间壁)如无满堂脚手架可以利用时,可按墙面垂直投影面积计算抹灰脚手架。

(8) 建筑物室内天棚面层净高在 3.60 m 内,吊筋与楼层的联结点高度超过 3.60 m,应按满堂脚手架相应定额综合单价乘以系数 0.60 计算。

(9) 墙、柱梁面刷浆、油漆的脚手架按抹灰脚手架相应定额乘以系数 0.10 计算。室内天棚净高超过 3.60 m 的板下勾缝、刷浆、油漆可另行计算一次脚手架费用,按满堂脚手架相应项目乘以系数 0.10 计算。

(10) 天棚、柱、梁、墙面不抹灰但满批腻子时,脚手架执行同抹灰脚手架。

(11) 瓦屋面坡度大于 45°时,屋面基层、盖瓦的脚手架费用应另按实计算。

(12) 当结构施工搭设的电梯井脚手架延续至电梯设备安装使用时,套用安装用电梯井脚手架时应扣除定额中的人工及机械。

(13) 构件吊装脚手架按表 3.1-2 执行,单层轻钢厂房钢构件吊装脚手架执行单层轻钢厂房钢结构施工用脚手架,不再按表 3.1-2 执行。

表 3.1-2　构件吊装脚手架费用表

混凝土构件/m^3				钢构件/t			
柱	梁	屋架	其他	柱	梁	屋架	其他
1.58	1.65	3.20	2.30	0.70	1.00	1.50	1.00

(14) 满堂支撑架适用于架体顶部承受钢结构、钢筋混凝土等施工荷载，对支撑构件起支撑平台作用的扣件式脚手架。脚手架周转材料使用量大时，可区分租赁和自备材料两种情况计算，施工过程中对满堂支撑架的使用时间、材料的投入情况应及时核实并办理好相关手续，租赁费用应由甲乙双方协商进行核定后结算，乙方自备材料按定额中满堂支撑架使用费计算。

(15) 建筑物外墙设计采用幕墙装饰，不需要砌筑墙体，根据施工方案需搭设外围防护脚手架的，且幕墙施工不利用外防护架，应按砌墙脚手架相应子目另计防护脚手架费。

3. 超高脚手架材料增加费

(1)《计价定额》中脚手架是按建筑物檐高在 20 m 以内编制的。檐高超过 20 m 时应计算脚手架材料增加费。

(2) 檐高超过 20 m 脚手架材料增加费内容包括脚手架使用周期延长摊销费、脚手架加固。脚手架材料增加费包干使用，无论实际发生多少，均按《计价定额》执行，不调整。

(3) 檐高超过 20 m 脚手材料增加费按下列规定计算：

① 综合脚手架。

a. 檐高超过 20 m 部分的建筑物，应按其超过部分的建筑面积计算。

b. 层高超过 3.6 m，每增高 0.1 m 按增高 1 m 的比例换算(不足 0.1 m 按 0.1 m 计算)，按相应项目执行。

c. 建筑物檐高高度超过 20 m，但其最高一层或其中一层楼面未超过 20 m 时，则该楼层在 20 m 以上部分仅能计算每增高 1 m 的增加费。

d. 同一建筑物中有 2 个或 2 个以上的不同檐口高度时，应分别按不同高度竖向切面的建筑面积套用相应子目。

e. 单层建筑物(无楼隔层者)高度超过 20 m，其超过部分除构件安装按第八章的规定执行外，另再按本章相应项目计算脚手架材料增加费。

② 单项脚手架。

a. 檐高超过 20 m 的建筑物，应根据脚手架计算规则按全部外墙脚手架面积计算。

b. 同一建筑物中有 2 个或 2 个以上的不同檐口高度时，应分别按不同高度竖向切面的外脚手架面积套用相应子目。

三、工程量计算规则

(一) 综合脚手架

综合脚手架按建筑面积计算。单位工程中不同层高的建筑面积应分别计算。

(二) 单项脚手架

1. 脚手架工程量一般计算规则

(1) 凡砌筑高度超过 1.5 m 的砌体均需计算脚手架。

(2) 砌墙脚手架均按墙面(单面)垂直投影面积以平方米计算。

(3) 计算脚手架时，不扣除门、窗洞口、空圈、车辆通道、变形缝等所占面积。

(4) 同一建筑物高度不同时，按建筑物的竖向不同高度分别计算。

2. 砌筑脚手架工程量计算规则

(1) 外墙脚手架按外墙外边线长度(如外墙有挑阳台，则每个阳台计算一个侧面宽度，计入外墙面长度,两户阳台连在一起的也只算一个侧面)乘以外墙高度以平方米计算。外墙高度指室外设计地坪至檐口女儿墙上表面高度,坡屋面至屋面板下(或椽子顶面)墙中心高度。

(2) 内墙脚手架以内墙净长乘以内墙净高计算。有山尖者算至山尖 1/2 处的高度;有地下室时，自地下室室内地坪至墙顶面高度。

(3) 砌体高度在 3.6 m 以内者,套用里脚手架;高度超过 3.60 m 者,套用外脚手架。

(4) 山墙自设计室外地坪至山尖 1/2 处高度超过 3.60 m 时,该整个外山墙按相应外脚手架计算，内山墙按单排外架子计算。

(5) 独立砖(石)柱高度在 3.60 m 以内者,脚手架以柱的结构外围周长乘以柱高计算,执行砌墙脚手架里架子;柱高超过 3.60 m 者,以柱的结构外围周长加 3.6 m 乘以柱高计算,执行砌墙脚手架外架子(单排)。

(6) 砌石墙到顶的脚手架,工程量按砌墙相应脚手架乘系数 1.50。

(7) 外墙脚手架包括一面抹灰脚手架在内,另一面墙可计算抹灰脚手架。

(8) 砖基础自设计室外地坪至垫层(或砼基础)上表面的深度超过 1.5 m 时,按相应砌墙脚手架执行。

(9) 突出屋面部分的烟囱,高度超过 1.50 m 时,其脚手架按外围周长加 3.60 m 乘以实砌高度按 12 m 内单排外手架计算。

3. 外墙镶(挂)贴脚手架工程量计算规则

(1) 外墙镶(挂)贴脚手架工程量计算规则同砌筑脚手架中的外墙脚手架。

(2) 吊篮脚手架按装修墙面垂直投影面积以平方米计算(计算高度从室外地坪至设计高度)。安拆费按施工组织设计或实际数量确定。

4. 现浇钢筋砼脚手架工程量计算规则

(1) 钢筋砼基础自设计室外地坪至垫层上表面的深度超过 1.50 m,同时带形基础底宽超过 3.0 m、独立基础满堂基础及大型设备基础的底面积超过 16 m^2 的砼浇捣脚手架(必须要满足两个条件),应按槽、坑土方规定放工作面后的底面积计算,按满堂脚手架相应定额乘以 0.3 系数计算脚手架费用。

(2) 现浇钢筋砼独立柱、单梁、墙高度超过 3.60 m 应计算浇捣脚手架。柱的浇捣脚手架以柱的结构周长加 3.60 m 乘以柱高计算;梁的浇捣脚手架按梁的净长乘以地面(或楼面)至梁顶面的高度计算;墙的浇捣脚手架以墙的净长乘以墙高计算,套柱、梁、墙砼浇捣脚手架子目。

(3) 层高超过 3.60 m 的钢筋砼框架柱、墙(楼板、屋面板为现浇板)所增加的砼浇捣脚手架费用，以每 10 m^2 米框架轴线水平投影面积(注意是框架轴线面积),按满堂脚手架相应子目乘以 0.3 系数执行;层高超过 3.60 m 的钢筋砼框架柱、梁、墙(楼板、屋面板为预制空心板)所增加的砼浇捣脚手架费用,以每 10 m^2 框架轴线水平投影面积,按满堂脚手架相应子目乘以 0.4 系数执行。

5. 贮仓脚手架

不分单筒或贮仓组,高度超过 3.60 m,均按外边线周长乘以设计室外地坪至贮仓上口之间高度以平方米计算。高度在 12 m 内,套双排外脚手架,乘 0.7 系数执行;高度超过12 m 套 20 m 内双排外脚手架乘 0.7 系数执行(均包括外表面抹灰脚手架在内)。

6. 抹灰脚手架、满堂脚手架工程量计算规则

(1) 抹灰脚手架。

① 钢筋砼单梁、柱、墙，按以下规定计算脚手架。

单梁以梁净长乘以地坪(或楼面)至梁顶面高度计算；柱以柱结构外围周长加 3.60 m 乘以柱高计算；墙以墙净长乘以地坪(或楼面)至板底高度计算；墙面抹灰以墙净长乘以净高计算；如有满堂脚手架可以利用时，不再计算墙、柱、梁面抹灰脚手架；天棚抹灰高度在 3.60 m 以内，按天棚抹灰面(不扣除柱、梁所占的面积)以平方米计算。

② 满堂脚手架。

a. 天棚抹灰高度超过 3.60 m，按室内净面积计算满堂脚手架，不扣除柱、垛、附墙烟囱所占面积。

基本层：高度在 8 m 以内计算基本层。

增加层：高度超过 8 m，每增加 2 m，计算一层增加层，计算式如下：

$$\text{增加层}=\frac{\text{基本层}-8}{2}$$

b. 余数在 0.6 m 以内，不计算增加层，超过 0.6 m，按增加一层计算。

c. 满堂脚手架高度以室内地坪面(或楼面)至天棚面或屋面板的底面为准(斜的天棚或屋面板按平均高度计算)。室内挑台栏板外侧共享空间的装饰如无满堂脚手架利用时，按地面 (或楼面)至顶层栏板顶面高度乘以栏板长度以平方米计算，套相应抹灰脚手架定额。

7. 其他脚手架工程量计算规则

(1) 外架子悬挑脚手架增加费按悬挑脚手架部分的垂直投影面积计算。

(2) 单层轻钢厂房脚手架柱梁、屋面瓦等水平结构安装按厂房水平投影面积计算，墙板、门窗、雨篷等竖向结构安装按厂房垂直投影面积计算。

(3) 高压线防护架按搭设长度以延长米计算。

(4) 金属过道防护棚按搭设水平投影面积以平方米计算。

(5) 斜道、烟囱、水塔、电梯井脚手架区别不同高度以座计算。滑升模板施工的烟囱、水塔，其脚手架费用已包括在滑模计价定额内，不另计算脚手架。烟囱内壁抹灰是否搭设脚手架，按施工组织设计规定办理，费用按相应满堂脚手架执行，人工增加 20%，其余不变。

(6) 高度超过 3.60 m 的贮水(油)池，其混凝土浇捣脚手架按外壁周长乘以池的壁高以平方米计算.按池壁混凝土浇捣脚手架项目执行，抹灰者按抹灰脚手架另计。

(7) 满堂支撑架搭拆按脚手钢管重量计算，使用费(包括搭设、使用和拆除时间，不计算现场囤积和转运时间)按脚手钢管重量和使用天数计算。

8. 檐高超过 20 m 脚手架材料增加费

(1) 综合脚手架。

建筑物檐高超过 20 m 可计算脚手架材料增加费。建筑物檐高超过 20 m 脚手架材料增加费以建筑物超过 20 m 部分建筑面积计算。

(2) 单项脚手架。

建筑物檐高超过 20 m 可计算脚手架材料增加费。建筑物檐高超过 20 m 脚手架材料增加费同外墙脚手架计算规则，从设计室外地面起算。

3.1.2.2 任务实施

【项目一:综合脚手架工程】——计价工程量计算

根据项目内容及《计价定额》,该项目计价工程量计算详见表3.1-7。

表3.1-7 计价工程量计算表

序号	项目编码(定额编号)	项目名称	项目特征	单位	工程数量	工程量计算式
		专业工程措施项目				
1	20-1	檐高在12 m以内,层高3.6 m以内		每1 m^2建筑面积	380.52	AB轴,二、三层综合脚手架380.52 m^2
2	20-3	檐高在12 m以内,层高8 m以内		每1 m^2建筑面积	253.68	AB轴,首层层综合脚手架253.68 m^2
3	20-6	檐高在12 m以上,层高5 m以内		每1 m^2建筑面积	481.60	CD轴,坡屋顶综合脚手架481.60 m^2
4	20-5	檐高在12 m以上,层高3.6 m以内		每1 m^2建筑面积	3001.28	CD轴,一～四层综合脚手架3 001.28 m^2

【项目二:单项(浇捣)脚手架工程】——计价工程量计算

根据项目内容及《计价定额》,该项目计价工程量计算详见表3.1-8。

表3.1-8 计价工程量计算表

序号	项目编码(定额编号)	项目名称	项目特征	单位	工程数量	工程量计算式
		专业工程措施项目				
1	20-20×0.3	基本层满堂脚手架(5 m以内)		10 m^2	2.601	同清单工程量

【项目三:单项(砌筑、抹灰、满堂)脚手架工程】——计价工程量计算

根据项目内容及《计价定额》,该项目计价工程量计算详见表3.1-9～表3.1-11。

(1) 檐高3.52 m

表 3.1－9 计价工程量计算表

序号	项目编码（定额编号）	项目名称	项目特征	单位	工程数量	工程量计算式
		专业工程措施项目				
1	20－9	砌墙脚手架里架子（3.6 m以内）		10 m²	28.749	同清单工程量
2	20－23	抹灰脚手架＜3.6 m		10 m²	53.206	同清单工程量

（2）檐高 4.02 m

表 3.1－10 计价工程量计算表

序号	项目编码（定额编号）	项目名称	项目特征	单位	工程数量	工程量计算式
		专业工程措施项目				
1	20－10	砌墙脚手架单排外架子（12 m以内）		10 m²	24.506	同清单工程量
2	20－9	砌墙脚手架里架子（3.6 m以内）		10 m²	8.467	同清单工程量
3	20－23	抹灰脚手架＜3.6 m		10 m²	58.510	同清单工程量

（3）檐高 6.12 m

表 3.1－11 计价工程量计算表

序号	项目编码（定额编号）	项目名称	项目特征	单位	工程数量	工程量计算式
		专业工程措施项目				
1	20－10	砌墙脚手架单排外架子（12 m以内）		10 m²	50.714	同清单工程量
2	20－21	基本层满堂脚手架（8 m以内）		10 m²	20.321	同清单工程量

3.1.3 脚手架工程清单组价

3.1.3.1 任务实施

【项目一:综合脚手架工程】——清单组价

根据项目内容2013《房屋建筑与装饰工程工程量计算规范》及《计价定额》等,该项目清单组价详见表3.1-12。

表3.1-12 满堂脚手架措施项目综合单价分析表

序号	项目编号 (定额编号)	项目名称	单位	工程量	金额	
					单价	合价
		专业工程措施项目				
1	011701001001	综合脚手架	m^2	634.2	41.734	2 6467.7
	20-1	檐高在12 m以内,层高3.6 m以内	每1 m^2建筑面积	380.52	17.99	6 845.555
	20-3	檐高在12 m以内,层高8 m以内	每1 m^2建筑面积	253.68	77.35	19 622.15
2	011701001002	综合脚手架	m^2	3 542.88	26.84	95 089.44
	20-6	檐高在12 m以上,层高5 m以内	每1 m^2建筑面积	481.60	64.02	30 832.03
	20-5	檐高在12 m以上,层高3.6 m以内	每1 m^2建筑面积	3 001.28	21.41	64 257.4

【项目二:单项(浇捣)脚手架工程】——清单组价

根据项目内容2013《房屋建筑与装饰工程工程量计算规范》及《计价定额》等,该项目清单组价详见表3.1-13。

表3.1-13 满堂脚手架措施项目综合单价分析表

序号	项目编号 (定额编号)	项目名称	单位	工程量	金额	
					单价	合价
		专业工程措施项目				
1	011701006001	满堂脚手架	m^2	26.01	4.71	122.39
	20-20×0.3	基本层满堂脚手架(5 m以内)	10 m^2	2.601	47.055	122.39

【项目三:单项(砌筑、抹灰、满堂)脚手架工程】——清单组价

根据项目内容2013《房屋建筑与装饰工程工程量计算规范》及《计价定额》等,该项目清单组价详见表3.1-14。

(1) 檐高 3.52 m

表 3.1 - 14　脚手架措施项目综合单价分析表

序号	项目编号（定额编号）	项目名称	单位	工程量	金额	
					单价	合价
		专业工程措施项目				
1	011701003001	里脚手架	m^2	287.49	1.633	469.47
	20 - 9	砌墙脚手架里架子(3.6 m以内)	10 m^2	28.749	16.33	469.47
1	011701003001	里脚手架	m^2	532.06	0.39	207.50
	20 - 23	抹灰脚手架<3.6 m	10 m^2	53.206	3.9	207.50

(2) 檐高 4.02 m

表 3.1 - 15　脚手架措施项目综合单价分析表

序号	项目编号（定额编号）	项目名称	单位	工程量	金额	
					单价	合价
		专业工程措施项目				
1	011701002001	外脚手架	m^2	245.06	13.74	3 367.86
	20 - 10	砌墙脚手架单排外架子(12 m以内)	10 m^2	24.506	137.43	3 367.86
2	011701003001	里脚手架	m^2	84.67	1.63	138.27
	20 - 9	砌墙脚手架里架子(3.6 m以内)	10 m^2	8.467	16.33	138.27
3	011701003002	里脚手架	m^2	585.10	0. 39	228.29
	20 - 23	抹灰脚手架<3.6 m	10 m^2	58.510	3.9	228.29

(3) 檐高 6.12 m

表 3.1 - 16　脚手架措施项目综合单价分析表

序号	项目编号（定额编号）	项目名称	单位	工程量	金额	
					单价	合价
		专业工程措施项目			10 968.79	10 968.79
1	011702002001	外脚手架	m^2	507.14	13.743	6 969.62
	20 - 10	砌墙脚手架单排外架子(12 m 以内)	10 m^2	50.714	137.43	6 969.62
2	011702006	满堂脚手架	m^2	203.21	19.68	3 999.17
	20 - 21	基本层满堂脚手架(8 m 以内)	10 m^2	20.321	196.8	3 999.17

技能训练与拓展

在线答题

脚手架

习　　题

1. 如习题图3.1-1所示,计算外脚手架及里脚手架工程量及费用。

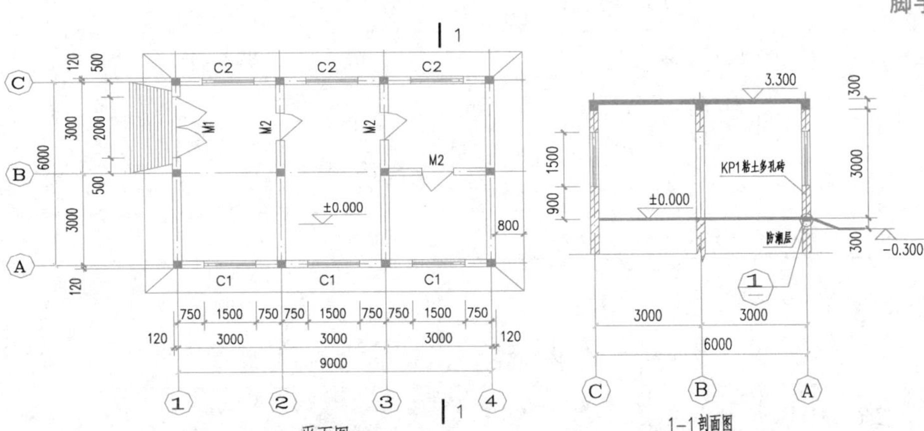

习题图3.1-1

2. 如习题图3.1-2所示是某公园框架结构绿化连廊花架(无墙和顶板)平面及立面图,请计算框架柱和框架梁脚手架的工程量和费用。

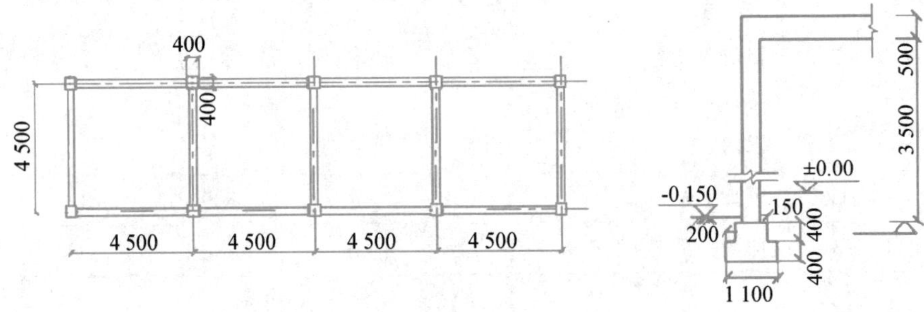

习题图3.1-2

任务二
模板工程计量与计价

项目引入

【项目一:独立基础模板工程】

如图 3.2－1 所示为某三类工程独立基础,请计算该独立基础模板清单工程量、计价工程量计算表以及综合单价分析表。(价格按《计价定额》中含税价格计取)

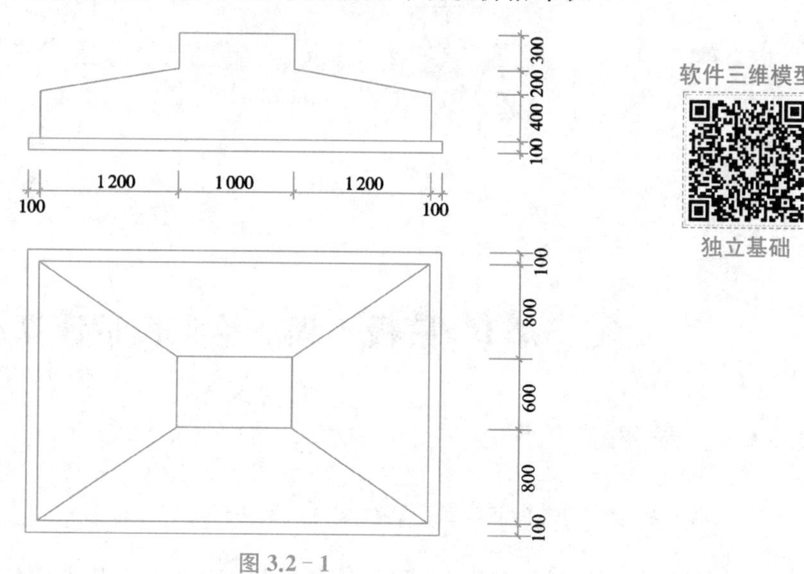

图 3.2－1

【项目二:有梁板模板工程】

如图 3.2－2 所示为某工业建筑,全现浇框架结构,地下一层,地上三层。柱、梁、板均采用非泵送预拌 C30 砼,其中二层楼面结构如图所示。已知柱截面尺寸均为 600×600 mm;一层楼面结构标高－0.030 m;二层楼面结构标高 4.470 m,现浇楼板厚 120 mm;轴线尺寸为柱中心线尺寸。(管理费费率、利润费率标准按建筑工程三类标准执行)

请根据 2014 年计价定额的有关规定,编制该项目一层现浇钢筋混凝土柱、二层楼面有梁板的模板清单工程量、计价工程量计算表以及综合单价分析表。(价格按《计价定额》中含税价格计取)

软件三维模型

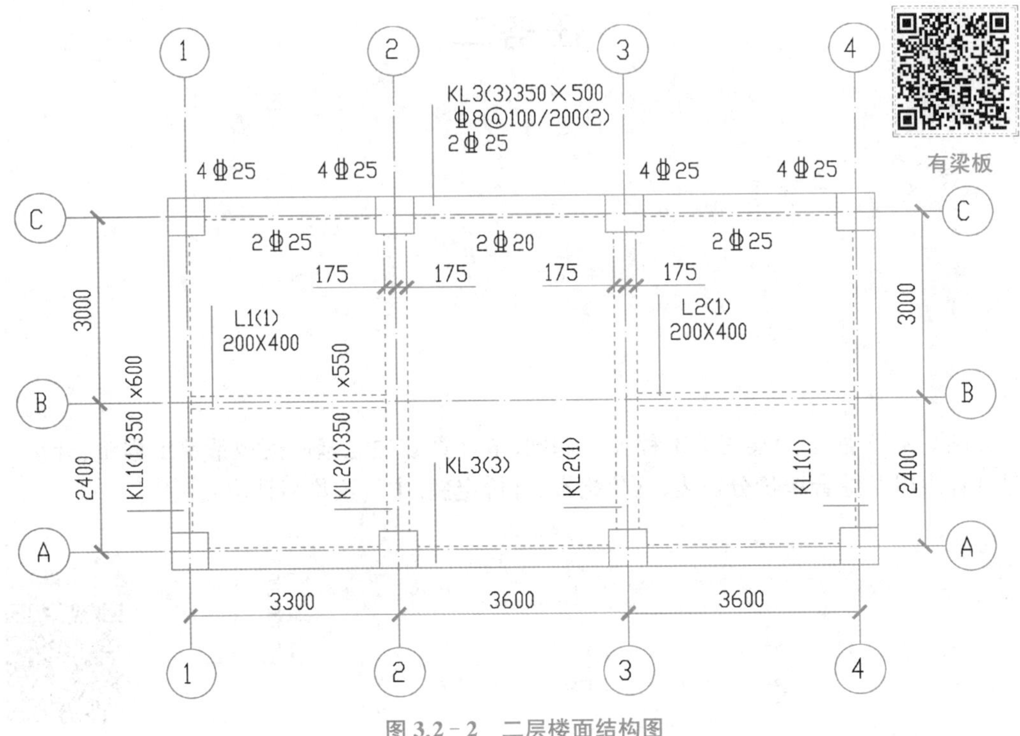

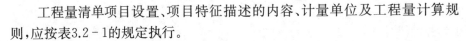

图 3.2-2　二层楼面结构图

3.2.1　模板工程清单工程量计算

3.2.1.1　任务相关知识点

图片集

模板

一、2013《房屋建筑与装饰工程工程量计算规范》主要清单项目

工程量清单项目设置、项目特征描述的内容、计量单位及工程量计算规则,应按表3.2-1的规定执行。

表 3.2-1　模板工程主要清单项目及规则

项目编码	项目名称	项目特征	计量单位	工程量计算规则
011702001	基础	基础类型	m²	按模板与现浇混凝土构件的接触面积计算。 1. 现浇钢筋混凝土墙、板单孔面积≤0.3 m²的孔洞不予扣除,洞侧壁模板亦不增加;单孔面积>0.3 m时应予扣除,洞侧壁模板面积并入墙、板工程量内计算。 2. 现浇框架分别按梁、板、柱有关规定计算;附墙柱、暗梁、暗柱并入墙内工程量计算。 3. 柱、梁、墙、板相互连接的重叠部分,均不计算模板。 4. 构造柱按图示外露部分计算模板面积(锯齿形按锯齿形最宽面计算模板宽度)
011702002	矩形柱			
011702003	构造柱			
011702004	异形柱	柱截面形状、尺寸		
011702005	基础梁	梁截面形状		
011702006	矩形梁	支撑高度		

续表

项目编码	项目名称	项目特征	计量单位	工程量计算规则
011702007	异形梁	1. 梁截面形状 2. 支撑高度	m²	
011702008	圈梁			
011702009	过梁			
011702010	弧形、拱形梁	1. 梁截面形状 2. 支撑高度		
011702011	直形墙			
011702012	弧形墙			
011702013	短肢剪力墙、电梯井壁			
011702014	有梁板	支撑高度		
011702015	无梁板			
011702016	平板			
011702017	拱板			
011702018	薄壳板			
011702019	空心板			
011702020	其他板			
011702021	栏板			
011702022	天沟、檐沟	构件类型		按模板与现浇混凝土构件的接触面积计算
011702023	雨篷、悬挑板、阳台板	1. 构件类型 2. 板厚度		按图示外挑部分尺寸的水平投影面积计算，挑出墙外的悬臂梁及板边不另计算
011702024	楼梯	类型		按楼梯（包括休息平台、平台梁、斜梁和楼层板的连接梁）的水平投影面积计算，不扣除宽度≤500 mm的楼梯井所占面积，楼梯踏步、踏步板、平台梁等侧面模板不另计算，伸入墙内部分亦不增加
011702025	其他现浇构件	构件类型		按模板与现浇混凝土构件的接触面积计算
011702026	电缆沟、地沟	1. 沟类型 2. 沟截面		按模板与电缆沟、地沟接触的面积计算
011702027	台阶	台阶踏步宽		按图示台阶水平投影面积计算，台阶端头两侧不另计算模板面积。架空式混凝土台阶，按现浇楼梯计算
011702028	扶手	扶手断面尺寸		按模板与扶手的接触面积计算
011702029	散水	坡度		按模板与散水的接触面积计算
011702030	后浇带	后浇带部位		按模板与后浇带的接触面积计算
011702031	化粪池底	1. 化粪池部位 2. 化粪池规格		按模板与混凝土接触面积
011702032	检查井	1. 检查井部位 2. 检查井规格		

3.2.1.2 任务实施

【项目一:独立基础模板工程】——清单工程量计算

根据项目内容及2013《房屋建筑与装饰工程工程量计算规范》,该项目清单工程量计算详见表3.2-2。

表3.2-2 清单工程量计算表

序号	项目编码 (定额编号)	项目名称	项目特征	单位	工程数量	工程量计算式
1	011702001001	基础模板	独立基础模板	m^2	5.44	(3.4+2.2)×2×0.4+(1.0+0.6)×2×0.3=5.44 m^2

【项目二:有梁板模板工程】——清单工程量计算

根据项目内容及2013《房屋建筑与装饰工程工程量计算规范》,该项目清单工程量计算详见表3.2-3。

表3.2-3 清单工程量计算表

序号	项目编码 (定额编号)	项目名称	项目特征	单位	工程数量	工程量计算式
1	011702002001	矩形柱模板	矩形柱模板	m^2	81.23	柱:0.6×4×(4.47+0.03−0.12)×8=84.1 m^2 扣梁头:−(0.35×0.48×4+0.35×0.43×4+0.35×0.38×12)=−2.87 m^2 柱模板合计:81.23 m^2
2	011702002001	有梁板模板	有梁板模板	m^2	101.91	KL1:(0.6−0.12)×2×(2.4+3−0.6)×2=9.22 m^2 KL2:(0.55−0.12)×2×(2.4+3−0.6)×2=8.26 m^2 KL3:(0.5−0.12)×2×(3.3+3.6+3.6−0.6×3)×2=13.22 m^2 L1:(0.4−0.12)×2×(3.3−0.05−0.175)=1.72 m^2 L2:(0.4−0.12)×2×(3.6−0.05−0.175)=1.89 m^2 板底:(3.3+3.6×2+0.6)×(2.4+3+0.6)=66.6 m^2 板侧:(3.3+3.6×2+0.6+2.4+3+0.6)×2×0.12=4.1 m^2 扣柱头:−0.6×0.6×8=−2.88 m^2 扣梁头:−0.2×0.28×4=−0.22 m^2 有梁板模板合计:101.91 m^2

3.2.2　模板工程计价工程量计算

3.2.2.1　任务相关知识点

一、《计价定额》主要列项

(1) 现浇构件模板；(2) 现场预制构件模板；(3) 加工场预制构件模板；(4) 构筑物工程模板，共计 258 个子目。

二、计价定额说明要点

本章分为现浇构件模板、现场预制构件模板、加工厂预制构件模板和构筑物工程模板四个部分，使用时应分别套用。为便于施工企业快速报价，在附录中列出了混凝土构件的模板含量表，供使用单位参考。按设计图纸计算模板接触面积或使用混凝土含模量折算模板面积，两种方法仅能使用其中一种，相互不得混用。使用含模量者，竣工结算时模板面积不得调整。构筑物工程中的滑升模板按混凝土体积以立方米计算。倒锥形水塔水箱提升以“座”为单位。

(1) 现浇构件模板子目按不同构件分别编制了组合钢模板配钢支撑、复合木模板配钢支撑，使用时，任选一种套用。

(2) 预制构件模板子目，按不同构件，分别以组合钢模板、复合木模板、木模板、定形钢模板、长线台钢拉模、加工厂预制构件配混凝土地模、现场预制构件配砖胎模、长线台配混凝土地胎模编制，使用其他模板时不予换算。

(3) 模板工作内容包括清理、场内运输、安装、刷隔离剂、浇灌混凝土时模板维护、拆模、集中堆放、场外运输。木模板包括制作(预制构件包括刨光、现浇构件不包括刨光)，组合钢模板、复合木模板包括装箱。

(4) 现浇钢筋混凝土柱、梁、墙、板的支模高度以净高(底层无地下室者高需另加室内外高差)在 3.6 m 以内为准，净高超过 3.6 m 的构件其钢支撑、零星卡具及模板人工分别乘表 3.2－4 系数。根据施工规范要求属于高大支模的，其费用另行计算。

表 3.2－4　构件净高超过 3.6 m 增加系数表

增加内容	净高在	
	5 m 以内	8 m 以内
独立柱、梁、扳钢支撑及零星卡具	1.10	1.30
框架柱(墙)、梁、板钢支撑及零星卡具	1.07	1.15
模板人工(不分框架和独立柱梁板)	1.30	1.60

注：轴线未形成封闭框架的柱、梁、板称独立柱、梁、板。

(5) 支模高度净高。

① 柱:无地下室底层是指设计室外地面至上层板底面、楼层板顶面至上层板底面;

② 梁:无地下室底层是指设计室外地面至上层板底面、楼层板顶面至上层板底面;

③ 板:无地下室底层是指设计室外地面至上层板底面、楼层板顶面至上层板底面;

④ 墙:整板基础板顶面(或反梁顶面)至上层板底面、楼层板顶面至上层板底面。

(6) 设计 T、L、十形柱,其单面每边宽在 1 000 mm 内按 T、L、十形柱相应子目执行。其余按直形墙相应定额执行。T、L、十形柱边的确定:

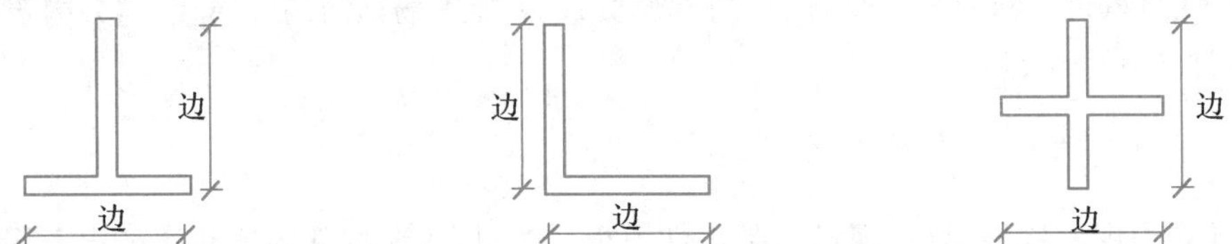

(7) 模板项目中,仅列出周转木材而无钢支撑的定额,其支撑量已含在周转木材中,模板与支撑按 7∶3 拆分。

(8) 模板材料已包含砂浆垫块与钢筋绑扎用的 22# 镀锌铁丝在内,现浇构件和现场预制构件不用砂浆垫块而改用塑料卡,每 10 m^2 模板另加塑料卡费用每只 0.2 元,计 30 只。

(9) 有梁板中的弧形梁模板按弧形梁定额执行(含模量=肋形板含模量),弧形板部分的模板按板定额执行。砖墙基上带形混凝土防潮层模板按圈梁定额执行。

(10) 混凝土满堂基础底板面积在 1 000 m^2 内,若使用含模量计算模板面积,基础有砖侧模时,砖侧模的费用应另外增加,同时扣除相应的模板面积(总量不得超过总含模量);超过 1 000 m^2 时,按混凝土接触面积计算。

(11) 地下室后浇墙带的模板应按已审定的施工组织设计另行计算,但混凝土墙体模板含量不扣。

(12) 带形基础、设备基础、栏板、地沟如遇圆弧形,除按相应定额的复合模板执行外,其人工、复合木模板乘以系数 1.30,其他不变(其他弧形构件按相应定额执行)。

(13) 用钢滑升模板施工的烟囱、水塔、贮仓使用的钢提升杆是按Φ 25 一次性用量编制的,设计要求不同时另行换算。施工是按无井架计算的,并综合了操作平台,不再计算脚手架和竖井架。

(14) 钢筋混凝土水塔、砖水塔基础采用毛石混凝土、混凝土基础时,按烟囱相应定额执行。

(15) 烟囱钢滑升模板定额均已包括烟囱筒身、牛腿、烟道口;水塔钢滑升模板均已包括直筒、门窗洞口等模板用量。

(16) 倒锥壳水塔塔身钢滑升模板定额也适用于一般水塔塔身滑升模板工程。

(17) 栈桥子目适用于现浇矩形柱、矩形连梁、有梁斜板栈桥,其超过 3.6 m 支撑按本章有关说明执行。

(18) 本章的混凝土、钢筋混凝土地沟是指建筑物室外的地沟,室内钢筋混凝土地沟按本章相应子目执行。

(19) 现浇有梁板、无梁板、平板、楼梯、雨篷及阳台,设计底面不抹灰者,增加模板缝贴胶带纸人工 0.27 工日/10 m^2。

(20) 飘窗上下挑板、空调板按板式雨篷模板执行。

(21) 混凝土线条按小型构件定额执行。

三、工程量计算规则

1. 现浇混凝土及钢筋混凝土模板

(1) 现浇混凝土及钢筋混凝土模板工程量除另有规定者外，均按混凝土与模板的接触面积计算。若使用含模量计算模板接触面积者，其工程量＝构件体积×相应项目含模量(含模量详见附录)。

(2) 钢筋混凝土墙、板上单孔面积在 0.3 m^2 以内的孔洞不予扣除，洞侧壁模板不另增加，但突出墙面的侧壁模板应相应增加。单孔面积在 0.3 m^2 以外的孔洞应予扣除，洞侧壁模板面积并入墙、板模板工程量之内计算。

(3) 现浇钢筋混凝土框架分别按柱、梁、墙、板有关规定计算，墙上单面附墙柱、暗梁、暗柱并入墙内工程量计算，双面附墙柱按柱计算，但后浇墙、板带的工程量不扣除。

(4) 设备螺栓套孔或设备螺栓分别按不同深度以个计算；二次灌浆按实灌体积计算。

(5) 预制混凝土板间或边补现浇板缝，缝宽在 100 mm 以上者，模板按平板定额计算。

(6) 构造柱外露均应按图示外露部分计算面积(锯齿形，则按锯齿形最宽面计算模板宽度)，构造柱与墙接触面不计算模板面积。

(7) 现浇混凝土雨篷、阳台、水平挑板，按图示伸出墙面以外板底尺寸的水平投影面积计算(附在阳台梁上的混凝土线条不计算水平投影面积)。挑出墙外的牛腿及板边模板已包括在内。复式雨篷挑口内侧净高超过 250 mm 时，其超过部分按挑檐定额计算(超过部分的含模量按天沟含模量计算)。

(8) 整体直形楼梯包括楼梯段、中间休息平台、平台梁、斜梁及楼梯与楼板联结的梁，按水平投影面积计算，不扣除宽度小于 500 mm 的楼梯井，伸入墙内部分不另增加。

(9) 圆弧形楼梯按楼梯的水平投影面积计算(包括圆弧形梯段、休息平台、平台梁、斜梁及楼梯与楼板连接的梁)。

(10) 楼板后浇带以延长米计算(整板基础的后浇带不包括在内)。

(11) 现浇圆弧形构件除定额已注明者外，均按垂直圆弧形的面积计算。

(12) 栏杆按扶手长度计算，栏板竖向挑板按模板接触面积计算。扶手、栏板的斜长按水平投影长度乘系数 1.18 计算。

(13) 劲性混凝土柱模板按现浇柱定额执行。

(14) 砖侧模分不同厚度，按砌筑面积计算。

(15) 后浇板带模板、支撑增加费，工程量按后浇板带设计长度以延长米计算。

(16) 整板基础后浇带铺设热镀锌钢丝网，按实铺面积计算。

2. 现场预制钢筋混凝土构件模板

(1) 现场预制构件模板工程量，除另有规定者外，均按模板接触面积以平方米计算。若使用含模量计算模板面积者，其工程量＝构件体积×相应项目的含模量。砖地模费用已包括在定额含量中，不再另行计算。

(2) 漏空花格窗、花格芯按外围面积计算。

(3) 预制桩不扣除桩尖虚体积。

(4) 加工厂预制构件有此子目,而现场预制无此子目,实际在现场预制时模板按加工厂预制模板子目执行。现场预制构件有此子目,加工厂预制构件无此子目,实际在加工厂预制时,其模板按现场预制模板子目执行。

3. 加工厂预制构件的模板

(1) 除漏空花格窗、花格芯外,预制混凝土构件体积一律按施工图纸的几何尺寸以实体积计算,空腹构件应扣除空腹体积。

(2) 漏空花格窗、花格芯按外围面积计算。

4. 构筑物工程模板

构筑物工程中的现浇构件模板除注明外均按模板与混凝土的接触面积以平方米计算。

(1) 烟囱。

① 钢筋混凝土烟囱基础,包括基础底板及筒座,筒座以上为筒身,烟囱基础按接触面积计算。

② 烟囱筒身。

a. 烟囱筒身不分方形、圆形均按体积计算,筒身体积应以筒壁平均中心线长度乘以厚度。圆筒壁周长不同时,可分段计算并取和。

b. 砖烟囱的钢筋混凝土圈梁和过梁按接触面积计算,套用本章现浇钢筋混凝土构件的相应子目。

c. 烟囱的钢筋混凝土集灰斗(包括分隔墙、水平隔墙、柱、梁等)应按本章现浇钢筋混凝土构件相应子目计算、套用。

d. 烟道中的其他钢筋混凝土构件模板应按本章相应钢筋混凝土构件的相应定额计算、套用。

e. 钢筋混凝土烟道可按本章地沟定额计算,但架空烟道不能套用。

(2) 水塔。

① 基础。

各种基础均以接触面积计算(包括基础底板和筒座),筒座以上为塔身,以下为基础。

② 筒身。

a. 钢筋混凝土筒式塔身以筒座上表面或基础底板上表面为分界线,柱式塔身以柱脚与基础底板或梁交界处为分界线,与基础底板相连接的梁并入基础内计算。

b. 钢筋混凝土筒式塔身与水箱以水箱底部的圈梁为界,圈梁底以下为筒式塔身。水箱的槽底(包括圈梁)、塔顶、水箱(槽)壁工程量均应分别按接触面积计算。

c. 钢筋混凝土筒式塔身以接触面积计算,应扣除门窗洞口面积,依附于筒身的过梁、雨篷、挑檐等工程量并入筒身面积内按筒式塔身计算;柱式塔身不分斜柱、直柱和梁,均按接触面积合并计算,按柱式塔身定额执行。

d. 钢筋混凝土、砖塔身内设置钢筋混凝土平台、回廊以接触面积计算。

e. 砖砌筒身设置的钢筋混凝土圈梁以接触面积计算,按本章相应子目执行。

③ 塔顶及槽底。

a. 钢筋混凝土塔顶及槽底的工程量合并计算。塔顶包括顶板和圈梁;槽底包括底板、挑出斜壁和圈梁。回廊及平台另行计算。

b. 槽底不分平底、拱底,塔顶不分锥形、球形,均按本定额执行。

④ 水槽内、外壁。

a. 与塔顶、槽底(或斜壁)相联系的圈梁之间的直壁为水槽内、外壁:设保温水槽的外保护壁为外壁;直接承受水倒压力的水槽壁为内壁。非保温水箱的水槽壁按内壁计算。

b. 水槽内、外壁以接触面积计算;依附于外壁的柱、梁等并入外壁面积中计算。

⑤ 倒锥壳水塔。

a. 基础按相应水塔基础的规定计算,其筒身、水箱制作按混凝土的体积以立方米计算。

b. 环梁以混凝土接触面积计算。

c. 水箱提升按不同容积和不同的提升高度分别套用定额,以座计算。

(3) 贮水(油)池。

① 池底按图示尺寸的接触面积计算。池底为平底执行平底子目,平底体积包括池壁下部的扩大部分;池底有斜坡者执行锥形底子目。

② 池壁有壁基梁时,锥形底应算至壁基梁底面,池壁应从壁基梁上口开始,壁基梁应从锥形底上表面算至池壁下口;无壁基梁时锥形底算至坡上表面,池壁应从锥形底的上表面开始。

③ 无梁池盖柱的柱高应由池底上表面算至池盖的下表面,包括柱帽、柱座的模板面积。

④ 池壁应按圆形壁、矩形壁分别计算,高度不包括池壁上下处的扩大部分。无扩大部分时,高度自池底上表面(或壁基梁上表面)至池盖下表面。

⑤ 无梁盖应包括与池壁相连的扩大部分的面积;肋形盖应包括主、次梁及盖板部分的面积;球形盖应自池壁顶面以上,包括边侧梁的面积在内。

⑥ 沉淀池水槽是指池壁上的环形溢水槽及纵横、U形水槽,但不包括与水槽相连接的矩形梁;矩形梁可按现浇构件矩形梁定额计算。

(4) 贮仓。

① 矩形仓。

分立壁和漏斗,各按不同厚度计算接触面积。立壁和漏斗按相互交点的水平线为分界线;壁上圈梁并入漏斗工程量内。基础、支撑漏斗的柱和柱间的相联系梁分别按现浇构件的相应子目计算。

② 圆筒仓。

a. 本定额适用于高度在 30 m 以下、仓壁厚度不变、上下断面一致、采用钢滑模施工工艺的圆形贮仓,如盐仓、粮仓、水泥库等。

b. 圆形仓工程量应分仓底板、顶板和仓壁三部分。底板、顶板按接触面积计算,仓壁按实体积以立方米计算。

c. 圆形仓底板以下的钢筋混凝土柱,梁、基础按现浇构件的相应定额计算。

d. 仓顶板的梁与仓顶板合并计算,按仓顶板定额执行。

e. 仓壁高度应自仓壁底面算至顶板底面,扣除 0.05 m^2 以上的孔洞。

(5) 地沟及支架。

① 本定额适用于室外的方形(封闭式)、槽形(开口式)和阶梯形(变截面式)的地沟。底、壁、顶应分别按接触面积计算。

② 沟壁与底的分界,以底板上表面为界。沟壁与项的分界以顶板下表面为界。八字角部分的数量并入沟壁工程量内。

③ 地沟预制顶板按本章相应定额计算。

④ 支架均以接触面积计算(包括支架各组成部分),框架型或A字形支架应将柱、梁的体积合并计算;支架带操作平台者,其支架与操作台的体积亦合并计算。

⑤ 支架基础应按本章的相应定额计算。

(6) 栈桥。

① 柱、联系梁(包括斜梁)接触面积合并、肋梁与板的面积合并均按图示尺寸以接触面积计算。

② 栈桥斜桥部分,不分板顶高度,均按板高在12 m内子目执行。

③ 栈桥柱、梁、板的混凝土浇捣脚手架按第十九章相应子目执行(工程量按相应规定)。

④ 板顶高度超过20 m,每增加2 m仅指柱、联系梁(不包括有梁板)。

(7) 滑升模板。

滑升模板均按混凝土体积以立方米计算。构件划分依照上述计算规则执行。

3.2.2.2 任务实施

【项目一:独立基础模板工程】——计价工程量计算

根据项目内容及《计价定额》,该项目计价工程量计算详见表3.2-5。

表3.2-5 计价工程量计算表

序号	项目编码(定额编号)	项目名称	项目特征	单位	工程数量	工程量计算式
1	21-12	各种柱基、桩承台复合木模板		10 m^2	0.544	同清单工程量

【项目二:有梁板模板工程】——计价工程量计算

根据项目内容及《计价定额》,该项目计价工程量计算详见表3.2-6。

表3.2-6 计价工程量计算表

序号	项目编码(定额编号)	项目名称	项目特征	单位	工程数量	工程量计算式
1	21-27换	矩形柱模板		10 m^2	8.12	同清单工程量
2	21-59换	有梁板模板		10 m^2	10.191	同清单工程量

3.2.3 模板工程清单组价

3.2.3.1 任务实施

【项目一:独立基础模板工程】——清单组价

根据项目内容2013《房屋建筑与装饰工程工程量计算规范》及《计价定额》等,该项目清单组价详见表3.2-7。

表 3.2－7　模板工程措施项目综合单价分析表

项目编码		项目名称	计量单位	工程数量	综合单价	合价
011702001001		基础	m^2	5.44	60.578	329.54
清单综合单价组成	定额号	子目名称	单位	数量	单价	合价
	21－12	各种柱基、桩承台复合木模板	10 m^2	0.544	605.78	329.54

【项目二:有梁板模板工程】——清单组价

根据项目内容 2013《房屋建筑与装饰工程工程量计算规范》及《计价定额》等,该项目清单组价详见表 3.2－8。

表 3.2－8　模板工程措施项目综合单价分析表

项目编码		项目名称	计量单位	工程数量	综合单价	合价
011702002001		矩形柱模板	m^2	81.2	73.53	5 970.31
清单综合单价组成	定额号	子目名称	单位	数量	单价	合价
	21－27 换	矩形柱模板	10 m^2	8.12	735.26	5970.31

21－27 换计算过程：616.33＋285.36×0.3×1.37＋(14.96＋8.64)×0.07＝735.26 元。

表 3.2－9　模板工程措施项目综合单价分析表

项目编码		项目名称	计量单位	工程数量	综合单价	合价
011702014001		有梁板模板	m^2	101.91	66..4	6 811.97
清单综合单价组成	定额号	子目名称	单位	数量	单价	合价
	21－59 换	有梁板模板	10 m^2	10.191	668.43	6 811.97

21－59 换计算过程:567.37＋239.44×0.3×1.37＋(29.08＋8.83)×0.07＝668.43 元。

技能训练与拓展

在线答题

模板

习　　题

1. 某现浇钢筋混凝土有梁板,如习题图 3.2－1 所示,胶合板模板,钢支撑,计算有梁板模板工程量,并计算费用。

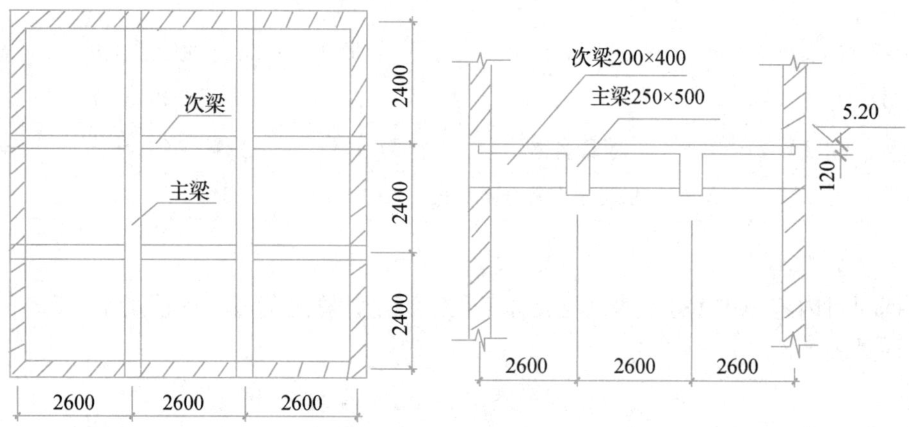

习题图 3.2-1

2. 如习题图 3.2-2 所示,现浇现浇混凝土框架柱 20 根组合钢模板,钢支撑。计算钢模板工程量,确定定额项目及费用。

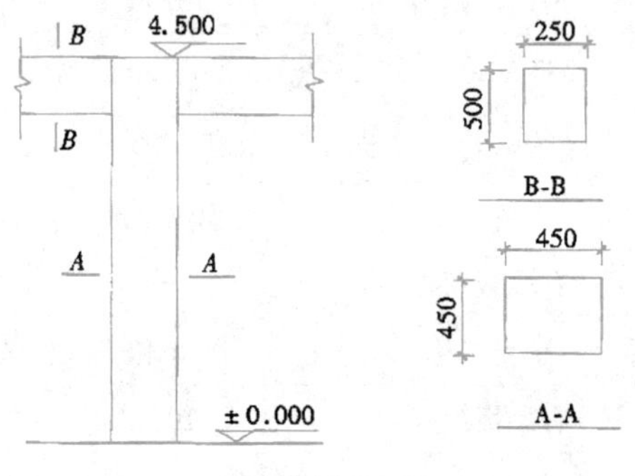

习题图 3.2-2

3. 某工程如习题图 3.2-3 所示,构造柱与砖墙咬口宽 60 mm;现浇混凝土圈梁断面为 240 mm×240 mm,满铺。计算木模板工程量,确定定额项目及费用。

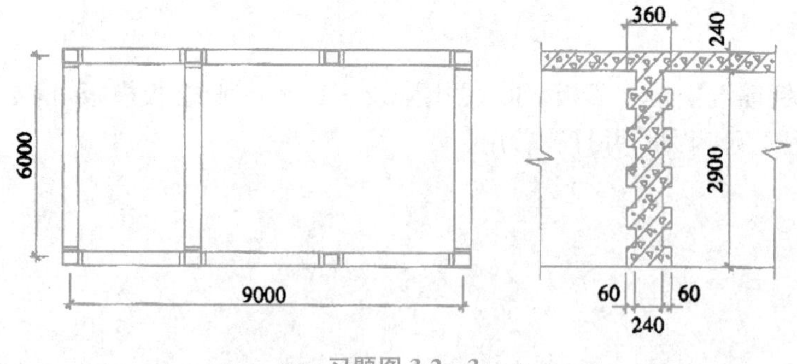

习题图 3.2-3

任务三 建筑工程垂直运输计量与计价

资源合集

项目引入

【项目一:无地下室现浇框架结构垂直运输工程】

某办公楼工程,该工程位于江苏省,为三类土、条形基础,现浇框架结构五层,每层建筑面积 900 m^2,檐口高度 16.95 m,使用泵送商品砼,配备 315 KN·m 自升式塔式起重机、带塔卷扬机各一台。请计算该工程定额垂直运输费。(价格按《计价定额》中含税价格计取)

【项目二:单独地下室垂直运输工程】

某工程位于江苏省,单独招标地下室土方和主体结构部分的施工(打桩工程已另行发包出去)。该地下室二层,三类土、钢筋砼箱形基础,每层建筑面积 1 400 m^2,现场配置一台 1 250 KN.m 自升式塔式起重机。请计算该工程定额垂直运输费。(价格按《计价定额》中含税价格计取)

3.3.1 垂直运输清单工程量计算

3.3.1.1 任务相关知识点

一、2013《房屋建筑与装饰工程工程量计算规范》主要清单项目

垂直运输工程量清单项目设置、项目特征描述的内容、计量单位、工程量计算规则应按表 3.3-1 规定执行。

表 3.3-1 垂直运输主要清单项目及规则

项目编码	项目名称	项目特征	计量单位	工程量计算规则
	S.3 垂直运输			
011703001	垂直运输	1. 建筑物建筑类型及结构形式 2. 地下室建筑面积 3. 建筑物檐口高度、层数	1. m^2 2. 天	1. 按建筑面积计算 2. 按施工工期日历天数

二、工程量计算规则及要点

1. 建筑物的檐口高度是指设计室外地坪至檐口滴水的高度(平屋顶系指屋面板底高度),突出主体建筑物屋顶的电梯机房、楼梯出口间、水箱间、瞭望塔、排烟机房等不计入檐口

高度。

2. 垂直运输机械指施工工程在合理工期内所需垂直运输机械。

3. 同一建筑物有不同檐高时,按建筑物的不同檐高做纵向分割,分别计算建筑面积,以不同檐高分别编码列项。

拓展资料

工期定额

三、工期定额

1. 工期定额要点

本任务中所指的工期定额为:住房城乡建设部《关于印发建筑安装工程工期定额的通知》(建标〔2016〕161号)颁布的《建筑安装工程工期定额》(TY 01-89-2016),本任务中所指的江苏省执行新工期定额规定为:江苏省住房城乡建设厅苏建价〔2016〕740号"关于贯彻执行《建筑安装工程工期定额》的通知"。

江苏省结合本省实际,就执行《建筑安装工程工期定额》(TY 01-89-2016)(以下简称"工期定额")的有关事项明确如下:

(1) 工期定额是国有资金投资工程确定建筑安装工程工期的依据,非国有资金投资工程参照执行。工期定额是签订建筑安装施工合同、合理确定施工工期及工期索赔的基础,也是施工企业编制施工组织设计、安排施工进度计划的参考。

(2) 工期定额中的工程分类按照《建设工程分类标准》(GB/T 50841—2013)执行。

(3) 装配式剪力墙、装配式框架剪力墙结构按工期定额中的装配式混凝土结构工期执行;装配式框架结构按工期定额中的装配式混凝土结构工期乘以系数0.9执行。

(4) 当单项工程层数超出工期定额中所列层数时,工期可按定额中对应建筑面积的最高相邻层数的工期差值增加。

(5) 钢结构工程建筑面积和用钢量两个指标中,只要满足其中一个指标即可。在确定机械土方工程工期时,同一单项工程内有不同挖深的,按最大挖土深度计算。

(6) 在计算建筑工程垂直运输费时,按单项工程定额工期计算工期天数,但桩基工程、基础施工前的降水、基坑支护工期不另行增加。

(7) 为有效保障工程质量和安全,维护建筑行业劳动者合法权益,建设单位不得任意压缩定额工期。如压缩工期,在招标文件和施工合同中应明确赶工措施费的计取方法和标准。建筑安装工程赶工措施费按《江苏省建设工程费用定额》(2014年)规定执行,费率为0.5%~2%。压缩工期超过定额工期30%以上的建筑安装工程,必须经过专家认证。

(8) 我省行政区域内,2017年3月1日起发布招标文件的招投标工程以及签订施工合同的非招投标工程,应执行本工期定额。原《全国统一建筑安装工程工期定额》(2000年)和我省《关于贯彻执行〈全国统一建筑安装工程工期定额〉的通知》(苏建定〔2000〕283号文)同时停止执行。

2. 工期定额说明

单项工程工期是指单项工程从基础破土开工(或原桩位打基础桩)起至完成建筑安装工程施工全部内容,并达到国家验收标准之日止的全过程所需的日历天数。

执行中的一些规定:

(1)《建筑安装工程工期定额》(以下简称"本定额")是在《全国统一建筑安装工程工期定额》(2000年)基础上,依据国家现行产品标准、设计规范、施工及验收规范、质量评定标准和技术、安全操作规程，按照正常施工条件、常用施工方法、合理劳动组织及平均施工技术装备程度和管理水平，并结合当前常见结构及规模建筑安装工程的施工情况编制的。

(2) 本定额适用于新建和扩建的建筑安装工程。

(3) 本定额是国有资金投资工程在可行性研究、初步设计、招标阶段确定工期的依据，非国有资金投资工程参照执行；是签订建筑安装工程施工合同的基础。

(4) 本定额工期，是指自开工之日起，到完成各章、节所包含的全部工程内容并达到国家验收标准之日止的日历天数（包括法定节假日）；不包括三通一平、打试验桩、地下障碍物处理、基础施工前的降水和基坑支护时间、竣工文件编制所需的时间。

(5) 本定额包括民用建筑工程、工业及其他建筑工程、构筑物工程、专业工程四部分。

(6) 我国各地气候条件差别较大，以下省、市和自治区按其省会(首府)气候条件为基准划分为Ⅰ、Ⅱ、Ⅲ类地区，工期天数分别列项。

Ⅰ类地区：上海、江苏、浙江、安徽、福建、江西、湖北、湖南、广东、广西、四川、贵州、云南、重庆、海南。

Ⅱ类地区：北京、天津、河 北、山西、山东、河南、陕西、甘肃、宁夏。

Ⅲ类地区：内蒙古、辽宁、吉林、黑龙江、西藏、青海、新疆。

设备安装和机械施工工程执行本定额时不分地区类别。

(7) 本定额综合考虑了冬雨季施工、一般气候影响、常规地质条件和节假日等因素。

(8) 本定额已综合考虑预拌混凝土和现场搅拌混凝土、预拌砂浆和现场搅拌砂浆的施工因素。

(9) 框架一剪力墙结构工期按照剪力墙结构工期计算。

(10) 本定额的工期是按照合格产品标准编制的。工期压缩时，宜组织专家论证，且相应增加压缩工期增加费。

(11) 本定额施工工期的调整：

① 施工过程中，遇不可抗力、极端天气或政府政策性影响施工进度或暂停施工的，按照实际延误的工期顺延。

② 施工过程中发现实际地质情况与地质勘查报告出入较大的，应按照实际地质情况调整工期。

③ 施工过程中遇到障碍物或古墓、文物、化石、流沙、溶洞、暗河、淤泥、石方、地下水等需要进行特殊处理且影响关键线路时，工期应顺延。

④ 合同履行过程中，因非承包人原因发生重大涉及变更的，应调整工期。

⑤ 其他非承包人原因造成的工期延误应予以顺延。

(12) 同期施工的群体工程中，一个承包人同时承包 2 个(含 2 个)单项(位)工程时，工期的计算：以一个最大工期的单项(位)工程为基数，另加其他单项(位)工程工期总和乘以相应系数计算：加 1 个乘以系数 0.35；加 2 个乘以系数 0.2；加 3 个乘以系数 0.15，加 4 个及以上的单项(位)工程不另增加工期。

加 1 个单项(位)工程 ：$T=T_1+T_2\times0.35$

加 2 个单项(位)工程：$T=T_1+(T_2+T_3)\times0.2$

加 3 个及以上单项(位)工程：$T=T_1+(T_2+T_3+T_4)\times0.2$

其中，T 为工程总工期，T_1、T_2、T_3、T_4 为所有单项(位)工程工期最大的前四个，且

$T_1 \geqslant T_2 \geqslant T_3 \geqslant T_4$。

3.3.1.2 任务实施

【项目一:无地下室现浇框架结构垂直运输工程】——清单工程量计算

根据项目内容及 2013《房屋建筑与装饰工程工程量计算规范》,查询《工期定额》。

(1) 基础定额工期见表 3.3-2。

表 3.3-2 无地下室工程工期表

编号	基础类型	首层建筑面积(m^2)	工期/天		
			Ⅰ类	Ⅱ类	Ⅲ类
1-1	带形基础	500 以内	30	35	40
1-2		1 000 以内	36	41	46
1-3		2 000 以内	42	47	52
1-4		3 000 以内	49	54	59
1-5		4 000 以内	64	69	74
1-6		5 000 以内	71	76	81
1-7		10 000 以内	90	95	100
1-8		10 000 以外	105	110	115

1-2　　　　36 天

(2) 上部定额工期见表 3.3-3。

表 3.3-3 现浇框架结构办公建筑工期表

编号	层数/层	建筑面积/m^3	工期/天		
			Ⅰ类	Ⅱ类	Ⅲ类
1-268	3 以下	1 000 以内	175	185	200
1-269		3 000 以内	190	200	215
1-270		5 000 以内	205	215	230
1-271		5 000 以内	225	235	250
1-272	6 以下	3 000 以内	220	230	245
1-273		6 000 以内	240	250	265
1-274		9 000 以内	255	265	280
1-275		9 000 以内	280	290	305

1-273　　　　240 天

合 计　　　　36+240=276(天)。

【项目二:单独地下室垂直运输工程】——清单工程量计算

根据项目内容及 2013《房屋建筑与装饰工程工程量计算规范》,查询《工期定额》。

定额工期见表 3.3－4。

表 3.3－4　有地下室工程工期表

编号	层数/层	建筑面积/m²	工期/天		
			Ⅰ类	Ⅱ类	Ⅲ类
1－31	2	2 000 以内	120	125	130
1－32		4 000 以内	135	140	145
1－33		6 000 以内	155	160	165
1－34		8 000 以内	170	175	180
1－35		10 000 以内	185	190	195
1－36		15 000 以内	210	220	230
1－37		20 000 以内	235	245	255
1－38		20 000 以外	260	270	280

1－32　135 天

3.3.2　垂直运输计价工程量计算

3.3.2.1　任务相关知识点

一、《计价定额》主要列项

(1) 建筑物垂直运输，分为卷扬机施工、塔式起重机施工。(2) 单独装饰工程垂直运输。(3) 烟囱、水塔、筒仓垂直运输。(4) 施工塔吊、电梯基础、塔吊及电梯与建筑物连接件。

二、说明要点

(1) “檐高”是指设计室外地坪至檐口的高度，突出主体建筑物顶的女儿墙、电梯间、楼梯间、水箱等不计入檐口高度以内:“层数”指地面以上建筑物的层数，地下室、地面以上部分净高小于 2.1 m 的半地下室不计入层数。

(2) 本定额工作内容包括在江苏省调整后的国家工期定额内完成单位工程全部工程项目所需的垂直运输机械台班，不包括机械的场外运输、一次安装、拆卸、路基铺垫和轨道铺拆等费用。施工塔吊与电梯基础、施工塔吊和电梯与建筑物连接的费用单独计算。

(3) 本定额项目划分是以建筑物“檐高”“层数”两个指标界定的，只要其中一个指标达到定额规定，即可套用该定额子目。

(4) 一个工程出现两个或两个以上檐口高度(层数).使用同一台垂直运输机械时，定额不作调整:使用不同垂直运输机械时，应依照国家工期定额分别计算。

(5) 当建筑物垂直运输机械数量与定额不同时，可按比例调整定额含量。本定额按卷扬机施工配2台卷扬机,塔式起重机施工配1台塔吊1台卷扬机(施工电梯)考虑。如仅采用塔式起重机施工,不采用卷扬机时,塔式起重机台班含量按卷扬机含量取定,卷扬机扣除。

(6) 垂直运输高度小于3.6 m的单层建筑物、单独地下室和围墙,不计算垂直运输机械台班。

(7) 预制混凝土平板、空心板、小型构件的吊装机械费用已包括在本定额中。

(8) 本定额中现浇框架系指柱、梁、板全部为现浇的钢筋混凝土框架结构。如部分现浇,部分预制,按现浇框架乘以系数0.96。

(9) 柱、梁、墙、板构件全部现浇的钢筋混凝土框筒结构、框剪结构按现浇框架执行,筒体结构按剪力墙(滑模施工)执行。

(10) 预制屋架的单层厂房,不论柱为预制或现浇,均按预制排架定额计算。

(11) 单独地下室工程项目定额工期按不含打桩工期自基础挖土开始计算。多幢房屋下有整体连通地下室时,上部房屋分别套用对应单项工程工期定额,整体连通地下室按单独地下室工程执行。

(12) 在计算定额工期时,未承包施工的打桩、挖土等的工期不扣除。

(13) 混凝土构件,使用泵送混凝土浇筑者,卷扬机施工定额台班乘以系数0.96;塔式起重机施工定额中的塔式起重机台班含量乘以系数0.92。

(14) 建筑物高度超过定额取定时,另行计算。

(15) 采用履带式、轮胎式、汽车式起重机(除塔式起重机外)吊(安)装预制大型构件的工程,除按本章规定计算垂直运输费外,另按第八章有关规定计算构件吊(安)装费。

2. 烟囱、水塔、筒仓垂直运输

烟囱、水塔、筒仓的口高度片指设计室外地坪至构筑物的顶面高度。突出构筑物主体顶的机房等高度不计入构筑物高度内。

三、工程量计算规则

(1) 建筑物垂直运输机械台班用量,区分不同结构类型、檐口高度(层数)按国家工期定额以日历天计算。

(2) 单独装饰工程垂直运输机械台班,区分不同施工机械、垂直运输高度、层数、按定额工日分别计算。

(3) 烟囱、水塔、筒仓垂直运输机械台班,以"座"计算。超过定额规定高度时,按每增高1 m定额项目计算。高度不足1 m,按1 m计算。

(4) 施工塔吊、电梯基础,塔吊及电梯与建筑物连接件,按施工塔吊及电梯的不同型号以"台"计算。

3.3.2.2 任务实施

【项目一:无地下室现浇框架结构垂直运输工程】——计价工程量计算

根据项目内容及《计价定额》,该项目计价工程量计算详见表3.3-5。

表 3.3－5　计价工程量计算表

序号	项目编码（定额编号）	项目名称	项目特征	单位	工程数量	工程量计算式
		垂直运输				
1	23－8	塔式起重机施工现浇框架檐口高度(层数)以内 20 m(6)层		天	276	36＋240＝276 天

【项目二:单独地下室垂直运输工程】——计价工程量计算

根据项目内容及《计价定额》,该项目计价工程量计算详见表 3.3－6。

表 3.3－6　计价工程量计算表

序号	项目编码（定额编号）	项目名称	项目特征	单位	工程数量	工程量计算式
		垂直运输				
1	23－8	塔式起重机施工现浇框架檐口高度(层数)以内 20 m(6)层		天	135	同清单工程量

3.3.3　垂直运输清单组价

3.3.3.1　任务实施

【项目一:无地下室现浇框架结构垂直运输工程】——清单组价

根据《计价定额》垂直运输说明第 13 条:"混凝土构件,使用泵送混凝土浇筑者,卷扬机施工定额台班乘以系数 0.96;塔式起重机施工定额中的塔式起重机台班含量乘以系数 0.92。"

23－8　换　　578.56－267.49×(1－0.92)×(1＋25%＋12%)＝549.24(元/天)。

表 3.3－7　垂直运输费措施项目综合单价分析表

项目编码		项目名称	计量单位	工程数量	综合单价	合价
011703001001		垂直运输	天	276	549.24	151 590.24
清单综合单价组成	定额号	子目名称	单位	数量	单价	合价
	23－8	塔式起重机施工现浇框架檐口高度(层数)以内 20 m(6)层	天	276	549.24	151 590.24

【项目二:单独地下室垂直运输工程】——计价工程量计算

该工程为单独地下室工程,属于二类工程,所以管理费利润需要进行换算。

23－28 换　599.03×(1＋29%＋12%)＝844.63(元/天)

垂直运输费　844.63×135 天＝114025.05 (元)

表 3.3－8 垂直运输费措施项目综合单价分析表

<table>
<tr><th colspan="2">项目编码</th><th>项目名称</th><th>计量单位</th><th>工程数量</th><th>综合单价</th><th>合价</th></tr>
<tr><td colspan="2">011703001001</td><td>垂直运输</td><td>天</td><td>135</td><td>844.63</td><td>114 025.05</td></tr>
<tr><td rowspan="2">清单综合单价组成</td><td>定额号</td><td>子目名称</td><td>单位</td><td>数量</td><td>单价</td><td>合价</td></tr>
<tr><td>23－28 换</td><td>建筑物垂直运输塔式起重机施工单独地下室工程 2 层</td><td>天</td><td>135</td><td>844.63</td><td>114 025.05</td></tr>
</table>

任务四
超高施工增加计量与计价

项目引入

【项目一:超高施工增加】

某多层民用建筑的檐口高度 25 m,共 6 层,室内外高差 0.3 m,第一层层高 4.7 m,第二至六层高 4.0 m,每层建筑面积 500 m^2,计算清单工程量。请计算编制该项目清单、计价工程量计算表以及综合单价分析表。(价格按《计价定额》中含税价格计取)

3.4.1 超高施工增加清单工程量计算

3.4.1.1 任务相关知识点

一、2013《房屋建筑与装饰工程工程量计算规范》主要清单项目

超高施工增加工程量清单项目设置、项目特征描述的内容、计量单位、工程量计算规则应按表 3.4 - 1 的规定执行。

表 3.4 - 1 超高施工增加主要清单项目及规则

项目编码	项目名称	项目特征	计量单位	工程量计算规则
	S.4 超高施工增加			
011704001	超高施工增加	1. 建筑物建筑类型及结构形式 2. 建筑物檐口高度、层数 3. 单层建筑物檐口高度超过 20 m,多层建筑物超过 6 层部分的建筑面积	m^2	按建筑物超高部分的建筑面积计算

二、工程量计算要点

(1) 单层建筑物檐口高度超过 20 m 或层数超过 6 层时,工程量按超过 20 m 部分与超过 6 层部分建筑面积中的较大值计算。地下室不计算层数。

(2) 同一建筑物有不同檐高时,可按不同高度的建筑面积分别计算建筑面积,以不同檐高分别编码列项。

3.4.1.2 任务实施

【项目一:超高施工增加】——清单工程量计算

根据项目内容及2013《房屋建筑与装饰工程工程量计算规范》,该项目清单工程量计算详见表3.4-2。

工程量计算如下:楼面20 m以上的建筑面积:第六层的建筑面积500 m^2。

表3.4-2 清单工程量计算表

项目编码	项目名称	项目特征	计量单位	工程数量	工程量计算式
011704001001	超高施工增加	1. 多层民用建筑 2. 无地下室 3. 建筑檐口高度25 m,共6层	m^2	500	500

3.4.2 超高施工增加计价工程量计算

3.4.2.1 任务相关知识点

一、《计价定额》主要列项

1. 建筑物超高增加费。
2. 装饰工程超高部分人工降效分段增加系数计算表,共36个子目。

二、说明要点

1. 建筑物超高增加费

(1) 建筑物设计室外地面至檐口的高度(不包括女儿墙、屋顶水箱、突出屋面的电梯间、楼梯间等的高度)超过20 m时,应计算超高费。

(2) 超高费内容包括人工降效、高压水泵摊销、临时垃圾管道等所需费用。超高费包干使用,不论实际发生多少,均按《计价定额》执行,不调整。

(3) 建筑物超高费以超过20 m部分的建筑面积计算。

① 檐高超过20 m部分的建筑物应按其超过部分的建筑面积计算。

② 层高超过3.6 m时,以每增高1 m(不足0.1 m按0.1 m计算)按相应子目的20%计算,并随高度变化按比例递增。

③ 建筑物檐高高度超过20 m,但其最高一层或其中一层楼面未超过20 m时,则该楼层在20 m以上部分仅能计算每增高1 m的层高超高费。

④ 同一建筑物中有2个或2个以上的不同檐口高度时,应分别按不同高度竖向切面的建筑面积套用定额。

⑤ 单层建筑物(无楼隔层者)高度超过20 m,其超过部分除构件安装按构件安装的计算规定执行外,另再按相应超高费项目计算每增高1 m的层高超高费。

2. 单独装饰工程超高人工降效。

单独装饰工程超高部分人工降效以超过 20 m 部分的人工费分段计算。

(1) “高度”和“层高”，只要其中一个指标达到规定，即可套用该项目。

(2) 当同一个楼层中的楼面和天棚不在同一计算段内，按天棚面标高段为准计算。

二、工程量计算规则

(1) 建筑物超高费以超过 20 m 或 6 层部分的建筑面积计算。

(2) 单独装饰工程超高人工降效，以超过 20 m 或 6 层部分的工日分段计算。

3.4.2.2　任务实施

【项目一：超高施工增加】——计价工程量计算

根据项目内容及《计价定额》，该项目计价工程量计算详见表 3.4－3。

表 3.4－3　超高增加费措施项目综合单价分析表

序号	项目编码（定额编号）	项目名称	计量单位	工程数量	工程量计算式
1	19－1	建筑物超高增加费高 20～30 m 内	m^2	500	500
2	[19－1]×0.2	建筑物超高增加费高 20～30 m 内	m^2	500	500
3	[19－1]×0.2×0.4	建筑物超高增加费高 20～30 m 内	m^2	500	500

① 计算楼面 20 m 以上的建筑面积：第六层的建筑面积 500 m^2。

② 计算楼面 20 m 以下第五层建筑面积，上层楼面 21 m，仅计算每增高 1 m 增加费(1 m)：第五层的建筑面积 500 m^2。

③ 第六层的层高超 3.6 m，计算每增高 1 m 增加费(0.4 m)。

3.4.3　超高施工增加清单组价

3.4.3.1　任务实施

【项目一：超高施工增加】——清单组价

根据项目内容 2013《房屋建筑与装饰工程工程量计算规范》及《计价定额》等，该项目清单组价详见表 3.4－4。

表 3.4 - 4　超高增加费措施项目综合单价分析表

项目编码		项目名称	计量单位	工程数量	综合单价	合价
011704001001		超高施工增加	m^2	500	37.5	18 750
清单综合单价组成	定额号	子目名称	单位	数量	单价	合价
	19 - 1	建筑物超高增加费高 20～30 m 内	m^2	500	29.3	14 650
	[19 - 1]×0.2	建筑物超高增加费高 20～30 m 内	m^2	500	5.86	2 930
	[19 - 1]×0.2×0.4	建筑物超高增加费高 20～30 m 内	m^2	500	2.34	1 170

技能训练与拓展

习　题

某楼主楼为 19 层，每层建筑面积为 1 000 m^2，附楼为 6 层，每层建筑面积为1 500 m^2，主附楼底层层高均为 5 m，其余各层层高均为 3 m，计算该楼的超高清单工程量。

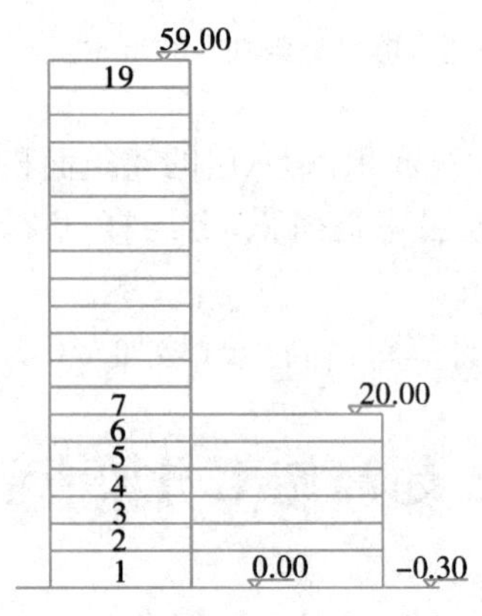

习题图 3.4 - 1

在线答题

超高增加

任务五
大型机械设备进出场及安拆计量与计价

项目引入

【项目一:大型机械设备进出场及安拆】

某办公楼工程,该工程为三类土、条形基础,现浇框架结构 10 层,每层建筑面积 900 m^2,檐口高度 34.95 m,使用泵送商品砼,配备 630 KN·m 自升式塔式起重机、带塔卷扬机各一台。请计算该工程大型机械设备进出场及安拆费。(价格按《计价定额》中含税价格计取)

3.5.1 大型机械设备进出场及安拆清单工程量计算

3.5.1.1 任务相关知识点

拓展资料

大型机械设备

一、2013《房屋建筑与装饰工程工程量计算规范》主要清单项目

工程量清单项目设置、项目特征描述的内容、计量单位、工程量计算规则应按表 3.5-1 的规定执行。

表 3.5-1 大型机械设备进出场及安拆清单项目及规则

项目编码	项目名称	项目特征	计量单位	工程量计算规则
	S.5 大型机械设备进出场及安拆			
011705001	大型机械设备进出场及安拆	1. 机械设备名称 2. 机械设备规格型号	台次	按使用机械设备的数量计算

二、工程量计算要点

(1) 安拆费包括施工机械、设备在现场进行安装拆卸所需的人工、材料、机械和试运转费以及机械辅助设施的折旧、搭设、拆除等费用。

(2) 进出场费包括施工机械、设备整体或分体自停放场地运至施工现场或由一个施工地点运至另一个施工地点所发生的运输、装卸、辅助材料等费用。

3.5.1.2 任务实施

【项目一:大型机械设备进出场及安拆】——清单工程量计算

根据项目内容及 2013《房屋建筑与装饰工程工程量计算规范》,该项目清单工程量计算详见表3.5-2。

表3.5-2　大型机械设备进出场及安拆清单计算

序号	项目编码(定额编号)	项目名称	项目特征	单位	工程数量	工程量计算式
	011705001001	大型机械设备进出场及安拆	塔式起重机630 kN·m	台次	1	

3.5.2　大型机械设备进出场及安拆计价工程量计算

3.5.2.1　任务相关知识点

一、工程量计算说明要点

(1)《江苏省施工机械台班2007年单价表》(以下简称本单价表),是以建设部《全国统一施工机械台班费用编制规划》(2001)为基础修订的。本单价表作为全省编制工程建设概算、预算、结算、标底中确定施工机械台班预算价格的依据。

(2) 本单价表包括土石方及筑路机械、桩工机械、起重机械、水平运输机械、垂直运输机械、混凝土及砂浆机械、加工机械、泵类机械、焊接机械、动力机械、地下工程机械和其他机械,共计十二类635个项目。我省补充了211个机械项目,补充了有关机械的场外运输费及组装、拆卸费。

(3) 本单价表每台班是按8小时工作制计算的。

(4) 本单价表由以下7项费用组成。

① 折旧费指机械设备在规定的使用期限内,陆续收回其原值。

② 大修理费指施工机械按规定的大修理间隔台班进行必要的大修理,以恢复其正常功能所需的费用。

③ 经常修理费指施工机械除大修理以外的各级保养和临时故障排除所需的费用。包括为保障机械正常运转所需替换设备与随机配备工具附具的摊销和维护费用,机械运转及日常保养所需润滑与擦拭的材料费用及机械停滞期间的维护和保养费用。

④ 安拆费及场外运费。

安拆费指机械在施工现场进行安装、拆卸所需的人工费、材料费、机械费、试运转费以及安装所需的辅助设施的费用。包括基础、底座、固定锚桩、行走轨道、枕木和大型履带吊、汽车吊工作时行走路线加固所用的路基箱等的折旧费及其搭设、拆除费用。

场外运输费(进退场费)指机械整体或分体自停放场地运至施工现场或由一个施工地点运至另一个施工地点,在城市范围以内的机械进出场运输及转移费用(包括机械的装卸、运输及辅助材料费和机械在现场使用期需回基地大修理的因素等)。机械在运输中交纳的过路、过桥、过隧道费按交通运输部门的规定另行计算费用。如遇道路桥梁限载、限高、公安交通管理部门保安护送所发生的费用计入独立费用。

远程工程在城市之间的机械调运费按公路、铁路、航运部门运输的标准计算,列入独立费。

本单价表基价中未列入场外运费的，一指不应考虑本项费用的机械，如：金属切削机械、水平运输机械等；二指不适于按台班摊销本项费用的机械，可计算一次性场外运费和安拆费。

大型施工机械在一个工程地点只计算一次场外运费（进退场费）及安装、拆卸费。大型施工机械在施工现场内单位工程或幢号之间的拆、卸转移，其安装、拆卸费按实际发生次数套安、拆费计算。机械转移费按其场外运输费用的 75%计算。

不需拆卸安装、自身又能开行的机械（履带式除外），如自行式铲运机、平地机、轮胎式装载机及水平运输机械等，其场外运输费（含回程费）按 1 个台班费计算。

⑤ 燃料动力费指机械在运转施工作业中所耗用的电力、固体燃料（煤、木柴）、液体燃料（汽油、柴油）和水等。

⑥ 人工费指机上司机、司炉及其他操作人员的工作日以及上述人员在机械规定的年工作台班以外的费用。本单价表按 37.00 元/工日列入。

⑦ 其他费用指施工机械按照国家和有关部门规定应交纳的养路费、车船使用税、保险费及年检费用等。养路费及车船使用税指按国家有关规定应交纳的养路费及车船使用税。依据省财政厅、省物价局、省交通厅苏财综（96）74 号文；国家计委计价格（1994）783 号文；省物价局苏价费（1997）148 号文。

(5)《特、大型机械场外运输费及组装、拆卸费表》考虑了江苏省物价局、财政局、劳动局苏价费（1997）37 号《江苏省在用起重机械检测收费标准》中的有关费用。

(6) 本单价表的盾构掘进机械台班费中未包括组装拆卸费、场外运费、燃料动力费、人工费。此类费用由施工方自行报价，并列入清单的施工措施费中。

(7) 本单价表的顶管设备台班费中未包括人工费，其人工费在相应的预算单价表中综合考虑。

(8) 油料损耗包括加油及油料过滤损耗；电力损失包括由变电所或配电车间至机械之间的线路电力损失，均已包括在本单价表内。

(9) 本单价表中机械的机型划分为特、大、中、小四类。

(10) 本单价表的计量单位均执行国务院颁发的“中华人民其和国法定计量单位”。

(11) 本单价表中未列入的机械可由各企业提供原始资料，由省单价表站按机械单价表的编制原则和方法进行补充。

(12) 机械停置台班费由机械的折旧费、其他费用和人工费组成。

(13) 机械租赁费用。租赁双方可按本单价表机械台班单价乘 0.8～1.2 的系数再乘租赁时间计算。由施工方自己操作机械、自己运输机械、自己购买燃料的则应在机械台班单价中扣除相应费用后再乘系数计算。系数由租赁双方合同约定。

(14) 下列费用应另行计算。

① 固定式塔式起重机或自升式塔式起重机下现浇钢筋砼基础或轨道式基础等费用。

② 施工电梯和混凝土搅拌站的基础等费用。

(15) 自升式塔式起重机中的安装拆卸费及场外运输费用是以塔高 45 m 确定的。超过 45 m 时其相关费用应乘超高系数计算。超高系数＝实际塔高/45 m。

起重力矩在 1 000 kN · m 以下的自升式塔式起重机，其台班单价、安装拆卸费及场外运输费用参照相应规格型号的塔式起重机标准执行。

(16) 单价表中凡采用“×××”以内者均包括“×××”本身。

二、工程量计算规则

(1) 基础、轨道铺拆费。

① 塔式起重机固定式基础按座计算。

② 塔式起重机轨道式基础按轨道长度计算。

(2) 安装、拆卸费根据施工组织设计的机械数量和安装拆卸次数计算。

(3) 场外运输费根据施工组织设计的机械数量和进出场次数计算。

3.5.2.2 任务实施

【项目一:大型机械设备进出场及安拆】——计价工程量计算

根据项目内容及《计价定额》,该项目计价工程量计算详见表3.5-3。

表3.5-3 大型机械设备进出场及安拆计价工程量计算

序号	项目编码(定额编号)	项目名称	项目特征	单位	工程数量	工程量计算式
1	25-40	塔式起重机630 kN·m以内场外运输费用		次	1	
2	25-41	塔式起重机630 kN·m以内组装拆卸费		次	1	
3	25-48	施工电梯75 m场外运输费用		次	1	
4	25-49	施工电梯75 m组装拆卸费		次	1	

3.5.3 大型机械设备进出场及安拆清单组价

3.5.3.1 任务实施

【项目一:大型机械设备进出场及安拆】——清单组价

根据项目内容2013《房屋建筑与装饰工程工程量计算规范》及《计价定额》等,该项目清单组价详见表3.5-4。(表中机械台班综合单价为除税单价)

表3.5-4 大型机械设备进出场及安拆措施项目综合单价分析表

项目编码		项目名称	计量单位	工程数量	综合单价	合价
011705001001		大型机械设备进出场及安拆	次	1	47 940.61	47 940.61
清单综合单价组成	定额号	子目名称	单位	数量	单价	合价
	25-40	塔式起重机630 kN·m以内场外运输费用	次	1	14 127.84	14 127.84
	25-41	塔式起重机630 kN·m以内组装拆卸费	次	1	15 613.9	15 613.9
	25-48	施工电梯75 m场外运输费用	次	1	8 945.18	8 945.18
	25-49	施工电梯75 m组装拆卸费	次	1	9 253.69	9 253.69

技能训练与拓展

习　题

1. 某工程基础采用先张法预应力管桩，机械使用静力压桩机（2 000 kN），主体施工阶段使用一台塔式起重机（150 kN·m），装修阶段使用施工电梯（75 m），在主体施工阶段因甲方原因塔式起重机停置 3 天，装修阶段施工电梯因甲方原因停置 5 天，求该工程的大型机械设备进出场及安拆费，机械停置索赔费用。

任务六
施工排水、降水及二次搬运计量与计价

项目引入

【项目一:施工排水】

某工程项目,整板基础,在地下常水位以下,基础面积 115.00×10.5 m^2,该工程不采用井点降水,采用坑底明沟排水,总工期为 60 天。请完成基坑排水、降水清单、计价工程量计算表以及综合单价分析表。(价格按《计价定额》中含税价格计取)

【项目二:施工降水】

某基坑周长约 372.6m,开挖面积约 8 389.62m^2,开挖深度约 5.3m,施工企业根据勘察报告编制了井点降水施工方案,拟投入轻型井点设备 8 套,轻型井点管 Φ40,总工期为 60 天。请完成基坑排水、降水清单、计价工程量计算表以及综合单价分析表。(价格按《计价定额》中含税价格计取)

【项目三:二次搬运】

某三类工程因施工现场狭窄,计有 300 t 弯曲成型钢筋和 20 万块空心砖发生二次转运,成型钢筋采用人力双轮车运输,转运运距 250 m,空心砖采用人力双轮车运输,转运运距 100 m,请完成场内二次搬运清单、计价工程量计算表以及综合单价分析表。(价格按《计价定额》中含税价格计取)

3.6.1 施工排水、降水及二次搬运清单工程量计算

3.6.1.1 任务相关知识点

图片集

排水降水

一、2013《房屋建筑与装饰工程工程量计算规范》主要清单项目

工程量清单项目设置、项目特征描述的内容、计量单位、工程量计算规则应按表 3.6－1 的规定执行。

表 3.6－1 施工排水、降水主要清单项目及规则

项目编码	项目名称	项目特征	计量单位	工程量计算规则
011706001	成井	1. 成井方式 2. 地层情况 3. 成井直径 4. 井(滤)管类型、直径	m	按设计图示尺寸以钻孔深度计算。

（续表）

项目编码	项目名称	项目特征	计量单位	工程量计算规则
011706002	排水、降水	1. 机械规格型号 2. 降排水管规格	昼夜	按降、排水日历天数计算
011707004	二次搬运			

二、工程量计算要点

相应专项设计不具备时，施工排水、降水可按暂估量计算。

二次搬运：由于施工场地条件限制而发生的材料、成品、半成品等一次运输不能到达堆放地点，必须进行二次或多次搬运。

3.6.1.2　任务实施

【项目一：施工排水】——清单工程量计算

根据项目内容及2013《房屋建筑与装饰工程工程量计算规范》，该项目清单工程量计算详见表3.6－2。

表3.6－2　降水、排水清单工程量计算表

序号	项目编码（定额编号）	项目名称	项目特征	单位	工程数量	工程量计算式
1	011706002001	排水、降水	坑底明沟排水	昼夜	60	

【项目二：施工降水】——清单工程量计算

根据项目内容及2013《房屋建筑与装饰工程工程量计算规范》，该项目清单工程量计算详见表3.6－3。

表3.6－3　降水、排水清单工程量计算表

序号	项目编码（定额编号）	项目名称	项目特征	单位	工程数量	工程量计算式
1	011706002001	排水、降水	轻型井点管径Φ40	昼夜	60	

【项目三：二次搬运】

根据项目内容及2013《房屋建筑与装饰工程工程量计算规范》，该项目清单工程量计算详见表3.6－4。

表3.6－4　降水、排水清单工程量计算表

序号	项目编码（定额编号）	项目名称	项目特征	单位	工程数量	工程量计算式
1	011707004001	二次搬运	1. 成型钢筋采用人力双轮车运输，运距250 m。 2. 空心砖采用人力双轮车运输，运距100 m	项	1	

3.6.2 施工排水、降水及二次搬运计价工程量计算

3.6.2.1 任务相关知识点

一、工程量计算说明

(一) 施工排水、降水

施工排水、降水计价定额概况,本章划分为:(1) 施工排水;(2) 施工降水两节,共21个子目。

(1) 人工土方施工排水是在人工开挖湿土、淤泥、流沙等施工过程中发生的机械排放地下水费用。

(2) 基坑排水是指地下常水位以下且基坑底面积超过150 m^2(两个条件同时具备)的土方开挖以后，在基础或地下室施工期间所发生的排水包干费用(不包括±0.00以上有设计要求待框架、墙体完成以 后再回填基坑土方期间的排水)。

(3) 井点降水项目适用于降水深度在6 m以内。井点降水使用时间按施工组织设计确定。井点降水材料使用摊销量中已包括井点拆除时材料损耗量。井点间距根据地质和降水要求由施工组织设计确定,一般轻型井点管间距为1.2 m。

(4) 强夯法加固地基坑内排水是指击点坑内的积水排抽台班费用。

(5) 机械土方工作面中的排水费已包含在土方中,但不包括地下水位以下的施工排水费用,如发生，依据施工组织设计规定,排水人工、机械费用另行计算。

(二) 二次搬运

(1) 现场堆放材料有困难,材料不能直接运到单位工程周边需再次中转,建设单位不能按正常合理的施工组织设计提供材料、构件堆放场地和临时设施用地的工程而发生的二次搬运费用,执行本章定额。

(2) 执行本定额时,应以工程所发生的第一次搬运为准。

(3) 水平运距的计算,分别以取料中心点为起点,以材料堆放中心为终点。超运距增加运距,不足整数者,进位取整计算。

(4) 运输道路已按15%以内的坡度考虑,超过时另行处理。

(5) 松散材料运输不包括做方,但要求堆放整齐。如需做方者,应另行处理。

(6) 机动翻斗车最大运距为600米,单(双)轮车最大运距为120米,超过时,应另行处理。

二、工程量计算规则

(一) 施工排水、降水

1. 人工土方施工排水不分土壤类别、挖土深度,按挖湿土工程量以立方米计算。

2. 人工挖淤泥、流沙施工排水按挖淤泥、流沙工程量以立方米计算。

3. 基坑、地下室排水按土方基坑的底面积以平方米计算。

4. 强夯法加固地基坑内排水,按强夯法加固地基工程量以平方米计算。

5. 井点降水50根为一套,累计根数不足一套者按一套计算,井点使用定额单位为套天,一天按24小时计算。井管的安装、拆除以“根”计算。

6. 深井管井降水安装、拆除按座计算，使用按座天计算，一天按 24 小时计算。

（二）二次搬运

（1）砂子、石子、毛石、块石、炉渣、矿渣、石灰膏按堆积原方计算。

（2）混凝土构件及水泥制品按实体积计算。

（3）玻璃按标准箱计算。

（4）其他材料按表中计量单位计算。

3.6.2.2　任务实施

【项目一：施工排水】——计价工程量计算

根据项目内容及《计价定额》，该项目计价工程量计算详见表 3.6－5。

表 3.6－5　降水、排水计价工程量计算表

序号	项目编码（定额编号）	项目名称	项目特征	单位	工程数量	工程量计算式
1	22－2	基坑、地下室排水		10 m^2	128.316	(115＋0.3×2)×(10.5＋0.3×2)＝1 283.16 m^2

【项目二：施工降水】——计价工程量计算

根据项目内容及《计价定额》，该项目计价工程量计算详见表 3.6－6。

表 3.6－6　降水、排水计价工程量计算表

序号	项目编码（定额编号）	项目名称	项目特征	单位	工程数量	工程量计算式
1	22－11	轻型井点降水安装		10 根	40	50×8＝400 根
2	22－12	轻型井点降水拆除		10 根	40	50×8＝400 根
3	22－13	轻型井点降水使用		套天	480	60×8＝480 根

【项目三：二次搬运】——计价工程量计算

根据项目内容及《计价定额》，该项目计价工程量计算详见表 3.6－7。

表 3.6－7　二次搬运工程量计算表

序号	项目编码（定额编号）	项目名称	项目特征	单位	工程数量	工程量计算式
1	24－107	弯曲成型钢筋基本运距 60 m 以内		t	300	300 t
2	[24－108] ×4	弯曲成型钢筋超运距增加 50 m		t	300	300 t
3	24－31	空心砖、多孔砖基本运距 60 m 以内		100 块	2 000	20 万块
4	24－32	空心砖、多孔砖超运距增加 50 m		100 块	2 000	20 万块

3.6.3　施工排水、降水及二次搬运清单组价

清单计价措施费中的施工排水降水费应根据当地(工程地点)地质、地下水位的情况，由施工单位编制排水施工方案，经建设方审核批准后，按批准的施工方案计算其排水费用。施工排水降水费属于措施费，施工排水、降水费是指为确保工程在正常条件施工，采取各种排水、降水措施所发生的各种费用。如为降低水位进行井点降水所发生的费用，含机械费、材料费、人工费。按实际发生的费用处理，因项目而异。

3.6.3.1　任务实施

【项目一:施工排水】——清单组价

根据项目内容 2013《房屋建筑与装饰工程工程量计算规范》及《计价定额》等，该项目清单组价详见表 3.6－8。

表 3.6－8　排水、降水措施项目综合单价分析表

项目编码		项目名称	计量单位	工程数量	综合单价	合价
011706002001		排水、降水	昼夜	60	637.45	38 247.15
清单综合单价组成	定额号	子目名称	单位	数量	单价	合价
	22－2	基坑、地下室排水	10 m^2	128.316	298.07	38 247.15

【项目二:施工降水】——清单组价

根据项目内容 2013《房屋建筑与装饰工程工程量计算规范》及《计价定额》等，该项目清单组价详见表 3.6－9。

表 3.6－9　排水、降水措施项目综合单价分析表

项目编码		项目名称	计量单位	工程数量	综合单价	合价
011706002001		排水、降水	昼夜	60	3 709.24	222 554.4
清单综合单价组成	定额号	子目名称	单位	数量	单价	合价
	22－11	轻型井点降水安装	10 根	40	783.61	31 344.4
	22－12	轻型井点降水拆除	10 根	40	306.53	12 261.2
	22－13	轻型井点降水使用	套天	480	372.81	178 948.8

【项目三:二次搬运】——清单组价

根据项目内容 2013《房屋建筑与装饰工程工程量计算规范》及《计价定额》等，该项目清单组价详见表 3.6－10。

表 3.6－10　二次搬运项目综合单价分析表

项目编码		项目名称	计量单位	工程数量	综合单价	合价
011707004001		二次搬运	项	1	170 468	170 468
清单综合单价组成	定额号	子目名称	单位	数量	单价	合价
	24－107	弯曲成型钢筋基本运距 60 m 以内	t	300	25.32	7 596
	[24－108]×4	弯曲成型钢筋超运距增加 50 m	t	300	2.11	2 532
	24－31	空心砖、多孔砖基本运距 60 m 以内	100 块	2 000	71.73	143 460
	24－32	空心砖、多孔砖超运距增加 50 m	100 块	2 000	8.44	16 880

技能训练与拓展

习　题

若项目一因地下水位较高，施工组织设计规定采用轻型井点降水，基础施工工期为 60 天，请计算井点降水的费用(成孔产生的泥水处理不计)。

任务七
总价措施项目费计算

项目引入

【项目一:总价措施项目】

某住宅工程地处某市,住宅工程工期比定额工期提前20%以内,赶工措施费按分部分项工程费和单价措施项目费的2%计取。该工程分部分项工程费为248万元,模板费用8万元,综合脚手架费用5万元,垂直运输费8万元,大型机械设备进出场及按拆费3万元,工程材料不需要转运。夜间施工增加费按0.1%,临时设施费率按2%,住宅分户验收按0.4%,该工程建筑面积6 200 m²,甲方要求合同工期比定额工期提前20%,该工程质量目标"市优",创建省级一星级文明工地,扬尘污染防治增加费取3.1%,请计算该工程的各总价措施项目费。(上述费用均为除税费用)

3.7.1 总价措施项目清单项目列项

拓展资料

总价措施

3.7.1.1 任务相关知识点

一、2013《房屋建筑与装饰工程工程量计算规范》主要清单项目

工程量清单项目设置、项目特征描述的内容、计量单位、工程量计算规则应按下表的规定执行。

表3.7-1 总价措施项目主要清单项目

项目编码	项目名称	计算基础	费率/%
011707001	安全文明施工	分部分项工程费+单价措施项目费-工程设备费	
011707002	夜间施工		
011707003	非夜间施工照明		
011707004	二次搬运		
011707005	冬雨季施工		
011707006	地上、地下设施建筑物的临时保护设施		
011707007	已完工程及设备保护		
011707008	临时设施		
011707009	赶工措施		
011707010	工程按质论价		
011707011	住宅分户验收		

二、总价措施项目清单内容说明

1. 安全文明施工

(1) 环境保护：现场施工机械设备降低噪音、防扰民措施费用；水泥和其他易飞扬细颗粒建筑材料密闭存放或采取覆盖措施等费用；工程防扬尘洒水费用；土石方、建渣外运车辆冲洗、防洒漏等费用；现场污染源的控制、生活垃圾清理外运、场地排水排污措施的费用；其他环境保护措施费用。

(2) 文明施工："五牌一图"的费用；现场围挡的墙面美化(包括内外粉刷、刷白、标语等)、压顶装饰费用；现场厕所便槽刷白、贴面砖，水泥砂浆地面或地砖费用，建筑物内临时便溺设施费用；其他施工现场临时设施的装饰装修、美化措施费用；现场生活卫生设施费用；符合卫生要求的饮水设备、淋浴、消毒等设施费用；生活用洁净燃料费用；防煤气中毒、防蚊虫叮咬等措施费用；施工现场操作场地的硬化费用；现场绿化费用、治安综合治理费用、现场电子监控设备费用；现场配备医药保健器材、物品费用和急救人员培训费用；用于现场工人的防暑降温费、电风扇、空调等设备及用电费用；其他文明施工措施费用。

(3) 安全施工：安全资料、特殊作业专项方案的编制，安全施工标志的购置及安全宣传的费用；"三宝"(安全帽、安全带、安全网)，"四口"(楼梯口、电梯井口、通道口、预留洞口)，"五临边"(阳台围边、楼板围边、屋面围边、槽坑围边、卸料平台两侧)；水平防护架、垂直防护架、外架封闭等防护的费用施工安全用电的费用，包括配电箱三级配电、两级保护装置要求、外电防护措施；起重机、塔吊等起重设备(含井架、门架)及外用电梯的安全防护措施(含警示标志)费用及卸料平台的临边防护、层间安全门、防护棚等设施费用；建筑工地起重机械的检验检测费用；施工机具防护棚及其围栏的安全保护设施费用；施工安全防护通道的费用；工人的安全防护用品、用具购置费用；消防设施与消防器材的配置费用；电气保护、安全照明设施费；其他安全防护措施费用。

(4) 临时设施：施工现场采用彩色、定型钢板，砖、混凝土砌块等围挡的安砌、维修、拆除；施工现场临时建筑物、构筑物的搭设、维修、拆除，如临时宿舍、办公室，食堂、厨房、厕所、诊疗所、临时文化福利房、临时仓库、加工场、搅拌台、临时简易水塔、水池等；施工现场临时设施的搭设、维修、拆除，如临时供水管道、临时供电管线、小型临时设施等；施工现场规定范围内临时简易道路铺设，临时排水沟、排水设施安砌、维修、拆除；其他临时设施安砌、维修、拆除。

2. 夜间施工增加

(1) 夜间固定照明灯具和临时可移动照明灯具的设置、拆除。

(2) 夜间施工时，施工现场交通标志、安全标牌、警示灯等的 设置、移动、拆除。

(3) 包括夜间照明设备摊销及照明用电、施工人员夜班补助、夜间施工劳动效率降低等费用。

3. 非夜间施工照明

为保证工程施工正常进行，在如地下室等特殊施工部位施工时所采用的照明设备的安拆、维护、摊销及照明用电等费用

4. 二次搬运

由于施工场地条件限制而发生的材料、成品、半成品等一次运输不能到达堆放地点，必

须进行二次或多次搬运。

5. 冬雨季施工

(1) 冬雨(风)季施工时增加的临时设施(防寒保温、防雨、防风设施)的搭设、拆除。

(2) 冬雨(风)季施工时,对砌体、混凝土等采用的特殊加温、保温和养护措施。

(3) 冬雨(风)季施工时,施工现场的防滑处理、对影响施工的雨雪的清除。

(4) 包括冬雨(风)季施工时增加的临时设施的摊销、施工人员的劳动保护用品、冬雨(风)季施工劳动效率降低等。

6. 地上、地下设施、建筑物的临时保护设施

在工程施工过程中,对已建成的地上、地下设施和建筑物进行的遮盖、封闭、隔离等必要保护措施。

7. 已完工程及设备保护

对已完工程及设备采取的覆盖、包裹、封闭、隔离等必要保护措施。

8. 临时设施

临时设施包括施工所必须搭设的生活和生产用的临时建筑物、构筑物和其他临时设施的费用等。包括施工现场临时宿舍、文化福利及公用事业房屋与构筑物、仓库、办公室、加工厂、工地实验室以及规定范围内的道路、水、电、管线等临时设施和小型临时设施等的搭设、维修、拆除、周转或摊销等费用。

建筑、装饰、安装、修缮、古建园林工程规定范围内是指建筑物沿边起50米以内,多幢建筑两幢间隔50米内。

9. 赶工措施

施工合同约定工期比我省现行工期定额提前,施工企业为缩短工期所发生的费用。

10. 工程按质论价

施工合同约定质量标准超过国家规定,施工企业完成工程质量达到经有权部门鉴定或评定为优质工程(包括优质结构工程)所必须增加的施工成本费。

11. 住宅分户验收

按《住宅工程质量分户验收规程》(DGJ32/TJ103—2010)的要求对住宅工程进行专门验收(包括蓄水、门窗淋水等)发生的费用。不包含室内空气污染测试费用。

3.7.1.2 任务实施

【项目一:总价措施项目】——清单项目列项

根据项目内容及2013《房屋建筑与装饰工程工程量计算规范》,该项目清单列项详见表3.7-2。

表3.7-2 总价措施项目主要清单项目

项目编码	项目名称	计算基础	费率/%
011707001001	安全文明施工(基本费+省级标化工地增加费+扬尘污染防治费)		3.1+0.7+0.31
011707002001	夜间施工		0.1

（续表）

项目编码	项目名称	计算基础	费率/%
011707008001	临时设施		2
011707009001	赶工措施		2
011707010001	工程按质论价		0.9
011707011001	住宅分户验收		0.4

3.7.2　总价措施项目计算基础

3.7.2.1　任务相关知识点

一、计算规则

1. 按施工方案计算的措施费，若无“计算基础”和“费率”的数值，也可以只填“金额”数值，但应在备注栏说明施工方案出处或计算方法。

2. “计算基数” 中安全文明施工费可为“定额基价” “定额人工费”或“定额人工费”＋“定额机械费”，其他项目可为“定额人工费”或“定额人工费”＋“定额机械费”。

3. 本表所列项目应根据工程实际情况计算措施项目费用，需分摊的应合理计算摊销费用。

4. 2014 费用定额规定在计取住宅分户验收时，大型土石方工程、桩基工程和地下室部分不计入计算基数。

二、总价措施费项目计算要点

1. 实体措施费的计算

实体措施费是指工程量清单中，为保证某类工程实体项目顺利进行，按照国家现行有关建设工程施工及验收规范、规程要求，必须配套完成的工程内容所需的费用。

(1) 系数计算法

系数计算法是用与措施项目有直接关系的工程项目直接工程费(或人工费或人工费与机械费之和)合计作为计算基数，乘以实体措施费用系数。

实体措施费用系数是根据以往有代表性的工程资料，通过分析计算取得的。

(2) 方案分析法

方案分析法是通过编制具体的措施实施方案，对方案所涉及的各种经济技术参数进行计算后，确定实体措施费用。

2. 配套措施费的计算

配套措施费不是为某类实体项目，而是为保证整个工程项目顺利进行，按照国家现行有关建设工程施工及验收规范、规程要求，必须配套完成的工程内容所需的费用。

配套措施费计算方法也包括系数计算法和方案分析法两种：

(1) 系数计算法

系数计算法是用整体工程项目直接费(或人工费，或人工费与机械费之和)合计作为计算基数,乘以配套措施费用系数。

配套措施费用系数是根据以往有代表性工程的资料,通过分析计算取得的。

(2) 分析法

方案分析法是通过编制具体的措施实施方案,对方案所涉及的各种经济参数进行计算后,确定配套措施费用。

措施项目费分为单价措施项目与总价措施项目。

1) 单价措施项目包括:脚手架工程;混凝土模板及支架(撑);垂直运输;超高施工增加;大型机械设备进出场及安拆;施工排水、降水。

2) 总价措施项目是指在现行工程量清单计算规范中无工程量计算规则,以总价(或计算基础乘费率)计算的措施项目。计算基础为分部分项工程费－工程设备费＋单价措施项目费。

3.7.2.2 任务实施

【项目一:总价措施项目】——计算基础

根据项目内容及《费用定额》,该项目总价措施项目费的计算基础详见表3.7－3。

表3.7－3 总价措施项目费的计算基础

序号	项目名称	计算公式	金额/万元
1	分部分项工程费		248
2	单价措施费	①＋②＋③＋④	24
①	模板		8
②	综合脚手架		5
③	垂直运输		8
④	大型机械设备进出场及按拆		3
合计			272

3.7.3 总价措施项目清单计价

3.7.3.1 任务实施

【项目一:总价措施项目】——清单计价

表3.7－4 分部分项工程和单价措施项目清单与计价表

序号	项目编码	项目名称	项目特征描述	计量单位	工程量	金额/元		
						综合单价	合价	其中:暂估价
1	011701001001	综合脚手架					50 000	
2	011702(001～032)略	模板					80 000	

（续表）

序号	项目编码	项目名称	项目特征描述	计量单位	工程量	金额/元		
						综合单价	合价	其中：暂估价
3	011705001001	大型机械设备进出场及安拆费					30 000	
4	011703001001	垂直运输					80 000	
本页小计								
合计							240 000	

表 3.7－5　总价措施项目清单与计价表

序号	项目编码	项目名称	计算基础	费率/%	金额/元
	011707001001	安全文明施工	分部分项合计＋单价措施项目合计－工程设备费	3.1＋0.7＋0.31	11 179 200
	011707002001	夜间施工	分部分项合计＋单价措施项目合计－工程设备费	0.1	272 000
	011707008001	临时设施	分部分项合计＋单价措施项目合计－工程设备费	2	544 000
	011707009001	赶工措施	分部分项合计＋单价措施项目合计－工程设备费	2	544 000
	011707010001	工程按质论价	分部分项合计＋单价措施项目合计－工程设备费	0.9	2 448 000
	011707011001	住宅分户验收	分部分项合计＋单价措施项目合计－工程设备费	0.4	1 088 000
合计					25 867 200

表中分部分项合计＋单价措施项目合计－工程设备费＝248＋24＝272 万元，总价措施项目费为 25 867 200 元。

技能训练与拓展

在线答题

总价措施

习　　题

某安居工程二号地块 1＃楼建筑面积 7 067.83 m^2，地上 10 层，地下一层，工程采用桩基础，桩长 15 m，桩顶相对标高－3.3 m。分部分项费用合计 795.53 万元，其中土方分部分项费用 7.8 万元，桩与地基基础工程分部分项费用 55.36 万元，单价措施项目费主要有垂直运输机械费 23.5 万元，大型机械设备进出场及安拆费 5.7 万，综合脚手架费 17.4 万元，混凝土、钢筋混凝土模板及支架 144 万元。总价措施项目包含冬（雨）季施工、已完工程及设备保护，住宅分户验收。请计算该工程总价措施项目费（按 2014 江苏费用定额取费）。

习题表 3.7－1　分部分项工程和单价措施项目清单与计价表

序号	项目编码	项目名称	项目特征描述	计量单位	工程量	金　额/元		
						综合单价	合价	其中:暂估价
本页小计								
合　计								

习题表 3.7－2　总价措施项目清单与计价表

序号	项目编码	项目名称	计算基础	费率/%	金额/元
合　计					

学习情境四
造价计价软件应用

【知识目标】

1. 掌握云计价软件编制工程量清单、招标控制价及投标报价的方法。

2. 掌握云计价软件导出电子报表的方法。

【职业技能目标】

1. 能够运用云计价软件编制工程量清单，并导出报表。

2. 能够运用云计价软件编制招标控制价、投标报价，并导出报表。

【思政教育与劳动教育目标】

1. 广联达软件是中国本土开发设计的造价软件，云计价平台 GCCP6.0 协作模式，实现了协同办公，新的数字化管理手段。青年学生是未来的希望，未来还需要继续开拓创新，搭建一体化平台，保证业务数据融通，实现全过程数字资源集中管理与应用、信息互通与共享，实现绿色、安全、智能的数字建筑、数字城市。不断实现技术创新，中国技术走向世界。

技术创新
走向世界

2. 及时掌握新工艺、新技术，独立思考、大胆探索、勇于创新。

【学习工具准备】

1. 云计价平台 GCCP6.0。

目前国内造价计价软件种类繁多，各个地区，各个行业有专属的计价软件。本书以广联达计价软件为例，介绍计价软件的使用方法。

广联达科技股份有限公司开发的云计价平台 GCCP6.0 是一款专为建设工程造价领域全价值链客户提供数字化转型解决方案的产品，利用云＋大数据＋人工智能技术，进一步提升计价软件的使用体验，通过新技术带来老业务新模式的变化，让每一个工程项目价值更优。该软件核心功能主要有以下几个方面：

1. 全业务编制

概预结审全覆盖，工程编制及数据流转高效快捷；结审业务全面：进度管控更清晰、结算形式更灵活、审核工作更省时。

2. 量价一体

根据用户计价文件上量的繁琐操作，通过打通计价与算量工程，实现数据互通、快速提量、实时刷新、图形反查，整体提量效率翻倍。

3. 智能组价

基于预算员工程编制时个人数据无法快速利用、逐项套价效率低、跨地区项目编制组价学习成本高等问题，通过大数据和 AI 智能算法实现历史数据和行业数据的快速智能应用，提升预算员组价效率。

广联达云计价平台 GCCP6.0，是一个集成多种应用功能的平台，可进行文件管理，并能支持用户与用户之间，用户与产品研发之间进行沟通。包含个人模式和协作模式；并对业务进行整合，支持概算，预算，结算，审核业务，建立统一入口，各阶段的数据自由流转。

云计价平台 GCCP6.0 增加了许多新的功能。如云检查、智能组价、协同工作等。

云检查是利用大数据进行项目检查，根据检查结果进行调整，确定无误后，生成电子标书。云检查可以根据需要设置检查项，并进行相应的检查。

在进行清单组价时，智能组价可以先使用自积累数据进行组价，对于未能实现组价的，再使用行业大数据进行组价，这样可以最大参考自己或软件推荐的组价，然后再对未能实现组价的内容进行手动组价，这样大大提高了工作效率。通常适用于以下情况：如投标方编制投标报价时，对招标清单组价会参考本企业做过的相似历史工程的组价内容进行组价；编制投标报价或招标控制价时，对于初次投不熟悉类型的工程，需要从外部寻找相应的组价参考进行组价；投标方编制投标报价，期望参考历史工程对当前工程或整个项目，一次性完成组价，然后对历史工程中不包含的清单再进行手动组价。

云计价平台 GCCP5.0 提供了概算、预算、竣工结算阶段的数据编审、积累、分析和挖掘再利用。它包括概算模块、招投标模块、协作模块、结算模块以及审核模块。本书主要以招投标过程中的招投标模块为例，介绍软件操作流程。

一、招标方的主要工作

1. 编制工程量清单

(1) 新建招标项目，包括新建招标项目工程，建立项目结构。

(2) 编制单位工程分部分项工程量清单，包括输入清单项，输入清单工程量，编辑清单名称，分部整理。

(3) 编制措施项目清单。

(4) 编制其他项目清单。

(5) 编制甲供材料、设备表。

(6) 查看工程量清单报表。

(7) 报表输出。

2. 编制招标控制价

(1) 新建招标项目。

(2) 编制单位工程分部分项工程量清单计价，包括套定额子目，输入子目工程量，子目换算，设置单价构成。

(3) 编制措施项目清单计价。

(4) 编制其他项目清单计价。

(5) 人材机汇总，包括调整人材机价格，设置甲供材料、设备。

(6) 查看单位工程费用汇总，包括调整计价程序，工程造价调整。
(7) 报表输出。

二、投标方的主要工作

投标人编制投标报价：
(1) 新建投标项目。
(2) 编制单位工程分部分项工程量清单计价，包括套定额子目，输入子目工程量，子目换算，设置单价构成。
(3) 编制措施项目清单计价。
(4) 编制其他项目清单计价。
(5) 人材机汇总，包括调整人材机价格，设置甲供材料、设备。
(6) 查看单位工程费用汇总，包括调整计价程序，工程造价调整。
(7) 报表输出。

拓展资源

云计价

任务一 编制工程量清单

4.1.1 新建招标项目

一、进入软件

在桌面上双击“广联达云计价平台 GCCP6.0”快捷图标，登陆或点击离线使用软件后，进入广联达云计价平台 GCCP6.0。在显示的界面中单击“新建预算”，如图 4.1－1 所示。

单击【招标项目】，如图 4.1－2 所示。

图 4.1－1

图 4.1－2

在显示出的新建招标项目界面中，填写信息如图 4.1－3 所示。

注意在新建工程时，选择正确的计税方式，如增值税（一般计税法）。工程新建完成后，将无法直接切换计税方式，需要将一般计税（增值税）的清单子目复制进新建的简易计税（营业税）工程里或者通过在一般计税（增值税）中导出 Excel 文件，在简易计税（营业税）导入 Excel 文件重新建立文件。

项目名称	综合办公楼
项目编码	001
地区标准	江苏13电子标(增值税)
定额标准	江苏省2014序列定额
单价形式	综合单价模式
计税方式	增值税(一般计税方法)
税改文件	苏建函价〔2019〕178号

立即新建

图 4.1－3

点击【立即新建】，软件会进入工程项目信息界面，显示已经构建的项目结构，单项工程与单位工程，如图 4.1－4 所示。

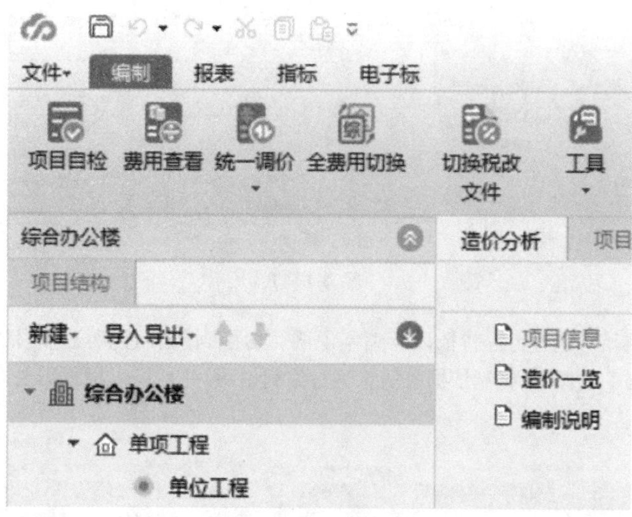

图 4.1－4

点击【单位工程】，在显示选项中点击【建筑工程】，就新建了一个单位工程，完成项目结构的建立，如图 4.1－5 所示。

分别右击【单项工程】与【建筑工程】，进行重命名，如图 4.1－6 所示。

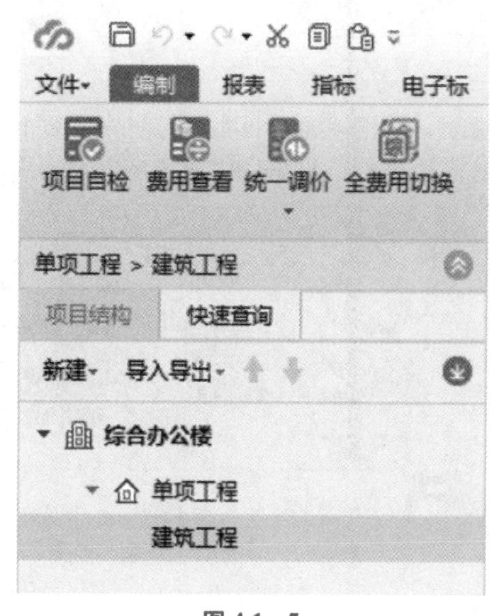

图 4.1－5

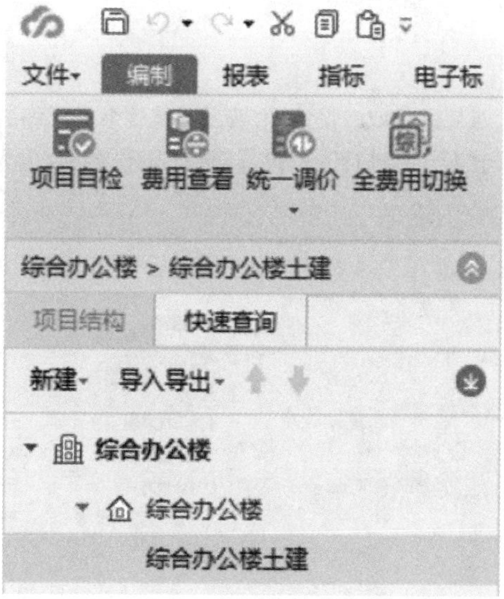

图 4.1－6

保存文件，点击 ，在弹出的界面将工程保存到相应位置。

二、项目信息输入

进入单位工程编辑界面，选择单位工程【综合办公楼土建】，建完工程后需要输入项目的相关信息，例如项目的编号、名称、编制时间、建筑面积等。点击【工程概况】目录下的【工程信息】，根据项目实际情况，填写列表中的基本信息和招标信息；注意红色字体信息，在导出电子标书时，该部分为必填项。如图4.1-7所示。

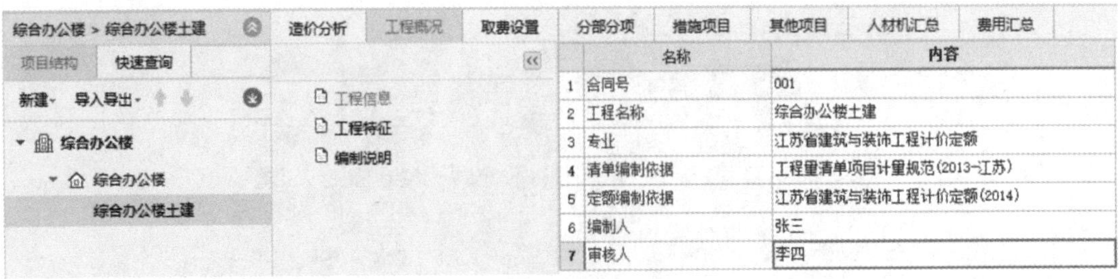

图 4.1-7

工程信息填写完毕后，填写工程特征以及编制说明。切换到【编制说明】，填写说明。在编辑区域内，点击“编辑”，然后根据工程概况、编制依据等信息编写编制说明，并且可以根据需要对字体、格式等进行调整。如图4.1-8所示。

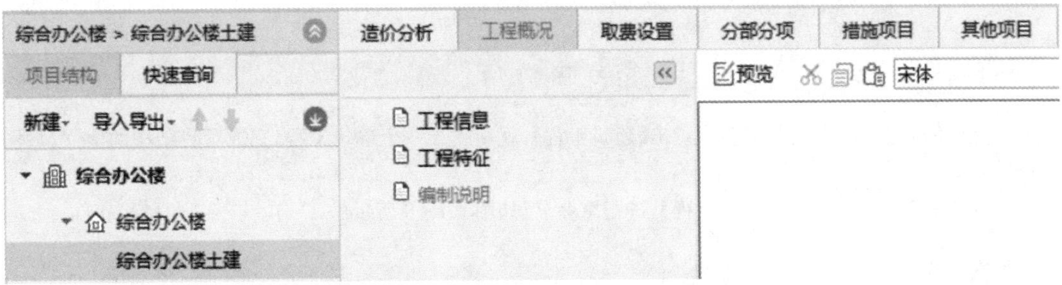

图 4.1-8

最后进行取费设置，取费设置是整个工程编制之前的基础，依据哪些取费和执行哪些文件。点击【取费设置】，并对进行取费设置，选择工程类别，工程所在地，计税方式以及填写相应的费率，如图4.1-9所示。

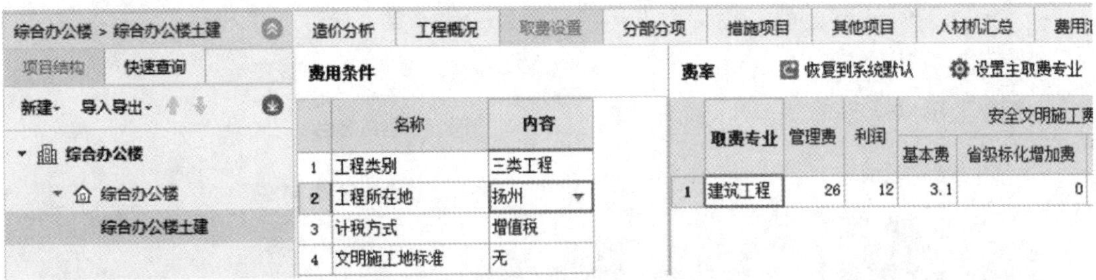

图 4.1-9

取费设置完成后，工程将按照设置内容执行。

4.1.2 编制土建工程分部分项工程量清单

单位工程基本信息填写好后，进入单位工程编辑界面，选择单位工程【综合办公楼土建】，点击【分部分项】，软件会进入单位工程编辑主界面，如图4.1-10所示。

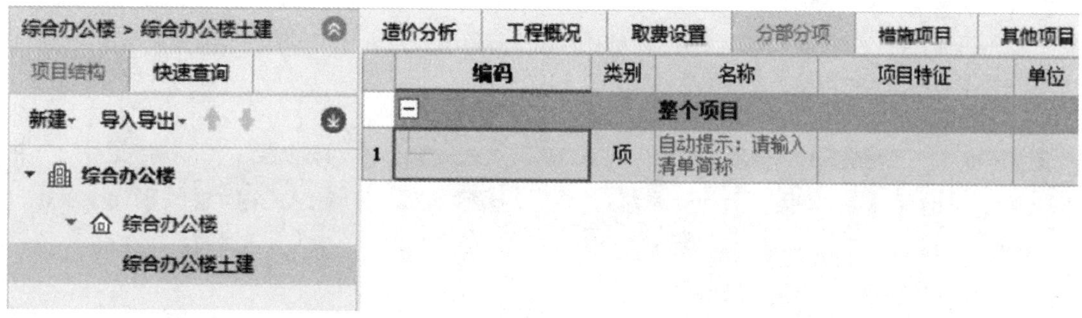

图 4.1 - 10

一、输入工程量清单

（一）查询输入

在【查询】下拉菜单中点击【查询清单】，进入查询清单界面，找到平整场地清单项，双击选中，如图 4.1 - 11 所示。

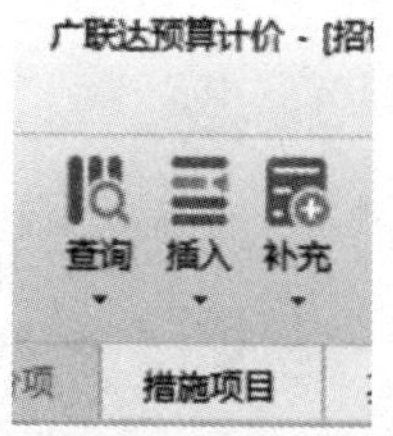

查询

清单指引　定额反查清单　清单　定额　人材机　我的数据　插入(I)　替换(R)

工程量清单项目计量规范(2013-江苏)

搜索

- 建筑工程
- 仿古建筑工程
- 安装工程
- 市政工程
- 园林绿化工程
- 矿山工程
- 构筑物工程
- 城市轨道交通工程
- 爆破工程
- 城市地下综合管廊
- 人防工程
- 南通补充清单
- 装配式混凝土建筑工程量清单补充规则

	编码	清单项	单位
1	010101001	平整场地	m2
2	010101002	挖一般土方	m3
3	010101003	挖沟槽土方	m3
4	010101004	挖基坑土方	m3
5	010101005	冻土开挖	m3
6	010101006	挖淤泥、流砂	m3
7	010101007	管沟土方	m/m3
8	010102001	挖一般石方	m3
9	010102002	挖沟槽石方	m3
10	010102003	挖基坑石方	m3
11	010102004	挖管沟石方	m/m3
12	010103001	回填方	m3
13	010103002	余方弃置	m3

图 4.1 - 11

（二）按编码输入

点击鼠标右键，选择【插入】或者【插入清单项】，在空行的编码列输入010101003，点击回车键，在弹出的窗口回车即可输入挖沟槽土方清单项，如图4.1－12所示；

造价分析 | 工程概况 | 取费设置 | 分部分项 | 措施项目 | 其他项目 | 人材机汇总 | 费

	编码	类别	名称	项目特征	单位	汇总类别	工程量表达式
	−		整个项目				
1	010101001001	项	平整场地		m2		1
2	010101003001	项	挖沟槽土方		m3		1

图4.1－12

（三）简码输入

对于010401004001多孔砖墙清单项，我们也可以输入1－4－1－4即可，如图4.1－13所示。清单的前九位编码可以分为四级，专业工程代码01，附录分类顺序码04，分部工程顺序码01，分项工程项目名称顺序码004。软件把项目编码进行简码输入，提高输入速度，其中清单项目名称顺序码001由软件自动生成。

造价分析 | 工程概况 | 取费设置 | 分部分项 | 措施项目 | 其他项目 | 人材机汇总 | 费

	编码	类别	名称	项目特征	单位	汇总类别	工程量表达式
	−		整个项目				
1	010101001001	项	平整场地		m2		1
2	010101003001	项	挖沟槽土方		m3		1
3	010401004001	项	多孔砖墙		m3		1

图4.1－13

同理，如果添加清单项的专业工程代码、附录分类顺序码等与前一条清单项相同，我们只需输入后面不同的编码即可。例如：垫层和带型基础，因为它的专业工程代码01、附录分类顺序码05和前一条垫层清单项一致，对于010501002001带型基础清单项，我们只需输入1－2回车即可，如图4.1－14所示。输入两位编码1－2，点击回车键，软件会自动保留前一条清单的前两位编码1－5。在实际工程中，编码相似也就是章节相近的清单项一般都是连在一起的，所以用简码输入方式处理起来更方便快捷。

造价分析 | 工程概况 | 取费设置 | 分部分项 | 措施项目 | 其他项目 | 人材机汇总 | 费用汇总

	编码	类别	名称	项目特征	单位	汇总类别	工程量表达式
	−		整个项目				
1	010101001001	项	平整场地		m2		1
2	010101003001	项	挖沟槽土方		m3		1
3	010401004001	项	多孔砖墙		m3		1
4	010501001001	项	垫层		m3		1
5	010501002001	项	带形基础		m3		1

图4.1－14

（四）关联输入

在清单编制时，如果不知道清单项的完整名称，只知道关键词，也可以直接输入关键字，软件也会自动检索。如：有梁板，在项目名称列输入有梁板，软件实时检索出相应的清单项，鼠标点选清单项，即可完成输入。如图 4.1－15 所示。

造价分析	工程概况	取费设置	分部分项	措施项目	其他项目	人材机汇总	费用汇总

	编码	类别	名称	项目特征	单位	汇总类别	工程量表达式
	⊟		整个项目				
1	010101001001	项	平整场地		m2		1
2	010101003001	项	挖沟槽土方		m3		1
3	010401004001	项	多孔砖墙		m3		1
4	010501001001	项	垫层		m3		1
5	010501002001	项	带形基础		m3		1
6		项	有梁板				1

010505001 有梁板 现浇混凝土板 建筑工程
011702014 有梁板 模板 混凝土模板及支架(撑) 建筑工程
011702014 有梁板 混凝土模板及支架(撑) 建筑工程

图 4.1－15

（五）补充清单项

在编码列输入 B 按回车键，弹出窗口编码列输入 01B001，名称列输入清单项名称“”，单位为 m，即可补充一条清单项，如图 4.1－16 所示。提示：编码可根据用户自己的要求进行编写。

项目结构　快速查询
新建·　导入导出·

	编码	类别	名称	项目特征	单位	汇总类别	工程量表达式
7	01B001	补项	截水沟盖板		m		1

图 4.1－16

二、输入工程量

（一）直接输入

平整场地，在工程量列输入 48.42，如图 4.1－17 所示；

	编码	类别	名称	项目特征	单位	汇总类别	工程量表达式	工程量
	⊟		整个项目					1
1	010101001001	项	平整场地		m2		48.42	48.42

图 4.1－17

（二）图元公式输入

选择“平整场地”清单项，双击工程量表达式单元格，使单元格数字处于编辑状态，即光标闪动状态。点击右上角【工具】下拉选项中 图元公式按钮。在图元公式界面中选择公式类别为面积公式，图元选择 1.1 矩形面积，输入参数值如图 4.1－18 所示。

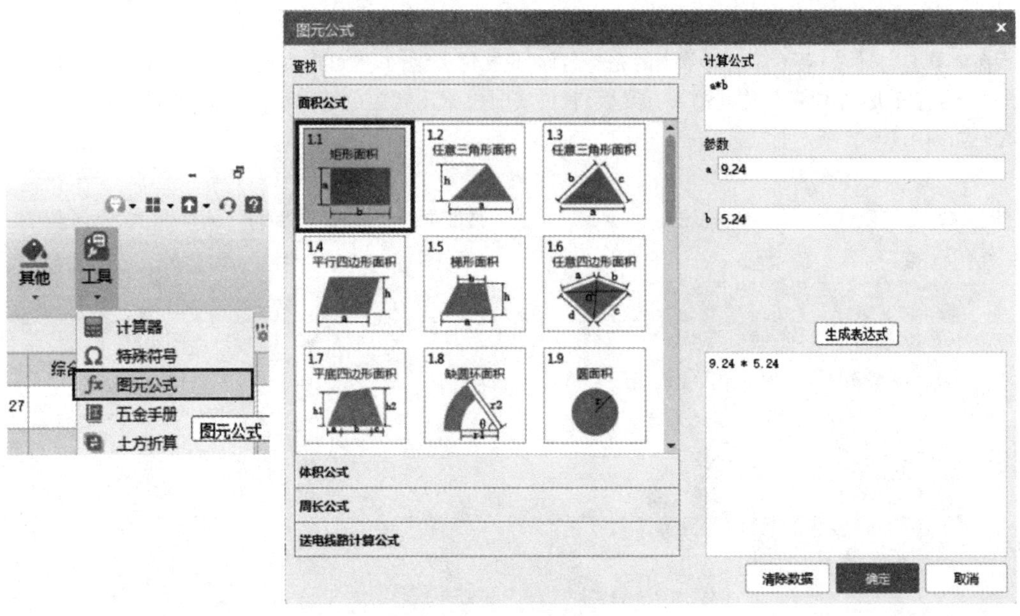

图 4.1－18

点击【生成表达式】→【确定】,退出图元公式界面,输入结果如图 4.1－19 所示;

	编码	类别	名称	项目特征	单位	汇总类别	工程量表达式	工程量
	⊟		整个项目					1
1	010101001001	项	平整场地		m2		9.24 * 5.24 …	48.42

图 4.1－19

(三) 工程量表达式

选择"垫层"清单项,双击工程量表达式单元格,点击小三点按钮 ,进入编辑工程量表达式界面,可以在该界面里面编辑加减乘除的计算式,输入计算公式如图 4.1－20 所示。

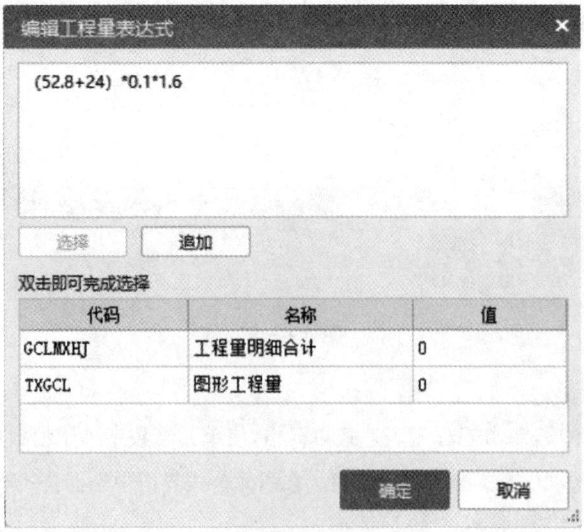

编辑工程量表达式

(52.8+24) *0.1*1.6

选择　追加

双击即可完成选择

代码	名称	值
GCLMXHJ	工程量明细合计	0
TXGCL	图形工程量	0

确定　取消

图 4.1－20

点击【确定】，计算结果如图 4.1－21 所示；

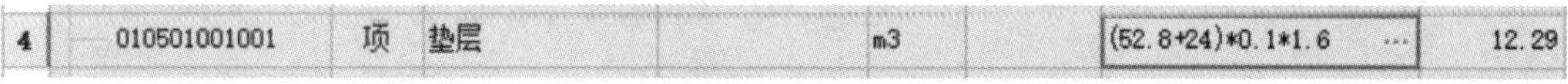

4	010501001001	项	垫层		m3		(52.8+24)*0.1*1.6 …	12.29

图 4.1－21

（四）简单计算公式输入

选择“有梁板”清单项，在工程量表达式单元格内输入 2112.72＋22.5＋36.93，如图 4.1－22 所示。

6	010505001001	项	有梁板		m3		2112.72+22.5+36.93 …	2172.15

图 4.1－22

按此方法，参照下图的工程量表达式输入所有清单的工程量，如图 4.1－23 所示；

	编码	类别	名称	项目特征	单位	汇总类别	工程量表达式	工程量
	−		整个项目					1
1	010101001001	项	平整场地		m2		9.24 * 5.24	48.42
2	010101003001	项	挖沟槽土方		m3		104.29	104.29
3	010401004001	项	多孔砖墙		m3		37.06	37.06
4	010501001001	项	垫层		m3		(52.8+24)*0.1*1.6	12.29
5	010501002001	项	带形基础		m3		54.6	54.6
6	010505001001	项	有梁板		m3		2112.72+22.5+36.93	2172.15
7	01B001	补项	截水沟盖板		m		35.3 …	35.3

图 4.1－23

（五）工程量明细输入

在实际工作中，有些工程量不是通过算量软件计算，而是手工算量，因此希望能将计算手稿保存在软件中，方便查看和核对。

选择清单项“带形基础”，然后点击属性的【工程量明细】，如图 4.1－24 所示。

	编码	类别	名称	项目特征	单位	汇总类别	工程量表达式	工程量
	−		整个项目					1
1	010101001001	项	平整场地		m2		9.24 * 5.24	48.42
2	010101003001	项	挖沟槽土方		m3		104.29	104.29
3	010401004001	项	多孔砖墙		m3		37.06	37.06
4	010501001001	项	垫层		m3		(52.8+24)*0.1*1.6	12.29
5	010501002001	项	带形基础		m3		54.6	54.6

工料机显示 | 单价构成 | 标准换算 | 换算信息 | 特征及内容 | 工程量明细 | 反查图形工程量 | 说明信息

	楼层	位置/名称	计算式	相同数量	结果	累加标识	引用代码	备注
0		计算结果			0			
1			0	1	0	☑		
2			0	1	0	☑		
3			0	1	0	☑		

图 4.1－24

在【工程量明细列表】中，根据计算手稿，将计算手稿列入软件中。如图 4.1－25 所示。

	编码	类别	名称	项目特征	单位	汇总类别	工程量表达式	工程量
3	010401004001	项	多孔砖墙		m3		37.06	37.06
4	010501001001	项	垫层		m3		(52.8+24)*0.1*1.6	12.29
5	010501002001	项	带形基础		m3		GCLMXHJ	54.6

工料机显示 | 单价构成 | 标准换算 | 换算信息 | 特征及内容 | 工程量明细 | 反查图形工程量 | 说明信息

	楼层	位置/名称	计算式	相同数量	结果	累加标识	引用代码	备注
0		计算结果			54.6			
1		S上	(1.6+0.4)*0.35*0.5	1	0.35	☐	S上	
2		S下	0.25*1.4	1	0.35	☐	S下	
3		L砼上	(12-1)*2+4.8-1	1	25.8	☐	L砼上	
4		L砼下	(12-1.4)*2+4.8-1.4	1	24.6	☐	L砼下	
5		上部外墙混凝土体积	S上*L砼上	1	9.03	☑		
6		下部外墙混凝土体积	S下*L砼下	1	8.61	☑		
7		内墙基础体积	(S上+S下)*52.8	1	36.96	☑		

图 4.1－25

三、项目特征描述

清单规范中规定，清单必须载明项目特征；在编制过程中，一般分两种情况，一是清单项列出的项目特征录入相应的特征值，二是清单列项未列出项目特征的，需要手动输入文本。

（一）根据项目特征录入特征值

1. 选择“平整场地”清单，在列表下方点击【特征及内容】，单击“土壤类别”的特征值单元格，在下拉菜单中选择“三类土”，补充输入干土，填写运距如图4.1－26所示。

工料机显示 | 单价构成 | 标准换算 | 换算信息 | 特征及内容 | 工程量明细 | 反查图形工程

	工作内容	输出
1	土方挖填	☑
2	场地找平	☑
3	运输	☑

	特征	特征值	输出
1	土壤类别	三类干土	☑
2	弃土运距	就地堆放	☑
3	取土运距		☐

图 4.1－26

2. 在右边选项设置中，根据显示要求选择合适的方式，如图4.1－27所示。

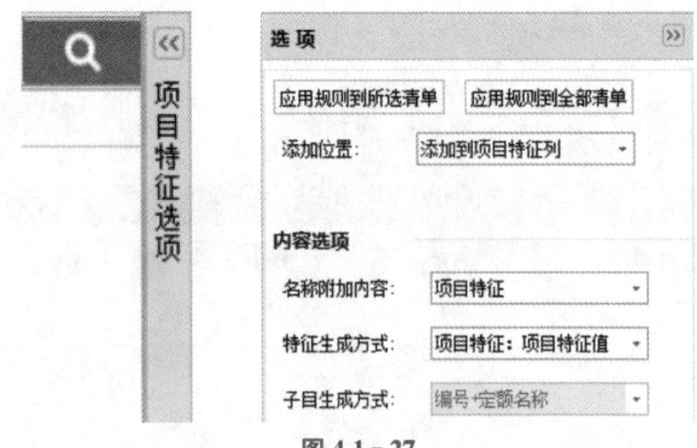

图 4.1－27

软件会把项目特征信息输入到项目特征中，如图4.1－28所示。

	编码	类别	名称	项目特征	单位	汇总类别	工程量表达式	工程量
	⊟		整个项目					1
1	010101001001	项	平整场地	1.土壤类别:三类干土 2.弃土运距:就地堆放	m2		9.24 * 5.24	48.42

图 4.1－28

（二）手动输入项目特征

1. 选择“挖沟槽土方”清单，点击项目特征列单元格右侧的小三点按钮 ，在编辑项目特征界面中输入项目特征如图 4.1－29 所示，编写好后点击【确定】。

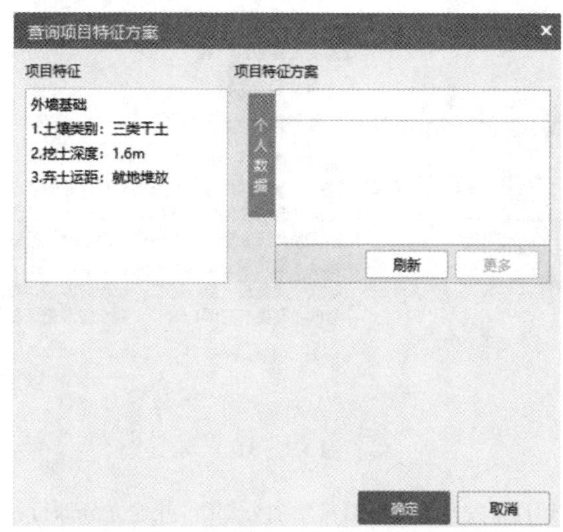

图 4.1－29

按以上方法，设置所有清单的项目特征，如图 4.1－30 所示。

	编码	类别	名称	项目特征	单位	汇总类别	工程量表达式	工程量
	⊟		整个项目					1
1	010101001001	项	平整场地	1.土壤类别:三类干土 2.弃土运距:就地堆放	m2		9.24 * 5.24	48.42
2	010101003001	项	挖沟槽土方	外墙基础 1.土壤类别：三类干土 2.挖土深度：1.6m 3.弃土运距：就地堆放	m3		104.29	104.29
3	010401004001	项	多孔砖墙	1.砖品种、规格、强度等级:MU5KP1黏土多孔砖 2.墙体类型:外墙 3.砂浆强度等级、配合比:混合砂浆M5.0	m3		37.06	37.06
4	010501001001	项	垫层	1.混凝土种类：预拌 2.混凝土强度等级：C10	m3		(52.8+24)*0.1*1.6	12.29
5	010501002001	项	带形基础	1.混凝土种类：预拌 2.混凝土强度等级：C20	m3		54.6	54.6
6	010505001001	项	有梁板	1.混凝土种类：预拌 2.混凝土强度等级：C30	m3		2112.72+22.5+36.93	2172.15
7	01B001	补项	截水沟盖板	1.材质：铸铁 2.规格：50mm，300mm宽	m		35.3	35.3

图 4.1－30

提示:对于项目特征描述有类似的清单项,可以采用 ctrl+c 和 ctrl+v 的方式快速复制、粘贴项目特征,然后进行修改。

四、分部整理

在上面功能区点击【整理清单】下拉菜单【分部整理】,在分部整理界面勾选“需要章分部标题”,如图 4.1 - 31 所示。

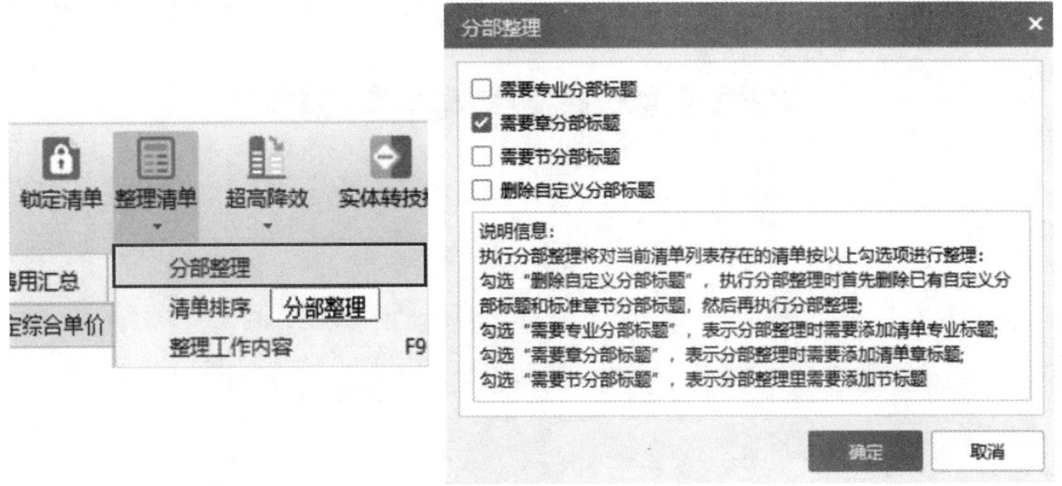

图 4.1 - 31

点击【确定】,软件会按照计价规范的章节编排增加分部行,并建立分部行和清单行的归属关系,如图 4.1 - 32 所示。

造价分析 | 工程概况 | 取费设置 | 分部分项 | 措施项目 | 其他项目 | 人材机汇总 | 费用汇总

整个项目
- 土石方工程
- 砌筑工程
- 混凝土及钢筋混…
- 补充分部

	编码	类别	名称	项目特征	单位	汇总类别	工程量表达式	工程量
			整个项目					1
B1	A.1	部	土石方工程					1
1	010101001001	项	平整场地	1.土壤类别:三类干土…	m2		9.24 * 5.24	48.42
2	010101003001	项	挖沟槽土方	外墙基础 1.土壤类别:三类干土 2.挖土深度:1.6m 3.弃土运距:就地堆放	m3		104.29	104.29
B1	A.4	部	砌筑工程					1
3	010401004001	项	多孔砖墙	1.砖品种、规格、强度等级:MU5KP1黏土多孔砖 2.墙体类型:外墙 3.砂浆强度等级、配合比:混合砂浆M5.0	m3		37.06	37.06
B1	A.5	部	混凝土及钢筋混凝土工程					1
4	010501001001	项	垫层	1.混凝土种类:预拌 2.混凝土强度等级:C10	m3		(52.8+24)*0.1*1.6	12.29
5	010501002001	项	带形基础	1.混凝土种类:预拌 2.混凝土强度等级:C20	m3		54.6	54.6
6	010505001001	项	有梁板	1.混凝土种类:预拌 2.混凝土强度等级:C30	m3		2112.72+22.5+36.93	2172.15
B1		部	补充分部					1
7	01B001	补项	截水沟盖板	1.材质:铸铁 2.规格:50mm,300mm宽	m		35.3	35.3

图 4.1 - 32

在分部整理后，补充的清单项会自动生成一个分部为补充分部，如果想要编辑补充清单项的归属关系，在页面点击鼠标右键选中【页面显示列设置】，在弹出的界面中选择【其他选项】对“指定专业章节位置”进行勾选，点击确定，如图 4.1－33 所示。

图 4.1－33

在页面就会出现“指定专业章节位置”一列（将水平滑块向后拉），点击单元格，出现三个小点 ··· 按钮，如图 4.1－34 所示。

	编码	类别	名称	项目特征	单位	汇总类别	工程量表达式	工程量	综合单价	综合合价	指定专业章节位置
	−		整个项目					1		0	
B1	− A.1	部	土石方工程					1		0	
1	010101001001	项	平整场地	1. 土壤类别:三类干土 2. 弃土运距:就地堆放	m2		9.24 * 5.24	48.42	0	0	101010000 ···
2	010101003001	项	挖沟槽土方	外墙基础 1. 土壤类别：三类干土 2. 挖土深度：1.6m 3. 弃土运距：就地堆放	m3		104.29	104.29	0	0	101010000
B1	− A.4	部	砌筑工程					1		0	
3	010401004001	项	多孔砖墙	1. 砖品种、规格、强度等级:MU5KP1黏土多孔砖 2. 墙体类型:外墙 3. 砂浆强度等级、配合比:混合砂浆M5.0	m3		37.06	37.06	0	0	104010000
B1	− A.5	部	混凝土及钢筋混凝土工程					1		0	
4	010501001001	项	垫层	1. 混凝土种类：预拌 2. 混凝土强度等级：C10	m3		(52.8+24)*0.1*1.6	12.29	0	0	105010000
5	010501002001	项	带形基础	1. 混凝土种类：预拌 2. 混凝土强度等级：C20	m3		54.6	54.6	0	0	105010000
6	010505001001	项	有梁板	1. 混凝土种类：预拌 2. 混凝土强度等级：C30	m3		2112.72+22.5+36.93	2172.15	0	0	105050000
B1	−	部	补充分部					1		0	
7	01B001	补项	截水沟盖板	1. 材质：铸铁 2. 规格：50mm，300mm宽	m		35.3	35.3	0	0	

图 4.1－34

点击编码框 ⋯ 按钮,选择章节即可,我们选择“截水沟盖板”的指定专业章节位置编码,在弹出的界面中选择“混凝土及钢筋混凝土工程”章节,点击确定。如图 4.1－35 所示。

	编码	类别	名称	项目特征	单位	汇总类别	工程量表达式	工程量	综合单价	综合合价	指定专业章节位置
B1	⊟	部	补充分部					1		0	
7	01B001	补项	截水沟盖板	1.材质：铸铁 2.规格：50mm，300mm宽	m		35.3	35.3	0	0	⋯

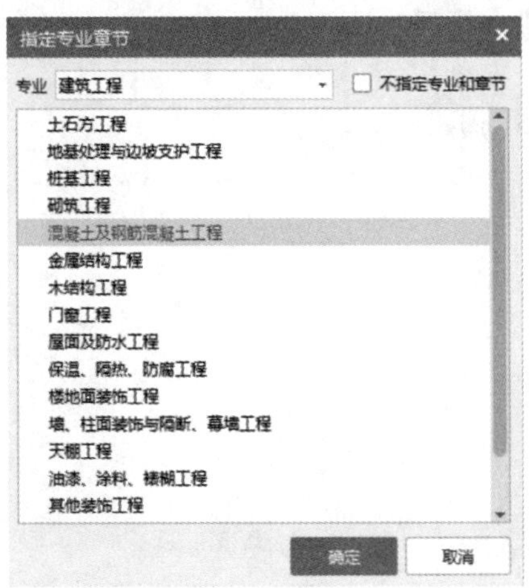

图 4.1－35

指定专业章节位置后,再重复进行一次【分部整理】,补充清单项就会归属到选择的章节中了,如图 4.1－36 所示。

	编码	类别	名称	项目特征	单位	汇总类别	工程量表达式	工程量	综合单价	综合合价	指定专业章节位置
	⊟		**整个项目**					**1**		**0**	
B1	⊟ A.1	部	土石方工程					1		0	
1	010101001001	项	平整场地	1.土壤类别:三类干土 2.弃土运距:就地堆放	m2		9.24 * 5.24	48.42	0	0	101010000
2	010101003001	项	挖沟槽土方	外墙基础 1.土壤类别：三类干土 2.挖土深度：1.6m 3.弃土运距：就地堆放	m3		104.29	104.29	0	0	101010000
B1	⊟ A.4	部	砌筑工程					1		0	
3	010401004001	项	多孔砖墙	1.砖品种、规格、强度等级:MU5KP1黏土多孔砖 2.墙体类型:外墙 3.砂浆强度等级、配合比:混合砂浆M5.0	m3		37.06	37.06	0	0	104010000
B1	⊟ A.5	部	混凝土及钢筋混凝土工程					1		0	
4	01B001	补项	截水沟盖板	1.材质：铸铁 2.规格：50mm，300mm宽	m		35.3	35.3	0	0	105000000 ⋯
5	010501001001	项	垫层	1.混凝土种类：预拌 2.混凝土强度等级：C10	m3		(52.8+24)*0.1*1.6	12.29	0	0	105010000
6	010501002001	项	带形基础	1.混凝土种类：预拌 2.混凝土强度等级：C20	m3		54.6	54.6	0	0	105010000
7	010505001001	项	有梁板	1.混凝土种类：预拌 2.混凝土强度等级：C30	m3		2112.72+22.5+36.93	2172.15	0	0	105050000

图 4.1－36

通过以上操作就可以编制完成土建单位工程的分部分项工程量清单。

4.1.3　编制土建工程措施项目、其他项目清单及其他

一、措施项目清单

单击【措施项目】，如图 4.1－37 所示。

造价分析　工程概况　取费设置　分部分项　措施项目　其他项目　人材机汇总　费用汇总

	序号	类别	名称	单位	组价方式	计算基数
	−		措施项目			
	−		总价措施			
1	− 011707001001		安全文明施工费	项	子措施组价	
2	1.1		基本费	项	计算公式组价	FBFXHJ+JSCSF-SBF-JSCS_SBF
3	1.2		增加费	项	计算公式组价	FBFXHJ+JSCSF-SBF-JSCS_SBF
4	1.3		扬尘污染防治增加费	项	计算公式组价	FBFXHJ+JSCSF-SBF-JSCS_SBF
5	011707010001		按质论价	项	计算公式组价	FBFXHJ+JSCSF-SBF-JSCS_SBF
6	011707002001		夜间施工	项	计算公式组价	FBFXHJ+JSCSF-SBF-JSCS_SBF
7	011707003001		非夜间施工照明	项	计算公式组价	FBFXHJ+JSCSF-SBF-JSCS_SBF
8	011707004001		二次搬运	项	计算公式组价	FBFXHJ+JSCSF-SBF-JSCS_SBF
9	011707005001		冬雨季施工	项	计算公式组价	FBFXHJ+JSCSF-SBF-JSCS_SBF
10	011707006001		地上、地下设施、建筑物的临时保护设施	项	计算公式组价	FBFXHJ+JSCSF-SBF-JSCS_SBF
11	011707007001		已完工程及设备保护	项	计算公式组价	FBFXHJ+JSCSF-SBF-JSCS_SBF
12	011707008001		临时设施	项	计算公式组价	FBFXHJ+JSCSF-SBF-JSCS_SBF
13	011707009001		赶工措施	项	计算公式组价	FBFXHJ+JSCSF-SBF-JSCS_SBF
14	011707011001		住宅分户验收	项	计算公式组价	FBFXHJ+JSCSF-SBF-JSCS_SBF
15	011707012001		建筑工人实名制	项	计算公式组价	FBFXHJ+JSCSF-SBF-JSCS_SBF
16	011707015001		智慧工地费用	项	计算公式组价	FBFXHJ+JSCSF-SBF-JSCS_SBF
	−		单价措施			
17	−		自动提示：请输入清单简称	项	可计量清单	
		定	自动提示：请输入子目简称			

图 4.1－37

选择需要取的措施项目费用名称，软件默认将所有总价措施项目已列出，根据项目实际情况，保留相应总价措施项目。单价措施项目的列项方法与前面分部分项的列项方法相同，这里就不再详细介绍。

二、其他项目清单

单击【其他项目】，选中左侧暂列金额行，在名称中输入暂列金额，暂定金额单元格中输入 10000，如图 4.1－38 所示。

造价分析 | 工程概况 | 取费设置 | 分部分项 | 措施项目 | 其他项目 | 人材机汇总 | 费用汇总

- 其他项目
  - 暂列金额
  - 专业工程暂估价
  - 计日工费用
  - 总承包服务费
  - 签证与索赔计价表

	序号	名称	单位	计算基数	费率(%)	金额
1	−	其他项目				0
2	1	暂列金额	项	暂列金额		0
3	2	暂估价		专业工程暂估价		0
4	2.1	材料(工程设备)暂估价		ZGJCLHJ		0
5	2.2	专业工程暂估价	项	专业工程暂估价		0
6	3	计日工		计日工		0
7	4	总承包服务费		总承包服务费		0
8	5	索赔与现场签证		索赔与现场签证		0

造价分析 | 工程概况 | 取费设置 | 分部分项 | 措施项目 | 其他项目 | 人材机汇总 | 费用汇总

- 其他项目
  - 暂列金额
  - 专业工程暂估价
  - 计日工费用
  - 总承包服务费
  - 签证与索赔计价表

	序号	名称	计量单位	计算公式	费率(%)	暂定金额
1	1	暂列金额				10000

图 4.1 - 38

通过以上方式就编制完成了土建单位工程的工程量清单。点击 [保存图标] 。

三、查看报表

编辑完成后查看本单位工程的报表,例如"工程量清单"下的"表- 08 分部分项工程量清单与计价表",如图 4.1 - 39 所示。

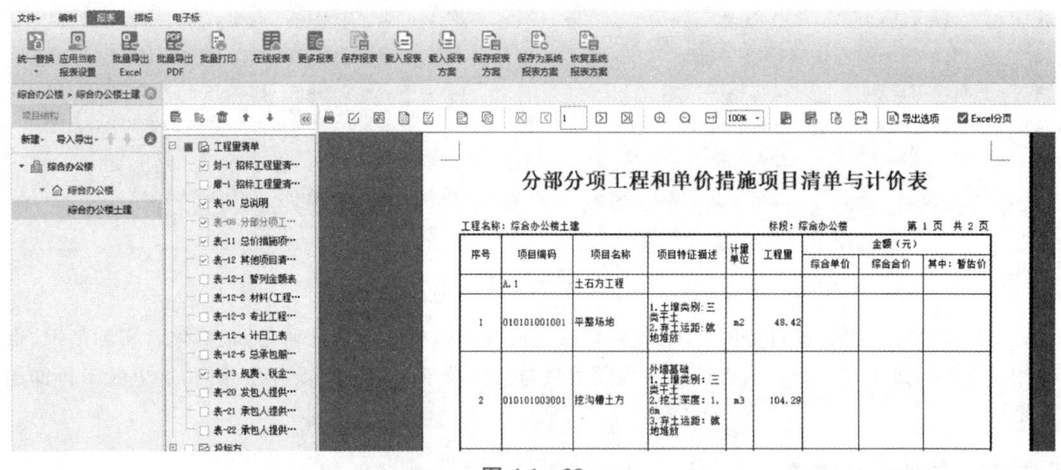

图 4.1 - 39

图 4.1 - 40

报表的导出形式有很多种,可以导出 Excel,也可以导出 PDF,如图 4.1 - 40,根据需要选择合适的方式。

以批量导出 Excel 为例,点击批量导出 Excel,弹出窗口,勾选需要导出的报表,如图 4.1 - 41 所示。

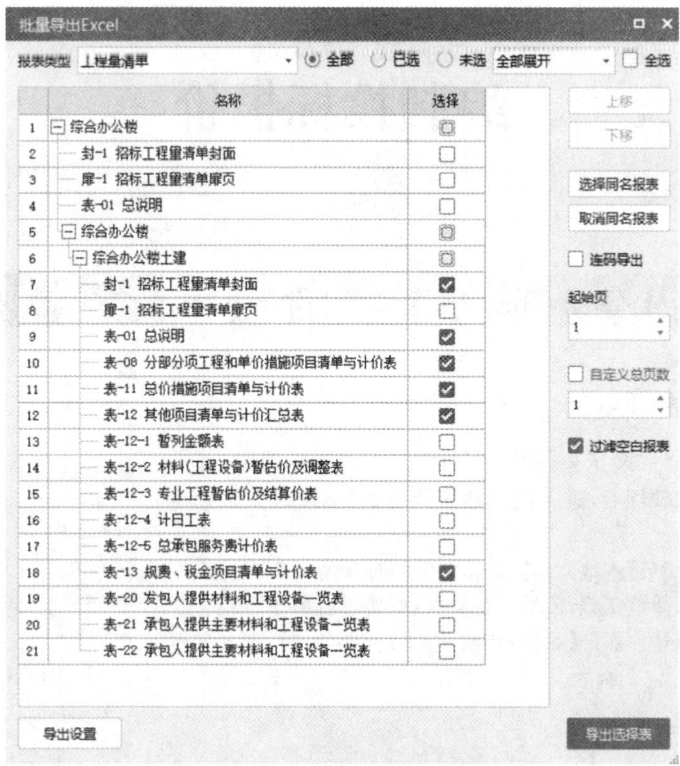

图 4.1－41

点击【导出选择表】,选择保存路径,即可导出所需要的工程量清单报表,点击 保存工程。

任务二
编制投标报价

4.2.1 土建分部分项工程组价

一、新建投标项目

在桌面上双击“广联达云计价平台 GCCP6.0”快捷图标，登陆或点击离线使用软件后，进入广联达云计价平台 GCCP6.0，如图 4.2－1 所示。

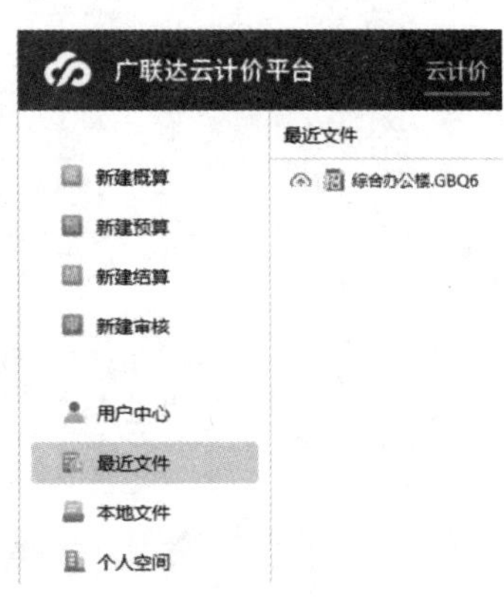

图 4.2－1

单击【最近文件】或【本地文件】，双击打开招标项目的工程量清单文件，软件会进入单位工程，关于工程概况，取费设置前面已经有介绍，这里就不再赘述。点击【编制】模块，单击【分部分项】，进入组价的主界面，如图 4.2－2 所示。

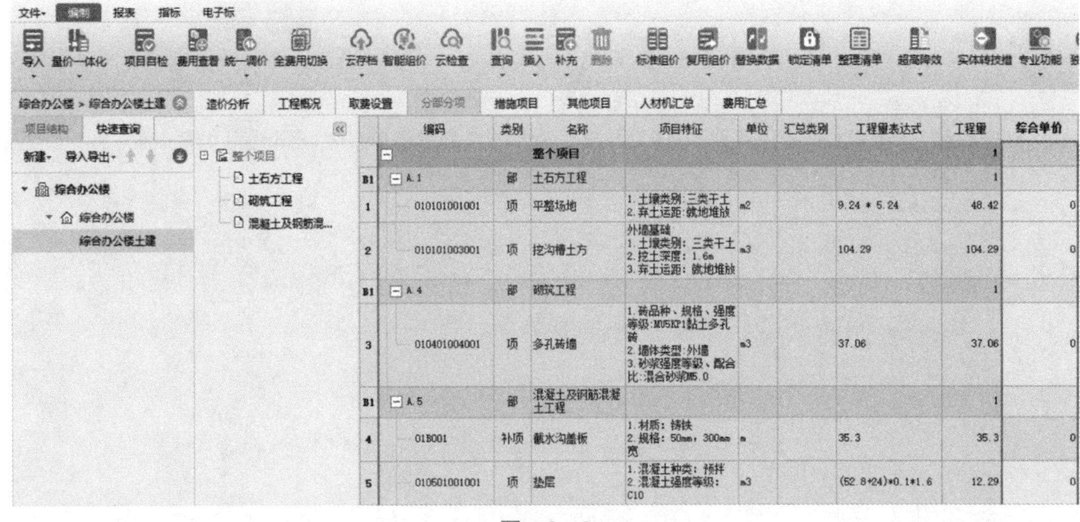

图 4.2－2

二、套定额组价

在土建工程中，套定额组价通常采用的方式有以下几种。

（一）查询输入

选择“平整场地”清单，点击【查询】，在弹出界面中选择【清单指引】(或在【查询】下拉菜单中选择【查询清单指引】)，如图 4.2－3 所示。也可选择【查询清单】，查找相应的定额。

勾选 1-98 平整场地，点击【插入子目】，输入工程量，如图 4.2－4 所示；

提示：清单项下面都会有主子目，其工程量一般和清单项的工程量相等，软件默认工程量与清单工程量相等。如不同，可以在工程量表达式中修改。

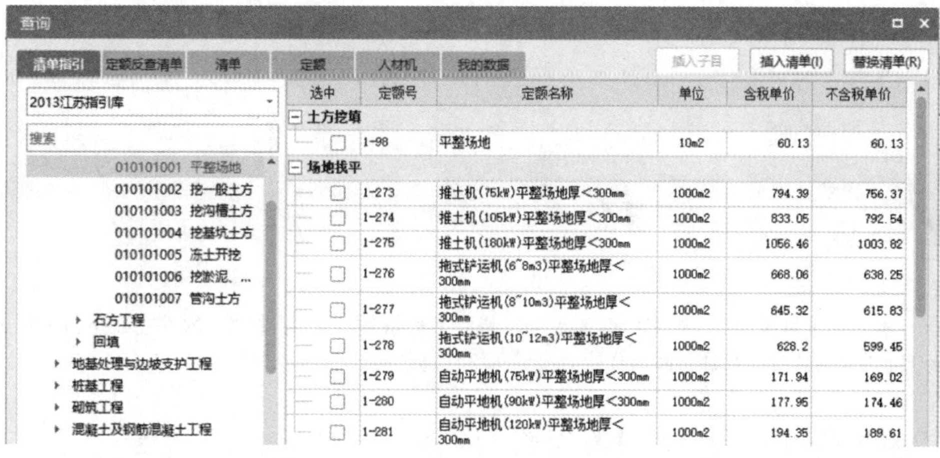

图 4.2 - 3

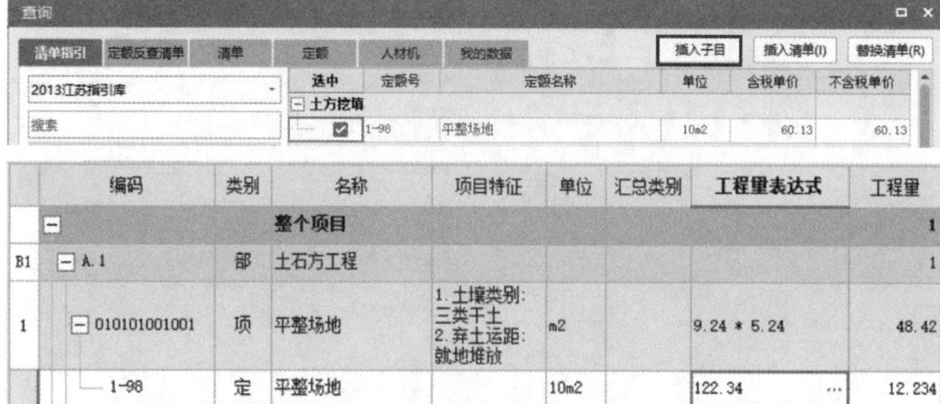

图 4.2 - 4

(二) 直接输入

选择“挖沟槽土方”清单，点击右键，选择单击【插入子目】，如图 4.2 - 5 所示；

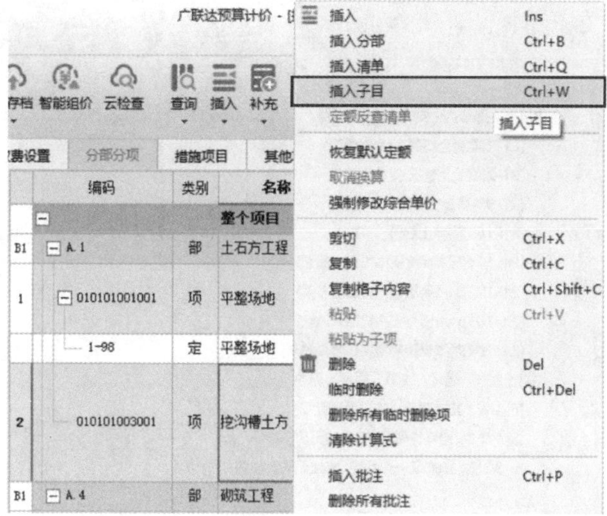

图 4.2 - 5

在空行的编码列输入 1－28,工程量为 104.29。如图 4.2－6 所示;

2	010101003001	项	挖沟槽土方	外墙基础 1.土壤类别:三类干土 2.挖土深度:1.6m 3.弃土运距:就地堆放	m3		104.29	104.29	54.19
	1-28	定	人工挖沟槽,地沟三类干土深<3m		m3		QDL	104.29	54.19

图 4.2－6

提示:输入完子目编码后,敲击回车,光标会跳格到工程量列,再次敲击回车软件会在子目下插入一空行,光标自动跳格到空行的编码列,这样能通过回车键快速切换。

（三）定额指引

选择“垫层”清单,点击【插入子目】,如图 4.2－7 所示;

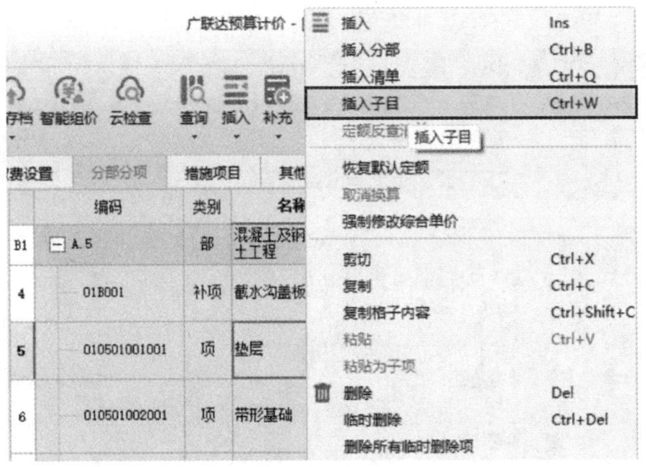

图 4.2－7

点击空白子目的编码行,会显示 ,点击 ,会显示出匹配该清单的定额子目,如图 4.2－8 所示。

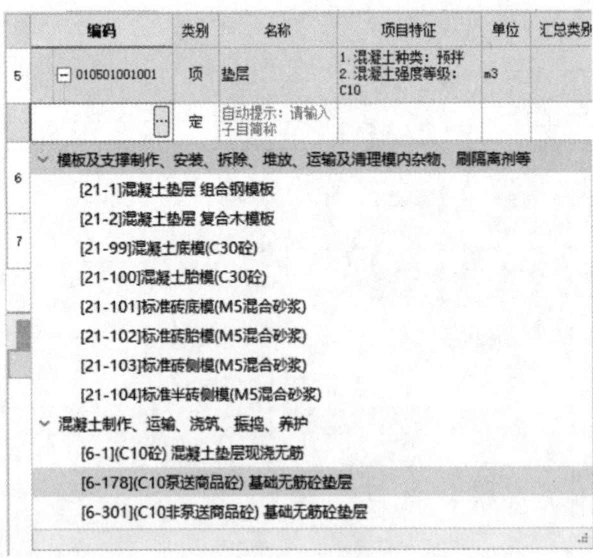

图 4.2－8

选择相应的定额，弹出对话框，如图 4.2－9 所示。

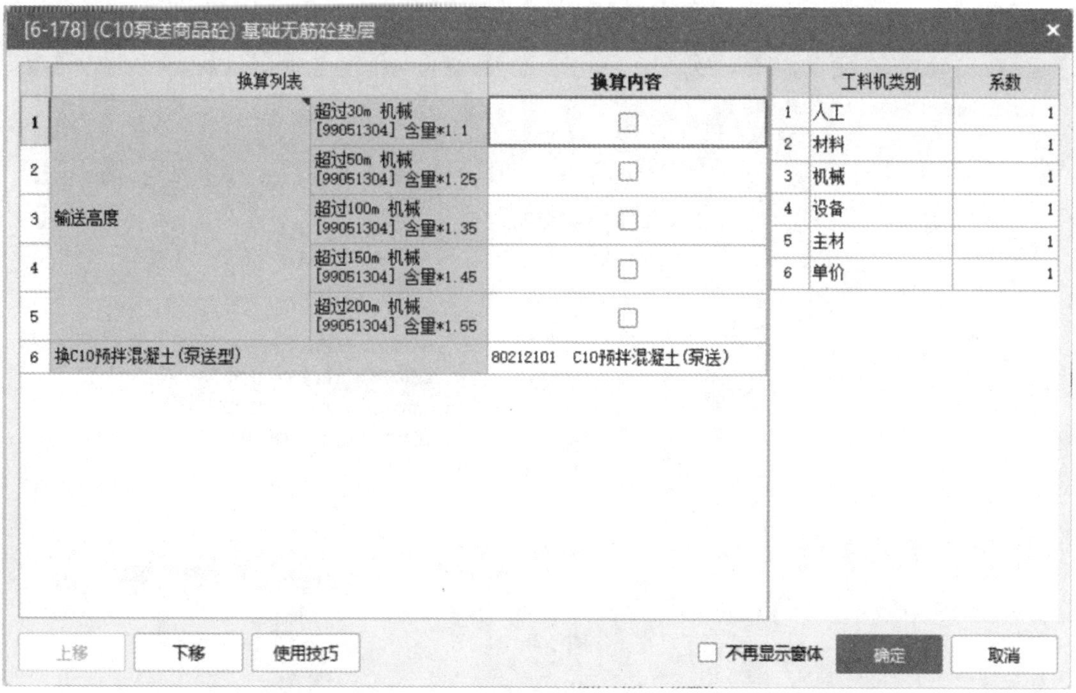

[6-178] (C10泵送商品砼) 基础无筋砼垫层

	换算列表		换算内容
1	输送高度	超过30m 机械 [99051304] 含量*1.1	☐
2		超过50m 机械 [99051304] 含量*1.25	☐
3		超过100m 机械 [99051304] 含量*1.35	☐
4		超过150m 机械 [99051304] 含量*1.45	☐
5		超过200m 机械 [99051304] 含量*1.55	☐
6	换C10预拌混凝土(泵送型)		80212101 C10预拌混凝土(泵送)

	工料机类别	系数
1	人工	1
2	材料	1
3	机械	1
4	设备	1
5	主材	1
6	单价	1

上移　下移　使用技巧　☐ 不再显示窗体　确定　取消

图 4.2－9

如无换算情况，点击【确定】，弹出对话框，如图 4.2－10 所示。

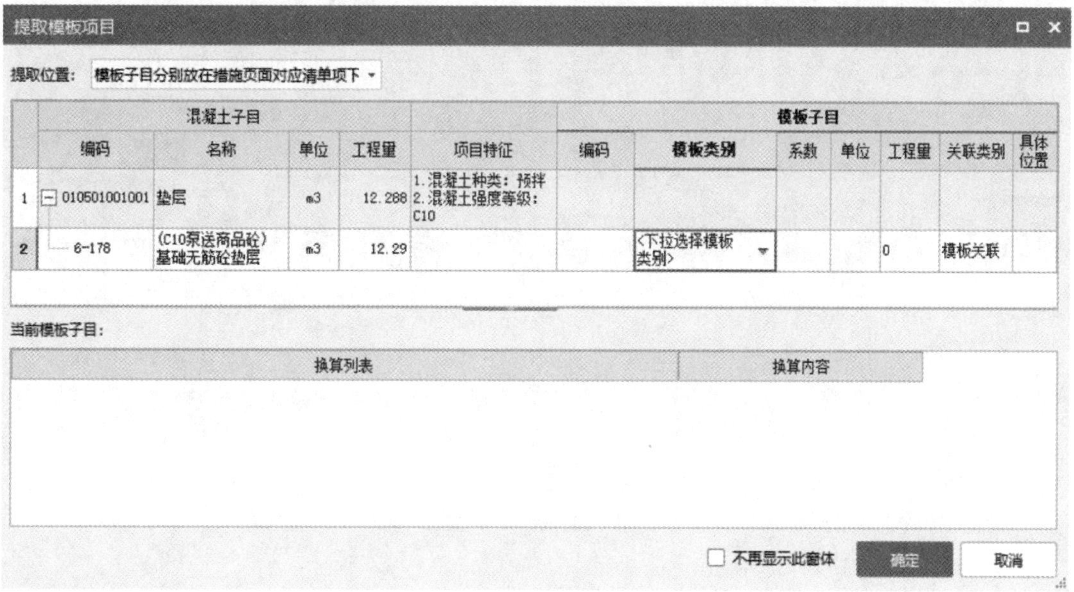

提取模板项目

提取位置：模板子目分别放在措施页面对应清单项下

	混凝土子目					模板子目						
	编码	名称	单位	工程量	项目特征	编码	模板类别	系数	单位	工程量	关联类别	具体位置
1	010501001001	垫层	m3	12.288	1.混凝土种类：预拌 2.混凝土强度等级：C10							
2	6-178	(C10泵送商品砼)基础无筋砼垫层	m3	12.29			<下拉选择模板类别>			0	模板关联	

当前模板子目：

换算列表	换算内容

☐ 不再显示此窗体　确定　取消

图 4.2－10

在“提取模板项目”对话框中，点击“下拉选择模板类别”，如选择“带型基础混凝土垫层 复合木模板”，如图 4.2-11 所示，同时在“具体位置”栏目指定具体的位置，如图 4.2-12 所示，单击【确定】。

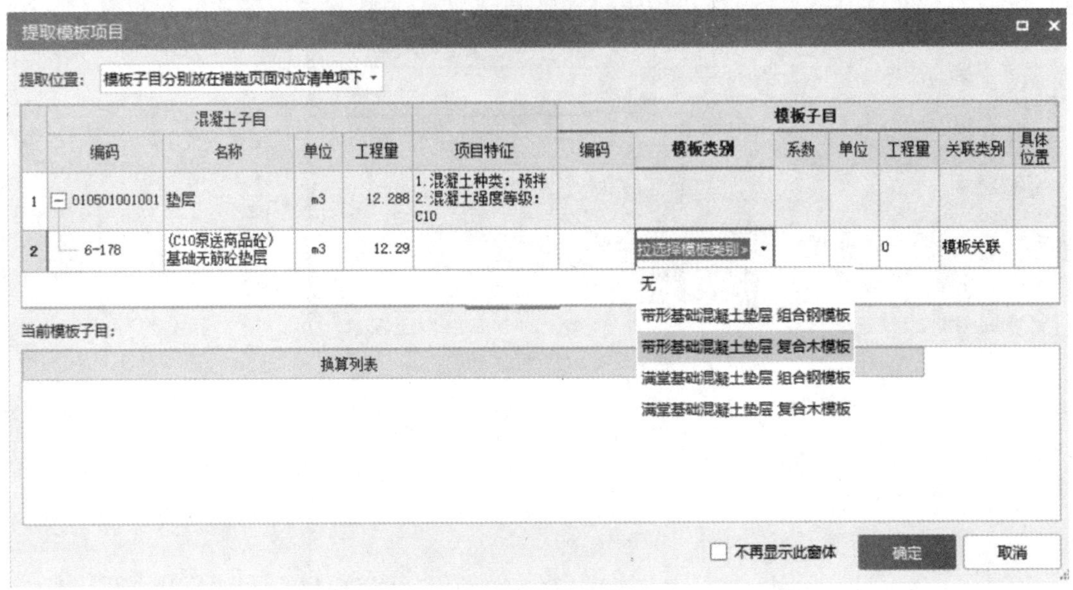

图 4.2-11

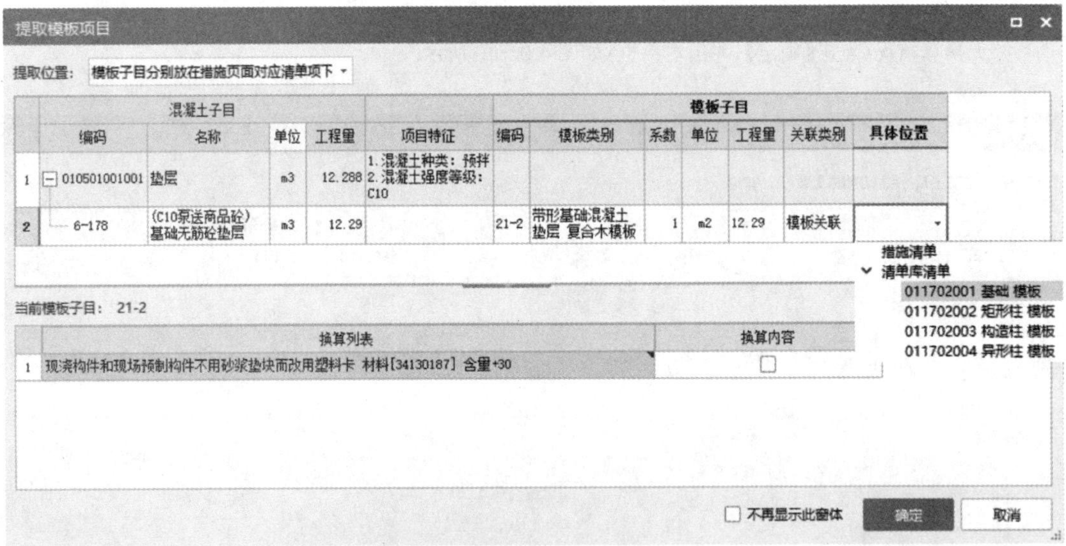

图 4.2-12

按照一样的步骤，分别完成“带形基础”和有梁板的定额设置，如图 4.2-13 和图 4.2-14 所示。

提取模板项目

提取位置：模板子目分别放在措施页面对应清单项下

	混凝土子目					模板子目						
	编码	名称	单位	工程量	项目特征	编码	模板类别	系数	单位	工程量	关联类别	具体位置
1	010501002001	带形基础	m3	54.6	1.混凝土种类：预拌 2.混凝土强度等级：C20							
2	6-180	(C20泵送商品砼）无梁式混凝土条形基础	m3	54.6		21-4	无梁式带形基础 复合木模板	2.5	m2	136.5	模板关联	011702001 基础 模板

当前模板子目：21-4

	换算列表	换算内容
1	带形基础、设备基础、栏板、地沟遇圆弧形 人工*1.3,材料[32010502] 含量*1.3	☐
2	现浇构件和现场预制构件不用砂浆垫块而改用塑料卡 材料[34130187] 含量*30	☐

☐ 不再显示此窗体　　确定　　取消

图 4.2 - 13

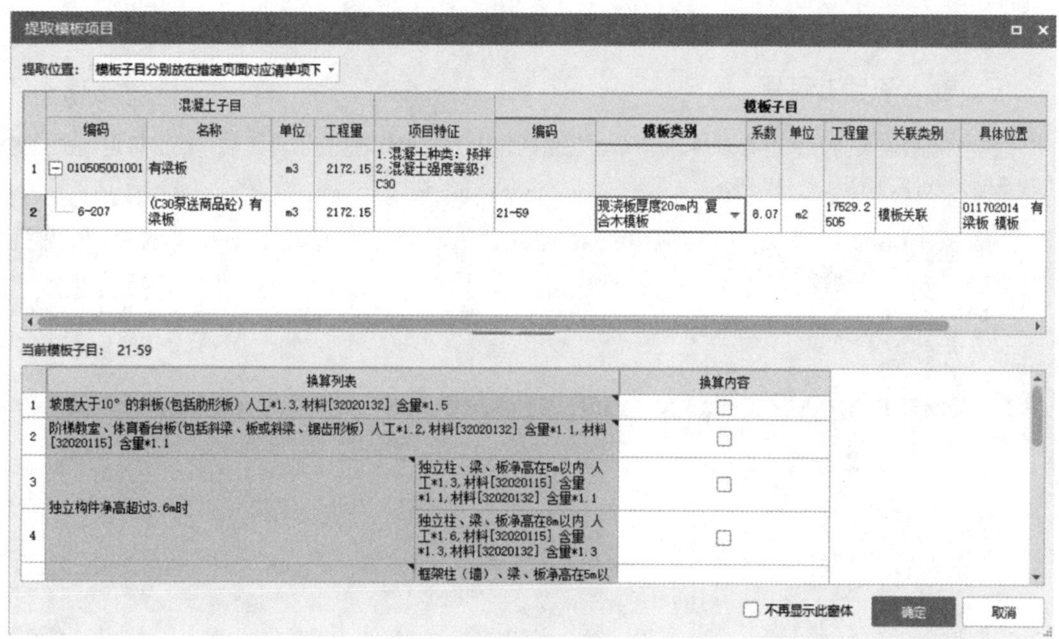

图 4.2 - 14

（五）补充子目

选中挖沟槽土方清单，点击【补充】→【子目】。如图 4.2 - 15 所示；

在弹出的对话框中输入编码、专业章节、名称、单位、工程量和人材机等信息。点击确定，即可补充子目。如图 4.2 - 16 所示。

图 4.2 - 15

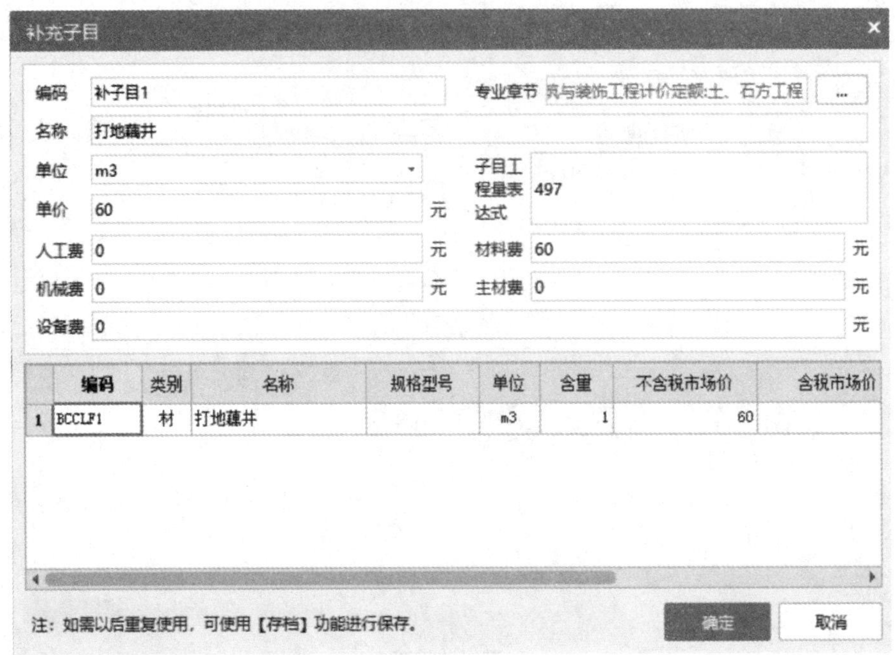

图 4.2 - 16

注意右上角专业切换回建筑工程。

三、输入子目工程量

定额工程量输入的方式也有多种,与清单工程量的输入方法相同,这里不再详细介绍。将定额子目的工程量输入软件,如图 4.2 - 17 所示。

	编码	类别	名称	项目特征	单位	汇总类别	工程量表达式	工程量	综合单价	综合合价	指定专业章节位置
	1-28	定	人工挖沟槽,地沟三类干土深<3m		m3		QDL	104.29	54.19	5651.48	101010300
	补子目1	补	打地藕井		m3		497	497	60	29820	101000000
B1	A.4	部	砌筑工程					1		11335.17	
3	010401004001	项	多孔砖墙	1.砖品种、规格、强度等级:MU5KP1黏土多孔砖 2.墙体类型:外墙 3.砂浆强度等级、配合比:混合砂浆M5.0	m3		37.06	37.06	305.86	11335.17	104010000
	4-28	定	(M5混合砂浆)KP1多孔砖墙240*115*90 1砖		m3		QDL	37.06	305.86	11335.17	104010200
B1	A.5	部	混凝土及钢筋混凝土工程					1		999462.49	
4	01B001	补项	截水沟盖板	1.材质:铸铁 2.规格:50mm,300mm宽	m		35.3	35.3	0	0	105000000
5	010501001001	项	垫层	1.混凝土种类:预拌 2.混凝土强度等级:C10	m3		(52.8+24)*0.1*1.6	12.29	398.27	4894.74	105010000
	6-178	定	(C10泵送商品砼)基础无筋砼垫层		m3		QDL	12.29	398.27	4894.74	106020101
6	010501002001	项	带形基础	1.混凝土种类:预拌 2.混凝土强度等级:C20	m3		54.6	54.6	395.94	21618.32	105010000
	6-180	定	(C20泵送商品砼)无梁式混凝土条形基础		m3		QDL	54.6	395.94	21618.32	106020101
7	010505001001	项	有梁板	1.混凝土种类:预拌 2.混凝土强度等级:C30	m3		2112.72+22.5+36.93	2172.15	447.92	972949.43	105050000
	6-207 …	定	(C30泵送商品砼)有梁板		m3		QDL	2172.15	447.92	972949.43	106020105

图 4.2 - 17

提示：补充清单项不套定额，直接给出综合单价。选中补充清单项的综合单价列，点击右键，选择【强制修改综合单价】，如图 4.2－18 所示；

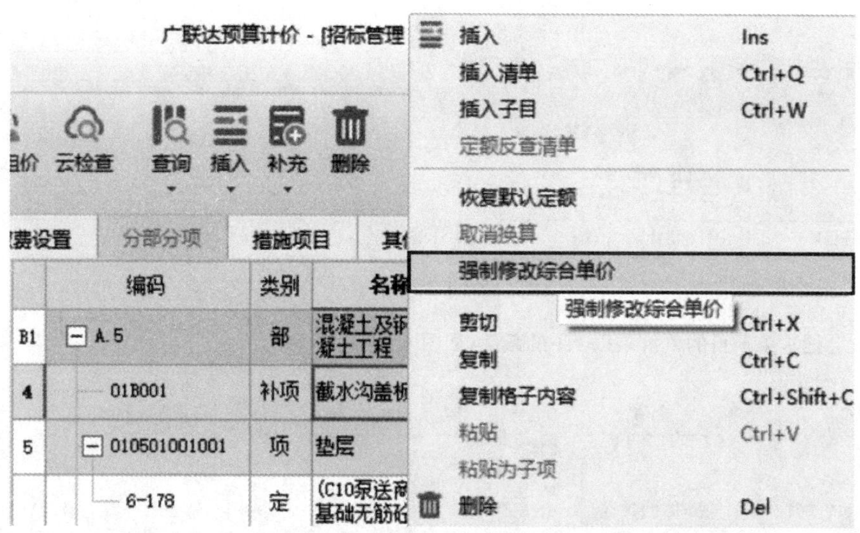

图 4.2－18

在弹出的对话框中输入综合单价，如图 4.2－19 所示。

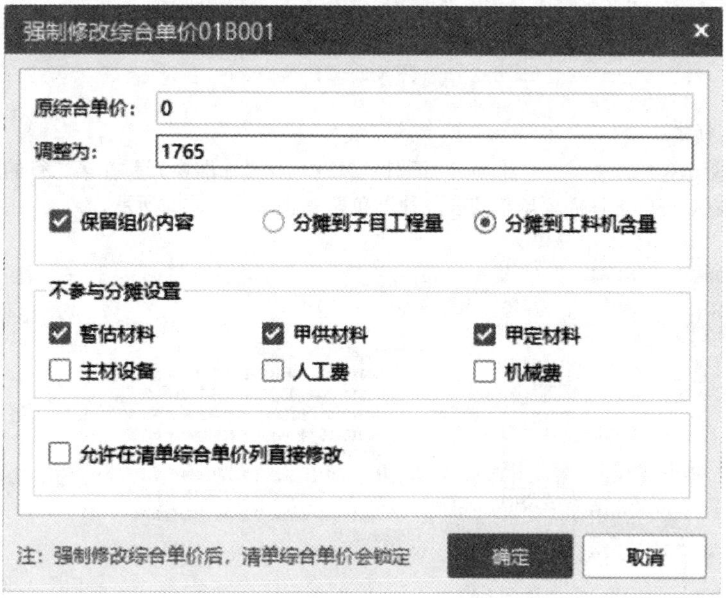

强制修改综合单价01B001
原综合单价：0
调整为：1765
保留组价内容　分摊到子目工程量　分摊到工料机含量
不参与分摊设置
暂估材料　甲供材料　甲定材料
主材设备　人工费　机械费
允许在清单综合单价列直接修改
注：强制修改综合单价后，清单综合单价会锁定
确定　取消

图 4.2－19

四、换算

（一）系数换算

选中挖沟槽土方清单下的 1－28 子目，点击子目编码列，使其处于编辑状态，在子目编码后面输入 1－28＊1.1，如图 4.2－20 所示；

	编码	类别	名称	项目特征	锁定综合单价	单位	汇总类别	工程量表达式	工程量	综合单价
2	⊟ 010101003001	项	挖沟槽土方	外墙基础 1.土壤类别:三类干土 2.挖土深度:1.6m 3.弃土运距:就地堆放	☐	m3		104.29	104.29	345.54
	1-28*1.1	换	人工挖沟槽,地沟三类干土深<3m			m3		QDL	104.29	59.61
	补子目1	补	打地藕井			m3		497	497	60

图 4.2 - 20

软件就会把这条子目的单价乘以 1.1 的系数,如图 4.2 - 21 所示;

	编码	类别	名称	项目特征	锁定综合单价	单位	汇总类别	工程量表达式	工程量	综合单价
2	⊟ 010101003001	项	挖沟槽土方	外墙基础 1.土壤类别:三类干土 2.挖土深度:1.6m 3.弃土运距:就地堆放	☐	m3		104.29	104.29	345.54
	1-28	换	人工挖沟槽,地沟三类干土深<3m 单价*1.1			m3		QDL	104.29	59.61
	补子目1	补	打地藕井			m3		497	497	60

图 4.2 - 21

(二) 标准换算

选中多孔砖墙清单下的 4 - 28 子目,在下面属性窗口中点击【标准换算】,在第二行的【换算内容】中单击 ▼ 显示下拉菜单,可以选择需要调整的砂浆种类和等级,如图 4.2 - 22 所示;

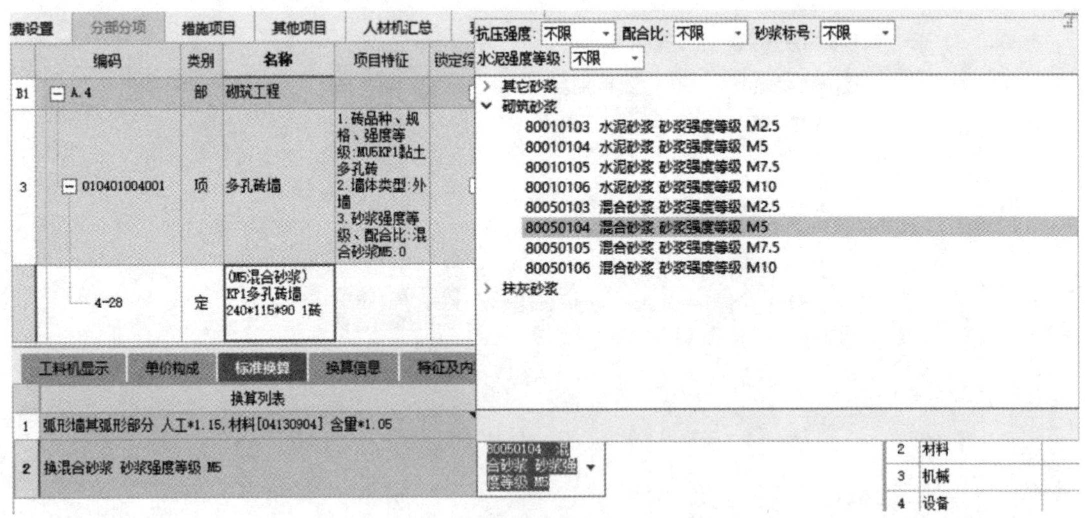

图 4.2 - 22

说明:标准换算可以处理的换算内容包括:定额书中的章节说明、附注信息,混凝土、砂浆标号换算,运距、板厚换算。在实际工作中,大部分换算都可以通过标准换算来完成。

五、设置单价构成

选中清单项，单击下方属性栏的【单价构成】，下拉管理费的费率，即可出现各专业计价程序中涉及的费率，如图 4.2－23 所示。

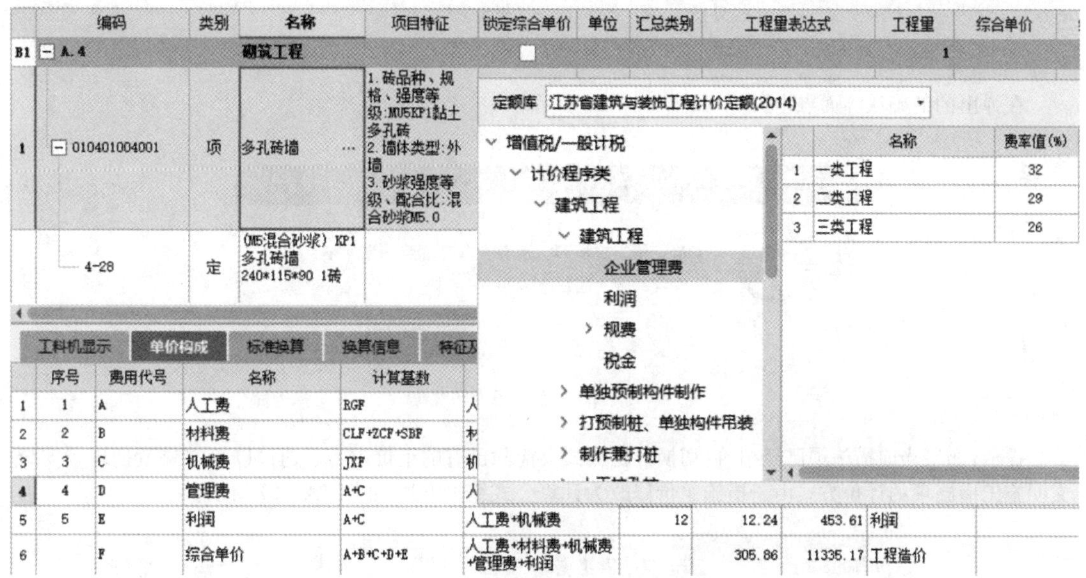

图 4.2－23

4.2.2　措施、其他清单组价

一、措施项目组价方式

措施项目的计价方式包括三种，分别为计算公式组价方式、清单组价方式和子措施组价方式。由于江苏范围内用得最多的是前两种方式，这里只介绍前两种方式。

点击组价内容，如图 4.2－24 所示。

其他项目	人材机汇总	
单位	组价方式	
项	子措施组价	
项	计算公式组价	FBFXH
项	清单组价	FBFXH
项	子措施组价	FBFXH

图 4.2－24

如选择现场安全文明施工费的组价方式，软件默认的组价方式为“子措施组价”，如果需要更改为“计算公式组价”，可在组价方式列点击当前的计价方式下拉框，选择“计算公式组价”方式。如图 4.2－25 所示。

	序号	类别	名称	单位	组价方式	计算基数	基数说明	费率(%)
			措施项目					
			总价措施					
1	011707001001		安全文明施工费	项	[illegible]			
2	011707010001		按质论价	项	计算公式组价	FBFXHJ+JSCSF-SBF-JSCS_SBF	分部分项合计+技术措施项目合计-分部分项设备费-技术措施项目设备费	0
3	011707002001		夜间施工	项	清单组价	FBFXHJ+JSCSF-SBF-JSCS_SBF	分部分项合计+技术措施项目合计-分部分项设备费-技术措施项目设备费	0
4	011707003001		非夜间施工照明	项	子措施组价	FBFXHJ+JSCSF-SBF-JSCS_SBF	分部分项合计+技术措施项目合计-分部分项设备费-技术措施项目设备费	0
5	011707004001		二次搬运	项	计算公式组价	FBFXHJ+JSCSF-SBF-JSCS_SBF	分部分项合计+技术措施项目合计-分部分项设备费-技术措施项目设备费	0
6	011707005001		冬雨季施工	项	计算公式组价	FBFXHJ+JSCSF-SBF-JSCS_SBF	分部分项合计+技术措施项目合计-分部分项设备费-技术措施项目设备费	0

图 4.2－25

在弹出的的确认界面点击【是】,如图 4.2－26 所示。

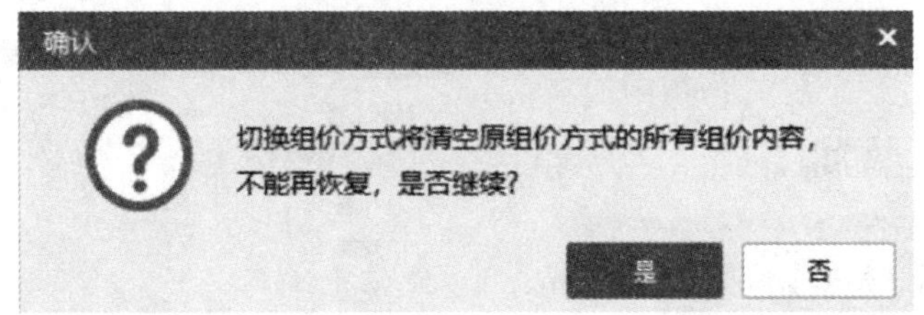

图 4.2－26

提示:如果当前措施项已经组价,切换计价方式会清除已有的组价内容。通过以上方式就把现场安全文明施工措施项的计价方式由子措施组价修改为计算公式组价方式,如图 4.2－27 所示。

1	011707001001	安全文明施工费	项	计算公式组价

图 4.2－27

用同样的方式设置其他措施项的计价方式。

(一) 计算公式组价方式

措施项目费中总价措施费事按照计算基数乘以相应的费率计算得出的,一般采用计算公式组价方式。操作方法如选择安全文明施工费的“费率”,列有默认的建筑工程的费率,单击单元格,在弹出的费用定额中查找安全文明施工的基本费,如图 4.2－28 所示。

	序号	类别	名称	计算基数	基数说明	费率(%)	汇总类别
			措施项目				
			总价措施				
1	011707001001		安全文明施工费				
2	011707010001		按质论价	FBFXHJ+JSCSF-SBF-JSCS_SBF			
3	011707002001		夜间施工	FBFXHJ+JSCSF-SBF-JSCS_SBF			
4	011707003001		非夜间施工照明	FBFXHJ+JSCSF-SBF-JSCS_SBF			
5	011707004001		二次搬运	FBFXHJ+JSCSF-SBF-JSCS_SBF			
6	011707005001		冬雨季施工	FBFXHJ+JSCSF-SBF-JSCS_SBF			
7	011707006001		地上、地下设施、建筑物的临时保护设施	FBFXHJ+JSCSF-SBF-JSCS_SBF			
8	011707007001		已完工程及设备保护	FBFXHJ+JSCSF-SBF-JSCS_SBF			
9	011707008001		临时设施	FBFXHJ+JSCSF-SBF-JSCS_SBF			
10	011707009001		赶工措施	FBFXHJ+JSCSF-SBF-JSCS_SBF			
11	011707011001		住宅分户验收	FBFXHJ+JSCSF-SBF-JSCS_SBF			
12	011707012001		建筑工人实名制	FBFXHJ+JSCSF-SBF-JSCS_SBF			

图 4.2－28

(二) 定额组价方式

单价措施项目的组价方式一般为定额组价方式,与分部分项工程的组价方式相同。这里介绍两种关于单价措施项目的组价方法。

1. 混凝土直接关联模板

混凝土模板在前面输入混凝土工程量和的时候已经同时自动关联好模板的组价与工程量的输入，如图 4.2－29 所示。

	序号	类别	名称	费率(%)	汇总类别	工程量表达式	工程量	综合单价	综合合价
15	011702001001		基础 模板			ZMGCL	148.79	52.57	7821.89
	21-2	定	混凝土垫层 复合木模板			MBGCL	1.229	667.94	820.9
	21-4	定	现浇无梁式带形基础 复合木模板			MBGCL	13.65	512.92	7001.36
16	011702014001		有梁板 模板			ZMGCL	17529.25	53.73	941846.6
	21-59	定	现浇板厚度<20cm 复合木模板			MBGCL	1752.92505	537.38	941986.86

图 4.2－29

如前面未关联，可以单击“专业功能”的下拉菜单，在其中选择“提取模板项目”，提取模板子目。如图 4.2－30 所示。

调价 全费用切换 云存档 智能组价 云检查 查询 插入 补充 删除 保存模板 载入模板 锁定清单 超高降效 技措转实体 专业功能 独立费 颜色 展开到 过滤 其他

造价分析 工程概况 取费设置 分部分项 措施项目 其他项目 人材机汇总 费用汇总

提取模板项目

大型机械进退

	序号	类别	名称	计算基数	基数说明	费率(%)
	−		单价措施			
14	011702001001		基础 模板			
	21-2	定	混凝土垫层 复合木模板			
	21-4	定	现浇无梁式带形基础 复合木模板			
15	011702014001		有梁板 模板			
	21-59	定	现浇板厚度<20cm 复合木模板			

图 4.2－30

在模板类别列选择相应的模板类型，点击【确定】。如图 4.2－31 所示；

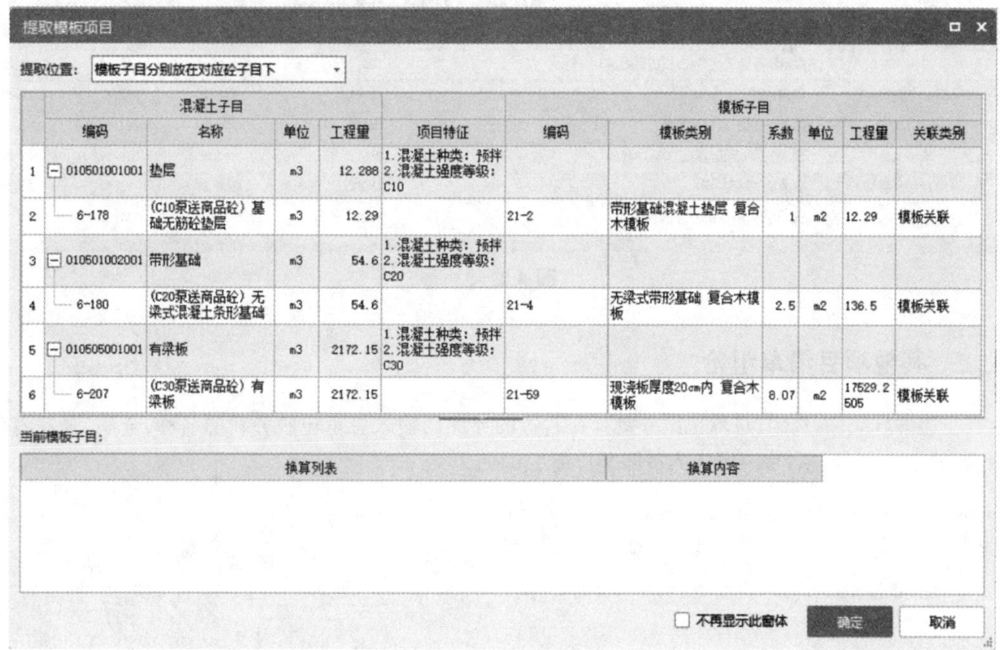

提取模板项目

提取位置：模板子目分别放在对应砼子目下

	混凝土子目					模板子目					
	编码	名称	单位	工程量	项目特征	编码	模板类别	系数	单位	工程量	关联类别
1	010501001001	垫层	m3	12.288	1. 混凝土种类：预拌 2. 混凝土强度等级：C10						
2	6-178	(C10泵送商品砼) 基础无筋砼垫层	m3	12.29		21-2	带形基础混凝土垫层 复合木模板	1	m2	12.29	模板关联
3	010501002001	带形基础	m3	54.6	1. 混凝土种类：预拌 2. 混凝土强度等级：C20						
4	6-180	(C20泵送商品砼) 无梁式混凝土条形基础	m3	54.6		21-4	无梁式带形基础 复合木模板	2.5	m2	136.5	模板关联
5	010505001001	有梁板	m3	2172.15	1. 混凝土种类：预拌 2. 混凝土强度等级：C30						
6	6-207	(C30泵送商品砼) 有梁板	m3	2172.15		21-59	现浇板厚度20cm内 复合木模板	8.07	m2	17529.2505	模板关联

当前模板子目：

换算列表	换算内容

不再显示此窗体　确定　取消

图 4.2－31

在提取位置选择“模板子目分别放在措施页面对应清单项下”，同时在具体位置栏目选择对应的位置，如图 4.2－32 所示；

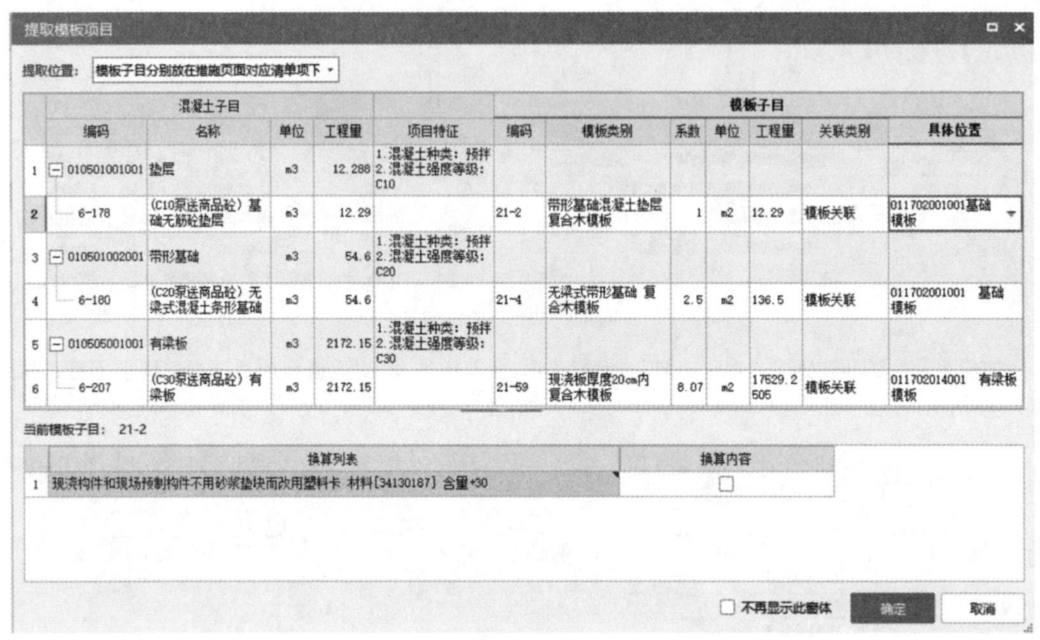

提取模板项目

提取位置：模板子目分别放在措施页面对应清单项下

	混凝土子目					模板子目						
	编码	名称	单位	工程量	项目特征	编码	模板类别	系数	单位	工程量	关联类别	具体位置
1	010501001001	垫层	m3	12.288	1.混凝土种类：预拌 2.混凝土强度等级：C10							
2	6-178	(C10泵送商品砼）基础无筋砼垫层	m3	12.29		21-2	带形基础混凝土垫层 复合木模板	1	m2	12.29	模板关联	011702001001基础模板
3	010501002001	带形基础	m3	54.6	1.混凝土种类：预拌 2.混凝土强度等级：C20							
4	6-180	(C20泵送商品砼）无梁式混凝土条形基础	m3	54.6		21-4	无梁式带形基础 复合木模板	2.5	m2	136.5	模板关联	011702001001 基础模板
5	010505001001	有梁板	m3	2172.15	1.混凝土种类：预拌 2.混凝土强度等级：C30							
6	6-207	(C30泵送商品砼）有梁板	m3	2172.15		21-59	现浇板厚度20cm内复合木模板	8.07	m2	17529.2505	模板关联	011702014001 有梁板模板

当前模板子目：21-2

	换算列表	换算内容
1	现浇构件和现场预制构件不用砂浆垫块而改用塑料卡 材料[34130187] 含量+30	☐

☐ 不再显示此窗体　确定　取消

图 4.2－32

2. 直接套定额

如脚手架，点击【查询】，分别【查询清单】、【查询定额】，单价措施费用的组价和分部分项工程费用的组价方法相同，如图 4.2－33 所示；

	序号	类别	名称	费率(%)	汇总类别	工程量表达式	工程量	综合单价	综合合价
14	011701001001		综合脚手架			306	306	16.87	5162.22
	20-1	定	综合脚手架檐高在12m以内层高在3.6m内			306	306	16.87	5162.22
15	011702001001		基础 模板			ZMGCL	148.79	52.57	7821.89
	21-2	定	混凝土垫层 复合木模板			MBGCL	1.229	667.94	820.9
	21-4	定	现浇无梁式带形基础 复合木模板			MBGCL	13.65	512.92	7001.36
16	011702014001		有梁板 模板			ZMGCL	17529.25	53.73	941846.6
	21-59	定	现浇板厚度<20cm 复合木模板			MBGCL	1752.92505	537.38	941986.86

图 4.2－33

二、其他项目清单组价

在左边的导航栏，选中“总承包服务费”，在右边的界面内输入总承包服务费的名称、金额、服务内容、费率，如图 4.2－34 所示，费率默认为空即是代表 100%。

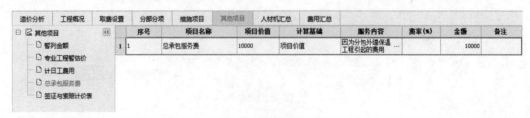

造价分析　工程概况　取费设置　分部分项　措施项目　其他项目　人材机汇总　费用汇总

其他项目
- 暂列金额
- 专业工程暂估价
- 计日工费用
- 总承包服务费
- 签证与索赔计价表

	序号	项目名称	项目价值	计算基础	服务内容	费率(%)	金额	备注
1	1	总承包服务费	10000	项目价值	因为分包外墙保温工程引起的费用		10000	

图 4.2－34

三、人材机汇总

（一）载入造价信息

在人材机汇总界面，选择所有人材机，选择地区和信息价的期数，点击【点击下载】，下载信息价，如图4.2-35所示。

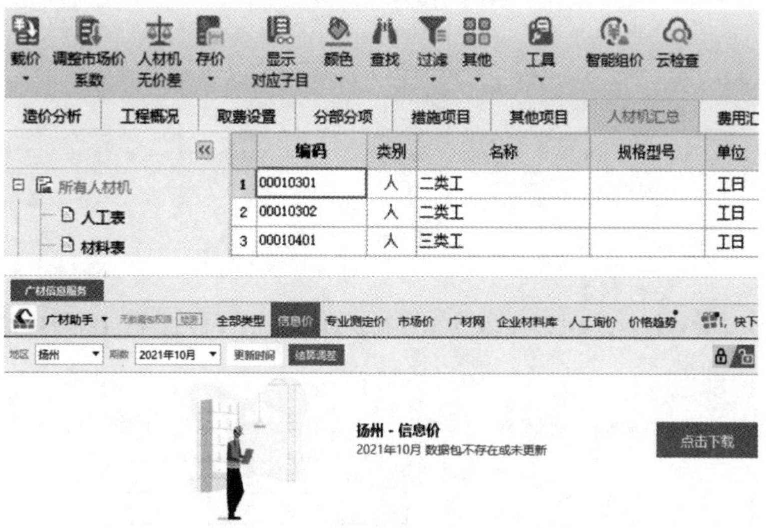

图 4.2-35

软件会按照信息价文件的价格修改材料市场价，如图 4.2-36 所示。

	编码	类别	名称	规格型号	单位	数量	不含税预算价	不含税市场价	含税市场价	税率（%）	采保费率（%）	不含税市场价合计	含税市场价合计
1	00010301	人	二类工		工日	1022.1266	82	82	82	0	0	83814.38	83814.38
2	00010302	人	二类工		工日	5184.13423	82	82	82	0	0	425099.01	425099.01
3	00010401	人	三类工		工日	61.26663	77	77	77	0	0	4717.53	4717.53
4	02090101	材	塑料薄膜		m2	11020.3725	0.69	0.69	0.7776	13	2	7604.06	8569.44
5	03070216	材	镀锌铁丝	8#	kg	42.84	4.2	4.2	4.7335	13	2	179.93	202.78
6	03510701	材	铁钉		kg	3432.6329	3.6	3.6	4.0573	13	2	12357.48	13927.22
7	03570237	材	镀锌铁丝	22#	kg	54.67081	4.72	4.72	5.3196	13	2	258.05	290.83
8	04010611	材	水泥	32.5级	kg	1384.9322	0.27	0.27	0.3	13	2	373.93	415.48
9	04030107	材	中砂		t	11.03832	67.39	67.39	69.37	3	2	743.87	765.73
10	04130904	材	KP1砖	240*115*90	百块	124.5216	36.91	36.91	37.995	3	2	4596.09	4731.2
11	04135500	材	标准砖	240*115*53	百块	5.559	40.8	40.8	41.9993	3	2	226.81	233.47

图 4.2-36

（二）直接修改材料价格

直接修改标准砖的不含税市场价格为 40 元/100 块。如图 4.2-37 所示。

	编码	类别	名称	规格型号	单位	数量	不含税预算价	不含税市场价	含税市场价	税率（%）
6	04030107	材	中砂		t	11.03832	67.39	67.39	69.37	3
7	04130904	材	KP1砖	240*115*90	百块	124.5216	36.91	70.48	72.5517	3
8	04135500	材	标准砖	240*115*53	百块	5.559	40.8	40	41.1758	3
9	31150101	材	水		m3	4485.16105	4.57	4.57	4.7	3
10	32010502	材	复合木模板	18mm	m2	3889.16891	32.59	36	40.573	13
11	32020115	材	卡具		kg	3174.8774	4.18	4.18	4.711	13

图 4.2-37

(三)设置甲供材

材料供货方式有三种,自行采购、甲供材料和甲定乙供。如水泥为甲供材料,设置方法为:选中"水泥"材料,单击"供货方式"单元格,在下拉选项中选择"甲供材料",如图4.2-38所示。

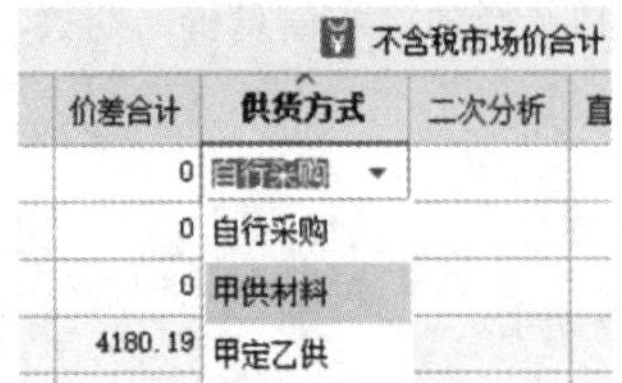

	编码	类别	名称	规格型号	单位	含税市场价合计	市场价精度	价差	价差合计	供货方式
5	04010611	材	水泥	32.5级	kg	415.48	2位	0	0	甲供材料

图4.2-38

(四)承包人主要材料和设备

单击"承包人主要材料和设备",右侧未关联任何材料。点击【关联】右键,选择"从人材机汇总中选择"。如图4.2-39所示。

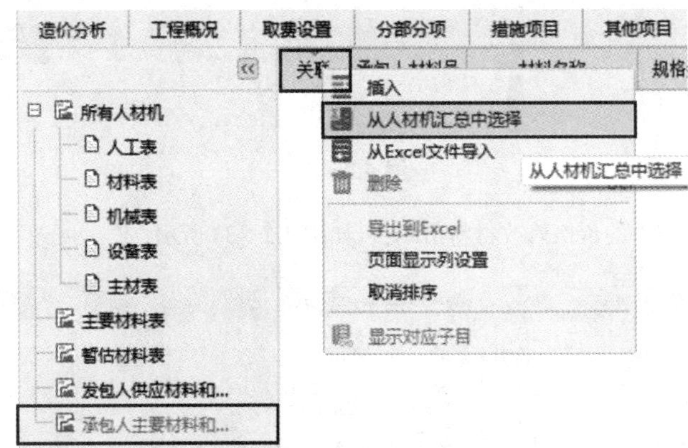

图4.2-39

勾选自行采购的材料,如图4.2-40所示。

从人材机汇总中选择

选择全部　全选主材　全选设备　全选调差材料　取消选择　查找　☐所有 ☐人 ☑材 ☐机 ☑主材 ☑设备

	选择	编码	类别	名称	规格型号	单位	数量	不含税市场价	含税市场价	税率(%)	采保费率(%)	供货方式
1	☑	02090101	材	塑料薄膜		m2	11020.3725	0.69	0.7776	13	2	自行采购
2	☑	03510701	材	铁钉		kg	3432.6329	5.99	6.75	13	2	自行采购
3	☑	03570237	材	镀锌铁丝	22#	kg	54.67081	6.57	7.41	13	2	自行采购
4	☐	04010611	材	水泥	32.5级	kg	1384.9322	0.47	0.53	13	2	甲供材料
5	☑	04030107	材	中砂		t	11.03832	151	156	3	2	自行采购
6	☑	04130904	材	KP1砖	240*115*90	百块	124.5216	70.48	72.55	3	2	自行采购
7	☑	04135500	材	标准砖	240*115*53	百块	5.559	40	41.1758	3	2	自行采购
8	☑	31150101	材	水		m3	4485.16105	4.57	4.7	3	2	自行采购
9	☑	32010502	材	复合木模板	18mm	m2	3889.16891	36	41	13	2	自行采购
10	☑	32020115	材	卡具		kg	3174.8774	4.18	4.711	13	2	自行采购
11	☑	32020132	材	钢管支撑		kg	12187.46956	3.59	4.046	13	2	自行采购
12	☑	32090101	材	周转木材		m3	64.08731	1816	2047	13	2	自行采购

◉所有 ○已选值 ○未选值

确定　取消

图4.2-40

点击【确定】，承包人主要材料和设备就设置好了，如图 4.2－41 所示。

造价分析 | 工程概况 | 取费设置 | 分部分项 | 措施项目 | 其他项目 | 人材机汇总 | 费用汇总

- 所有人材机
  - 人工表
  - 材料表
  - 机械表
  - 设备表
  - 主材表
- 主要材料表
- 暂估材料表
- 发包人供应材料和...
- 承包人主要材料和...

	关联	承包人材料号	材料名称	规格型号	单位	数量	风险系数%	不含税基准单价	不含税投标单价	税率（%）	采保费率（%）	含税基准单价	含税投标单价
1	✓	02090101	塑料薄膜		m2	11020···		0.69	0.69	13	2	0.7776	0.7776
2	✓	03070216	镀锌铁丝	8#	kg	42.84		4.2	4.2	13	2	4.7335	4.7335
3	✓	03510701	铁钉		kg	3432.···		3.6	3.6	13	2	4.0573	4.0573
4	✓	03570237	镀锌铁丝	22#	kg	54.67···		4.72	4.72	13	2	5.3196	5.3196
5	✓	04030107	中砂		t	11.03···		67.39	67.39	3	2	69.37	69.37
6	✓	04130904	KP1砖	240*115*90	百块	124.5···		70.48	70.48	3	2	72.5517	72.5517
7	✓	04135500	标准砖	240*115*53	百块	5.559		40	40	3	2	41.1758	41.1758
8	✓	31150101	水		m3	4485.···		4.57	4.57	3	2	4.7	4.7
9	✓	32010502	复合木模板	18mm	m2	3889.···		36	36	13	2	40.573	40.573
10	✓	32020115	卡具		kg	3174.···		4.18	4.18	13	2	4.711	4.711
11	✓	32020132	钢管支撑		kg	12187···		3.59	3.59	13	2	4.046	4.046
12	✓	32030105	工具式金属脚手		kg	30.6		4.08	4.08	13	2	4.5983	4.5983
13	✓	32030303	脚手钢管		kg	140.76		3.68	3.68	13	2	4.1475	4.1475

图 4.2－41

四、费用汇总

（一）查看费用

点击【费用汇总】，查看及核实费用汇总表，如图 4.2－42 所示。

造价分析 | 工程概况 | 取费设置 | 分部分项 | 措施项目 | 其他项目 | 人材机汇总 | 费用汇总

	序号	费用代号	名称	计算基数	基数说明	费率(%)	金额	费用类别
1	1	F1	分部分项工程	FBFXHJ	分部分项合计		1,113,607.88	分部分项工程量清单合计
7	2	F7	措施项目	CSXMHJ	措施项目合计		968,089.24	措施项目清单合计
8	2.1	F8	单价措施项目费	JSCSF	技术措施项目合计		968,089.24	单价措施项目费
9	2.2	F9	总价措施项目费	ZZCSF	组织措施项目合计		0.00	总价措施项目费
10	2.2.1	F10	其中：安全文明施工措施费	AQWMSGF	安全及文明施工措施费		0.00	安全文明施工费
11	3	F11	其他项目	QTXMHJ	其他项目合计		10,000.00	其他项目清单合计
12	3.1	F12	其中：暂列金额	暂列金额	暂列金额		0.00	暂列金额
13	3.2	F13	其中：专业工程暂估价	专业工程暂估价	专业工程暂估价		0.00	专业工程暂估价
14	3.3	F14	其中：计日工	计日工	计日工		0.00	计日工
15	3.4	F15	其中：总承包服务费	总承包服务费	总承包服务费		10,000.00	总承包服务费
16	4	F16	规费	F17 + F18 + F19	社会保险费+住房公积金+环境保护税		80,112.00	规费
17	4.1	F17	社会保险费	F1 + F7 + F11 - SBF - JSCS_SBF	分部分项工程+措施项目+其他项目-分部分项设备费-技术措施项目设备费	3.2	66,934.31	社会保障费
18	4.2	F18	住房公积金	F1 + F7 + F11 - SBF - JSCS_SBF	分部分项工程+措施项目+其他项目-分部分项设备费-技术措施项目设备费	0.53	11,085.99	住房公积金
19	4.3	F19	环境保护税	F1 + F7 + F11 - SBF - JSCS_SBF	分部分项工程+措施项目+其他项目-分部分项设备费-技术措施项目设备费	0.1	2,091.70	环境保护税
20	5	F20	税金	F1 + F7 + F11 + F16 - (JGCLF+JGZCF+JGSBF)/1.01	分部分项工程+措施项目+其他项目+规费-(甲供材料费+甲供主材费+甲供设备费)/1.01	9	195,429.50	税金
21	6	F21	工程造价	F1 + F7 + F11 + F16 + F20 - (JGCLF+JGZCF+JGSBF)/1.01	分部分项工程+措施项目+其他项目+规费+税金-(甲供材料费+甲供主材费+甲供设备费)/1.01		2,366,868.39	工程造价

图 4.2－42

（二）调整市场价系数

如果工程造价与预想的造价有差距，可以通过调整市场价系数的方式快速调整。回到人材机汇总界面，拉框选择需要调整的人材机内容，点击【调整市场价系数】，如图 4.2－43 所示。

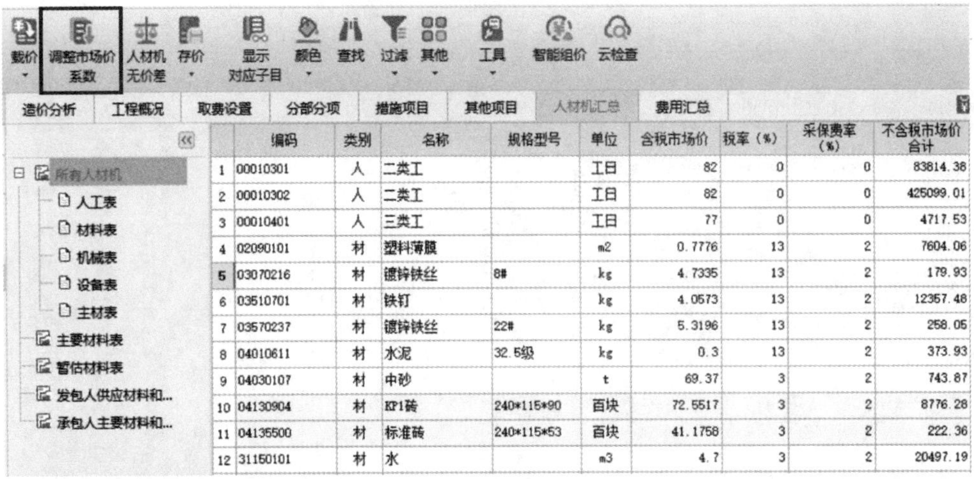

	编码	类别	名称	规格型号	单位	含税市场价	税率(%)	采保费率(%)	不含税市场价合计
1	00010301	人	二类工		工日	82	0	0	83814.38
2	00010302	人	二类工		工日	82	0	0	425099.01
3	00010401	人	三类工		工日	77	0	0	4717.53
4	02090101	材	塑料薄膜		m2	0.7776	13	2	7604.06
5	03070216	材	镀锌铁丝	8#	kg	4.7335	13	2	179.93
6	03510701	材	铁钉		kg	4.0573	13	2	12357.48
7	03570237	材	镀锌铁丝	22#	kg	5.3196	13	2	258.05
8	04010611	材	水泥	32.5级	kg	0.3	13	2	373.93
9	04030107	材	中砂		t	69.37	3	2	743.87
10	04130904	材	KP1砖	240*115*90	百块	72.5517	3	2	8776.28
11	04135500	材	标准砖	240*115*53	百块	41.1758	3	2	222.36
12	31150101	材	水		m3	4.7	3	2	20497.19

图 4.2-43

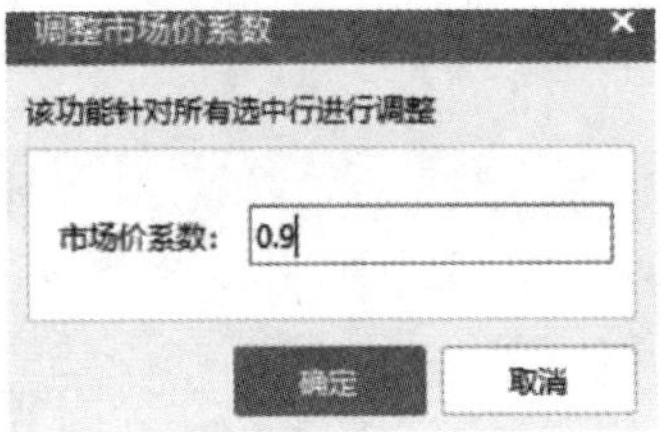

调整市场价系数
该功能针对所有选中行进行调整
市场价系数：0.9
确定 取消

图 4.2-44

弹出对话框，输入材料的调整系数为 0.9，然后点击【确定】，如图 4.2-44 所示；

提示：注意备份原来工程，点击【确定】后，工程造价将会进行调整。

点击【确定】，软件会重新计算工程造价，如图 4.2-45 所示；

	序号	费用代号	名称	计算基数	基数说明	费率(%)	金额	费用类别
1	1	F1	分部分项工程	FBFXHJ	分部分项合计		1,113,607.88	分部分项工程量清单合计
7	2	F7	措施项目	CSXMHJ	措施项目合计		909,673.84	措施项目清单合计
8	2.1	F8	单价措施项目费	JSCSF	技术措施项目合计		909,673.84	单价措施项目费
9	2.2	F9	总价措施项目费	ZZCSF	组织措施项目合计		0.00	总价措施项目费
10	2.2.1	F10	其中：安全文明施工措施费	AQWMSGF	安全及文明施工措施费		0.00	安全文明施工费
11	3	F11	其他项目	QTXMHJ	其他项目合计		10,000.00	其他项目清单合计
12	3.1	F12	其中：暂列金额	暂列金额	暂列金额		0.00	暂列金额
13	3.2	F13	其中：专业工程暂估价	专业工程暂估价	专业工程暂估价		0.00	专业工程暂估价
14	3.3	F14	其中：计日工	计日工	计日工		0.00	计日工
15	3.4	F15	其中：总承包服务费	总承包服务费	总承包服务费		10,000.00	总承包服务费
16	4	F16	规费	F17 + F18 + F19	社会保险费+住房公积金+环境保护税		77,874.69	规费
17	4.1	F17	社会保险费	F1 + F7 + F11 - SBF - JSCS_SBF	分部分项工程+措施项目+其他项目-分部分项设备费-技术措施项目设备费	3.2	65,065.02	社会保障费
18	4.2	F18	住房公积金	F1 + F7 + F11 - SBF - JSCS_SBF	分部分项工程+措施项目+其他项目-分部分项设备费-技术措施项目设备费	0.53	10,776.39	住房公积金
19	4.3	F19	环境保护税	F1 + F7 + F11 - SBF - JSCS_SBF	分部分项工程+措施项目+其他项目-分部分项设备费-技术措施项目设备费	0.1	2,033.28	环境保护税
20	5	F20	税金	F1 + F7 + F11 + F16 - (JGCLF+JGZCF+JGSBF)/1.01	分部分项工程+措施项目+其他项目+规费-(甲供材料费+甲供主材费+甲供设备费)/1.01	9	189,970.76	税金
21	6	F21	工程造价	F1 + F7 + F11 + F16 + F20 - (JGCLF+JGZCF+JGSBF)/1.01	分部分项工程+措施项目+其他项目+规费+税金-(甲供材料费+甲供主材费+甲供设备费)/1.01		2,300,756.94	工程造价

图 4.2-45

五、报表输出

在导航栏点击【报表】，软件会进入报表界面，选择报表类别为“投标方”，展开列表，如图 4.2-46 所示。

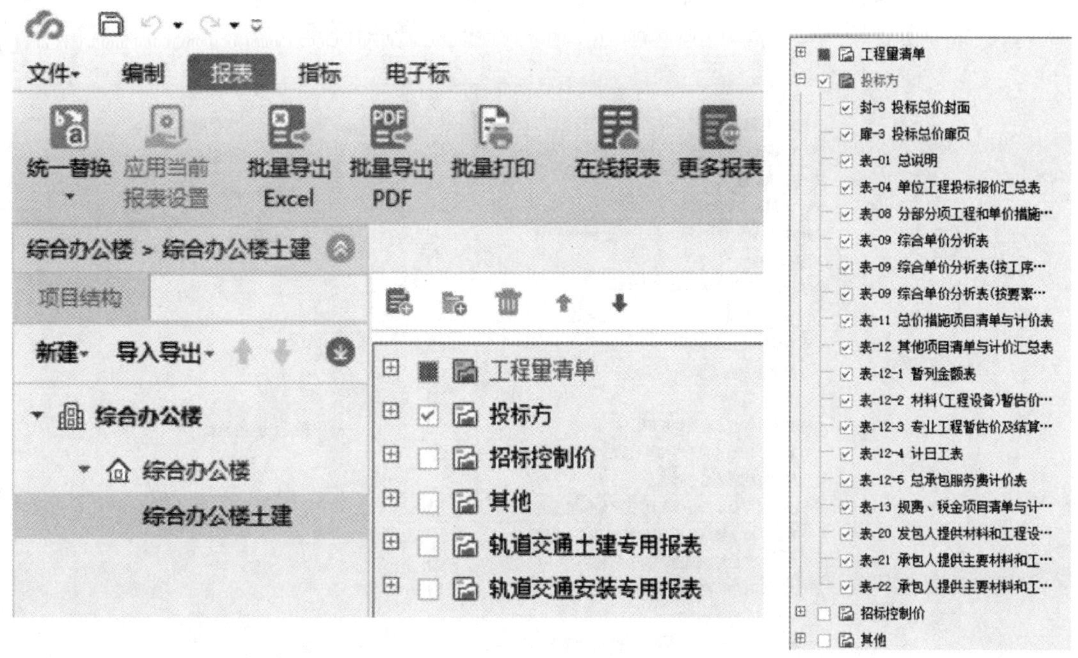

图 4.2 - 46

选择“分部分项工程和单价措施项目清单与计价表”，显示如图 4.2 - 47 所示。

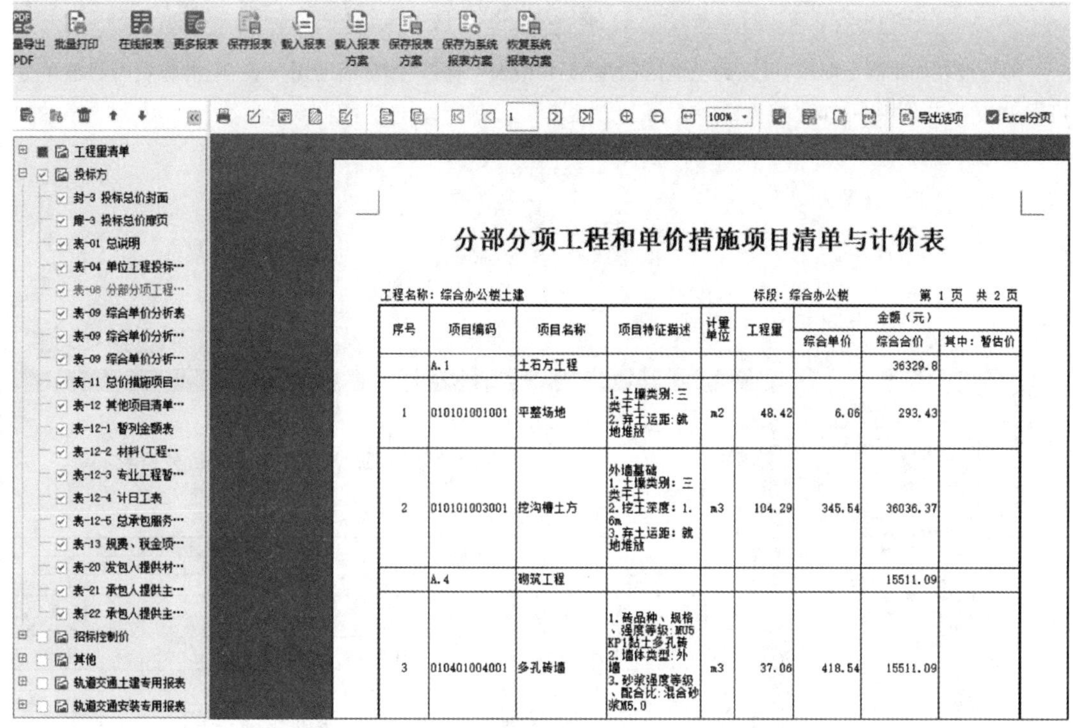

分部分项工程和单价措施项目清单与计价表

工程名称：综合办公楼土建　　　标段：综合办公楼　　　第 1 页　共 2 页

序号	项目编码	项目名称	项目特征描述	计量单位	工程量	金额（元）		
						综合单价	综合合价	其中：暂估价
	A.1	土石方工程					36329.8	
1	010101001001	平整场地	1.土壤类别：三类干土 2.弃土运距：就地堆放	m2	48.42	6.06	293.43	
2	010101003001	挖沟槽土方	外墙基础 1.土壤类别：三类干土 2.挖土深度：1.6m 3.弃土运距：就地堆放	m3	104.29	345.54	36036.37	
	A.4	砌筑工程					15511.09	
3	010401004001	多孔砖墙	1.砖品种、规格、强度等级：MU5 KP1黏土多孔砖 2.墙体类型：外墙 3.砂浆强度等级、配合比：混合砂浆M5.0	m3	37.06	418.54	15511.09	

图 4.2 - 47

单击【批量导出 Excel】，勾选需要导出的报表，如图 4.2 - 48 所示。

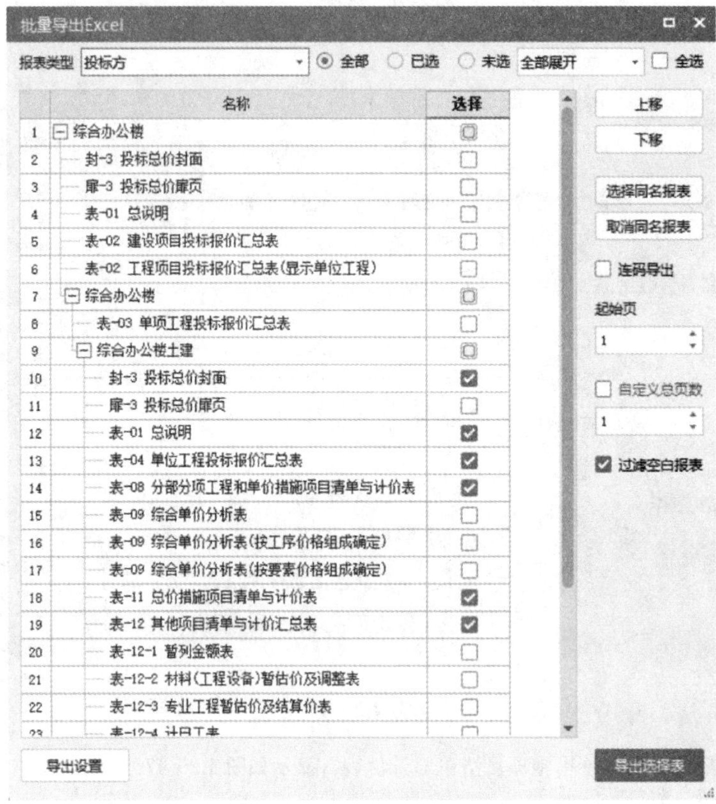

图 4.2 - 48

部分报表如不满足要求,可以到功能区选择“更多报表”,选择“如常辅助用报表”中措施费项目清单分析表,表格形式如图 4.2 - 49 所示。

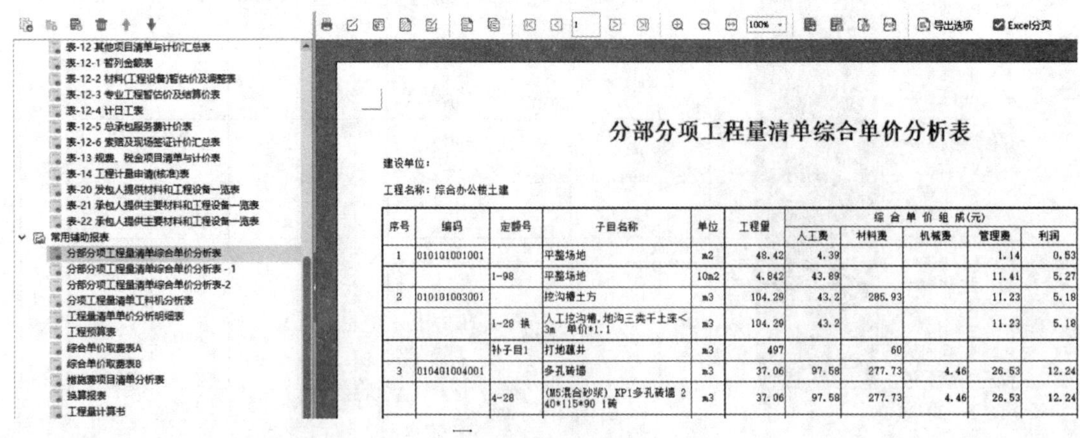

分部分项工程量清单综合单价分析表

建设单位:

工程名称:综合办公楼土建

序号	编码	定额号	子目名称	单位	工程量	综合单价组成(元)				
						人工费	材料费	机械费	管理费	利润
1	010101001001		平整场地	m2	48.42	4.39			1.14	0.53
		1-98	平整场地	10m2	4.842	43.89			11.41	5.27
2	010101003001		挖沟槽土方	m3	104.29	43.2	285.93		11.23	5.18
		1-28 换	人工挖沟槽,地沟三类干土深<3m 单价*1.1	m3	104.29	43.2			11.23	5.18
		补子目1	打地藕井	m3	497		60			
3	010401004001		多孔砖墙	m3	37.06	97.58	277.73	4.46	26.53	12.24
		4-28	(M5混合砂浆) KP1多孔砖墙 240*115*90 1砖	m3	37.06	97.58	277.73	4.46	26.53	12.24

图 4.2 - 49

如需导出分部分项工程量清单综合单价分析表，在右侧表格处点击右键，选择“导出 Excel 文件”，将所需报表导出保存到相应的文件夹。如图 4.2－50 所示。

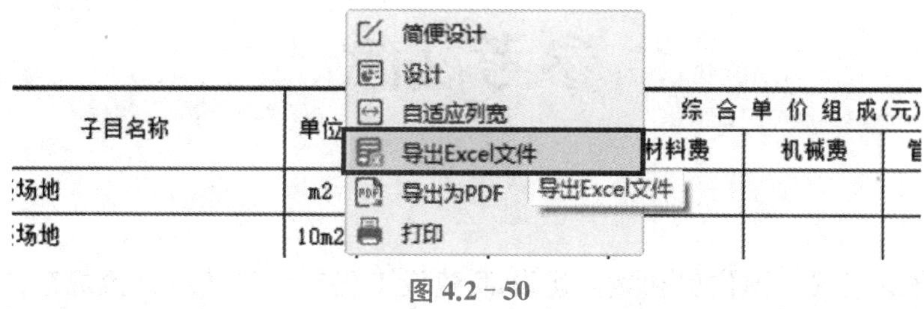

图 4.2－50

通过以上操作，完成了土建单位工程的投标方的计价工作，点击保存。

在线答题

云计价

参考文献

[1] 中华人民共和国住房和城乡建设部.建设工程工程量清单计价规范:GB 50500—2013[S].北京:中国计划出版社,2013.

[2] 中华人民共和国住房和城乡建设部.房屋建筑与装饰工程工程量清单计算规范:GB 50854—2013[S].北京:中国计划出版社,2013.

[3] 中华人民共和国住房和城乡建设部.建筑工程建筑面积计算规范:GB/T 50353—2013[S].北京:中国计划出版社,2013.

[4] 中国建筑标准设计研究院.16G101 系列平法图集[M].北京:中国计划出版社,2016.

[5] 江苏省建设工程造价管理总站.建筑与装饰工程技术与计价[M].南京:江苏凤凰科学技术出版社,2014.

[6] 刘钟莹,等.建筑工程工程量清单计价[M].南京:东南大学出版社,2010.

[7] 刘钟莹,等.工程估价[M].南京:东南大学出版社,2016.

[8] 纪传印,郭起剑.建筑工程计量与计价[M].重庆:重庆大学出版社,2011.

[9] 赵勤贤.建筑工程计量与计价[M].北京:中国建筑工业出版社,2011.

[10] 魏丽梅.钢筋平法识图与计算[M].长沙:中南大学出版社,2015.

[11] 朱溢镕,等.建筑工程计量与计价[M].北京:化学工业出版社,2017.

[12] 全国造价工程师执业资格考试培训教材编审委员会.建设工程造价管理[M].北京:中国计划出版社,2019.

在线答题

期末自测